有机化学

主　编　孙露敏　林　洁

北京交通大学出版社

·北京·

内容简介

本书主要介绍有机化合物的组成、分类、命名、结构、性质、合成方法、用途，以及它们之间的相互转变和内在联系；突出结构与性质之间的关系认知，以及典型的常见的有机化合物在农产品加工生产中和人们日常生活中的地位和作用；把有机化学与农产品加工相关知识紧密结合起来，使学生能应用所学知识理解有机化工生产原理，分析和判断实际生产中的化学问题，为学习后续专业课和毕业后从事农产品加工及相关工作奠定基础。

本书适合粮食工程技术、粮食储藏与检测技术、食品营养与检测技术、食品生物技术、食品质量与安全等农产品加工专业和食品类专业作为教材使用。

图书在版编目（CIP）数据

有机化学/孙露敏，林洁主编．--北京 ：北京交通大学出版社，2020.12
ISBN 978-7-5121-4381-4

Ⅰ.①有…　Ⅱ.①孙…②林…　Ⅲ.①有机化学-教材　Ⅳ.①O62

中国版本图书馆 CIP 数据核字（2020）第 257550 号

有机化学
YOUJI HUAXUE

责任编辑：田秀青
出版发行：北京交通大学出版社　　电话：010－51686414　　http：//www.bjtup.com.cn
地　　址：北京市海淀区高梁桥斜街 44 号　　邮编：100044
印 刷 者：艺堂印刷（天津）有限公司
经　　销：全国新华书店
开　　本：185 mm×260 mm　　印张：18　　字数：450 千字
版 印 次：2020 年 12 月第 1 版　　2020 年 12 月第 1 次印刷
印　　数：1~1 500 册　　定价：45.00 元

本书如有质量问题，请向北京交通大学出版社质监组反映。对您的意见和批评，我们表示欢迎和感谢。
投诉电话：010－51686043，51686008；传真：010－62225406；E-mail：press@bjtu.edu.cn。

前 言

高职高专学校作为我国高等教育的重要组成部分，承担着培养高素质技能型人才的重任。2014 年，国务院印发了《关于加快发展现代职业教育的决定》（以下简称《决定》），全面部署加快发展现代职业教育，其中对如何提高职业教育质量提出了具体要求，即通过深化产教融合、校企合作、工学结合，推动专业设置与产业需求对接、课程内容与职业标准对接、教学过程与生产工程对接、毕业证书与职业资格证书对接、职业教育与终身教育对接，提高人才培养质量。

“有机化学”是高职高专学校食品类、农产品加工类等专业的一门重要的专业基础课程。为了认真贯彻《决定》精神，推进高职高专学校教学改革，我们和青岛元信检测技术有限公司、烟台市粮油质量检测中心等几家企业的专家们对本门课程的课程体系和教学模式等问题进行了探究，组织相关老师对所使用教材重新进行编订，使之更能适应教学需要。本教材遵循高职高专学校的人才培养目标，以应用性职业岗位需求为中心，以培养学生的实践能力、创新能力、就业能力为目标，充分体现了课程内容与职业标准对接、教学过程与生产工程对接、毕业证书与职业资格证书对接，满足了高职高专学校的教学改革和人才培养需求。

本教材内容的安排由浅入深，共分为四个模块：基础平台、烃、烃的衍生物和天然有机化合物。作为高职高专学校学生的教材，内容上本着“必需、够用、管用”原则。在理论上深入浅出，突出应用性的内容，增加有机化学新知识、新技术介绍，使教材更具实用性、时代性；实验上减少验证性的实验，增加相关的制备实验，既培养学生的基本技能和提高学生的创新能力，又为后续专业课程的学习奠定基础。本教材在形式安排上，从项目导入到知识掌握，中间穿插交流研讨，将一些提高学生推理能力、拓展视野的习题插入正文中，有利于教学的启发性和活跃学生思维。同时，问题探究、身边的化学、知识链接等栏目，反映了当下有关环境、材料、生命和能源领域的新发展，展现了我们中华民族深厚的科学底蕴和日新月异的科技水平，激发学生的民族自豪感和爱国情怀，促进学生主动地进行探究学习。

本教材是校企合作的成果，也是各位同人通力协作的结晶，由孙露敏、林洁担任主编，吴海鸣、卫晓英、任秀娟、胡树凯、侯景芳、李桂霞、黄丛聪、董楠（企业）、周建征（企业）担任副主编，全书由孙露敏、林洁统稿、定稿。

我们衷心希望本书能有助于推进本课程的教学改革和实践。限于编者水平，书中难免有疏漏和不妥之处，恳请广大专家和读者批评指正。

目　录

模块1　基础平台

有机化学是科学也是艺术，有机反应是官能团转化的艺术，有机机理是电子流动的艺术，有机合成是分子构建的艺术。欢迎大家步入有机化学殿堂，领略有机世界的魅力！

项目 1.1 认识有机化合物和有机化学

目标要求

1. 了解有机化合物和有机化学的含义。
2. 理解有机化合物的特点，共价键的形成及其属性。
3. 识别重要的官能团，掌握有机化合物的分类。
4. 掌握有机反应类型和试剂类型。

项目导入

食品中含有丰富的有机化合物，人体所需的营养物质中，糖类、脂肪、蛋白质、维生素均为有机化合物，它们广泛存在于各种食物之中，是人体为维持正常的生理功能而必须从食物中获得的一些有机物质，在人体生长、代谢、发育过程中发挥着极其重要的作用。

知识掌握

1.1.1 有机化学和有机化合物

有机化学又称为碳化合物的化学，是研究有机化合物的结构、性质、制备的学科，是化学中极重要的一个分支。

1. 有机化合物的发展简史

人类使用有机化合物的历史很长，世界上几个文明古国很早就掌握了酿酒、造醋和制饴糖的技术。据记载，中国古代曾制取到一些较纯的有机物质，如没食子酸（中药名称是“白药煎”，利用五倍子发酵水解，可以制出没食子酸结晶），16 世纪后期，西欧制得了乙醚、硝酸乙酯、氯乙烷等。18 世纪后期，有机化合物的分离、提纯得到较快发展。瑞典化学家舍勒的工作在这一时期最为卓越，他提取到了纯净的草酸、苹果酸、酒石酸、柠檬酸、乳酸、尿酸等；他还通过皂化油脂和动物脂肪制取甘油。不过当时人们研究有机物的目的，不是知道有机物的组成和结构，而是生活和医药的需要。

“有机”这一历史性名词，可追溯至 19 世纪，1806 年首次由瑞典化学家贝采里乌斯提出。他把物质组成元素主要是氢、氧、氮作为有机化合物的特征，认为有机化合物是来自生物有机体的化合物，人工合成是不可能的。因为有机化合物虽然组成元素少、组成简单，但种类和性质的多样性是很难理解的。德国化学家格伦在他的《化学基础》一书中把有机化合物单独归为一章，他认为有机化合物只存在于动植物体内，是人工不能制造的。这种不确切的说法流行了几十年。有些化学家就把有机化合物与无机化合物截然分开，认为无机化合物遵守定组成定律，能得到纯制品；有些化学家对有机化合物是否遵守定组成定律，表示怀疑，所以19世纪初，在生物学和有机化学领域中便广泛流行起“生命力论”。

1824年，德国化学家维勒通过氰水解制得单酸，1828年他又无意中用加热的方法使氰酸铵转化为尿素。氰酸铵是无机化合物，而尿素是有机化合物。维勒的实验结果给予“生命力”学说第一次冲击。但这个重要发现并没有立即得到其他化学家的承认，因为氰酸铵尚未能用无机物制备出来，同时有人认为尿素只是动物的分泌物，介于有机物和无机物之间，不能认为是真正的有机化合物。想用无机化合物人工合成复杂的真正的有机化合物，在原则上是不可能的。

具有决定性意义的人工合成有机化合物的是德国的化学家柯尔柏，1845年，他利用木炭、硫黄、氯及水为原料合成了醋酸，这是一个从单质出发实现的完全的有机合成。他把硫和活性炭加热制得二硫化碳，二硫化碳和氯气反应进而得到四氯化碳，四氯化碳通过红热的管子时，产生游离的氯和四氯乙烯，在光照下与水反应得三氯醋酸，还原后得到最终产物醋酸，其反应方程式可表示如下：

$C+2S \rightarrow CS_2$

$CS_2+3Cl_2 \rightarrow CCl_4+S_2Cl_2$

$CCl_2=CCl_2+Cl_2 \rightarrow CCl_3—CCl_3$

$CCl_3—CCl_3+2H_2O \rightarrow CCl_3COOH+3HCl$

$CCl_3COOH+2H_2 \rightarrow CH_3COOH+3HCl$

此后，越来越多的有机化合物不断地在实验室中被合成出来，其中，绝大部分是在与生物体内迥然不同的条件下合成出来的。“生命力”学说渐渐被抛弃了，“有机化学”这一名词却沿用至今。

人工合成有机化合物的发展，使人们清楚地认识到，在有机化合物与无机化合物之间并没有一个明确的界限，但在它们的组成和性质方面确实存在着某些不同之处。从组成上讲，所有的有机化合物中都含有碳，多数含氢，其次还含有氧、氮、卤素、硫、磷等，因此，化学家们将有机化合物定义为含碳的化合物及其衍生物，但一些简单的含碳化合物，如一氧化碳、二氧化碳、碳酸盐、碳酸等除外。

有机化合物是生命产生的物质基础。生物体内的新陈代谢和生物的遗传现象，都涉及有机化合物的转变。此外，许多与人类生活有密切关系的物质，例如石油、天然气、棉花、染料、化纤、天然和合成药物等，均属有机化合物。

2. 有机化合物近代发展现状

1）牛胰岛素的合成

1965年9月，人工合成牛胰岛素成功。这是世界上第一种合成的结晶蛋白质，具有生物活性（与天然胰岛素相同），由中科院上海生化研究所、上海有机所、北京大学等单位协作，历时六年九个月完成的。这项成果获1982年中国自然科学一等奖。

人工合成胰岛素的成功，使人类在认识生命和揭开生命奥秘的伟大历程中，又迈进了一大步。

2）核糖核酸的合成

从1968年起，由中科院北京生物物理所、上海生物化学研究所、上海有机所、上海细胞生物研究所、上海生物物理所、北京大学生物系协作完成人工合成酵母丙氨酸转移核糖核酸工作，这种核糖核酸由 76 个核糖核苷组成。

1979 年年底，其中一个片段——核糖四十一核苷酸合成成功，1981 年合成另外 35 个核苷酸，至同年 11 月终于全部合成成功。这是利用化学合成和酶促法结合的方法进行的全合成，在当时国外只能合成出九核苷酸。1978 年日本报道了三十一核苷酸合成成功，所用方法与我国基本雷同。

3）维生素 B_{12} 的合成

由世界上 100 多名著名化学家参与，通过 90 多步反应，经过 11 年，维生素 B_{12} 于 1976 年合成成功。

4）C_{60}（碳球分子）的合成

C_{60} 于 20 世纪 90 年代合成成功，它为球状结构（笼状结构），球面上由五圆环和六圆环组成（如图 1.1 所示），球面里由一个大 π 键连接，它形似足球，因此又名足球烯。C_{60} 具有独特的分子结构，可以贮存氢气、氧气，在医疗部门、军事部门乃至商业部门都有很多用途。

3. 常见的有机化合物

常见的有机化合物如图 1.2 所示。

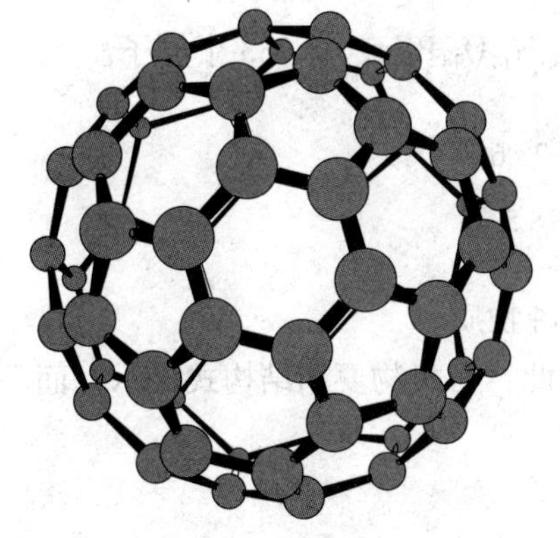

图 1.1　C_{60} 分子结构

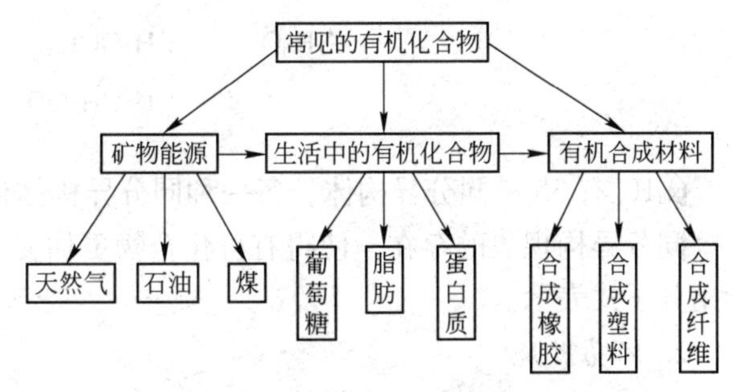

图 1.2　常见的有机化合物

人体所需的营养物质（糖类、脂肪、蛋白质、维生素、无机盐和水）中，淀粉、脂肪、蛋白质、维生素为有机物。

糖类主要存在于水果，蔬菜，甘蔗，甜菜，大米，小麦中；纤维素（属于糖类）是植物组织的主要成分，植物的茎、叶和果皮中都含有纤维素。食物中的纤维素主要来源于干果、水果、蔬菜等。人体中没有水解纤维素的酶，所以纤维素在人体中主要是加强胃肠的蠕动，有通便功能。

脂肪主要指植物脂肪（香油、菜籽油、棉籽油等）和动物脂肪（猪油、羊油、牛油、鸡油等）。

蛋白质主要存在于鱼、肉、牛奶、蛋中。

维生素广泛存在于各种食物中，是人和动物为维持正常的生理功能而必须从食物中获得的一类微量有机化合物，在人体生长、代谢、发育过程中发挥着重要的作用。

交流研讨

按照我国“西气东输”计划，某地正在铺设天然气管道，居民不久将用上天然气。天然气是一种无色、无味的气体，密度小于空气。天然气泄漏后，遇火、静电易发生爆炸，输送天然气时，在其中混入了一种具有强烈刺激性气味的气体（硫醇）。

(1) 天然气的主要成分是 CH_4，它属于__________（填“有机化合物”或“无机化合物”）。

(2) 在输送的天然气中混入硫醇的目的是：

______________________________________。

(3) 室内发生天然气泄漏时，要立即关闭阀门，开窗通风，此时一定不能做的事情是：

______________________________________。

1.1.2 有机化合物的特点

1. 分子组成复杂、数目庞大

很多有机化合物在组成上要比无机化合物复杂得多。已知有机化合物达 3 000 多万种，且还在不断增加。

例如：从自然界分离出来的维生素 B_{12}，组成为 $C_{63}H_{90}N_{14}O_{14}PCo$，有 183 个原子。

C_2H_6O　　CH_3OCH_3　　熔点−23.6 ℃

　　　　　CH_3CH_2OH　　熔点78.5 ℃

C_9H_{20}有 35 种同分异构体，每一种同分异构体代表一种物质。

同分异构现象的存在，使得有机化合物更加复杂，因此，有机物要用结构式表示，而不能用分子式表示。

2. 容易燃烧

一般的有机化合物都容易燃烧，如乙醚、汽油、甲烷（沼气）等，但 CCl_4 不燃烧，而是灭火剂（扑灭电源内或电源附近的火）。

3. 熔点低

有机化合物室温下常为气体、液体或低熔点的固体。

有机化合物熔点比较低，而无机化合物熔点较高。因为无机化合物中主要是离子键结合，晶格之间是库仑力，晶格能高，所以熔点高，而有机化合物中化学键主要是共价键，有机化合物是一个分子晶体，晶格之间是范德华力，晶格能小，所以熔点低。

例如：

$NaCl$　熔点801 ℃　沸点1478 ℃

CH_3CH_2Cl　熔点−136.4 ℃　沸点12.2 ℃

主要原因：NaCl 的化学键是离子键，而 CH_3CH_2Cl 的化学键是共价键。

4. 难溶于水

根据相似相溶原理，水是极性分子，而有机物大多是非极性分子或极性较弱的分子。

5. 反应速度慢

例如：

$$Cl^- + Ag^+ \longrightarrow AgCl\downarrow \text{快}$$

$$RCl + Ag^+ \longrightarrow AgCl\downarrow \text{慢}$$

RCl 要和 Ag^+ 反应，首先要打开 R—Cl 键，使氯转变为离子型，才能与 Ag^+ 反应。

6. 副反应多

有机分子组成复杂，反应时有机分子的各个部分都会受到影响，即反应时并不限定在分子某一部位。因此一般有主产物、副产物，主产物产率达到 70% ~ 80% 就是比较满意的反应。

1.1.3　有机化合物的结构

物质的性质取决于物质的结构，在有机化合物的结构中，普遍存在共价键的问题。掌握好共价键的基础知识，对学好有机化学至关重要。

1. 共价键的本质

路易斯经典共价键理论认为：共价键是原子间通过共用电子对形成的化学键，这一理论初步揭示了共价键的本质。1926 年后，在量子力学基础上建立起来的现代价键理论，使人们对共价键的本质有了更深入的理解。

现代价键理论认为：A、B 两原子各有一个成单电子，当 A、B 相互接近时，两电子以自旋相反的方式结成电子对，即两个电子所在的原子轨道能相互重叠，则体系能量降低，形成化学键。共价键的本质是原子轨道重叠后，高概率地出现在两个原子核之间的电子与两个原子核之间的电性作用。需要指出：氢键虽然存在轨道重叠，但通常不算作共价键，而属于分子间力。

形成的共价键越多，则体系能量越低，形成的分子越稳定。因此，各原子中的未成对电子尽可能多地形成共价键。

配位键形成条件：一种原子中有孤对电子，而另一原子中有可与孤对电子所在轨道相互重叠的空轨道，在配位化合物中，经常见到配位键，在形成共价键时，单电子也可以由对电子分开而得到。

在共价键的形成过程中，因为每个原子所能提供的未成对电子数是一定的，一个原子的一个未成对电子与其他原子的未成对电子配对后，就不能再与其他电子配对，即每个原子能形成的共价键总数是一定的，这就是共价键的饱和性。例如：O 有两个单电子，H 有一个单电子，所以结合成水分子，只能形成 2 个共价键，C 最多能与 H 形成 4 个共价键。

各原子轨道在空间分布是固定的，即都有其固定的延展方向，为了满足轨道的最大重叠，原子间成共价键时，当然要具有方向性。

共价键的饱和性和方向性决定了每一个有机分子都是由一定数目的某几种元素的原子能按特定的方式结合而成的，这使得每个有机物分子都有特定的大小及立体形状。

2. 共价键的基本属性

共价键的属性可通过键长、键角、键能以及键的极性等物理量表示。

1）键长

键长是指成键两原子的原子核间的距离，是了解分子结构的基本构型参数。它除了与成键原子种类有关外，还与原子轨道的重叠程度有关，重叠程度越大，键长越短。键长越长，也越易受外界影响而发生极化，易发生化学反应。

应用电子衍射、光谱分析等近代物理方法，可测定键长。一些常见共价键的键长见表1.1。

表1.1 一些常见共价键的键长

共价键	键长/nm	共价键	键长/nm
H—H	0.074	N—H	0.104
N—N	0.145	O—H	0.096
C—C	0.154	H—Cl	0.126
C—H	0.109	C═C	0.133
C—F	0.140	N═N	0.123
C—Cl	0.177	C═N	0.128
C—Br	0.191	C═O	0.120
C—I	0.212	C≡C	0.121
C—N	0.147	C≡N	0.116
C—O	0.143	N≡N	0.110

2）键角

键角是指一个原子与其他两个原子所形成的共价键之间的夹角。它是影响有机化合物分子空间结构和某些物理性质的重要因素。共价化合物的键角是一定的，但组成相似的化合物未必有相同的键角，如甲烷分子中4个C—H键间的键角都是109.5°，甲烷分子是正四面体结构。乙烯分子中，两个C—H键之间的夹角为120°。

3）键能

共价键的形成或断裂都伴随着能量的变化。原子成键时需释放能量使体系的能量降低，断键时则必须从外界吸收能量。气态原子A和气态原子B结合成气态A—B分子所放出的能量，也就是A—B分子（气态）离解为A和B两个原子（气态）时所需要吸收的能量，这个能量叫作键能。1个共价键离解所需的能量也叫离解能。但应注意，对多原子分子来说，即使是一个分子中同一类型的共价键，这些键的离解能也是不同的。

例如，甲烷分子中的4个C—H键的离解能（DH）是不相同的，其数值如下：

	DH/(kJ/mol)
$H_3C—H \longrightarrow \cdot CH_3 + H\cdot$	435.4
$H_2\dot{C}—H \longrightarrow \cdot \dot{C}H_2 + H\cdot$	368.4
$\cdot\dot{C}(H)—H \longrightarrow \cdot\dot{C}H + H\cdot$	443.8
$\cdot\dot{\underset{\cdot}{C}}—H \longrightarrow \cdot\dot{\underset{\cdot}{C}}\cdot + H\cdot$	339.1

若将断裂这 4 个 C—H 总共需要的能量（1 662.1 kJ/mol）除以 4，即为断裂甲烷分子中每个 C—H 需要的平均能量。

键能是化学键强度的主要标志之一，在一定程度上反映了化学键的稳定性，在相同类型的化学键中，键能越大，化学键越稳定。

4）键的极性

由于形成共价键原子电负性的差别，使共价键有极性和非极性之分。相同元素的原子间形成的共价键为非极性共价键；不同元素的原子间形成的共价键为极性共价键。共用电子对偏向于电负性较大的元素的原子，而使其显部分负电性，另一电负性较小的元素原子显部分正电性。

极性共价键两端的带电状况一般用“δ^-”或“δ^+”标在有关原子的上方来表示。“δ^-”表示带有部分负电荷，“δ^+”表示带有部分正电荷。例如：

$$\overset{\delta^+}{H}—\overset{\delta^-}{Cl}$$

3. 共价键的断裂方式和有机反应类型

化学变化的本质是旧键的断裂和新键的形成，在化学反应中，共价键存在两种断裂方式，在化学反应尤其是有机化学中有重要影响。

下面以碳与另一非碳原子 Z 间共价键的断裂说明这一问题。

一种方式称为共价键的均裂，是成键的一对电子平均分给两个原子或基团。

$$A{:}B \longrightarrow A\cdot + B\cdot \quad \text{均裂}$$

均裂生成的带单电子的原子或基团称自由基，如 $CH_3\cdot$ 叫作甲基自由基。

共价键经均裂而发生的反应叫作自由基反应，这类反应一般在光和热的作用下进行。

$$Br{:}Br \xrightarrow{\text{光照}} 2Br\cdot$$

另一种方式称为共价键的异裂，是共用的一对电子完全转移到其中的 1 个原子上。

$$A{:}B \longrightarrow \underset{\text{负离子}}{A^-} + \underset{\text{正离子}}{B^+} \quad \text{异裂}$$

上式中符号“⌒”表示电子对转移的方向。异裂生成了正离子或负离子。如 CH_3^+ 叫甲基碳正离子，CH_3^- 叫甲基碳负离子。

共价键经异裂而发生的反应叫离子型反应。这类反应一般在酸、碱或极性物质催化下进行。

1.1.4 有机化合物的分类

1. 按碳骨架分类

1）链状化合物（脂肪族化合物）

例：$CH_3CH_2CH_2CH_3$　$CH_3CH_2CH{=}CH_2$　$CH_3CH_2CH_2OH$

2）碳环化合物

特点：有环，环上原子都是由碳原子组成的。

(1) 芳香族化合物

特点：含有苯环。

例如：

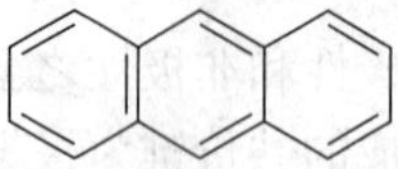

(2) 脂环族化合物

特点：含有碳环但无苯环。

例如：

3）杂环化合物

特点：环上含有杂原子。

例如：

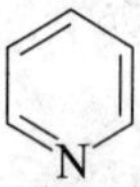

2. 按官能团分类

决定有机化合物特性的原子或原子团叫作官能团。官能团是有机化合物分子中比较活泼的部位，一旦条件具备，它们就充分发生化学反应。含有相同官能团的化合物都有相似的性质。因此，将有机化合物按官能团进行分类，便于对有机化合物的共性进行研究。表 1.2 列出了有机化合物中常见的官能团。

表 1.2　有机化合物中常见官能团

官能团		有机化合物类别	化合物举例
基团结构	名称		
$>C=C<$	双键	烯烃	$CH_2=CH_2$　乙烯
$-C\equiv C-$	叁键	炔烃	$H-C\equiv C-H$　乙炔
$-OH$	羟基	醇，酚	CH_3-OH　甲醇，C_6H_5-OH　苯酚 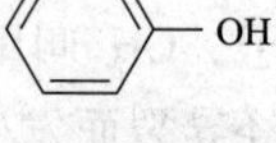
$>C=O$	羰基	醛，酮	$CH_3-\overset{O}{\overset{\Vert}{C}}-H$　乙醛，$CH_3-\overset{O}{\overset{\Vert}{C}}-CH_3$　丙酮
$-\overset{O}{\overset{\Vert}{C}}-OH$	羧基	羧酸	$CH_3-\overset{O}{\overset{\Vert}{C}}-OH$　乙酸

续表

官能团		有机化合物类别	化合物举例
基团结构	名称		
$—NH_2$	氨基	胺	$CH_3—NH_2$　甲胺
$—NO_2$	硝基	硝基化合物	$C_6H_5—NO_2$（苯环结构式）　硝基苯
—X	卤素	卤代烃	CH_3Cl　氯甲烷，CH_3CH_2Br　溴乙烷
—SH	巯基	硫醇，硫酚	$CH_3CH_2—SH$　乙硫醇，$C_6H_5—SH$（苯环结构式）　苯硫酚
$—SO_3H$	磺酸基	磺酸	$C_6H_5—SO_3H$（苯环结构式）　苯磺酸
$—C\equiv N$	氰基	腈	$CH_3C\equiv N$　乙腈
$-\overset{\vert}{\underset{\vert}{C}}-O-\overset{\vert}{\underset{\vert}{C}}-$	醚键	醚	$CH_3CH_2—O—CH_2CH_3$　乙醚

交流研讨

有机化学既是食品工业、粮食工业等必不可少的基础课程，也是系统性和实用性很强的自然学科，学好有机化学，对今后的工作和再深造非常重要。

在学习时，应注意以下学习方法。

1. 努力钻研教科书，学习好基本反应，不懂的地方不要死记，主要加强印象，对于一些基本概念掌握好，如共价键等基本概念。

2. 要善于通过实质分析各种现象，要抓住重点，在学习各类具体有机物性质的时候，还要善于应用归纳比较，做到触类旁通，举一反三。

3. 在学好理论的同时，也应重视有机实验的学习，认真做好每一个实验，通过实践提高实验技能。

知识巩固

1. 环保部门为了使城市生活垃圾得到合理利用，近年来实施了生活垃圾分类投放的办法。其中塑料袋、废纸、旧橡胶制品等属于（　　）。

（1）无机物　　（2）有机物　　（3）盐类　　（4）非金属单质

2. 下列用品中，由有机合成材料制成的是（　　）。

（1）玻璃杯　　（2）瓷碗　　（3）木桌　　（4）塑料瓶

3. 下列说法中不正确的是（　　）。

（1）甲烷是一种密度比空气小，有刺激性气味的无色气体

（2）把秸秆、杂草、人畜粪便等放在密闭的池中发酵会产生沼气

（3）汽油是一种良好的溶剂，可用汽油来洗涤衣服上的油渍

（4）头发、羊毛等在火焰上灼烧时闻到焦臭味

4. 目前许多城市的公交客车上写有“CNG”（压缩天然气）。CNG 的使用，可以大大降低汽车尾气排放，减少空气污染，提高城市空气质量。下列关于 CNG 的成分正确的是（　　）。

（1）CH_3OH　　（2）CH_4

（3）CH_3COOH　　（4）C_2H_5OH

项目 1.2　认知有机化学实验基本操作

目标要求

1. 了解有机化学实验常用仪器及装置。

2. 熟悉有机化学实验加热、冷却、干燥的方法，掌握蒸馏、分馏、测定熔沸点、升华、萃取的基本原理和基本操作。

3. 熟练掌握实验室的安全、事故处理和急救方法。

项目导入

有机化学的发展同有机化合物的鉴定、合成、分离提纯等实验研究紧密相连，正是在大量实验研究的基础上，建立了有机化学的理论，形成了有机化学学科。因此有机化学是一门以实验为基础，理论性和实践性并重的课程。

知识掌握

1.2.1　实验室的安全、事故处理和急救

有机化学实验需使用大量的有机试剂，这些有机试剂大多易燃，有的还易爆，并且有些有机试剂都具有不同程度的毒性，因此，有机化学实验安全运行中突出的、主要的问题是防火、防爆、防中毒。当然，还应注意安全用电，防止割伤、烫伤等意外伤害事故的发生。

1. 防火

防火是为了防止意外燃烧。燃烧必须同时具备三个条件：可燃物、助燃物（如空气中的氧气）和火源（如明火等），三者缺一不可。控制或消除燃烧条件，就可以控制或防止火灾。

实验室使用易燃液体时，周围环境必须避免明火。对沸点低于 80 ℃的液体，一般在蒸馏时应采用水浴加热。蒸馏或回流操作前，应预先加沸石，以防止因暴沸引起意外。实验操作中，若要进行除去溶剂的操作，则必须在通风橱里进行。最后还应注意，不要把这些废弃液体倒入废液缸中。

有机化学实验室常用的明火源是酒精灯、煤气灯和非封闭的电炉，它们都应远离易燃液体，远离盛有有机试剂的器具。不要在充满有机化合物蒸气的实验室里，启动没有防爆设施的电器，以免引燃（爆）。对于易发生自燃的物质及沾有它们的滤纸，不能随意丢弃，以免造成新的火源，引起火灾。

发现烘箱有异味或冒烟时，应迅速切断电源，使其慢慢降温，并准备好灭火器备用。千万不要急于打开烘箱门，以免突然进入的空气助燃（爆），引起火灾。

实验室若局部性的起火，应立即切断电源，有煤气的地方，应立即关闭煤气阀门，用湿抹布或石棉布覆盖熄灭火焰。若火势较猛，应根据具体情况，选用适当的灭火器进行灭火，并立即与消防部门联系请求救援。

在一般情况下，常用的灭火材料有水（消防栓）、沙土、石棉毯或薄毯等。其中水是最常用的灭火材料。但有许多火灾却不能用火来扑灭，因为有些化学物质比水轻，会浮在水上流动而扩大火势。有些化学物质会与水反应发生反应甚至爆炸。水只适用于一般木材及各种纤维着火以及可溶或半溶于水的可燃性液体着火时的灭火。沙土可隔绝空气而灭火，用于不能用水灭火的着火物。石棉毯或薄毯也可隔绝空气而灭火，用于扑灭人身上燃着的火。

根据燃烧物的性质，国际统一将火灾分为 A、B、C、D 四类。

1）A 类火灾

A 类火灾是指木材、纸张和棉布等物质的着火。这类火灾发生时，最经济有效的灭火剂是水，另外可以用酸碱式和泡沫式灭火器。

2）B 类火灾

B 类火灾是指可燃性液体（液态石油化工产品、液料稀释剂等）着火。扑灭这类火灾可以用泡沫式灭火器、“1211”灭火器、二氧化碳灭火器和四氯化碳灭火器，但不能用水和酸碱式灭火器。

3）C 类火灾

C 类火灾是指可燃性气体（天然气、液化石油气等）着火。扑灭这类火灾可以用“1211”灭火器和干粉灭火器，但不能用水、酸碱式灭火器和泡沫式灭火器。

4）D 类火灾

D 类火灾是指可燃性金属（钾、钙、钠等）着火。D 类火灾严禁用水、酸碱式灭火器、泡沫式灭火器和二氧化碳灭火器。扑灭 D 类火灾的一种经济有效的方法是用沙土覆盖。

2. 防止爆炸

物质发生变化的速度不断急剧增加，并在极短时间内放出大量能量的现象称为爆炸。易爆炸类药品，如苦味酸、高氯酸、高氯酸盐、过氧化氢等，应放在低温处保管，不应和其他易燃物放在一起。还有些有机化合物，例如乙醚、丙酮、二氧六环等，在存放时很容易产生过氧化物，后者的爆炸性极强，在蒸馏过程中会诱发爆炸，因此，在这些物质蒸馏前，必须认真检查有无过氧化物存在。若有过氧化物，可加入硫酸亚铁的酸性溶液予以除去。氢气、乙炔、环氧乙烷等气体与空气混合达到一定比例时，会生成爆炸性混合物，遇明火即会爆炸。因此，使用上述物质时必须严禁明火。

在蒸馏可燃物时，要时刻注意设备和冷凝器的工作情况。如需往蒸馏器内补充液体，应先停止加热，放冷后再进行。

易发生爆炸的操作不得对着人进行，必要时操作人员应戴面罩或使用防护挡板。

身上或手上沾有易燃物，应立即清洗干净，不得靠近明火，以防着火。

严禁可燃物与氧化剂仪器研磨。工作中不要使用不知其成分的物质，避免反应可能形成危险的产物（包括易燃、易爆或有毒产物。）

易燃液体的废液应设置专用储器收集，不得倒入下水道以免引起燃爆事故。

电炉周围严禁有易燃物品。电烘箱周围严禁放置可燃、易燃物及挥发性易燃液体，不能烘烤能够放出易燃蒸气的物料。

3. 防止中毒

在有机化学试验中，许多药剂都是有毒的。气体、蒸气、烟雾及粉尘能通过呼吸道吸入人体，如氢氰酸、氯气、氨气等；有些则经未洗净的手，在饮水、进食时进入人体，如氰化物、砷化物等；有些是触及皮肤及五官黏膜而进入人体，如汞、二氧化硫、三氧化硫、氮的氧化物、苯胺等。有些化学物质可由几种途径进入人体。有些毒物对人体的毒害是急性的，也有些毒物对人体的毒害是慢性的。

在实验中，涉及有毒的或刺激性极强的气体的操作要在通风橱里进行。应当避免手直接接触化学品，尤其严禁手直接接触剧毒品。沾在皮肤上的有机物应当立即用大量清水和肥皂洗去，溅落在桌面或地面的有机物应及时清扫除去。改进实验设备与实验方法，尽量采用低毒品代替高毒品。采用符合要求的通风设施以便将有害气体排出。选用必要的个人防护用具，如眼镜、防护油膏、防毒面具和防护服装等。

实验室若遇上有人发生急性中毒，应立即送医院急救或请医生来诊治。在送医院之前，应立即查明中毒原因，针对具体情况采取急救措施。

1）呼吸系统中毒

应使中毒者迅速离开现场，移到通风良好的地方，呼吸新鲜空气。如有休克、虚脱或心肺机能不全，必须先做抗休克处理，如人工呼吸等。

2）口服中毒

立即用 30~50 g/L 的小苏打水或 1∶5 000 高锰酸钾溶液或肥皂水等催吐剂缓和刺激，然后用手指伸入喉部使其引起呕吐，直至呕吐物中基本无毒物为止。再服些解毒剂，如蛋清、牛奶、橘汁等。对于有机磷中毒，可用 10 mL 左右 10 g/L 的硫酸铜溶液加 1 杯温水后内服，以促使其呕吐，然后送医院治疗。

4. 防触电

不得私自拉接临时供电线路。不准使用不合格的电器设备。正确操作闸刀开关，应使闸刀处于完全合上或完全拉断的位置，不能若即若离，以防接触不良打火花。禁止将电线头直接插入插座内使用。

使用烘箱和高温炉时，必须确认自动控温装置可靠。同时还需人工定时监测温度，以免温度过高。

电源或电器的保险丝烧断时，应先查明原因，排除故障后再按原负荷换上适宜的保险丝，不得用铜丝替代。

擦拭电器设备前，应确认电源已全部切断。严禁用湿手接触电器和用湿布擦电门。使用高压电源工作时要穿绝缘鞋，戴绝缘手套并站在绝缘垫上。

遇到触电事故，首先应该使触电者迅速脱离电源。可拉下电源开关或用绝缘物将电源线拨开。不能徒手去拉触电者，以免抢救者自己被电流击倒。

触电者脱离电源后，应抬至空气新鲜处，如情况不严重，能在短时间内自行恢复知觉。若已停止呼吸，应立即解开上衣，进行人工呼吸或同时给氧。抢救者要有耐心，有时需连续进行给氧数小时。抢救触电者，不应注射强心剂和兴奋剂。

5. 急救常识

1）割伤

割伤大多由玻璃划伤引起。切割引起的外伤，可能有玻璃碎片混入伤口，若能自行取出，必须立即取出，并将伤口清理干净。伤口创面不大时，可用消毒创可贴；伤口创面较大并出血较多时，应在保持创面清洁并进行压迫止血的同时，尽快就医。

2）化学药品灼伤

化学药品灼伤时，应迅速解脱衣服，清除皮肤上的化学药品，并立即用大量干净的水冲洗。冲洗后再用适当的方法处理（见表1.3），严重的应送医院治疗。

表1.3　化学药品灼伤的急救或治疗

化学药品	急救或治疗方法
碱类：氢氧化钾、氢氧化钠、氨、氧化钙、碳酸钠、碳酸钾	立即用大量的水洗涤，然后用醋酸溶液（20 g/L）冲洗或撒硼酸粉。氧化钙的灼烧伤，可用任一植物油洗涤伤口
碱金属氰化物、氢氰酸	先用高锰酸钾溶液洗，再用 $(NH_4)_2S$ 溶液漂洗
溴	用1体积25%氨水+1体积松节油+10体积95%乙醇混合液处理
铬酸	先用大量水冲，然后用 $(NH_4)_2S$ 溶液漂洗
氢氟酸	先用大量冷水冲洗至伤口表面发红，然后用5 g/L碳酸氢钠溶液洗，再用2：1甘油和氧化镁悬浮剂涂抹，并用消毒纱布包扎
磷	不可将创伤面暴露于空气或用油质类涂抹。应先用10 g/L硫酸铜溶液洗净残余的磷，再用（1+1 000）高锰酸钾湿敷，外涂以保护剂，用绷带包扎
苯酚	先用大量水冲，再用4体积70%乙醇和1体积氯化铁（0.3 mol/L）的混合液洗
氯化锌、硝酸银	先用水冲，再用50 g/L碳酸氢钠漂洗，涂油膏及磺胺粉
酸类：硫酸、盐酸、硝酸、磷酸、乙酸、甲酸、草酸、苦味酸	用大量水冲洗，然后用碳酸氢钠的饱和溶液冲洗

假如眼睛受到化学灼伤，立即用洗瓶的水流冲洗，冲洗时要避免水流直射眼球，也不要揉搓眼睛。在大量细水流冲洗后，若是碱灼伤，再用200 g/L的硼酸溶液淋洗；若是酸灼伤，再用30 g/L碳酸氢钠溶液淋洗，然后送医院。

3）烫伤或烧伤

烫伤或烧伤按其伤势的轻重可以分为以下三级：

一级烧伤，皮肤红痛或红肿；

二级烧伤，皮肤起泡；

三级烧伤，组织破坏，皮肤呈现棕色或黑色，烫伤有时呈白色。

一旦发生烫伤或烧伤，若属一级或二级烧伤，可用90%~95%的酒精轻拭伤处，或用稀高锰酸钾溶液擦洗伤处，然后涂凡士林或烫伤油膏，切不可用水冲洗；若伤势较重，用消毒纱布小心包扎后，及时送医院就医。

4）炸伤

炸伤的处理方法与烧伤的处理方法基本相同，不过炸伤常伴有大量出血，应进行压迫止血。伤口在四肢上，可以在伤口上部包扎止血带。用止血带止血，每 0.5~1 h 应放松 1~2 min，放松时可用指压法止血。

1.2.2 有机化学实验常用仪器及装置

1. 玻璃仪器

化学实验室用的玻璃仪器一般用钾玻璃制成，实验玻璃仪器种类繁多。为了便于掌握和使用，常采用以下分类方法对玻璃仪器进行分类。

① 按玻璃仪器制作材料分为软质玻璃仪器和硬质玻璃仪器。软质玻璃仪器耐高温、耐腐蚀性差，价格相对便宜，如漏斗、量筒、干燥器等不耐高温的仪器。硬质玻璃仪器具有较好的耐高温和耐腐蚀性，可在温度变化较大的情况下使用，如烧杯、烧瓶、冷凝管等。

② 按玻璃性能分为可加热的玻璃仪器（如烧杯、烧瓶、试管等）和不宜加热的玻璃仪器（如量筒、移液管、容量瓶、试剂瓶等）。

③ 按其用途分为容器类玻璃仪器（如烧杯、试剂瓶、滴瓶、称量瓶等）、量器类玻璃仪器（如量筒、移液管、容量瓶、滴定瓶）、过滤器类玻璃仪器（如各种漏斗、抽滤瓶、玻璃抽气泵、洗瓶等），另外还有特殊用途类玻璃仪器（如称量瓶、干燥器、冷凝器、表面皿、比色管、比色皿等）。

使用时玻璃仪器应注意以下几点：①轻拿轻放；②厚壁玻璃仪器如吸滤瓶不能加热；③用灯焰加热玻璃仪器至少要垫上石棉网（试管除外）；④平底仪器如平底烧瓶、锥形瓶不耐压，不能用于减压系统；⑤广口容器不能贮放液体有机物；⑥不能将温度计当作玻璃棒使用。

在进行有机化学实验时必须正确选用玻璃仪器，例如，长颈圆底烧瓶常用于水蒸气蒸馏实验；三口烧瓶适用于带机械搅拌的实验；而克氏蒸馏瓶则适用于减压蒸馏实验。又如，直形冷凝管只适宜蒸馏沸点低于 140 ℃的物质，当蒸馏物质的沸点高于 140 ℃时，需使用空气冷凝管；至于球形冷凝管，由于其内管冷却面积较大，有较好的冷凝效果，适用于加热回流实验，但也不能冷却沸点高于 140 ℃的物质。

分液漏斗常用于液体的萃取、洗涤和分离；滴液漏斗常用于需将反应物逐滴加入反应器中的实验；布氏漏斗是瓷质的多孔板漏斗，在减压过滤时使用。小型多孔板漏斗用于减压过滤少量物质。

最常用的温度计是膨胀温度计，它有酒精温度计和汞温度计两种。前者适用于测量 0~60 ℃的温度范围，后者可测量-30~300 ℃的温度范围。一般选用高出被测物质可达到的最高温度 10~20 ℃的温度计比较合适。

常见的普通玻璃仪器如图 1.3 所示。

目前普遍生产和使用的很多玻璃仪器为标准磨口玻璃仪器，标准磨口玻璃仪器分为标准内磨口和标准外磨口两种。标准磨口玻璃仪器是按国际通用的技术标准制造的，我国已普遍生产和使用。由于玻璃仪器的容量及用途不同，标准磨口玻璃仪器有不同的编号，如 10、12、14、19、24、29、34、40、50 等。这些编号是指磨口最大端的直径（单位：mm，取最接近的整数）。有时也用两个数字表示标准磨口玻璃仪器的规格，如 14/30 表示磨口最大端直径 D 为 14 mm，磨口锥体长度 H 为 30 mm。

相同编号的磨口玻璃仪器，口径一致，连接紧密，使用时可以互换，组装成多种不同的

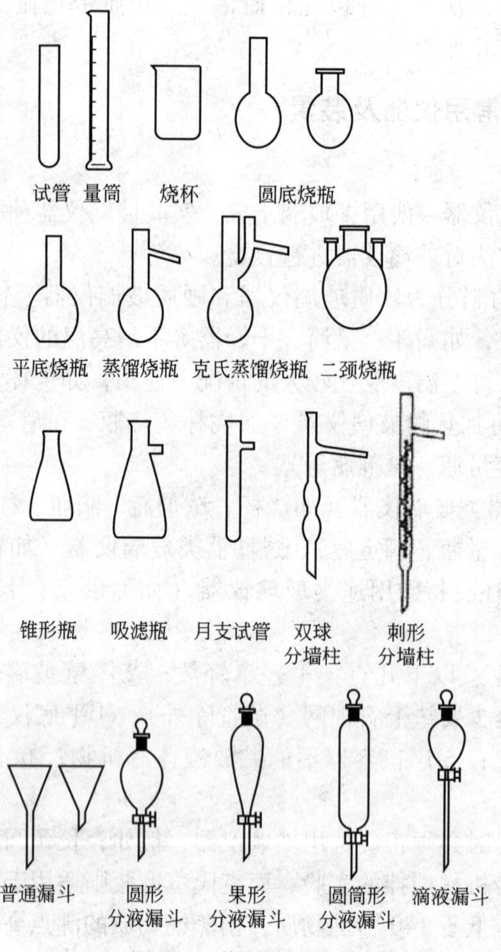

图 1.3 普通玻璃仪器

实验仪器装置。编号不同的磨口玻璃仪器无法直接相连，但可使用相应的不同编号的磨口接头使之连接。玻璃仪器的磨口应洁净，不能沾有固体物质，否则磨口不能紧密连接，甚至会损坏磨口。常用的标准磨口玻璃仪器如图 1.4 所示。

2. 常用装置

1）回流（滴加）装置

很多有机化学反应需要在反应体系的溶剂或液体反应物的沸点附近进行，这时就要用回流装置。回流装置如图 1.5 所示。

在图 1.5 中，(a) 是普通加热回流装置，(b) 是防潮加热回流装置，(c) 是带有吸收反应中生成气体的回流装置，(d) 是回流时可以同时滴加液体的装置，(e) 是回流时可以同时滴加液体并测量反应温度的装置。

在回流装置中，一般多采用球形冷凝管。因为蒸气与冷凝管接触面积较大，冷凝效果较好，尤其适合于低沸点溶剂的回流操作。如果回流温度较高，也可采用直形冷凝管。当回流温度高于 150 ℃时就要选用空气冷凝管。

回流加热前，应先放入沸石。根据瓶内液体的沸腾温度，可选用电热套、水浴、油浴或石

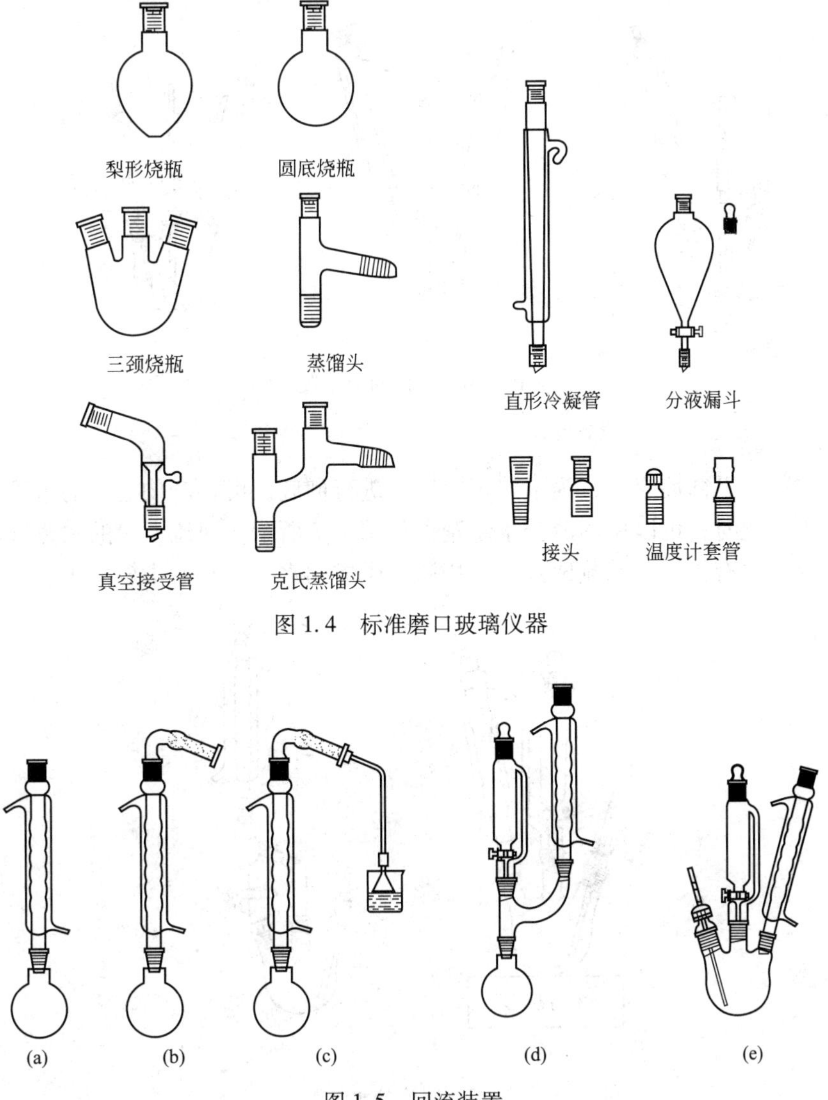

图 1.4　标准磨口玻璃仪器

图 1.5　回流装置

棉网直接加热等方式，在条件允许的情况下，一般不采用隔石棉网直接用明火加热的方式。

2）搅拌回流装置

当反应在均相溶液中进行时一般可以不要搅拌，因为加热时溶液存在一定程度的对流，从而保持液体各部分均匀地受热。如果是非均相间反应或反应物之一是逐渐滴加时，为了尽可能使其迅速均匀地混合，以避免因局部过浓过热而导致其他副反应发生或有机物的分解；有时反应产物是固体，如不搅拌将影响反应顺利进行；在这些情况下均需要进行搅拌操作。在许多合成实验中若使用搅拌装置，不但可以较好地控制反应温度，同时也能缩短反应时间和提高产率。

在图 1.6 中，（a）是可同时进行搅拌、回流和测量反应温度的装置，（b）是同时进行搅拌、回流和自滴液漏斗加入液体的装置，（c）是还可同时测量反应温度的搅拌回流滴加装置。

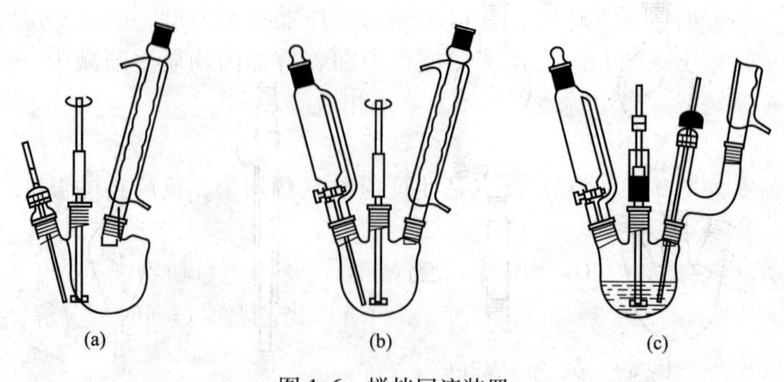

图 1.6　搅拌回流装置

3）回流分水装置

进行一些可逆平衡反应时，为了使正向反应进行彻底，可将产物之一的水不断从反应混合体系中除去，此时，可以用回流分水装置。如图 1.7 所示，回流下来的水蒸气冷凝液进入分水器，分层后，有机层自动流回到反应烧瓶，生成的水从分水器中放出去。

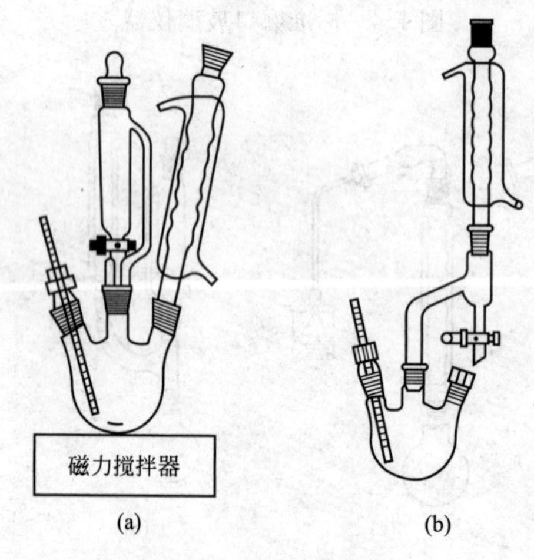

图 1.7　回流分水装置

1.2.3　加热和冷却

1. 加热

为了提高反应速率，大多数有机反应需要加热。加热的方法很多，可根据实验室的条件和具体实验的要求，选择不同的加热方法。常用的加热方法有空气浴、油浴、水浴、沙浴等。

1）空气浴

将玻璃仪器放在石棉网上方约 1 cm 处，用煤气灯加热，其中间的间隙充满热空气，这就是最简单的空气浴。但因加热较猛，受热不均匀，故不适用于回流低沸点易燃液体，也不能用于减压蒸馏。

半球形的电热套可进行比较好的空气浴，因为电热套中的电热丝是被玻璃纤维包裹着的，较安全，一般可加热至 400 ℃，并可用调压变压器控制温度。电热套主要用于回流加热，不宜用蒸馏或减压蒸馏，因为在蒸馏过程中随着容器内物质逐渐减少，会使容器壁过热。电热套有各种规格，取用时要与容器的大小相适应。

2）油浴

油浴适用温度为 100~350 ℃，优点是使反应物受热均匀，反应物的温度一般应低于油浴液 20 ℃左右。

常用的油浴液有甘油（140~150 ℃）、石蜡油（200 ℃）、植物油（220 ℃）（如菜油、蓖麻油、花生油等）、高温导热油（350 ℃）。由于植物油温度过高时会分解，常加入 1%对苯二酚等以增加热稳定性。

用油浴加热时，不要让水溅入油中；油量不能过多，油浴中应挂一支温度计，以监测浴温；当油受热冒烟时，应立即停止加热。

加热完毕取出反应容器时，仍用铁夹夹住反应容器令其离开液面悬置片刻，待容器壁上附着的油滴完后，用纸或干布揩干。

3）水浴

当加热的温度不超过 100 ℃时，最好使用水浴加热。使用水浴时，要使水浴液面稍高于容器内的液面，但勿使容器触及水浴器壁或其底部。由于水会不断蒸发，加热过程中要适当添加热水。但要强调的是，决不能用水浴加热金属钾和钠。

4）沙浴

沙浴一般是用铁盆装干燥的细沙（海沙或河沙），把反应容器半埋沙中加热，适用的加热温度为 250~350 ℃。沙浴升温慢且不易控制，温度分布也不均匀，因此，插入沙浴中的温度计水银球要靠近反应器。

2. 冷却

在有机实验室中，有时需要加热，有时也需要冷却。冷却是指使用冷却剂，在一定的低温条件下进行反应、分离提纯等。最常用的冷却剂是水、冰-水混合物、如需更低的温度（0 ℃以下），则可采用冰-盐混合物。不同的盐和冰，按一定比例可制成制冷范围不同的冷却剂，见表 1.4。

表 1.4 常用冰-盐冷却剂及其冷浴的最低温度

冷却剂	盐的质量分数/%	冷浴的最低温度/℃	冷却剂	盐的质量分数/%	冷浴的最低温度/℃
NaCl+冰	10	−6.56	$CaCl_2$+冰	22.5	−7.8
	15	−10.89		29.8	−55
	23	−21.13	KCl+冰	19.75	−11.1
K_2CO_3+冰	39.5	−36.5	NH_4Cl+冰	18.6	−15.8

使用干冰（固体二氧化碳）可冷却到−60 ℃以下，如将干冰加到甲醇或丙酮等适当溶剂中，可冷至−78 ℃，但当开始加入时会猛烈起泡。

使用液氮可冷至−196 ℃。在低于−38 ℃时，不能使用水银温度计，因为水银会凝固，故必须使用有机液体低温温度计。

国产低温浴槽，带有机械搅拌，有内冷式和外冷式两种。

制冷设备的冷却方式有直接冷却和间接冷却两种。直接冷却是将制冷机的蒸发器装设在制冷装置的箱体或建筑物内，利用制冷剂的蒸发直接冷却其中的空气，靠冷空气冷却需要冷却的物体。这种冷却方式的优点是冷却速度快，传热温差小，系统比较简单，因而得到普遍应用。间接冷却是靠制冷机蒸发器中制冷剂的蒸发，从而使载冷剂（如盐水）冷却，再将载冷剂输入制冷装置的箱体或建筑物内，通过换热器冷却其中的空气。这种冷却方式冷却速度慢，总传热温差大，系统也较复杂，故只用于较少的场合，如盐水制冰和温度要求恒定的冷库等。

按照冷却目的和冷量利用方式的不同，制冷装置大体可分为冷藏用制冷装置、实验用制冷装置、生产用制冷装置和空调用制冷装置四类。

冷藏用制冷装置主要用于在低温条件下贮藏或运输食品和其他货品，包括各种冰箱、冷库、冷藏车、冷藏船和冷藏集装箱等。

1.2.4　蒸馏

1. 基本原理

蒸馏是一种热力学的分离工艺，它利用混合液体或液-固体系中各组分沸点不同，使低沸点组分蒸发，再冷凝以分离整个组分的单元操作过程，是蒸发和冷凝两种单元操作的联合。与其他的分离手段（如萃取等）相比，它的优点在于不需要使用系统组分以外的其他溶剂，从而保证不会引入新的杂质。

在常压下将液体物质加热至沸腾使之汽化，然后将蒸气冷凝为液体并收集到另一容器中，这两个过程的联合操作叫作常压蒸馏，通常简称为蒸馏。

将液体加热，其饱和蒸气压随温度升高而增大，当增大至与外界压力（通常是大气压力）相等时，液体沸腾，此时的温度称为该液体的沸点。

当液体混合物沸腾时，液体上面的蒸气组成与液体混合物的组成是不一样的，由于低沸点物质比高沸点物质容易汽化，在开始沸腾时，蒸气中主要含有低沸点组分，可以先蒸馏出来。随着低沸点组分的蒸出，混合液中高沸点组分的比例增大，致使混合物的温度也随之升高，当温度升至相对稳定时，再收集馏出液，即得高沸点组分。这样沸点低的物质先蒸出，沸点高的随后蒸出，不挥发的留在容器中，从而达到分离和提纯的目的。显然，通过蒸馏可以将易挥发和难挥发的物质分离开来，也可将沸点不同的物质进行分离。但各物质的沸点必须相差较大（一般在 30 ℃以上）才可得到较好的分离效果。

纯净的液体有机化合物在蒸馏过程中温度基本恒定，沸程很小，因此利用这一点可以测定有机化合物的沸点。用蒸馏法测定沸点叫作常量法。

在实际应用中，通常采用蒸馏法测定有机化合物的沸程。沸程是指在规定条件下（101.325 kPa，0 ℃），对规定体积（一般为 100 mL）的试样进行蒸馏，第一滴馏出液从冷凝管末端滴下的瞬间温度（称为初馏温度）至蒸馏烧瓶最后一滴液体蒸发的瞬间温度（称为末馏温度）的间隔。纯化合物的沸程很小，一般为 0.5~1 ℃，若含有杂质则沸程增大，因此可以根据沸程判断有机物的纯度。值得注意的是，某些有机化合物和其他组分形成了共沸混合物，沸程也很小，但不是纯物质。例如，95.6%乙醇和 4.4%水形成的二元恒沸混合物，具有固定的沸点 78.17 ℃（纯乙醇的沸点为 78.3 ℃）。

2. 蒸馏装置

1）蒸馏装置的组成

蒸馏装置由主要包括汽化、冷凝和接受三部分，普通蒸馏装置如图 1.8 所示，普通蒸馏装置（标准磨口仪器）如图 1.9 所示。

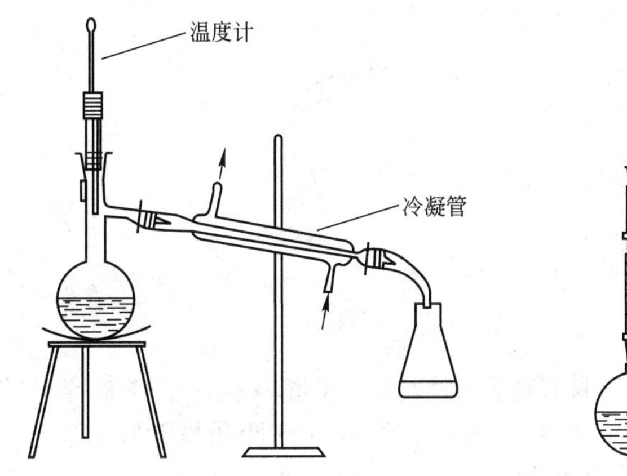

图 1.8　普通蒸馏装置

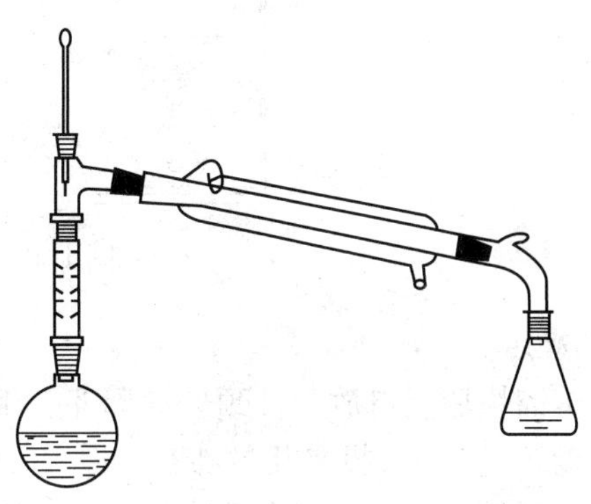

图 1.9　普通蒸馏装置（标准磨口仪器）

(1) 汽化部分

汽化部分由圆底烧瓶和蒸馏头（或用蒸馏烧瓶代替）、温度计组成。液体在圆底烧瓶中受热汽化，蒸气从侧管进入冷凝管中。选择圆底烧瓶规格时，以被蒸馏物的体积不超过其容量的 2/3，不少于 1/3 为宜。

(2) 冷凝部分

冷凝部分由冷凝管组成。蒸气进入冷凝管的内管时，被外层套管中的冷水冷凝为液体。

(3) 接受部分

接受部分由尾接管和接受器（常用圆底烧瓶或锥形瓶）组成。冷凝的液体经尾接管收集到接受器中。如果蒸馏所得的物质为易燃或有毒物质时，应在尾接管的支管上接一根橡胶管，并通入下水道内或引出室外，若沸点较低，还要将接受器放在冷水浴或冰水浴中冷却。

2）蒸馏装置的装配

首先选择合适规格的仪器，如果用普通仪器，要配妥各连接处的木塞。安装顺序一般从热源开始，首先在铁架台上放置热源（煤气灯、热源或电热套），选定蒸馏烧瓶的位置，用铁夹夹住；在另一铁架台上用铁夹夹住冷凝管的中上部，调整铁架台和铁夹的位置，使冷凝管的中心线与蒸馏烧瓶支管的中心线成一直线。然后松开冷凝管铁夹，移动冷凝管，装上接引管和接收器。最后将配有木塞的温度计插入蒸馏烧瓶的上口，调整温度计的位置使其水银球上端的位置恰好与蒸馏烧瓶支管的下缘处于同一水平线上。如采用直形冷凝管，冷凝水应从下口进入，上口流出，并使上端的出水口朝上，保证冷凝管套管中充满水，当所蒸馏液体的沸点高于 140 ℃时，应换用空气冷凝管，空气冷凝管是靠管外空气将管内蒸气冷凝为液体的（如图 1.10 所示）。

蒸馏装置安装完毕应检查仪器有无破损，从正面或从侧面观察整套装置的轴线是否处于同一平面，是否装配严密，是否与大气相通（防止造成密闭系统而发生爆炸）。经检查确认装置正确、安全后方能开始实验操作。

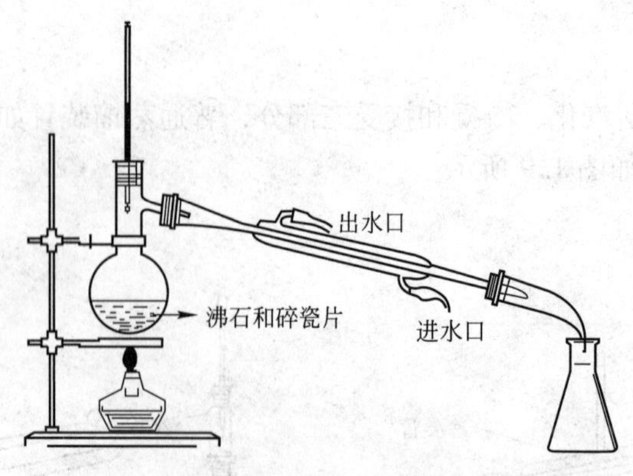

图 1.10　装配蒸馏装置

3. 蒸馏操作

于蒸馏烧瓶上口放一长颈玻璃漏斗，倒入待蒸馏液体，液量不能少于烧瓶容量的 1/3，但也不能超过 2/3，投入几粒沸石，插入温度计。检查装置的气密性和与大气相通处是否畅通后，打开水龙头，缓缓通入冷凝水。开始加热时，可以让温度上升稍快些，当液体开始沸腾时，可看到蒸气徐徐上升，同时液体开始回流，当蒸气达到温度计水银球时，温度急剧上升，这时调小火焰，使水银球上液滴和蒸气温度达到平衡。然后再稍加大火焰，进行蒸馏。注意控制火焰，使温度计水银球始终挂有液珠，此时的温度为气、液平衡的温度。温度计的读数即为溜出液的沸点。控制蒸馏速度，以每秒馏出 1~2 滴为宜。

在实验记录本上记录第一滴馏出液滴入接受器时的温度。如果所蒸馏的液体中含有低沸点的前馏分，待前馏分蒸完，温度趋于稳定后，应更换接收器，收集所需要的馏分，并记录所需要的馏分开始馏出和最后一滴馏出时的温度，即该馏分的沸程。

如果维持原来的加热温度，不再有馏出液时。温度会突然下降，这时应停止蒸馏，即使杂质含量很少，也不能蒸干，以免烧瓶炸裂。

蒸馏低沸点、易燃液体特别如乙醚时，决不能用煤气灯直接加热（附近也应禁止使用明火），也不能用煤气灯加热水浴做热浴，而应该使用预先热好的水浴（加热水浴时，易燃物应保存在柜子里）并经常在水浴中添加热水以保持必需的温度。

当烧瓶中残留少量液体时，应移开火焰，停止蒸馏，停止通冷却水。按安装时相反的顺序逐一拆除仪器，并将其洗净、倒置、晾干。

1.2.5　分馏

1. 基本原理

蒸馏法始于分离沸点差大于 30 ℃的液体混合物，而对于沸点相差小于 30 ℃的液体混合物的分离，需采用分馏的方法。这种方法在实验室和工业上广泛应用。工业上将分馏称为精馏，它是分离、提纯沸点相近的液体混合物的常用方法。目前最精密的精馏设备可将沸点相差仅 1~2 ℃的液体混合物较好地分离开。实验室中通常采用分馏柱进行分馏，称为简单分馏。

简单分馏是利用分馏柱经多次汽化、冷凝，实现多次蒸馏的过程，因此又叫作多级蒸馏。当液体混合物受热汽化后，其混合蒸气进入分馏柱，在上升过程中，由于受到柱外空气的冷却作用，高沸点组分被冷凝成液体流回烧瓶中，使柱内上升的蒸气中低沸点组分含量相对增大；冷凝液在流回烧瓶的途中与上升的蒸气相遇，二者进行热交换，上升蒸气中的高沸点组分又被冷凝，低沸点组分蒸气则继续上升，经过在柱内反复多次的汽化、冷凝，最终使上升到分馏柱顶部的蒸气接近于纯的低沸点组分，而冷凝流回的液体则接近于纯的高沸点组分，从而达到分离的目的。与蒸馏一样，分馏操作也不能用来分离恒沸混合物。

2. 分馏装置

分馏装置是由圆底烧瓶、分馏柱、冷凝管、接引管和接受器组成，如图 1.11 所示。

为了分离沸点相近的液体混合物，要求分馏柱内的气、液相能广泛紧密接触，以利于热交换，分馏柱应有足够的高度，分馏柱自下而上应保持一定的温度梯度。

分馏柱的种类很多，实验室中常用的有刺形分馏柱（如图 1.12（a）所示）、填充分馏柱（如图 2.10（b）和（c）所示）。刺形分馏柱，又称维氏分馏柱，高度为10~60 cm，视需要选用。其优点为分馏时黏附在柱内的液体少，但分馏效率较填充分馏柱低。填充分馏柱内填各种形状、尺寸不一的玻璃珠、玻璃环或陶瓷环、金属螺旋圈或钢丝棉等。填料之间要有一定的空隙，并在分馏柱底部放入一些玻璃丝或钢丝棉，以防填料落入烧瓶。

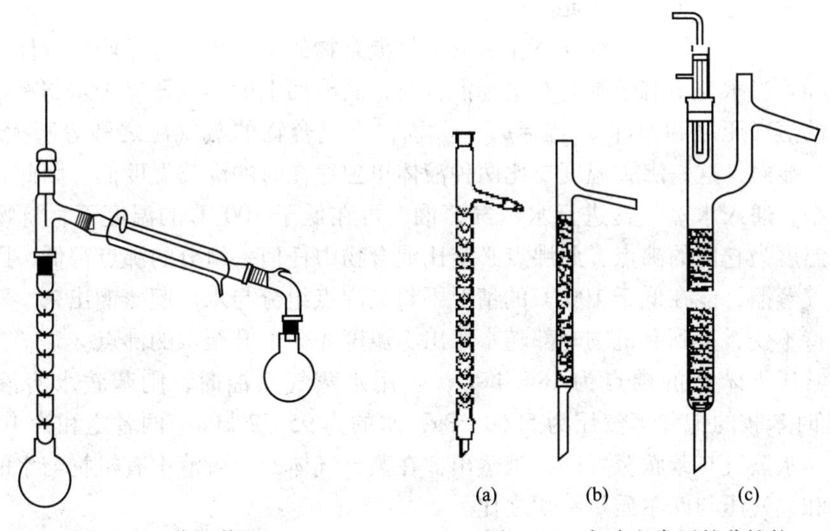

图 1.11　分馏装置

图 1.12　实验室常用的分馏柱

分馏柱效率与柱的高度、绝热性和填料类型有关。柱身越高、绝热性越好、填料越紧密均匀，分馏效果就越好，但柱身越高操作时间也相应延长，因此选择的高度要适当。为使分馏柱内保持一定的温度梯度，加热不能过猛，蒸馏速度不能太快，为减少热量损失，防止回流液体在柱内聚集，需要在柱外缠绕石棉绳或其他保温材料；如液体沸点较高，则需要安装真空外套或电热外套管。

3. 分馏操作

将待分馏物质倾倒入圆底烧瓶中，其量以不超过圆底烧瓶容量的 1/2 为宜，烧瓶里加1~2粒沸石。安装并仔细检查整套装置后，先开通冷凝水，根据待分馏液的沸点范围选择合适的热浴加热，缓缓升温，待液体沸腾，温度计水银球部出现液滴时，移去火焰，使蒸气全部冷凝回流，以便充分润湿填料，然后增大火焰，使液体平稳沸腾，当蒸气上升至分馏柱顶部，调节火源，使蒸气缓慢上升以保持分馏柱内有一个均匀的温度梯度，并有足够量的液体从分馏柱流向烧瓶，控制馏出液速度为每滴2~3 s为宜，选择合适的回流比。根据实验规定的要求，分段收集馏分，记录各馏分的沸点范围及体积。待低沸点组分蒸完后，温度会骤然下降，此时应更换接受器，继续升温，按要求接收不同温度范围的馏分。

1.2.6 水蒸气蒸馏

1. 基本原理

水蒸气蒸馏是分离和提纯具有一定挥发性的有机化合物的重要方法之一。在不溶或难溶于水但具有一定挥发性的有机物中通入水蒸气，使有机物在低于100 ℃的温度下随水蒸气蒸馏出来，这种操作过程称为水蒸气蒸馏。

水蒸气蒸馏常用于下列情况：

(1) 在常压下蒸馏，有机物会发生氧化或分解反应；

(2) 混合物中含有焦油状物质，用通常的蒸馏或萃取等方法难以分离；

(3) 液体产物被混合物中较大量的固体所吸附或要求除去挥发性杂质。

利用水蒸气蒸馏进行分离提纯的有机化合物必须是不溶于水也不与水发生化学反应，在100 ℃左右具有一定蒸气压的物质。

根据道尔顿分压定律，两种互不相溶的液体混合物的蒸气压，等于两种液体单独存在时的蒸气压之和。当水与不溶于水的有机物混合时，其液面上的蒸气压等于水与有机物各组分单独存在时的蒸气压之和，即 $p_{混合物}=p_{水}+p_{有机物}$，当混合物的蒸气压之和等于大气压力时，就开始沸腾。显然，这一沸腾温度要比两种液体单独存在时的沸腾温度低。因此，在不溶于水的有机物中，通入水蒸气，进行水蒸气蒸馏，可在低于100 ℃的温度下，将物质蒸馏出来。这时的温度为它们的沸点，此沸点必定比混合物中任何一组分的沸点都低，因此，常压下应用水蒸气蒸馏，能在低于100 ℃的情况下将高沸点组分与水一起蒸馏出来。蒸馏时，混合物沸点保持不变，直到有机物全部随水蒸出，温度才会上升至水的沸点。

例如，常压下苯胺的沸点为184.4 ℃，当用水蒸气蒸馏时，则苯胺水溶液的沸点为98.4 ℃，此时苯胺的饱和蒸汽压为5.60 kPa，水的为95.72 kPa，两者之和为101.32 kPa，等于大气压。水蒸气与苯胺蒸气同时被蒸出，在蒸出气体的冷凝液中有机物与水的质量比等于各自的饱和蒸气压与摩尔质量乘积之比。

$$\frac{m_{有机物}}{m_{水}}=\frac{p^{\circ}_{有机物}\cdot M_{有机物}}{p^{\circ}_{水}\cdot M_{水}}$$

式中，$m_{有机物}$，$m_{水}$分别为有机物和水的质量，$p^{\circ}_{有机物}$和$p^{\circ}_{水}$分别为沸腾温度下有机物和水的饱和蒸气压，$M_{有机物}$和$M_{水}$是有机物和水的摩尔质量。以苯胺水蒸气蒸馏为例，苯胺与水的质量比为：

$$\frac{m_{苯胺}}{m_{水}}=\frac{5.60\ \text{kPa}\times 93\ \text{g/mol}}{95.73\ \text{kPa}\times 18\ \text{g/mol}}\approx\frac{1}{3.3}$$

也就是说每蒸出3.3 g水可带出1 g苯胺，即馏出液中苯胺的质量分数约为23%。上述关系式只适用于不溶于水的化合物，然而在水中完全不溶的化合物是没有的，因此，这种计算只能得到理论上的近似值。由于苯胺微溶于水，故而它在馏出液中实际的含量比理论值低。

2. 水蒸气蒸馏装置

水蒸气蒸馏装置一般由水蒸气发生器和蒸馏装置两部分组成，如图1.13所示。

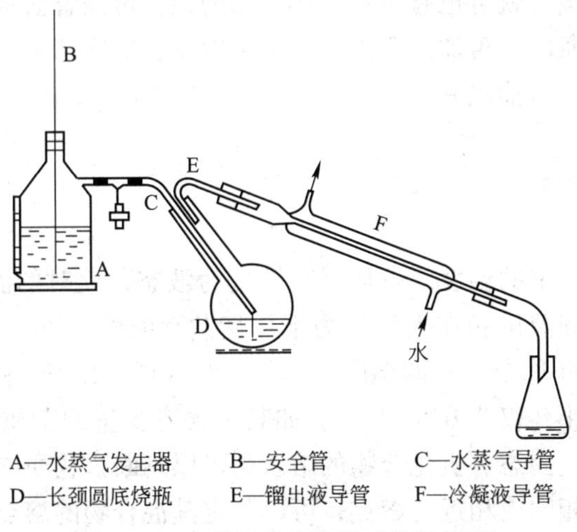

图 1.13 水蒸气蒸馏装置（普通仪器）

水蒸气发生器通常为铜制容器（也可用 1 000 mL 圆底烧瓶代替），通常加水量以不超过其容积的 2/3 为宜。在水蒸气发生器上口插入一支长度约为 1 m，直径约为 5 mm 的玻璃管并使其接近底部，作为安全管。当容器内压力增大时，水就沿安全管上升，从而调节内压。

水蒸气发生器的蒸气导出管经 T 形管与伸入烧瓶内的蒸气导入管连接，T 形管的支管套有一短橡胶管并配有螺旋夹。它的作用是可随时排出在此冷凝下来的积水，并可在系统内压力骤增或蒸馏结束时，释放蒸气，调节内压，防止倒吸。

蒸馏部分通常由长颈圆底烧瓶和直形冷凝管等组成。长颈圆底烧瓶与桌面成 45°斜放，以防飞溅的液体泡沫冲入冷凝管中。用铁夹夹住烧瓶，烧瓶口装有双口软木塞，一孔插入水蒸气导管，其外径不小于 7 mm，以保证水蒸气畅通，末端正对着烧瓶底部，距底部 8～10 mm，以利于水蒸气和被蒸馏物质充分接触，并起搅动作用；另一孔插入馏出液导管，其外径略粗一些，约为 10 mm，以利于水蒸气和有机物蒸气通畅地进入冷凝管，避免蒸气导出受阻而增加长颈圆底烧瓶中的压力。馏出导管常弯成 30°，连接烧瓶的一端应尽可能短一些，插入双孔软木塞后露出约 5 mm，通入冷凝管的一段则允许稍长一些，可起部分冷凝作用。为使馏出液充分冷却宜采用长的直型冷凝管，冷却水的流速也应大一些。

3. 水蒸气蒸馏操作

将待蒸馏的物质倒入烧瓶，其量不能超过其容积的 1/3。安装水蒸气蒸馏装置操作前，应检查水蒸气蒸馏装置严密不漏气。检查整套装置气密性后，先开通冷凝水并打开 T 形管的螺旋夹，再开始加热水蒸气发生器，直至沸腾。当 T 形管处有较大量气体冲出时，立即旋紧螺旋夹，蒸气便进入烧瓶中。这时可看到瓶中的混合物不断翻腾，表明水蒸气蒸馏开始进行。适当调节蒸气量，控制馏出速度 2～3 滴/s。为使水蒸气不致在烧瓶中过多冷凝，特别是在室温较低时，可用小火加热烧瓶，蒸馏时应随时注意安全管中水柱的高度，防止系统堵塞。一旦发生水柱不正常上升或烧瓶中的液体有倒吸现象，则应立刻打开螺旋夹，移去火焰，找出发生故障的原因，并予以排除，方可继续蒸馏。当馏出液无油珠并澄清透明时，便可停止蒸馏。这时应先松开 T 形管的螺旋夹，解除系统压力，然后移去火焰，停止加热，稍冷却后，再关闭冷凝水，以防烧瓶中的液体倒吸。

如果只需要少量水蒸气就可把有机物全部蒸出的话，可以省去水蒸气发生器，只要将有机物与水一起加入蒸馏瓶内，再加几粒沸石，接通冷凝管的冷却水，在石棉网上用煤气灯加热就可将有机物与水一并蒸馏出来。

1.2.7 熔点的测定

1. 基本原理

固体有机物加热到一定的温度，就从固态转变为液态，此时的温度即为该物质的熔点。严格地说，熔点是物质固液两相在大气压力下平衡共存时的温度。物质从开始熔化（称始熔或初熔）至完全熔化（称全熔）的温度范围称熔距（或称熔程、熔点范围）。纯的有机物有固定的熔点，熔距很小，仅为0.5~1 ℃。如其中含有少量的杂质，熔点一般会下降，熔距显著增大。因此，测定固态有机化合物的熔点，可以判断该物质的纯度。

如果两种物质具有相同或相近的熔点，可以测定其混合物的熔点来判断它们是否为同一物质。因为相同的两种物质，以任何比例混合时，其熔点不变。相反，两种不同物质的混合物，通常熔点下降。例如肉桂酸和尿素，它们各自的熔点都是135 ℃，但把它们等量混合，再测其熔点时，则比135 ℃低很多，而且熔距大。这种混合熔点实验，是用来检验两种熔点相同或相近的有机物是否为同一物质的最简便的方法。

熔点测定有两种方法：常量法和微量法。常量法测定熔点比较准确，但需要较大量的试样才能满足测定熔点的需要。因此，测定有机物的熔点，通常采用微量法，下面详细介绍微量法。

2. 测定熔点的装置

测定熔点有两种经常采用的装置：双浴式熔点测定装置和齐列熔点测定管。双浴式熔点测定装置通过油浴和空气浴加热试样，试样受热均匀，温度上升缓慢，所以准确性较高，熔点范围较小；但装置稍复杂，加入的热浴物质（如甘油、石蜡油等）用量较多，测定熔点的速度较慢。齐列熔点测定管装置简单，使用方便，测定速度快；但加热不够均匀，所测熔点的温度范围大，准确性稍差。上述两种装置如图1.14所示。

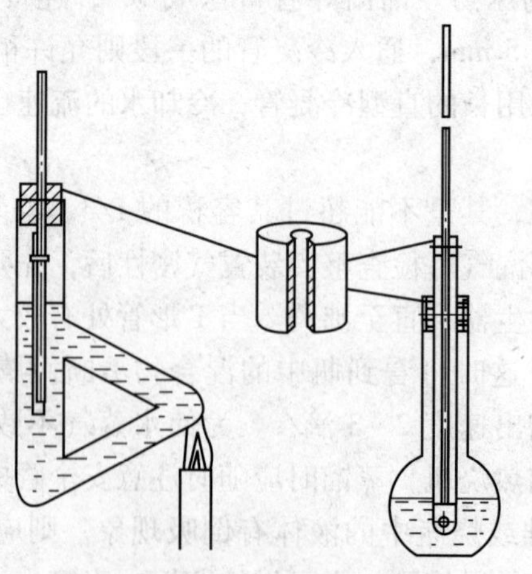

(a) 齐列熔点测定管　　(b) 双浴式熔点测定装置

图1.14　熔点测定装置

不论哪种装置，所配的塞子最好是软木塞，因为软木塞的耐热性好，而橡皮塞在高温下易变黏。在软木塞上一定要锉一通气孔，因为加热时仪器内的空气膨胀，如无通气孔，内部压力太大时，易将塞子爆出，不仅使实验失败，还易造成事故。

3. 测定方法

将干燥过的研磨成粉末状的待测样品置于干燥、洁净的表面皿上，堆成小堆，然后将熔点管（外径为 1~1.2 mm，长度为 70~75 mm）开口一端垂直插入样品中，再将毛细管开口端朝上，在桌面上蹾几下，如此重复取试样数次，最后使毛细管从直立的 40~50 cm 长的玻璃管中自由落下至表面皿上，这样重复几次，使试样在毛细管中致密均匀，试样高度为 2~3 mm。把装好试样的毛细管用一细橡皮圈套在温度计上，毛细管应处于温度计的外侧，以便于观察，并使装样品部分正好处在水银球的中部。按图 1.14 把上述温度计置于齐列熔点管中（油浴液体为甘油或液体石蜡），并使温度计水银球的中点处在上下两支管口连线的中部（双浴式熔点测定装置中，温度计的水银球距试管底 0.5 cm，试管离瓶底约 1 cm）。检查装置无误后，开始加热，控制升温速度为 5 ℃/min。仔细观察温度的变化及样品是否熔化，记录熔化时的温度，即为试样的粗测熔点，移去火焰，待浴温冷至粗测熔点以下 30℃左右，即可进行第二次精测。精测时，将温度计从齐列熔点测定管中取出，更换一根新装试样的毛细管后，开始加热，初始升温速度允许 10 ℃/min，以后减至 5 ℃/min，待温度升至离粗测熔点约 10 ℃时，调小火焰，控制升温速度在约 1 ℃/min，并仔细观察试样的变化，记录试样塌陷并在边缘部分开始透明时（开始熔化）和全部透明（全部熔化）时的两个温度，即为试样的熔点范围（注意，绝不可取两个温度的平均值）。物质的纯度越高，熔距越小，升温越快，测定熔点范围的准确程度越低。测定熔点时，须用校正过的温度计。每个样品需精测两次，测得结果要平行（相差不大于 0.5 ℃），否则需测第三次。

1.2.8　沸点的测定

1. 基本原理

液体在一定的温度下具有一定的蒸气压，当液体受热时，分子运动加剧，分子从液体表面逸出的倾向增大，液体蒸气压随之升高，当达到与外界大气压相等时，液体开始沸腾，这时的温度就是该液体的沸点。显然液体的沸点与外界压力有关，外界压力越大，液体沸腾时的蒸气压也越大，沸点也越高；反之，外界压力越小，液体沸腾时的蒸气压也越小，沸点也越低。通常所说的沸点是指外界压力为 101.325 kPa 时，液体沸腾时的温度。

在一定的压力下，纯液体物质的沸点是恒定的，而当液体不纯时，沸点会有所偏差。运用这一特点可定性鉴定液体物质的纯度。但具有恒定沸点的物质不一定是纯物质，有时，不同比例的几种物质混合在一起，可以形成恒沸混合物。例如，95.6%的乙醇和 4.4%的水混合在 78.2 ℃时沸腾，形成恒沸混合物。

表 1.5 列出了部分标准化合物的沸点。

表 1.5　标准化合物的沸点

化合物名称	沸点/℃	化合物名称	沸点/℃	化合物名称	沸点/℃
溴乙烷	38.4	水	100.1	苯胺	184.5
丙酮	56.1	甲苯	110.6	苯甲酸甲酯	199.5

续表

化合物名称	沸点/℃	化合物名称	沸点/℃	化合物名称	沸点/℃
氯仿	61.3	氯苯	131.8	硝基苯	210.9
四氯化碳	76.8	溴苯	156.2	水杨酸甲酯	223.0
苯	80.1	环己醇	161.1	对硝基甲苯	238.3

沸点测定方法有常量法和微量法两种。常量法沸点测定用的是蒸馏装置，操作与简单蒸馏相同。此法需要较多的样品（10 mL）以上，安装时，冷凝管进入接受器部分不少于 25 mm，也不能低于量筒的 100 mL 刻度线。接受器口塞上棉花，并确保向冷凝管稳定地提供冷凝水。记下第一滴和最后一滴流出液从冷凝管流出时温度计读数，此温度范围为该液体的沸点范围或称为沸程。

微量法测定沸点，可采用图 1.15 所示的沸点测定管，在盛有热浴的齐列熔点测定管中进行。此法为《化学试剂沸点测定通用方法》（GB/T 616—2006）中规定的装置和方法。

2. 沸点测定管的准备

1）外管的制作

用内径 1 cm、壁厚 1 mm 的玻璃管拉制成内径约为 4 mm 的细管，截取长为 70~80 mm 的一段，封闭其一端，封口底要薄，此管作为外管。

2）内管的制作

内管又称起泡管，它有两种制作方法。（1）取内径为 1 mm、长度为 80~90 mm 的两根毛细管，各将其一端熔封，然后将两封口在灯焰上对接，冷却后，在离接线头 4~5 mm 处平整地截断，作为内管。（2）取一内径 1 mm、长为 80~90 mm 的毛细管，封闭其一端作为内管。

用细吸管置几滴液体样品于外管中，样品高度约 10 mm，将内管插入外管，并使其封口对接处位于样品液面以下，然后将沸点管用橡皮圈固定于温度计的一侧，使外管中样品的位置处于温度计水银球的中部，如图 1.15（b）或（c）。将温度计插入齐列熔点测定管的热浴中，插入深度与测定熔点时要求相同。

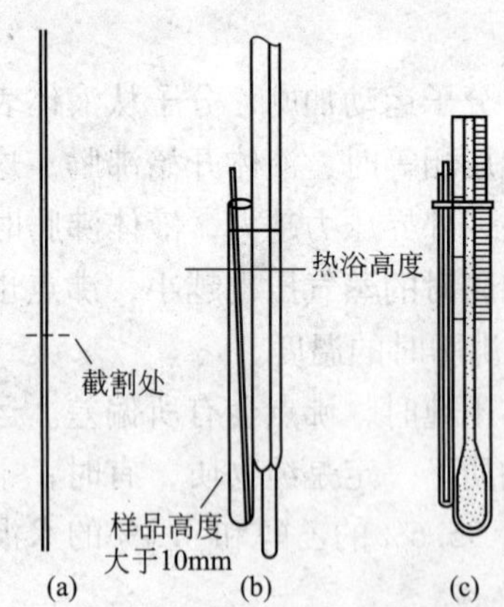

图 1.15 微量法沸点测定管

3. 测定方法

将热浴慢慢地加热，使温度均匀上升，由于气体受热膨胀，内管中便有断断续续的小气泡冒出，当温度上升到接近样品的沸点时，气泡增多，此时应调节火焰，降低升温速度。当温度稍高于样品沸点时，便有一连串的小气泡出现，立即停止加热，使浴温自行冷却。气泡逸出的速度渐渐减慢，仔细观察并记录最后一个气泡出现而刚欲缩回内管时的温度，即为毛细管内液体的蒸气压与外界压力平衡时的温度，即该液体样品的沸点。可重复测定几次，要求几次温度计读数相差不超过 1 ℃。

1.2.9 升华

1. 基本原理

固态物质不经过液态而直接变为气态的过程称为升华。

升华是提纯某些固体物质的方法之一。利用升华可以除去不挥发性杂质，还可以分离不同挥发度的固体混合物。经过升华可以得到纯度较高的产品，但是只有具备下列条件的固体物质。才可以用升华的方法进行纯化。

(1) 欲升华的固体在较低温度下具有较高的蒸气压。

(2) 固体与杂质的蒸气压差异较大

可见，用升华法提纯固体物质有一定的局限性。此外，由于操作时间较长，损失也较大，通常仅用来提纯少量的固体物质。

升华可在常压或减压条件下进行。如果在常压下升华的效果较差，则可在减压下进行。表 1.6 列出樟脑、萘醌的温度和蒸气压的关系。

表 1.6　樟脑、萘醌的温度和蒸气压的关系

樟脑（熔点 179 ℃）	温度/℃	20	60	80	100	120	160	179
	蒸气压/kPa	0.02	0.07	1.22	2.73	6.41	29.17	49.33
萘醌（熔点 286 ℃）	温度/℃	200	220	230	240	250	270	
	蒸气压/kPa	0.24	0.59	0.95	1.64	2.67	7.01	

以含杂质樟脑的升华为例，樟脑在 160 ℃时蒸气压为 29.17 kPa，故它在受热温度达到熔点以前就有很高的蒸气压，只要慢慢加热，樟脑就可以在熔点以下不经过融化直接变为蒸气，蒸气遇冷即成固体，其蒸气压可一直维持在 49.33 kPa 以下，直至樟脑蒸发完为止，残留的则是难挥发的杂质。

升华的优点是不用溶剂，产物纯度高，但损失较大，因此实验室里一般用于较少量(1~2 g)化合物的纯化。

2. 常压升华

常用的常压升华装置如图 1.16（a）所示。将干燥研细的待升华物质均匀地铺放在蒸发皿中，上面盖一张刺有十余个小孔（孔径约 3 mm）的滤纸，然后将大小合适的玻璃漏斗(其直径既小于蒸发皿，也小于滤纸）倒盖在上面，漏斗颈部塞上蓬松的棉花或玻璃毛，以减少蒸气外逸。用沙浴或石棉网上空气浴小火加热，逐渐升高温度，将温度控制在固体的熔点以下，使其慢慢升华。蒸气通过滤纸小孔后冷凝为晶体，附着在漏斗内壁或滤纸上，升华结束后，用刮刀将晶体轻轻刮下，收集于洁净的表面皿上，即得纯净产物。

较多物质的升华，可在烧杯中进行，如图 1.16（b）所示。烧杯上面放一个圆底烧瓶，烧瓶用流动的冷水冷却，升华物则凝结在烧瓶底部。

3. 减压升华

对于蒸气压较低或受潮易分解的固体物质，一般采用减压升华。减压升华装置如图 1.17 所示。

把待升华的固体物质放入吸滤管中，用装有冷凝管的橡皮塞紧密地塞住管口。以水泵或油泵减压，将吸滤管浸入水浴或油浴中缓慢加热，升华物质冷凝于冷凝管的表面。升华结束后应慢慢使体系接通大气，以免空气突然进入而把冷凝管上的晶体吹落。小心取出冷凝管。

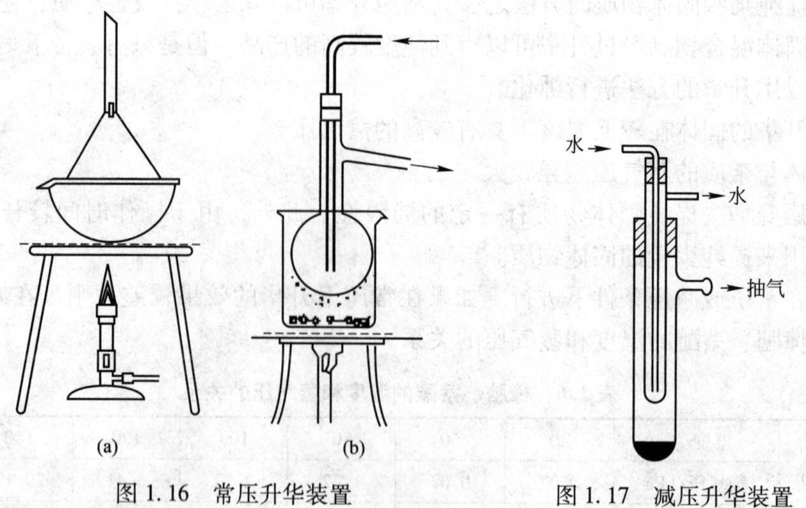

图 1.16　常压升华装置

图 1.17　减压升华装置

1.2.10　萃取

1. 基本原理

用溶剂从固体或液体混合物中提取所需要的物质，这一过程称为萃取。它是提取和纯化有机化合物的一种常用方法。例如，通过萃取可洗去混合物中少量杂质（称为洗涤），还可以从天然产物中提取所需要的物质。

萃取通常有两种方式：液-液萃取和液-固萃取。

对液-液萃取，有两类萃取剂。一类萃取剂通常为有机溶剂，其萃取原理是利用物质在两种互不相溶（或微溶）的溶剂中的溶解度（或分配系数）的不同，使物质从一种溶剂转移到另一种溶剂中，从而达到将物质提取出来的目的。例如，有机化合物在有机溶剂中的溶解度通常大于在水中的溶解度，因此，可用与水不相溶或微溶的有机溶剂从水溶液中将有机化合物提取出来。

依照分配定律，用一定量的溶剂分多次萃取比一次萃取的效率高，一般萃取三次即可将绝大部分的物质提取出来。

另一类萃取剂是反应型试剂，其萃取原理是利用它与被提取的物质发生化学反应。这种萃取常用于从化合物中洗去少量杂质或分离混合物。常用的碱性萃取剂如5%氢氧化钠、5%或10%的碳酸钠或碳酸氢钠溶液可以从混合物中分离出有机酸或除去酸性杂质；而酸性萃取剂如稀硫酸、稀盐酸则可从混合物中分离出有机碱或除去碱性杂质，浓硫酸则可从饱和烃中除去不饱和烃，从卤代烷中除去醇和醚等。

对于液-固萃取而言，萃取原理是利用固体样品中被提取的物质和杂质在同一液体溶剂中溶解度的不同而达到提取和分离的目的。

2. 萃取溶剂的选择

1）选择萃取溶剂的原则

用于萃取的溶剂又叫作萃取剂。选择萃取溶剂的基本原则是：

① 萃取溶剂对被提取物有较大的溶解度，并且与原溶剂不相溶或微溶；

② 两溶剂之间的相对密度差异较大以利于分层；

③ 化学稳定性好，与原溶剂和被提取物都不反应；

④ 沸点较低，萃取后易于用常压蒸馏回收。

此外，也应考虑价廉、毒性小、不易着火等条件。

2）常用的萃取溶剂

常用的萃取溶剂包括：有机溶剂、水、稀酸溶液、稀碱溶液和浓硫酸等。实验中可根据具体需求加以选择。

① 有机溶剂。苯、乙醇、乙醚和石油醚等有机溶剂可将混合物中的有机产物提取出来，也可除去某些产物中的有机杂质。其中乙醚效果最好，但易着火，在实验室中可少量使用，在工业生产中不宜使用。

② 水。可用来提取混合物中水溶性产物，又可用于洗去有机产物中的水溶性杂质。

③ 稀酸（或稀碱）溶液。常用于洗涤产物中的碱性（或酸性）杂质。

④ 浓硫酸。可用于除去产物中的醇、醚等少量有机杂质。

3. 萃取操作

1）液-液萃取

物质在不同的溶剂中具在不同的溶解度，利用物质的这一性质差异，在含有被分离组分的水溶液中，加入与水不相混溶的有机溶剂，振荡，使其达到溶解平衡，一些组分进入有机相中，另一些组分仍留在水相中，从而达到分离的目的。这一分离方法称为液-液萃取分离法。

通常用分液漏斗进行液-液萃取，进行操作之前，首先要选择容量适当的分液漏斗，检查其塞子和活塞是否严密，可用水试漏。确认不漏后，将分液漏斗放在铁架台的铁圈上，关闭活塞，把待萃取混合液和萃取溶剂（其量为所需萃取溶剂总量的1/3）仔细地从上口倒入分液漏斗中，旋紧塞子，封闭漏斗上口颈部的小孔，避免漏失液体。为使萃取溶剂和待萃取混合液充分接触，提高萃取效率，必须振荡分液漏斗，其方法如图 1.18 所示：用右手握住分液漏斗上口颈部，手掌压紧塞子，左手的拇指和食指捏住活塞柄，中指垫在塞座下边，这样可以灵活地开启和关闭活塞，又能防止振荡分液漏斗时活塞转动或脱落。振荡后，使分液漏斗处于倾斜状态，下口向上并指向无人和无明火处，开启活塞，放出产生的气体，使漏斗内外压力平衡。若使用易挥发的萃取溶剂如乙醚、苯等，或用碳酸钠溶液中和酸液，振荡后必须随时放气。然后关闭活塞、振荡、放气重复数次后，把分液漏斗重新放回铁圈上，静置、分层。当液体分成清晰的两层以后，打开分液漏斗上口的塞子或旋转塞子使塞子上的凹槽对准漏斗上口颈部的小孔以便与大气相通。慢慢转动活塞，仔细地将下层液体放到锥形瓶或烧杯中，当上下两层液体的界面下降到接近活塞时，关闭活塞，稍加旋摇，静置，再仔细放出下层液体。将上层液体从分液漏斗的上口倒到另一个容器中。这样，萃取溶剂便带着被萃取物质从原混合物中分离出来。重复上述操作三次，每次都用新鲜萃取溶剂对分离出来的仍含有被萃取物质的溶液进行萃取。合并萃取液，经干燥后，通过蒸馏除去萃取溶剂，便可获得被提取物。

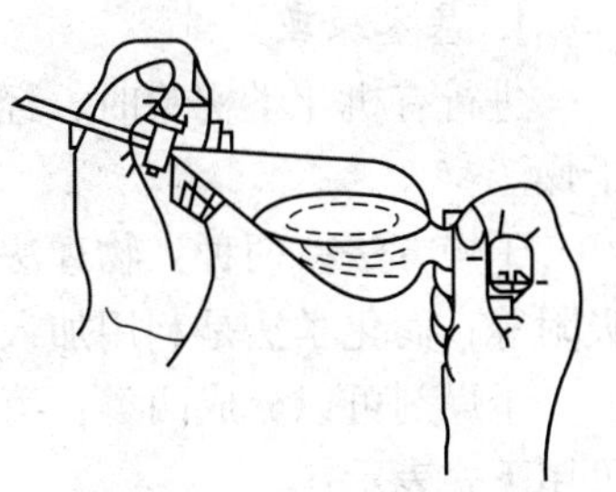

图 1.18　分液漏斗的使用

2）液-固萃取

固体物质的萃取可以采用浸取法，即将固体物质浸泡在选好的溶剂中，其中的易燃成分被慢慢浸取出来。这种方法可在常温或低温条件下进行，适用于受热极易发生分解或变质物质的分离。但这种方法消耗溶剂量大，时间较长，效率低。实验室常用索氏抽提器（如图1.19所示，又称脂肪抽提器）进行液-固萃取。

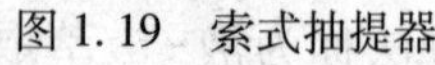

图1.19　索式抽提器

（1）索氏抽提器的组成

索氏抽提器由烧瓶、抽提筒和冷凝管等部件组成，部件之间由磨口对接。

① 烧瓶（提取瓶）。

作为抽提液的接受器，同时也是蒸发有机溶剂的蒸发器。

② 抽提筒。

盛装被抽提试样，侧面有一根虹吸管、一根支管。有机溶剂在此筒内进行抽提作用，抽提液由虹吸管回流至烧瓶中，溶剂蒸气由支管进入冷凝器。

③ 冷凝器。

有机溶剂的蒸气在此被冷凝为液体，回流入抽提筒，继续抽提。

（2）索氏抽提器的操作

首先把固体试样粉碎研细，放在滤纸筒中。滤纸筒下端用细绳扎紧，其高度介于索氏提取筒外侧的虹吸管和蒸气上升用支管口之间。抽提器下口与圆底烧瓶连接，上口与回流冷凝管相连。向烧瓶中投入几粒沸石，开始加热（如果为易燃性溶剂如乙醚，需用水浴加热），溶剂沸腾后，其蒸气通过提取筒外侧直径较大的支管上升，被冷凝管冷凝为液体，回滴到抽提筒中，可溶性物质便被萃取到热溶剂中。当溶液的液面超过直径较小的虹吸管顶端时，溶液会通过虹吸管自动地虹吸流回圆底烧瓶。溶剂回流和虹吸作用重复循环，于是烧瓶内便富集从固体物质中被萃取出来的可溶性物质。蒸发除去圆底烧瓶的溶剂，便可得到被提取物。

虽然使用一次量的溶剂，但由于通过重复循环流动，固体物质能不断地与新鲜溶剂接触，因而大大提高了萃取效率。如果延长萃取时间，某些在有机溶剂中溶解度很小的物质，也可能被萃取出来。蒸除溶剂，便可得到被提取物。

1.2.11　干燥

1. 基本原理

进行有机化学实验时，经常需要除去所用试剂、溶剂或所得产物中含的水分，这就是干燥。

干燥方法有两种：物理法和化学法。物理法有加热、冷冻、抽真空、分馏、恒沸蒸馏、吸附等；而化学法是利用加入干燥剂来除去水分。

干燥剂可以分成两类：第一类干燥剂能与水结合，生成水合物，这个反应是可逆反应，可用下式表示：

$$\text{干燥剂}+n\mathrm{H_2O} \rightleftharpoons \text{干燥剂}\cdot n\mathrm{H_2O}$$

许多无水金属盐类化合物，例如无水氯化钙、无水硫酸镁、无水硫酸钠、无水硫酸钙等，都属于此类干燥剂。

另一类干燥剂则与水进行不可逆反应，生产新的化合物，从而将水分除去，例如金属钠、五氧化二磷、氧化钙等，属于此类干燥剂。

2. 液体有机化合物的干燥

1) 用干燥剂除水

干燥剂只适于干燥含有少量水的液体有机化合物。如果含水较多，必须先设法除去大部分水再进行干燥。例如，在萃取时一定要将水层尽可能分离干净，然后才能使用干燥剂干燥，否则干燥剂耗量太多，也会损失被干燥物质。对于受热后可释放出水分子的干燥剂（如 $CaCl_2 \cdot 6H_2O$ 在 30 ℃以上失水），在蒸馏前必须将其除去。

选用干燥剂的原则是干燥剂与被干燥的液体有机化合物不发生化学反应，且不溶于该有机化合物；吸水容量较大，干燥效能较好，干燥速度较快，价格低廉。

各类液态有机化合物的常用干燥剂见表 1.7。

表 1.7　各类液态有机化合物的常用干燥剂

液态有机化合物	适用的干燥剂
醚类，烷烃，芳烃	$CaCl_2$，Na，P_2O_5
醇类	K_2CO_3，$MgSO_4$，Na_2SO_4，CaO
醛类	$MgSO_4$，Na_2SO_4
酮类	$MgSO_4$，Na_2SO_4，K_2CO_3
酸类，酚	$MgSO_4$，Na_2SO_4
酯类	$MgSO_4$，Na_2SO_4，K_2CO_3
卤代烃	$CaCl_2$，$MgSO_4$，Na_2SO_4，P_2O_5
有机碱类（胺类）	NaOH，KOH，K_2CO_3，CaO
硝基化合物	$CaCl_2$，$MgSO_4$，Na_2SO_4

在实际操作中是将待干燥的液体置于锥形瓶中，然后加入干燥剂，通常 10 mL 液体需 0.5~1 g 干燥剂，按照此比例分批加入选定的干燥剂。如干燥剂为较大块状，应先磨碎成黄豆粒大小的颗粒，加入到锥形瓶中，然后用塞子塞紧锥形瓶。例如，选用金属钠或其他遇水能放出气体的干燥剂，则需在塞子上安装无水氯化钙干燥管，使气体得以排出，又可避免空气中的水蒸气进入。每次加入干燥剂后，要振荡锥形瓶，静置，仔细观察。倘若看到干燥剂附在瓶壁互相粘连，说明干燥剂用量不足，此时应再加入一些干燥剂，静置 30 min 或更长时间，其间需振荡几次。如看到被干燥液体由混浊变为无色透明，且于燥剂棱角分明，则表明水分已基本被除去，最后过滤除去干燥剂，干燥操作便告完成。

需要指出的是，经过干燥后得到的透明液体，并不一定说明已不含水分。液体透明与否决定于水在该有机物中的溶解度。例如，20 ℃时水在乙醚中的溶解度为 1.19 g/100 mL，只要含水量小于此值，含水的乙醚也是透明的。因此，对于这种液体（通常含有亲水基团），应适当多加一点干燥剂，可以查阅化学手册，得知水在其中的溶解度和干燥剂的吸水容量，从而估计干燥剂的大致用量。

还应指出的是：使用干燥剂除去水分，通常是在室温下操作。因为在 30 ℃以上时，形成水合物的干燥剂往往容易发生脱水反应，会降低干燥效果。但有时为了提高干燥速度，也可适当温热，不过应待冷却后再除去干燥剂。

2）恒沸脱水

某些与水能形成二元或三元恒沸混合物的液体有机物，可以直接进行蒸馏。把含水的恒沸混合物蒸出，剩下无水的液体有机物。例如，已知由29.6%水和70.4%苯组成的二元恒沸混合物沸点为69.3 ℃，而纯苯的沸点为80.3 ℃，如将含少量水的苯进行蒸馏，当温度升高到69.3 ℃时，蒸出含水29.6%的二元恒沸混合物，水便被除去，温度升高到80.3 ℃时，就可得到无水的纯苯。

有时也可以在待干燥的含水有机物中加入另一种有机物，形成三元恒沸混合物，然后蒸馏，将水带出。例如，将足量的苯加入到95%的乙醇中，由于苯与水和少量乙醇能形成含乙醇18.5%、水7.4%、苯74.1%的三元恒沸混合物，其沸点为64.85 ℃，经恒沸蒸馏，可除去乙醇中的水，得到99.5%的无水乙醇。

3. 固体有机化合物的干燥

1）自然晾干

对性质比较稳定、在空气中不分解、不吸潮的固体有机物，可采用自然晾干法除去所含的水分，这是最简便的干燥方法。

将被干燥的有机物薄薄地摊开一薄层在表面皿、大张滤纸或多孔瓷板上，上面再覆盖一张滤纸，防止灰尘污染有机物，使有机物在空气中慢慢晾干，一般需要数天时间。

2）加热干燥

对于对热稳定、熔点较高、不升华的固体有机物，可以采用加热方法进行干燥，以加快水从固体中蒸发出来的速度，缩短干燥时间。通常使用恒温烘箱或红外线灯加热烘干。操作时把待要烘干的固体有机物放在表面皿或蒸发皿中，随时翻动，以免结块；还要注意防止过热、使有机物熔化。所以，加热温度应控制在低于有机物的熔点或分解点30 ℃以下。

3）干燥器干燥

易吸潮、对热不稳定、易升华固体有机物可放在干燥器中干燥。干燥器有普通干燥器、真空干燥器和真空恒温干燥器三种，如图1.20~图1.22所示。

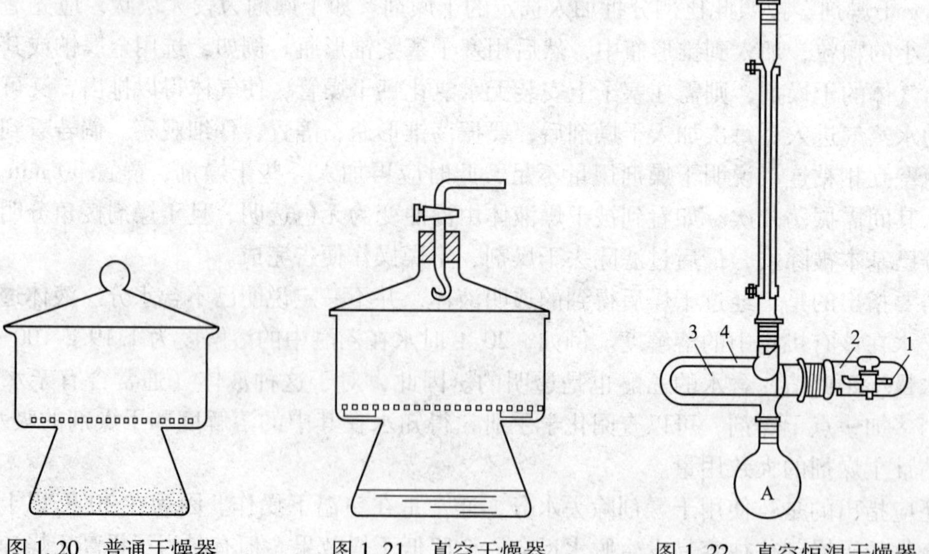

图1.20 普通干燥器　　图1.21 真空干燥器　　图1.22 真空恒温干燥器

普通干燥器是带有磨口盖子的玻璃缸，缸内有一多孔瓷隔板。使用前要在缸口和盖子磨口处薄薄地涂上凡士林，使之密闭。被干燥的固体有机物装在表面皿或培养皿中，置于多孔瓷隔板上。干燥剂则放在瓷隔板下面，吸收从固体有机物蒸发出来的水和其他溶剂。根据溶剂的性质选择适当的干燥剂，常用的干燥剂有无水氯化钙、浓硫酸等。表 1.8 介绍了干燥器中常用的几种干燥剂。

表 1.8　干燥器中常用的干燥剂

干燥剂	能吸收的溶剂
CaO	水，醋酸，氯化氢水溶液
$CaCl_2$	水，醇
NaOH	水，醋酸，氯化氢水溶液，酚，醇
浓 $H_2SO_4$①	水，醋酸，醇
P_2O_5	水，醇
石蜡片	醇，醚，石油醚，苯，甲苯，氯仿．四氯化碳
硅胶	水

由于普通干燥器干燥效率较低，干燥固体物质需较长的时间，故更多地用来存放易吸潮的样品。

为了提高效率，将普通干燥器加以改进，制成真空干燥器。真空干燥器的磨口盖子上面有玻璃活塞，用来连接水泵或油泵，以便进行减压抽气。活塞下端为钩状玻璃管，管口向上，避免在通大气时空气过快进入真空干燥器而将固体有机物吹掉。被干燥的固体有机物盛放在培养皿或表面皿中，并用另一表面皿盖住或用滤纸包好，置于多孔瓷隔板上，干燥剂则放在瓷隔板下面。在减压条件下，溶剂沸点降低，容易很快地从固体中蒸发而被抽走和被干燥剂除去，使干燥效率得以提高。有时也可在干燥器中放置两种干燥剂，例如，在多孔瓷隔板下面放浓硫酸，上面则用培养皿之类浅器皿盛放固体氢氧化钠，同时吸收水和酸，使干燥效率大大提高。通常用水泵抽气比较安全；如使用油泵抽气，当低于 2.67 kPa 真空度时，则应在抽气前先用笼状钢丝网将真空干燥器罩住，以确保安全。

真空恒温干燥器又称干燥枪。如图 1.22 所示，将被干燥的固体有机物装在磁舟中，置于左边夹层 3 上，右边 2 处盛放干燥剂（一般用五氧化二磷）。圆底烧瓶 A 中加入沸石和适当的溶剂。要求溶剂的沸点低于被干燥的固体有机物的熔点。通过活塞 1 将仪器抽真空。加热圆底烧瓶使溶剂沸腾回流，溶剂蒸气加热夹层 4，使瓷舟中的固体有机物在减压和恒温下干燥。该温度由溶剂的沸点控制。

真空恒温干燥器的干燥效率较高，但只适用于干燥少量固体有机物。

一些常用干燥剂的性能见表 1.9。

---

① 将 18 g 硫酸钡溶解在 1 000 mL 浓硫酸中。当此浓硫酸干燥剂吸收水分后，如有细小的 $BaSO_4$ 结晶析出，表示硫酸含量已降到 84%以下，此时就应更换浓硫酸。

表1.9 一些常用干燥剂的性能

干燥剂	吸水容量	干燥效能	干燥速度	使用说明
硫酸镁	1.05	中等	快	一般良好的干燥剂，比 Na_2SO_4 作用快，效率高，应用范围广，几乎适用于各种有机液体。$MgSO_4 \cdot 7H_2O$ 在48 ℃以上失水
硫酸钙	0.07	高	很快	吸水快，效能高，但吸水容量小。建议溶液先用吸水容量大的干燥剂，例如无水 $MgSO_4$ 或 Na_2SO_4，经初步干燥后，再用硫酸钙作最后干燥
硫酸钠	1.25	低	慢	吸水容量大，价廉，作用慢，效能低。一般用于初步干燥有机液体。$Na_2SO_4 \cdot 10H_2O$ 在32.4 ℃以上失水
氯化钙	0.97	中等	较快，但吸水后表面易被薄层液体覆盖，故需放置较长时间	良好的初步干燥剂。其颗粒较大，易与被干燥溶液分离。但能与许多含氧或含氮化合物反应，例如与醇、酚、胺、酰胺及某些醛、酮等形成络合物，故不能用来干燥这些化合物。又因工业品氯化钙中易含 $Ca(OH)_2$，也不能用来干燥酸类。$CaCl_2 \cdot 6H_2O$ 在30 ℃以上失水
碳酸钾	0.26	中等	快	适用于干燥醇、酮、酯、腈、胺及杂环化合物等。但不可用于干燥酸、酚及其他酸性化合物
氢氧化钾	很高	高	快	主要用于干燥胺及杂环等碱性化合物，不能用于干燥醇、醛、酮、酚、酸、酯等类化合物
分子筛	约0.25（物理吸附）	高	快	适用于干燥各类有机化合物（不饱和烃除外）
五氧化二磷	高	高	快，但吸水后表面被粘浆液覆盖，操作不便	最好用于干燥卤代烃、醚和烃类。干燥后蒸馏溶液，使与干燥剂分开。不适用于醇、酸、胺、酮、乙醚等
金属钠	高	高	快	限于干燥醚及烃类的痕量水。使用时应切成小块或压成丝
氧化钙	—	高	较快	适用于干燥低级醇及胺类

模块2 有机化合物的母体——烃

分子中只由C、H两种元素组成的有机化合物叫作烃，也叫作碳氢化合物。它是一类非常重要的有机化合物，大量存在于自然界中，当烃分子中的氢原子被其他原子或原子团取代后，可以得到一系列的衍生物，因此常把烃看作是其他有机化合物的母体。

烃的种类很多，按烃分子中碳原子连接方式不同，可以把烃分为开链烃和环状烃两大类。

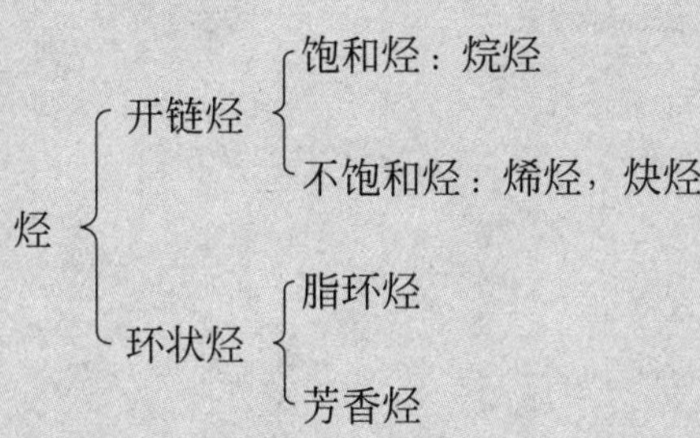

项目 2.1 烷烃

目标要求

1. 掌握烷烃的同系物和构造异构现象。
2. 掌握烷烃的命名原则。
3. 了解 σ 键的形成、结构特点及特性。
4. 掌握烷烃的物理性质及存在的规律性变化。
5. 掌握烷烃的取代、氧化、裂化反应。

项目导入

天然气是蕴藏在地层内的可燃气体，不同产地的天然气组分不同，但几乎都含有 75% 的甲烷、15% 的乙烷及 5% 的丙烷，其余为较高级的烷烃。

沼气的主要成分是甲烷。沼气是某些微生物在缺氧的情况下使有机物质发酵产生的。沼气发酵的原料是秸秆、垃圾、污泥、粪便等农牧业的副产品和废物。利用这些原料可化废为宝。在农村实现沼气化，有利于环境保护、扩大肥源和促进农业生产可持续发展。通过发酵产生的沼气，不仅可作为燃料，而且还可用于发电、粮仓中的害虫防治等。

知识掌握

在开链烃的分子中，碳原子之间以单键相连，而碳原子的其余价键都被氢原子所饱和的烃叫烷烃，因为其分子内碳原子所结合的氢原子数目已经达到最高限度，不能再增加，所以也称为饱和烃。

2.1.1 烷烃的同系物

从天然气或石油中分离出来的烷烃，除了最简单的烷烃甲烷外，还有乙烷、丙烷、丁烷、戊烷等。它们的分子式、结构式、结构简式为：

	分子式	构造式	构造简式
甲烷	CH_4	H | H—C—H | H	CH_4

乙烷　C_2H_6

$$\begin{array}{ccccc} & & H & & H & & \\ & & | & & | & & \\ H & - & C & - & C & - & H \\ & & | & & | & & \\ & & H & & H & & \end{array}$$

CH_3CH_3

丙烷　C_3H_8

$$\begin{array}{ccccccccc} & & H & & H & & H & & \\ & & | & & | & & | & & \\ H & - & C & - & C & - & C & - & H \\ & & | & & | & & | & & \\ & & H & & H & & H & & \end{array}$$

$CH_3CH_2CH_3$

丁烷　C_4H_{10}

$$\begin{array}{ccccccccccc} & & H & & H & & H & & H & & \\ & & | & & | & & | & & | & & \\ H & - & C & - & C & - & C & - & C & - & H \\ & & | & & | & & | & & | & & \\ & & H & & H & & H & & H & & \end{array}$$

$CH_3CH_2CH_2CH_3$

从上述结构式可以看出，烷烃的组成都是相差一个或几个—CH_2—（亚甲基）而连成的碳链，碳链的两端各连一个氢原子。

$$\begin{array}{ccccccccccc} & & H & & H & & H & & H & & \\ & & | & & | & & | & & | & & \\ H & - & C & - & C & - & C & - & C & - & H \\ & & | & & | & & | & & | & & \\ & & H & & H & & H & & H & & \end{array}$$

所以烷烃的通式为 C_nH_{2n+2}。

像这样具有同一通式，结构和化学性质相似，组成上相差一个或多个—CH_2—的一系列化合物称为同系物。同系物中的各化合物互称为同系物。相邻的同系物组成上相差的—CH_2—基团叫作系差。

同系物是有机化学的普遍现象，由于同系物的结构和性质相似，其物理性质也随着分子中碳原子数目的增加而呈规律性变化，所以掌握了同系物中几个典型的有代表性的成员的化学性质，就可推知同系物中其他成员的一般化学性质，为研究数目庞大的有机物提供了方便。

在应用同系物概念时，除了注意同系物的共性外，还要注意它们的个性，要根据分子结构上的差异来理解性质上的异同，这是学习有机化学的基本方法之一。

2.1.2 烷烃的同分异构现象

甲烷、乙烷、丙烷只有一种结合方式，无同分异构现象，从丁烷开始有同分异构现象，可由下面方式导出：

$$\begin{array}{ccccccc} & H & & H & & H & \\ & | & & | & & | & \\ H - & C & - & C & - & C & - H \\ & | & & | & & | & \\ & H & & H & & H & \end{array} \quad \begin{array}{c} H \\ | \\ -C- \\ | \\ H \end{array}$$

加到链端C—H间 →

$$\begin{array}{ccccccccccc} & & H & & H & & H & & H & & \\ & & | & & | & & | & & | & & \\ H & - & C & - & C & - & C & - & C & - & H \\ & & | & & | & & | & & | & & \\ & & H & & H & & H & & H & & \end{array}$$

正丁烷（沸点-0.5 ℃）

加到中间碳C—H间 →

$$\begin{array}{ccccccccc} & & H & & H & & H & & \\ & & | & & | & & | & & \\ H & - & C & - & C & - & C & - & H \\ & & | & & | & & | & & \\ & & H & & | & & H & & \\ & & & H- & C & -H & & & \\ & & & & | & & & & \\ & & & & H & & & & \end{array}$$

异丁烷（沸点-10.2 ℃）

正丁烷是直链化合物，异丁烷则带有支链，它们的分子式都是 C_4H_{10}，但分子结构和性质都不相同，是不同的化合物。

上述这种分子式相同而构造式不同的化合物称为同分异构体，这种现象称为构造异构现象。

构造异构现象是有机化学中普遍存在的异构现象的一种，这种异构是由于碳链的构造不同而形成的，故又称为碳链异构。

【例 1】 推算简单烷烃的同分异构体（C_7H_{16}）

① 写出此烷烃的最长直链式。$CH_3CH_2CH_2CH_2CH_2CH_2CH_3$

② 写少 1 个 C 原子的直链，1 个—CH_3 作为取代基。

```
CH3CH2CHCH2CH2CH3
        |
       CH3
```

③ 写少 2 个 C 原子的直链，2 个—CH_3 或 1 个—C_2H_5 作为取代基。

```
CH3CHCH2CHCH3      CH3CH2CHCH2CH3
    |      |              |
   CH3    CH3            C2H5

    CH3                      CH3
    |                        |
CH3CCH2CH2CH3         CH3CH2CCH2CH3
    |                        |
    CH3                      CH3
```

④ 以此类推，再写少 3 个 C 原子的直链。

```
         CH3
         |
H3C  —   C  — CH — CH3
         |    |
        CH3  CH3
```

C_7H_{16}不重复的结构式只能写出 9 个。

随着碳原子数目的增多，同分异构体的数目也增多（见表 2.1），这是有机化合物数量庞大的主要原因之一。

表 2.1　烷烃同分异构体的数目

碳原子数	同分异构体数	碳原子数	同分异构体数
4	2	10	75
5	3	11	159
6	5	12	355
7	9	14	1 858
8	18	15	4 347
9	35	20	366 319

交流研讨

1. 下列分子中，哪些是烷烃？

(1) C_6H_{14}　　(2) C_9H_{18}　　(3) C_6H_{10}　　(4) $C_{40}H_{82}$

2. 下列各对物质中哪些属于同系物？

(1) CH_4　$C_{11}H_{24}$　　(2) CH_4　C_3H_8

(3) CH_4　C_5H_{10}　　(4) C_6H_6　C_2H_6

3. 写出 8 个碳原子和 15 个碳原子烷烃的分子式。

4. 写出 C_6H_{14} 的所有同分异构体，以结构简式表示。

5. 下列构造式中，哪些是相同的化合物？

(1) $CH_3C(CH_3)_2CH_2CH_3$

(2) $CH_3CH_2CH(CH_3)CH_2CH_3$

(3) $CH_3CH(CH_3)CH_2CH_2CH_3$

(4) $(CH_3)_2CHCH_2CH_2CH_3$

(5) $(C_2H_5)_2CHCH_3$

(6) $CH_3CH_2C(CH_3)_3$

2.1.3　烷烃的命名

有机化合物种类繁多，结构复杂，为了能够区别它们，每一个有机化合物都要有一个合理的命名。有机化合物命名的基本要求是必须能够反映出分子结构，使人们看到名称就能写出它的结构式，或是看到结构式就能叫出它的名称来。烷烃的命名法是有机化合物命名的基础，应扎实地掌握。

1. 碳原子和氢原子的分类

有机化合物中的碳原子按照所处位置不同可分为四类：

与一个碳原子相连的碳原子，叫作伯碳原子（或一级碳原子，用1°表示）；

与两个碳原子相连的碳原子，叫作仲碳原子（或二级碳原子，用2°表示）；

与三个碳原子相连的碳原子，叫作叔碳原子（或三级碳原子，用3°表示）；

与四个碳原子相连的碳原子，叫作季碳原子（或四级碳原子，用4°表示）。

例如：

```
              1°
             CH3
  1°       4°|   2°        3°     1°
 CH3 —— C —— CH2 —— CH —— CH3
             |              |
             CH3            CH3
             1°             1°
```

与伯、仲、叔碳原子相连的氢原子，分别称为伯、仲、叔氢原子。

不同类型的氢原子在反应过程中的活性也有一定的差别。

2. 烷烃的普通命名法

普通命名法又称为习惯命名法。根据分子中碳原子数目称为“某烷”，碳原子数从 1 到

10 依次用天干名称“甲、乙、丙、丁、戊、己、庚、辛、壬、癸”来表示，10 个碳原子以上的用“十一、十二”等中文数字表示。

根据烷烃的结构，直链的烷烃称为“正某烷”，碳链一端带有两个甲基的烷烃称为“异某烷”，有季碳原子的烷烃称“新某烷”，例如：

$CH_3CH_2CH_3$ 正丙烷　　$CH_3(CH_2)_5CH_3$ 正庚烷　　$CH_3(CH_2)_{20}CH_3$ 正二十二烷

$CH_3CH_2CH_2CH_2CH_3$ 正戊烷　　$CH_3CH(CH_3)CH_2CH_3$ 异戊烷　　$C(CH_3)_4$ 新戊烷

普通命名法简单方便，但只能适用于含碳个数较少、构造比较简单的烷烃。对于比较复杂的烷烃必须使用系统命名法。

3. 烷基

为了学习系统命名法，应先认识烷基。烷烃分子中去掉一个氢原子而剩下的基团称为烷基。烷基的通式为 C_nH_{2n+1}—，一般用 R—表示。烷基是根据相应的烷烃的习惯名称以及去掉的氢原子的类型而命名的。例如：甲烷分子（CH_4）去掉一个 H，剩余为 CH_3—，称为甲基；乙烷分子（CH_3CH_3）去掉一个 H，剩余为 CH_3CH_2—或写为 C_2H_5—，称为乙基；从丙烷分子中去掉一个 H 原子有两种可能，去掉一个伯氢原子为正丙基，去掉一个仲氢原子为异丙基。常见烷基见表 2.2。

表 2.2　常见的烷基

烷基	名称	通常符号
CH_3—	甲基	Me（methyl）
CH_3CH_2—	乙基	Et（ethyl）
$CH_3CH_2CH_2$—	正丙基	*n*-Pr（propyl）
CH_3—$CH(CH_3)$—	异丙基	*i*-Pr（isopropyl）
$CH_3CH_2CH_2CH_2$—	正丁基	*n*-Bu（butyl）
$CH_3CH(CH_3)CH_2$—	异丁基	*i*-Bu（isobutyl）
$CH_3CH_2CH(CH_3)$—	仲丁基	*s*-Bu（sec-butyl）

续表

烷基	名称	通常符号
CH_3 │ H_3C-C- │ CH_3	叔丁基	*t*-Bu（tert-butyl）
CH_3 │ CH_3-C-CH_2- │ CH_3	新戊基	（neopentyl）

此外还有“亚”某基，“次”某基。例如，亚甲基“$-CH_2-$”。

衡量汽油品质的基准物质异辛烷则属例外，因为它的名称沿用已久，成为习惯，所以保留下来。异辛烷是汽油抗爆震度的一个标准，其辛烷值定为100。

$$
\begin{array}{c}
\quad CH_3 \\
\quad | \\
CH_3-C-CH_2-CH-CH_3 \\
\quad | \qquad\qquad | \\
\quad CH_3 \qquad CH_3
\end{array}
$$

异辛烷

普通命名法简单方便，但只能适用于结构比较简单的烷烃，对于比较复杂的烷烃必须使用系统命名法。

4. 烷烃的系统命名法

系统命名法是中国化学会在1960年根据国际纯粹化学与应用化学联合会（IUPAC）制定的有机化合物命名原则，再结合我国汉字的特点而制定的，1980年进行了增订。该命名法的特点是通过命名可以反映出有机化合物的结构，其命名法规则如下。

1）直链烷烃的命名

在系统命名法中，直链烷烃的命名与普通命名法基本一致，只是不加“正”字，称为“某烷”。例如：

烷烃构造式	普通命名法	系统命名法
$CH_3CH_2CH_2CH_2CH_2CH_3$	正己烷	己烷
$CH_3CH_2CH_2CH_2CH_2CH_2CH_2CH_3$	正辛烷	辛烷

2）带支链烷烃的命名

支链烷烃的命名是将其看作直链烷烃的烷基衍生物，即将直链作为母体，支链作为取代基，命名原则如下：

（1）选择主链（母体）

① 选择含碳原子数目最多的碳链作为主链，以主链为母体，根据主链的碳原子个数称为“某烷”，支链作为取代基。

② 如果分子中有两条或两条以上等长碳链时，则选择支链多的一条为主链。

例如：

```
CH3—CH2—CH—CH—CH2—CH3
        |   |
        CH2 CH—CH3
        |   |
        CH3 CH3
```

```
                           CH3
                           |
CH3—CH2—CH—CH—CH—CH—CH3
        |   |        |
        CH3 CH2      CH3
            |
            CH2—CH3
```

（2）给主链碳原子编号

为了确定取代基的位次，需要对主链碳原子进行编号。

① 从最接近取代基的一端开始，将主链碳原子用“1,2,3,…”编号。

例如：

```
1  2  3  4  5  6
C—C—C—C—C—C
   |     |
   C     C
```

② 从碳链任何一端开始，第一个支链的位置都相同时，则从较简单的一端开始编号。

例如：

```
1     2     3    4     5    6     7
CH3—CH2—CH—CH2—CH—CH2—CH3
            |          |
            CH3        CH2—CH3
```

③ 若第一个支链的位置相同，则依次比较第二、第三个支链的位置，以取代基的系列编号最小（最低系列原则）为原则。

例如：

```
1    2    3     4    5     6     7    8
CH3—CH—CH2—CH—CH2—CH2—CH—CH3
     |          |                |
     CH3        CH3              CH3
```

（3）写出名称

① 将支链（取代基）写在主链名称的前面，取代基按“次序规则”，小的基团优先列出。

常见烷基的大小次序：甲基<乙基<丙基<丁基<戊基<己基<异戊基<异丁基<异丙基。

② 相同基团合并写出，位置用阿拉伯数字“2,3,…”标出，取代基数目用汉字数字“二，三，…”标出。

③ 表示位置的数字间要用逗号隔开，位次和取代基名称之间要用“-”隔开。

例如：

```
1    2    3    4    5     6
CH3—CH—CH—CH—CH2—CH3  主链
-----|----|----|---------
     CH3  CH2  CH3
          |
          CH3
2,4-二甲基-3-乙基己烷
```

可将烷烃的命名归纳为十六个字：最长碳链，最小定位，同基合并，由简到繁。

【例2】 写出下列化合物的系统命名。

```
CH3— CH —CH2—CH—CH—CH3
     |          |   |
     CH3        CH3 CH3
```

① 确定主链：最长碳链为6个碳，母体为己烷。

② 编号：从左端开始编号，取代基编号为2,4,5；从右端开始编号，取代基编号为2,3,5；根据最低系列原则，应从右端开始编号。

③ 命名：2,3,5-三甲基己烷。

【例3】 写出2,4-二甲基己烷的构造式。

解：① 首先写出主链碳架：C—C—C—C—C—C（母体）。

② 将主链从任意一端编号。

③ 再根据取代基的位置和名称将取代基分别连在2号C和4号C的位置上。

```
1  2  3  4  5  6
C—C—C—C—C—C
   |     |
   C     C
```

④ 将不满四价的碳原子用氢原子饱和得到2,4-二甲基己烷完整的构造式。

```
 1     2      3     4      5     6
CH3— CH —CH2—CH—CH2—CH3
      |            |
      CH3          CH3
```

交流研讨

1. 写出下列化合物的构造式。

(1) 2,3-二甲基戊烷　　　　(2) 2,4-二甲基-3-乙基己烷

2. 写出C_6H_{14}的5种异构体，并用系统命名法命名。

3. 用系统命名法命名下列化合物。

```
                                      CH3
                                      |
(1) CH3CHCH2CH3    (2) CH3CH2CHCHCH3    (3) CH3CH2CH(CH2)7CH3
       |                     |                     |
       C2H5                  CH3                   CH3
```

2.1.4　烷烃的结构

在烷烃中最简单的是甲烷，因此，首先应先弄清楚甲烷分子的结构，然后再了解其他烷烃的结构。

1. 甲烷的分子结构——碳原子的四面体概念与碳原子的 sp^3 杂化

1）碳原子的四面体概念（以甲烷为例）

科学实验证实，甲烷分子为正四面体构型，碳原子位于正四面体的中心，四个氢原子位于四面体的四个顶点上，四个 C—H 键完全相同，键长都为 0.109 nm，所有键角∠H—C—H 都是 109.5°，如图 2.1 所示。

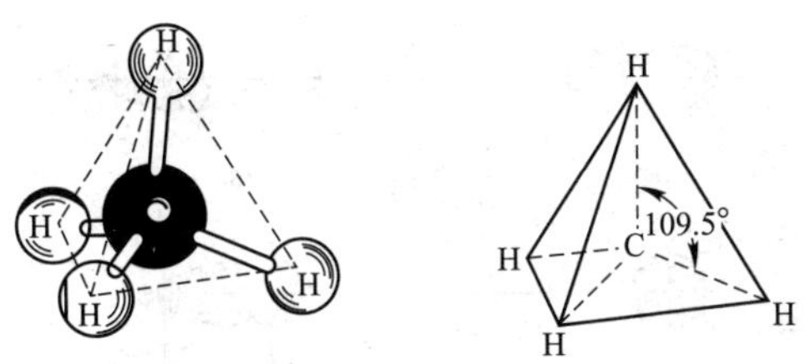

图 2.1 甲烷的正四面体构型

2）碳原子的 sp^3 杂化

碳原子在基态时其核外电子排布是（$1s^2 2s^2 2p_x^{\ 1} 2p_y^{\ 1} 2p_z$），按照价键理论，碳原子有两个未成键电子，因此碳原子应是二价的，但事实上在烷烃分子中碳原子确是四价的，且四个价键完全等同。

那么为什么烷烃分子中碳原子为四价，且四个价键是完全相同的呢？这个问题可以用鲍林、斯莱特在 1931 年提出的杂化轨道理论来解释清楚。

在有机物分子中碳原子都是以杂化轨道参与成键的，在烷烃分子中碳原子是以 sp^3 杂化轨道成键的。碳原子的 2s 轨道上的两个电子中的一个被激发到 $2p_z$ 轨道上去，然后由一个 2s 轨道和三个 2p 轨道杂化形成四个能量相等的新轨道，称为 sp^3 杂化轨道，如图 2.2 所示。

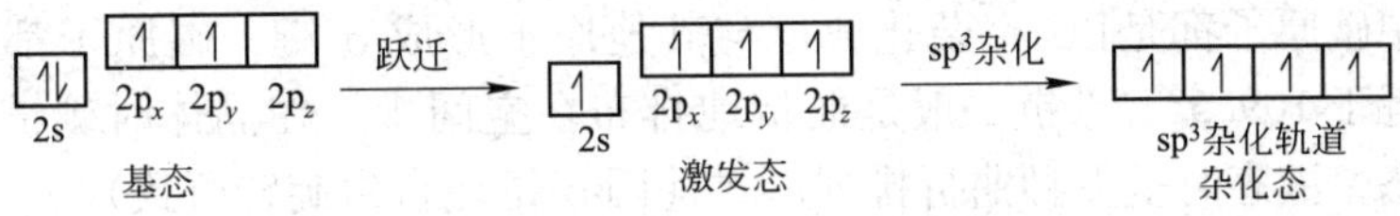

图 2.2 碳原子外层电子的激发和 sp^3 杂化轨道

碳原子的这种杂化方式称为 sp^3 杂化，每一个 sp^3 杂化轨道都含有（1/4）s 成分和（3/4）p 成分。sp^3 轨道有方向性，图形为一头大，一头小，不同于原来的 s 轨道和 p 轨道。四个 sp^3 杂化轨道以正四面体型对称地分布在碳原子的四周，它们的对称轴之间的夹角为 109.5°，这样可使价电子尽可能彼此离得最远，相互间的斥力最小，有利于成键。碳原子 sp^3 杂化轨道的形状、空间分布如图 2.3 所示。

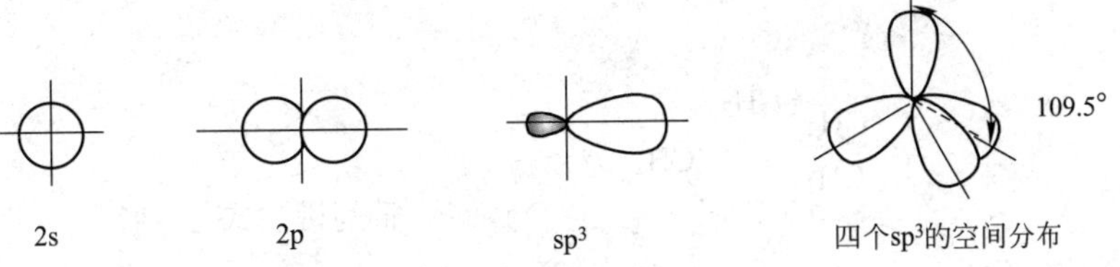

图 2.3 碳原子 sp^3 杂化轨道的形状、空间分布

2. σ键与烷烃的构型

1）σ键与烷烃分子的形成

两个碳以上的烷烃分子成键时，一个碳原子的 sp^3 杂化轨道沿着对称轴的方向分别与另外一个碳的 sp^3 杂化轨道或氢原子的 1s 轨道相互重叠成σ键。成键电子云沿键轴方向呈圆柱形对称重叠（也称为“头碰头”重叠）而形成的键叫作σ键，如图 2.4 所示。

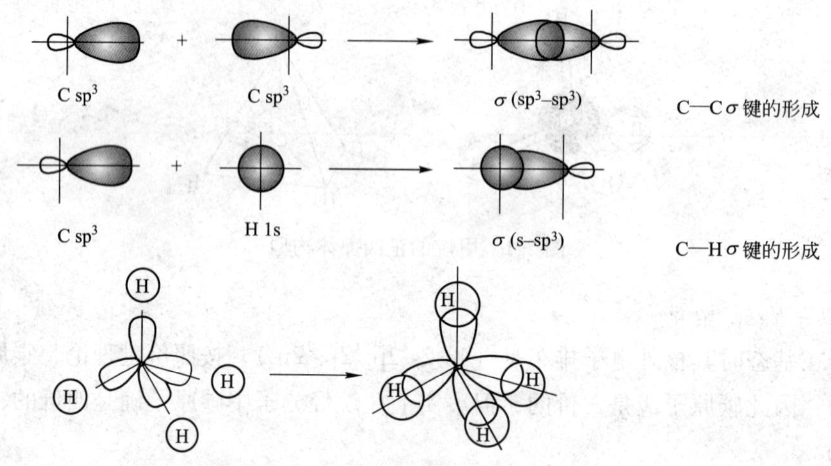

图 2.4 甲烷的形成示意图

σ键的特点：① 轨道重叠程度大，键比较牢固；

② 成键电子云沿键轴呈圆柱形对称分布；

③ 成键两原子可以绕键轴相对自由旋转而不影响电子云重叠的程度。

2）其他烷烃的构型

烷烃分子中碳原子都是以 sp^3 杂化轨道与其他原子形成σ键，碳原子都为正四面体结构，键角都接近于 109.5°。碳链一般是曲折地排布在空间中，在晶体时碳链排列整齐，呈锯齿状，在气态、液态时呈多种曲折排列形式（因σ键能自由旋转所致）。

例如：

CH_3—CH_2—CH_2—CH_2—CH_3（锯齿状排列）

CH_3—CH_2—CH_2—CH_2—CH_3（曲折排列）

CH_3—CH_2—CH_2—CH_2—CH_3（曲折排列）

简写键线式

为了书写方便，通常都是写成直链形式，或简写为键线式，即只画出碳骨架，而省略掉氢原子，每个折点（包括端点）代表一个碳原子。

2.1.5 烷烃的物理性质

有机化合物的物理性质主要包括化合物的物理状态、熔点、沸点、相对密度、溶解性、折光率等。纯物质的物理性质在一定条件下都有固定的数值，常把这些数值称为物理常数。通过有机化合物的物理常数的测定，常常可以应用于有机物的鉴定、分离、提纯。表 2.3 列出了常见直链烷烃的主要物理常数，由此表可以看出同系列化合物的物理性质随碳原子个数的增加而有规律地递变。

表 2.3 常见直链烷烃的物理常数

名称	分子式	沸点/℃	熔点/℃	相对密度	物态
甲 烷	CH_3	-161.7	-182.5	0.424	气态
乙 烷	C_2H_6	-88.6	-183.3	0.546	
丙 烷	C_3H_8	-42.1	-187.7	0.501	
丁 烷	C_4H_{10}	-0.5	-138.3	0.579	
戊 烷	C_5H_{12}	36.1	-129.8	0.626	液态
己 烷	C_6H_{14}	68.7	-95.3	0.659	
庚 烷	C_7H_{16}	98.4	-90.6	0.684	
辛 烷	C_8H_{18}	125.7	-56.8	0.703	
壬 烷	C_9H_{20}	150.8	-53.5	0.718	
癸 烷	$C_{10}H_{22}$	174.0	-29.7	0.730	
十一烷	$C_{11}H_{24}$	195.8	-25.6	0.740	
十二烷	$C_{12}H_{26}$	216.3	-9.6	0.749	
十三烷	$C_{13}H_{28}$	235.4	-5.5	0.756	
十四烷	$C_{14}H_{30}$	253.7	5.9	0.763	
十五烷	$C_{15}H_{32}$	270.6	10.0	0.769	
十六烷	$C_{16}H_{34}$	287	18.2	0.773	
十七烷	$C_{17}H_{36}$	301.8	22.0	0.778	固态
十八烷	$C_{18}H_{38}$	316.1	28.2	0.777	
十九烷	$C_{19}H_{40}$	329	32.1	0.777	
二十烷	$C_{20}H_{42}$	343	36.8	0.786	

1. 物理状态

在常温（25 ℃）常压下，$C_1 \sim C_4$的直链烷烃为气态，$C_5 \sim C_{16}$的直链烷烃为液态，C_{17}以上的直链烷烃为固态。

2. 沸点

沸点是有机化合物的饱和蒸气压等于外界压力时的温度。直链烷烃的沸点随着相对分子质量的增加而有规律地升高。这是因为随着分子中碳原子数目的增加，相对分子质量增大，分子间的色散力增大，所以范德华力增大，沸点随之升高，如图 2.5 所示。

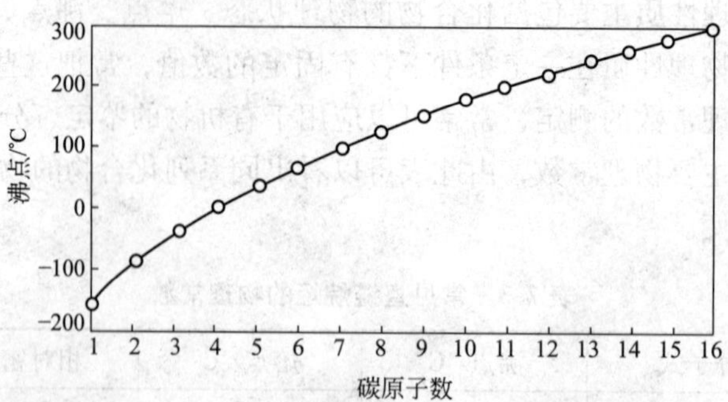

图 2.5　直链烷烃的沸点与分子中所含碳原子数的关系

对于含有相同碳原子数的烷烃的同分异构体来说，直链烷烃的沸点最高，含支链越多的异构体其沸点越低。这是因为随着分子中支链数目增多，空间位阻增大，分子间的距离增大，分子间的色散力减弱，从而分子间范德华力减小，沸点必然随之降低。例如：

C_5H_{12}	正戊烷	2-甲基丁烷	2,2-二甲基丙烷
沸点/℃	36	28	9.5

3. 熔点

烷烃的熔点变化基本上与沸点相似。直链烷烃的熔点也随分子中碳原子数目的增加而逐渐升高。但因在晶体中，分子间力不仅取决于分子的大小，而且与晶体中晶格排列的对称性有关，对称性好、晶格排列紧密熔点相对就高。在含有四个碳原子以上的烷烃中，含偶数碳原子的烷烃熔点增高的幅度比相邻含奇数碳原子的要大一些，这种变化趋势呈锯齿形上升，呈现两条熔点曲线，偶数在上，奇数在下，如图 2.6 所示。这是因为偶数碳链具有较好的对称性，分子晶格排列紧密，分子间作用力大，熔点就高。

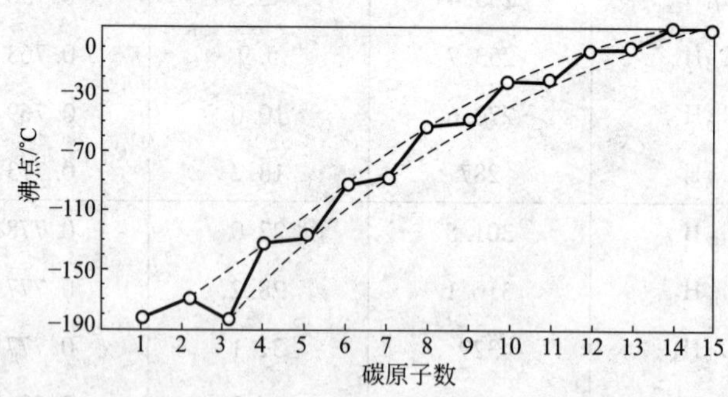

图 2.6　直链烷烃熔点与分子中所含碳原子的关系

4. 相对密度

烃类化合物的相对密度都小于 1，比水轻。直链烷烃的相对密度随分子质量的增加而增大，最后趋于一定值 0.78（20 ℃）。

5. 溶解性

烷烃几乎不溶于水，而易溶于四氯化碳、乙醇、乙醚等有机溶剂。根据“相似相溶”

原理，烷烃是非极性分子，水是典型的极性分子，烷烃与水分子之间的引力小，所以不溶于水。

有些烷烃是很好的有机溶剂。例如，石油和汽油能溶解脂肪，所以日常生活中常用汽油来除去油渍。

交流研讨

由大到小排列下列化合物的沸点。

(1) 正己烷、正辛烷、正壬烷、正癸烷。

(2) $CH_3(CH_2)_6CH_3$，$CH_3CH_2C(CH_3)_2CH_2CH_2CH_3$，$(CH_3)_3CC(CH_3)_3$。

2.1.6 烷烃的化学性质

根据烷烃的结构特点我们知道：烷烃分子中碳原子都是 sp^3 杂化，分子中只有碳碳 σ 键和碳氢 σ 键，σ 键键能较大，需要较高的能量才能断裂。因此，在常温常压下，烷烃化学性质比较稳定，不与强酸、强碱、强氧化剂和强还原剂发生反应或反应速度很慢。

但烷烃稳定性是相对的，随着石油工业的发展，人们对烷烃的化学性质进行了大量研究，发现在适当温度、压力、催化剂等作用下，烷烃可起反应，生成许多工业产品，现在烷烃已成为有机化学工业重要的原料之一。

1. 氧化反应

1）完全燃烧

在常温常压下，烷烃一般不与氧化剂反应，也不与空气中的氧气反应。但可在空气中燃烧，生产二氧化碳和水，并放出大量的热。如：

$$CH_4+2O_2 \xrightarrow{\text{燃烧}} CO_2+2H_2O+891\ \text{kJ/mol}$$

$$C_nH_{2n+2}+\frac{3n+1}{2}O_2 \xrightarrow{\text{燃烧}} nCO_2+(n+1)H_2O+\text{热量}$$

$$\text{(环己烷)}+9O_2 \xrightarrow{\text{燃烧}} 6CO_2+6H_2O+3\,945\ \text{kJ/mol}$$

沼气、天然气、液化石油气、汽油、柴油等燃料的燃烧，就其化学反应来说，主要是烷烃的燃烧，烷烃的燃烧可以获取大量的热能。

低级烷烃的蒸气与空气混合，达到一定的比例时，遇到火花就可能发生爆炸。例如，甲烷在空气里的爆炸极限是 5%～15%。

2）不完全燃烧

烷烃是当今人们重要的能源，但使用时必须注意通风，若烷烃燃烧时供氧不足，烷烃燃烧不完全，将会产生大量的一氧化碳等有毒物质，危害人身安全。

甲烷不完全燃烧时，还可生成炭黑，这是工业上生产炭黑的一种方法。

$$CH_4+O_2 \xrightarrow{\text{不完全燃烧}} C+2H_2O$$

炭黑可用作黑色颜料，还大量用作橡胶的填料，以增强橡胶产品的耐磨性能。

3）催化氧化

烷烃常温下通常很难被氧化剂氧化，但高级烷烃在特定催化剂的作用下，控制反应条件，可发生部分氧化，生成烃的含氧衍生物。例如，石蜡（含20~40个碳原子的高级烷烃的混合物）在特定条件下氧化得到高级脂肪酸。

$$RCH_2CH_2R'+O_2 \xrightarrow[120\ ℃]{KMnO_4} RCOOH+R'COOH$$

工业上用此反应得到含12~18个碳原子的高级脂肪酸来代替天然油脂生产肥皂。

2. 取代反应

烷烃分子中的氢原子被其他原子或原子团取代的反应称为取代反应。被卤素原子所取代的反应称为卤代反应或卤化反应。

烷烃和卤素（Cl_2、Br_2、I_2）在暗处不发生反应，但在光照时反应猛烈甚至引起爆炸。若在漫射光、加热和某些催化剂的作用下，烷烃分子中的氢原子能逐个被氯原子取代，得到卤代烷烃和卤化氢。

例如，甲烷与氯在高温或光照下反应：

$$CH_4+Cl_2 \xrightarrow{h\nu} CH_3Cl+HCl$$

但是反应很难停留在一氯代阶段，所生成的一氯甲烷继续氯化，生成二氯甲烷、三氯甲烷、四氯化碳。

$$CH_3Cl+Cl_2 \xrightarrow{h\nu} CH_2Cl_2+HCl$$

$$CH_2Cl_2+Cl_2 \xrightarrow{h\nu} CHCl_3+HCl$$

$$CHCl_3+Cl_2 \xrightarrow{h\nu} CCl_4+HCl$$

因此反应物为混合物，工业上常把这种混合物作为溶剂使用。控制反应条件，可使某一种产物为主要产品。例如，将温度控制在400~450 ℃，甲烷与氯气的投料比为10∶1，则主要产物为CH_3Cl（占98%）；若投料比为0.263∶1，则主要产物为CCl_4。

3. 裂化反应

烷烃在隔绝空气的条件下进行的热分解反应（500~700 ℃）称为裂化反应。裂化反应过程复杂，包括C—C键和C—H键的断裂，生成小分子的烷烃、烯烃及氢气等混合物。例如：

$$CH_3CH_2CH_2CH_3 \xrightarrow{\triangle} \begin{cases} CH_4+CH_2{=}CHCH_3 \\ CH_3CH_3+CH_2{=}CH_2 \\ CH_2{=}CHCH_2CH_3+H_2 \end{cases}$$

在石油工业上裂化反应是非常重要的，可以增加或提高汽油、柴油等产品的产量和质量。把石油在更高温度下（>750 ℃）的深度裂化反应称为裂解反应，该反应主要得到作为化工基本原料的低级烯烃。

交流研讨

写出 2-甲基丁烷光照氯化反应可能生成的一氯代产物的结构式。

2.1.7 烷烃的来源和用途

烷烃的天然主要来源是石油，以及与石油共存的天然气。石油是动植物遗体经过复杂的变化而形成的一种深褐色的黏稠液体，其成分非常复杂，主要含有各种直链烷烃、支链烷烃、环烷烃、芳香烃，烷烃分子的大小从 1 个碳原子到 40 个碳原子，其组成因产地而异，没有固定的熔点和沸点。

天然气只包含挥发性比较大的烷烃，也就是分子量低的烷烃，主要是甲烷，还有少许乙烷、丙烷和再高级一些的烷烃，其数量依次降低。

石油大部分是液态烃，同时在液态烃里溶有气态烃和固态烃。对石油加热时，低沸点的烃，即分子量较小的烃，先气化经过冷凝被分离出来。随着温度升高，沸点较高的烃，即分子量较大的烃再气化，经过冷凝也被分离出来。像这样根据物质的沸点不同，用加热的方法将液态混合物分离的方法叫作蒸馏。不断继续加热和冷凝，就可以把石油分成不同沸点范围的蒸馏产物，这种方法叫作石油的分馏。分馏出来的各种成分叫作馏分，但是每个馏分仍是多种烃的混合物。根据沸点的不同，可将石油分成以下几个主要成分，见表 2.4。

表 2.4 石油馏分的组成和用途

分馏区间	组分	馏分	用途
20 ℃以下	$C_1 \sim C_4$	天然气	气体燃料，有机合成原料
20~60 ℃	$C_5 \sim C_6$	石油醚	溶剂
40~200 ℃	$C_7 \sim C_9$	汽油	汽车、飞机的内燃机燃料
170~275 ℃	$C_{10} \sim C_{16}$	煤油	拖拉机、喷气式飞机燃料
250~400 ℃	$C_{15} \sim C_{20}$	柴油	柴油机动力燃料
300 ℃以上	$C_{18} \sim C_{22}$	润滑油	润滑机械
	$C_{18} \sim C_{24}$	液体石蜡	缓泻剂
	$C_{18} \sim C_{22}$	凡士林	防锈和密封仪器
	$C_{25} \sim C_{34}$	固体石蜡	制蜡纸、绝缘材料
	残渣	沥青	粮仓防潮、筑路

所有的馏分除不挥发者外，主要用途是作为燃料。气体馏分，如石油气，主要用于燃烧供热。汽油主要用于要求燃料较易挥发的内燃机。煤油用于拖拉机及喷气式发动机，粗柴油用于柴油机。煤油和粗柴油也用于燃烧供热，后者是熟知的“护油”。

润滑油馏分，常常含有大量的长链烷烃（$C_{20} \sim C_{34}$），它们有相当高的熔点。如果润滑油中有这些烷烃，在寒冷的气候下，油管中就会结出蜡状固体。为了防止上述现象，可先把润滑油冷冻，过滤去蜡。得到的蜡经过纯化，可作为固体石蜡（熔点 50~55 ℃）出售或用于制造凡士林。沥青用于房屋建造或筑路。石油焦是从具有很高碳氢比的复杂烃类所组成的石蜡基原油中得到的，它可以做燃料，在电化学工业中用于制造碳电极。石油醚和石油英对许多低极性有机物是很有用的溶剂。

2.1.8 重要的烷烃

烷烃广泛地存在于自然界中。综前所述，石油气和天然气的主要成分是低级烷烃。烷烃是燃料，燃烧时可以释放大量的热量。一些烷烃还可采取适当的办法控制其氧化过程，或经过裂化为较小的分子，这些化合物都是化学工业的原料。有些烷烃的混合物也是制药工业及医药中常用的有机溶液或药物中软膏基质等。

1. 甲烷

甲烷，俗称沼气，是无色、无臭、易燃气体。甲烷在自然界中广泛存在于天然气、油田气、煤矿坑井气、沼泽等中，是优质气体燃料。相对分子质量为16.04，沸点为-161.49 ℃，比空气轻，极难溶于水。

在实验室中，可用无水醋酸钠和碱石灰（氢氧化钠和生石灰的混合物）混合加热制取。

$$CH_3COONa + NaOH \xrightarrow[\triangle]{CaO} CH_4 + Na_2CO_3$$

甲烷是重要的化工原料和能源。甲烷经蒸气转化可制得合成气，经热裂解可生成乙炔或炭黑，经氯化可制得甲烷氯化物，经硫化可制得二硫化碳，经硝化可制得硝基烷烃，加氨氧化可制得氢氰酸，直接催化氧化可得甲醛。

2. 己烷

己烷有多种同分异构体，以正己烷最常见，其次是新己烷。常温下正己烷是无色液体，极易挥发，不溶于水，溶于有机溶剂，本身是很好的溶剂。它是6号抽提溶剂油的主要成分，是浸出法制取植物油脂时常用的溶剂。

3. 石油醚

石油醚是低级烷烃混合物，主要成分是戊烷和己烷，有30~60 ℃，60~90 ℃等沸程规格；常温下为无色澄清的液体，有煤油气味；易挥发、易燃烧；不溶于水，溶于大多数有机溶剂，并能溶解脂肪。石油醚主要用作溶剂及作为油脂的抽提用，可用来测定油料的含油量。由于石油醚极易燃烧，使用及储存时要特别注意安全。其蒸气或雾对眼睛、黏膜和呼吸道有刺激性，中毒表现可有烧灼感、咳嗽、喘息、喉炎、气短、头痛、恶心和呕吐，其可引起周围神经炎，对皮肤有强烈刺激性。

4. 液体石蜡

液体石蜡主要成分是18~24个碳原子的高级烷烃混合物，呈透明状液体，不溶于水和醇，能溶于醚和氯仿。医药上主要用作为滴鼻或喷雾剂的溶剂，因为在体内不被吸收，也常用作润滑肠道的缓泻剂。

5. 异辛烷

2，2，4-三甲基戊烷俗称异辛烷，无色透明液体。溶于苯、甲苯、二甲苯、氯仿、乙醚等，微溶于无水乙醇，几乎不溶于水。相对密度为0.691 9，熔点为-107.4 ℃。沸点为99.3 ℃，易燃，有刺激性，可用作测定油脂过氧化值的溶剂，气相色谱分析标准等。异辛烷也是汽油抗爆震度的一个标准，其辛烷值定为100。

身边的化学

某些动植物体内也存在烷烃。例如，白菜叶的蜡层含有十二烷，苹果皮上的蜡层含有二十七烷和二十九烷，烟叶上的蜡层含有二十七烷和三十一烷，菠菜叶的蜡层含有三十三烷、三十五烷和三十七烷。又如，弓背蚁分泌壬烷、癸烷等作为向同伴报警的信息物质，雌虎蛾用分泌的性信息素 2−甲基十七烷引诱雄虎蛾，这类分泌物称为外激素，所谓“外激素”是指同种昆虫之间借以传递信息而分泌的化学物质。世界上一些国家在昆虫性外激素（性信息素）的分离提纯与化学结构鉴定、人工合成方法及应用方面的研究取得了一些成果，某些人工合成昆虫性信息素已经用于虫害的发生、扩散、蔓延监测与防治。用昆虫性信息素防治害虫，因其专一性，不伤害天敌，不会像化学杀虫剂引起环境污染及抗药性，被称为“第三代农药”。昆虫性信息素的应用是一种新型的生物防治方法，为害虫防治开辟了一个崭新的领域，其研究和利用都在迅速向前发展。

知识链接

未来的能源宝库——石油植物

数百年来，煤炭、石油和天然气一直是人类能源的主角。但是，随着文明的飞速发展、人口的急剧增长和能耗的成倍增加，这些不可再生资源日趋紧缺，能源危机已直接威胁到世界的和平与发展，成为不同政治制度国家共同关注的难题。因此，新的可再生资源的研发，就愈加紧迫地摆在人类面前。且不说矿物能源这种日趋枯竭的危机局面，仅就它对环境的污染而言，也足以令人扼腕了。

正当人们对能源的前景倍感忧虑的时候，科学家们设想，既然煤炭、石油和天然气的“祖宗”皆系远古时代的植物，那么就有可能通过种植绿色植物来“生产”石油，从而为人们所利用。令人欣喜的是，经过长期不懈地探索，终于发现了许多种能直接或间接“生产”石油的植物。于是，“石油农业”应运而生，并悄悄地在世界各地兴起。

所谓“石油植物”，是指那些可以直接生产工业用“燃料油”或经发酵加工生产“燃料油”的植物总称。显然，大力引进、发掘、培育“石油植物”，使之像作物的春种秋收一样，春播绿草，秋收“石油”，无疑具有能源革命的重大意义。

20 世纪 70 年代，石油输出国组织成员国因故决定临时停止向美国出口石油，以示制裁。美国加利福尼亚大学的化学家、诺贝尔化学奖得主卡尔文突发奇想，决定寻找可能生产“石油”的植物，进而从地里“种”出石油来。以卡尔文为代表的研究小组足迹遍及世界各地，从寻找产生类似于石油成分的树种入手。功夫不负有心人，历经多年的寻觅，终于在巴西的热带雨林里发现了一种名为“三叶橡胶树”的高大的常绿乔木。这是一种能产生“石油”的奇树，人们只需要在它的树干上打一孔洞，就会有胶汁源源不断地流出。卡尔文博士对这种胶汁进行了化验，发现其化学成分居然与柴油有着惊人的相似之处，无须加工提炼，即可充当柴油使用。将其加入安装有柴油发动机的汽车的油箱，可立即点火发动，上路行驶。

20 多年来，科学家们发现了 300 多种灌木、400 多种花卉植物都含有一定比例的“石油”。“石油植物”主要集中在夹竹桃科、大戟科、萝摩科、菊科、桃金娘科以及豆科植物中，折断这些植物的茎叶，可从伤口处看见有乳白色或黄褐色液体流淌出来，这些液体中便含有与石油成分相似的碳氢化合物。植物界可用于制成“石油”的植物品种很多，不少乔木、灌木、草本植物以及藻类、细菌等都含有可观的天然炼“油”物质。近年来，科学家还发现利用玉米、高粱、甘蔗等的秸秆可以生产“汽油酒精”，并可直接用作汽车的动力燃料。

“石油植物”被称为 21 世纪的绿色能源。有关权威人士指出，有些树木在进行光合作用时，会将碳氢化合物储存在体内，形成类似石油的烷烃类物质。这一论断打破了人们惯常的思维方式，为更加卓有成效地寻找和发现“石油植物”奠定了理论基础。特别是卡尔文教授，1961 年曾因一部关于光合作用的著作获得诺贝尔化学奖。化学家的热心支持和身体力行，使“石油植物”的研发工作取得了令世人为之瞩目的可喜成就。

1986 年，美国率先进行人工种植“石油植物”，每公顷年收获“石油”120~140 桶。随后，英国、法国、日本、巴西、菲律宾、俄罗斯等国也相继开展了“石油植物”的研究与应用，建立起“石油植物园”“石油农场”等全新的“石油”生产基地。此外，他们还借助于转基因技术培育新品种，采用更先进的栽培技术来提高产量。如今，美国种植的“石油植物”已扩展至数十万公顷，产量超过 500 万 t；菲律宾种植的万余公顷银合欢树，预计 6 年后可收获“石油”13 万 t；瑞士准备种植 10 万 ha“石油植物”，借以解决每年 50%左右的石油需求量。

“石油植物”作为一种新的可再生能源，与其他能源相比，具有以下优点：

(1)“石油植物”是一种独特的绿色清洁能源，在当今全球环境严重污染的情况下，开发应用它对保护环境十分有利。

(2)“石油植物”分布广泛，若能因地制宜地进行种植，便能就地取木成“油”，而不需勘探、钻井、采矿，也减少了长途运输，成本低廉，易于普及推广。

(3)“石油植物”生长迅速，能通过规模化种植确保产量。

(4)“石油植物”能源要比核电等能源安全得多，不会发生爆炸，泄漏等安全事故。

(5) 开发“石油植物”，还将逐步加强世界各国在能源方面的独立性，减少对石油市场的依赖，可以在保障能源供给、稳定经济发展方面发挥积极作用。

由此看来，“石油植物”的研究与开发，是有效解决未来能源的重要新途径之一。能源专家们指出，21 世纪将是“石油植物”大展宏图的时代。

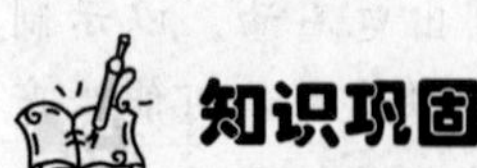

知识巩固

一、填空题

1. 烷烃是分子中只含________键和________键的饱和烃，通式为________。

2. 在有机化学中，把结构相似、具有同一通式，在组成上相差________一系列化合物称为________。________互称为同系物，同系物一般具有相似的结构和________性质，其________性质随碳原子数目的增多呈规律性的变化。

3. ________相同，________不同的化合物，互称为同分异构体。

4. 支链越多，沸点越低，因此正戊烷，异戊烷，新戊烷这三个构造异构体中，________的沸点最高，____________的沸点最低。

二、选择题

1. 互称为同分异构体的物质不可能（　　）。

（1）具有相同的相对分子质量　　（2）具有相同的结构

（3）具有相同的通式　　（4）具有相同的分子式

2. 用下列结构简式表示的物质属于烷烃的是（　　）。

（1）$CH_3CH_2CH=CH_2$　　（2）$CH_3(CH_2)_2CH(CH_3)_2$

（3）CH_3CH_2OH　　（4）$CH_3C\equiv CH$

3. 下列各组物质中，互为同分异构体的是（　　）。

（1）氧气和臭氧　　（2）氕和氘

（3）丙烷和2-甲基丙烷　　（4）2，3-二甲基丁烷和正己烷

4. 关于石油成分的说法，正确的是（　　）。

（1）石油是由各种烷烃组成的混合物

（2）石油主要是由烷烃、环烷烃和芳香烃组成的混合物

（3）石油是由碳、氢两种元素组成的化合物

（4）石油是由汽油、煤油、柴油等组成的混合物

5. 下列分子式所表示的烃中，属于烷烃的是（　　）。

（1）C_3H_6　　（2）C_4H_6　　（3）C_5H_{12}　　（4）C_6H_6

6. 下列化学性质中，烷烃不具备的是（　　）。

（1）一定条件下发生分解反应　　（2）可以在空气中燃烧

（3）与Cl_2发生取代反应　　（4）能使高锰酸钾溶液褪色

7. “可燃冰”是天然气与水相互作用形成的晶体物质，主要存在于冻土层和海底大陆架中。据测定每0.1 m^3固体“可燃冰”要释放20 m^3的甲烷气体，则下列说法中不正确的是（　　）。

（1）“可燃冰”释放的甲烷属于烃

（2）“可燃冰”是水变油，属于化学变化

（3）“可燃冰”将成为人类的后续能源

（4）青藏高原可能存在巨大体积的“可燃冰”

8. 液化石油气的主要成分是（　　）。

（1）甲烷　　（2）甲烷和乙烷　　（3）丙烷和丁烷　　（4）戊烷和己烷

三、写出下列名称的结构式，命名如有错误，请纠正。

1. 2-乙基戊烷

2. 2,2,4-三甲基戊烷

3. 2,5,6,6-四甲基-5-乙基辛烷

4. 2,2,4,4-四甲基-3,3-二丙基戊烷

四、用系统命名法命名下列化合物，并找出哪些是相同的化合物。

1. $(CH_3)_2CH—CH_2—CH(CH_3)_2$

2.
```
         CH3   CH3
          |     |
CH3 — CH — CH — CH2 — CH3
```

3.
$$
\begin{array}{l}
\qquad\quad CH_3 \\
\qquad\quad | \\
CH_3-CH-CH_2-CH-CH_3 \\
\qquad\qquad\qquad\quad\;\; | \\
\qquad\qquad\qquad\quad\; CH_3
\end{array}
$$

4.
$$
\begin{array}{l}
\qquad\quad CH_3 \\
\qquad\quad | \\
CH_3-CH-CH-CH_3 \\
\qquad\qquad\quad | \\
\qquad\qquad\; CH_2-CH_3
\end{array}
$$

5. $(CH_3)_2CHCH(CH_3)CH_2CH_3$

6.
$$
\begin{array}{l}
\qquad\quad CH_3 \qquad\qquad CH_3 \\
\qquad\quad | \qquad\qquad\quad | \\
CH_3-CH-CH_2-CH-CH_3
\end{array}
$$

五、不用查表，将下列化合物的沸点按由高到低顺序排列。

1. 已烷　　2. 辛烷　　3. 3-甲基庚烷　　4. 正戊烷

5. 2,3-二甲基戊烷　　6. 2-甲基已烷　　7. 2,2,3,3-四甲基丁烷

六、写出符合下列条件的烷烃的结构简式。

1. 只含有伯氢原子的戊烷
2. 含有一个叔氢原子的戊烷
3. 只含有伯氢和仲氢原子的已烷
4. 含有一个叔氢原子的已烷
5. 含有一个季碳原子的已烷

问题探究

为什么油船发生泄漏后在海面上形成浮油？这些浮油对海洋有哪些危害？怎样清除海上浮油？

项目 2.2 单烯烃

目标要求

1. 了解单烯烃的结构、π 键的形成及结构特点。
2. 掌握单烯烃的同分异构、命名及顺序规则。
3. 理解单烯烃的物理性质，掌握烯烃的化学性质。
4. 了解一些重要的单烯烃的用途。

项目导入

2010 年 5 月 31 日，神华包头煤制烯烃项目石化装置联合中交暨项目建成庆典仪式在内蒙古包头市举行，标志着我国已全面建成世界首个煤制烯烃项目。该项目不仅对我国优化能源消费结构、提高能源利用效率、减少环境污染、保障国家能源安全具有重要的示范意义，同时奠定了中国在煤基烯烃工业化生产领域的国际领先地位。

神华包头煤制烯烃项目是以煤为原料，通过煤气化生产甲醇、甲醇转化制烯烃、烯烃聚合工艺路线生产聚乙烯和聚丙烯的特大型煤化工项目。进入 21 世纪，在石油价格持续上涨和我国石油对外依存度不断加大的双重压力下，催生了我国煤制烯烃、煤制油、二甲醚和醇醚燃料等以石油替代为目标的现代煤化工的兴起。

知识掌握

单烯烃是指分子中含有一个 C ═ C 的不饱和开链烃，习惯上称为烯烃。烯烃比相对应的含有相同碳原子的烷烃少了两个氢原子，因此单烯烃的通式为 C_nH_{2n}，烯烃分子中的双键是烯烃的官能团。

2.2.1 单烯烃的结构

烯烃分子中存在 C ═ C，这是与烷烃分子在结构上最大的差别，因此研究烯烃的结构主要就是研究双键的结构。烯烃中最简单的分子是乙烯，其分子结构也最具代表性，现以乙烯（$CH_2═CH_2$）为例进行说明。

现代物理方法证明：乙烯分子的所有原子在同一平面上，彼此间的键角约为 120°，其结构如下：

H　121.7°　H　0.108 nm
117°　C＝C
H　H
0.133 nm

其中，C ＝ C 的键能为 610 kJ · mol^{-1}，小于两个 C—C 键能之和（$345.6 \times 2 = 691.2$ kJ · mol^{-1}），因此，只需要较少的能量，就可以使 C ＝ C 的一个键断裂。

杂化轨道理论根据这些事实，设想形成乙烯分子时，碳原子由一个 2s 轨道和两个 2p 轨道进行杂化，形成三个等同的 sp^2 杂化轨道，余下的一个 2p 轨道未参与杂化，人们把这种杂化方式称为 sp^2 杂化。碳原子的 sp^2 杂化过程如下：

2s [↑↓]　2p [↑][↑][ ]　—跃迁→　2s [↑]　2p [↑][↑][↑]　—sp^2杂化→　sp^2杂化轨道 [↑][↑][↑]　2p(未杂化) [↑]

基态　　激发态　　杂化态

每一个 sp^2 杂化轨道含有（1/3）s 成分和（2/3）p 成分，其形状也是一头大，一头小的葫芦形。三个 sp^2 杂化轨道的对称轴分布在同一个平面上，并以碳原子为中心，分别指向三角形的三个顶点，其对称轴之间的夹角约为 120°，每个碳原子剩下一个未参与杂化的 2p 轨道，仍保持原来的形状，其对称轴垂直于三个 sp^2 杂化轨道组成的平面，如图 2.7 所示。

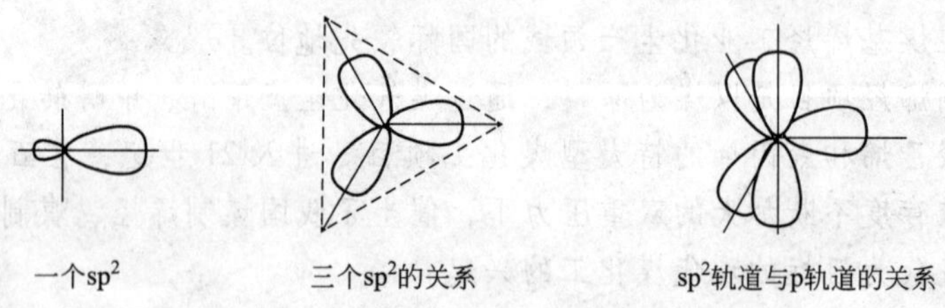

图 2.7　碳原子的 sp^2 杂化轨道

乙烯分子形成时，两个碳原子各以一个 sp^2 杂化轨道沿键轴方向重叠形成一个 C—C σ 键，并以剩余的两个 sp^2 杂化轨道分别与两个氢原子的 1*s* 轨道沿键轴方向重叠形成四个等同的 C—H σ 键，五个 σ 键都在同一平面内，因此乙烯为平面构型。

此外，每个碳原子上还有一个未参与杂化的 p 轨道，其对称轴垂直于上述平面，两个碳原子的 p 轨道相互平行，于是"肩并肩"侧面重叠成键。这种成键原子的 p 轨道"肩并肩"侧面重叠形成的共价键叫作 π 键。乙烯分子中的 σ 键和 π 键如图 2.8 所示。

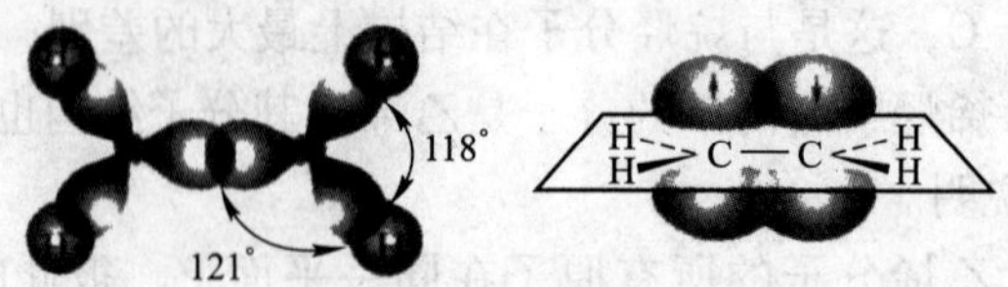

图 2.8　乙烯分子的结构

其他烯烃的结构与乙烯相似，双键碳原子也是 sp^2 杂化，与双键碳原子相连的各个原子在同一平面上，碳碳双键都是由一个 σ 键和一个 π 键组成的。σ 键和 π 键的特点比较见表 2.5。

表 2.5 σ 键和 π 键的特点比较

	σ 键	π 键
存在	可以单独存在	不能单独存在，只能与 σ 键共存
形成	成键轨道沿键轴重叠，重叠程度大	成键轨道平行侧面重叠，重叠程度小
分布	电子云对称分布在键轴周围呈圆柱形	电子云对称分布于 σ 键所在平面的上下
性质	① 键能较大，比较稳定 ② 成键的两个原子可沿键轴自由旋转 ③ 电子云受核的束缚大，不易极化	① 键能较小，不稳定 ② 成键的两个原子不能沿键轴自由旋转 ③ 电子云受核的束缚小，容易极化

由于 π 键是由成键原子轨道以“肩并肩”的方式侧面重叠成键，不能自由旋转，重叠程度小于 σ 键，π 键电子云对称的分布在分子平面的上方和下方，在外界试剂的作用下，易发生变形、极化、断裂，表现为活泼的化学性质，如烯烃的加成反应、聚合反应等。

交流研讨

写出丙烯分子中的各个键分别是 σ 键还是 π 键?

2.2.2 单烯烃的同分异构和命名

1. 单烯烃的同分异构

由于烯烃分子中含有 C＝C，因此在烯烃分子中除了像烷烃一样存在碳链异构外，还有由于双键位置不同而引起的官能团位置异构，此外又有由于双键两侧原子或基团在空间的排列方式不同而产生的顺反异构。

1）烯烃的构造异构

（1）碳链异构

在烯烃分子中由于碳骨架不同所引起的同分异构现象称为碳链异构。例如：

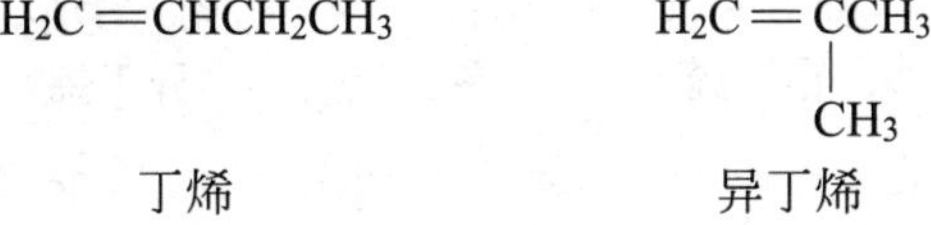

丁烯　　　　异丁烯

（2）官能团位置异构

在烯烃分子中由于双键位置不同所引起的同分异构现象称为官能团位置异构。例如：

$H_2C{=}CHCH_2CH_3$　　　　$CH_3CH{=}CHCH_3$

丁烯　　　　2–丁烯

2）烯烃的顺反异构

烯烃分子中含有限制旋转的因素——碳碳双键。若碳碳双键两端的原子或基团围绕碳碳双键旋转，π 键即被破坏。所以当碳碳双键两端的碳原子各和两个不同的原子或基团相连时，便会出现两种不同的空间排列方式而产生顺反异构。

在顺反异构体中，两个相同的原子或基团在双键同侧的为顺式构型，在双键异侧的为反式构型。如 2-丁烯分子：

$$\underset{H_3C}{\overset{H}{}}\!\!>C=C<\!\!\underset{CH_3}{\overset{H}{}}$$ 顺-2-丁烯 沸点3.7 ℃

$$\underset{H_3C}{\overset{H}{}}\!\!>C=C<\!\!\underset{H}{\overset{CH_3}{}}$$ 反-2-丁烯 沸点0.88 ℃

顺反异构体(立体异构体)

顺反异构是立体异构的一种，产生顺反异构的必要条件为：

① 分子中必须有限制自由旋转的因素（如 π 键、碳环等）。

② 构成双键的两个 C 原子各连接不同的原子或基团。

具备这两个条件，分子才存在顺反异构体，否则就不存在顺反异构现象。即：

$$\underset{b}{\overset{a}{}}\!\!>C=C<\!\!\underset{d}{\overset{c}{}} \qquad \begin{matrix} a\neq b \\ c\neq d \end{matrix}$$

顺反异构体的物理性质不同，因而分离它们并不很难。

2. 单烯烃的命名

1）常见的烯基

从烯烃分子中去掉一个氢原子后剩下的基团叫烯基，较常见的烯基有以下三种：

$CH_2=CH-$	$CH_3-CH=CH-$	$CH_2=CH-CH_2-$
乙烯基	丙烯基	烯丙基

2）普通命名法

对于少数简单的烯烃，常采用普通命名法。例如：

$H_2C=CHCH_2CH_3$　正丁烯

$H_2C=C(CH_3)CH_3$（$H_2C=CCH_3$，CH_3 连于 C 上）　异丁烯

3）系统命名法

烯烃的系统命名方法与烷烃基本相似，原则如下：

① 选择含有 C＝C 在内的最长碳链作为主链，根据主链上的碳原子数目，称为“某烯”。若有多条最长链可供选择时，选择原则与烷烃相同。

② 编号时，从靠近 C＝C 的一端开始给主链碳原子编号，使双键的位次最小。

③ 书写化合物名称时要注明官能团的位次。需注意：1-烯烃中的“1”往往省去。

其表示方法为：取代基位次-取代基名称-官能团位次-母体名称。

$$CH_3CH{=}CHCH_3$$

2-丁烯

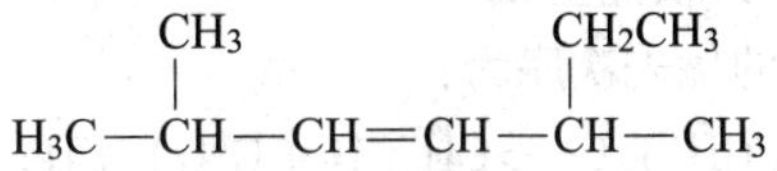

$$\begin{array}{c} \quad\; CH_3 \qquad\qquad\qquad\quad CH_2CH_3 \\ H_3C-\overset{|}{C}H-CH{=}CH-\overset{|}{C}H-CH_3 \end{array}$$

2,5-二甲基-3-庚烯

例如：

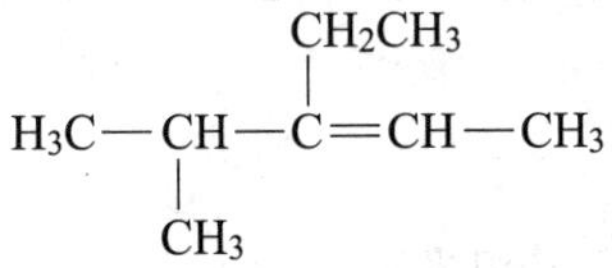

$$\begin{array}{c} \qquad\qquad CH_2CH_3 \\ H_3C-\underset{|}{C}H-\overset{|}{C}{=}CH-CH_3 \\ \quad CH_3 \end{array}$$

4-甲基-3-乙基-2-戊烯

$$\begin{array}{c} \qquad\qquad CH_2CH_3 \\ H_3C-\underset{|}{C}H-\overset{|}{C}{=}CH_2 \\ \quad CH_3 \end{array}$$

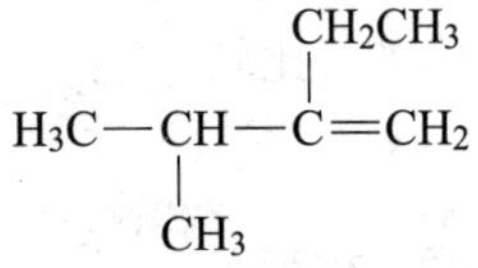

3-甲基-2-乙基-1-丁烯

十一个碳及以上的烯烃，命名时在“烯”字前面加一个“碳”字。例如：

$$CH_2{=}CH(CH_2)_9-CH_3$$

1-十二碳烯

通常把 C＝C 处于端位的烯烃，即双键在 C_1 和 C_2 之间的烯烃统称为 α-烯烃。这一术语在石油化学工业中使用较多。

4）顺反异构体的命名

（1）顺反命名法

首先写出烯烃的系统命名，然后根据烯烃的构型在系统名称前分别冠以“顺-”或“反-”即可。例如：

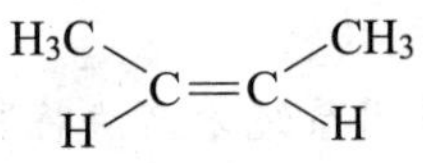

$$\begin{array}{c} H_3C \diagdown \qquad \diagup CH_3 \\ C{=}C \\ H \diagup \qquad \diagdown H \end{array}$$

顺-2-丁烯

$$\begin{array}{c} H_3C \diagdown \qquad \diagup H \\ C{=}C \\ H \diagup \qquad \diagdown CH_3 \end{array}$$

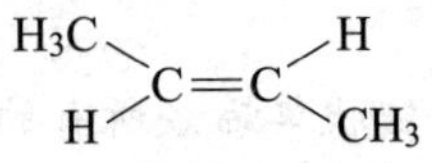

反-2-丁烯

（2）Z/E 命名法

当双键两个碳原子上所连接的四个基团不相同时，则无法命名其顺反，可用 Z/E 命名法来命名。一个化合物的构型是 Z 式还是 E 式，要由“次序规则”来决定。

Z/E 命名法的具体内容是：

根据“次序规则”分别判断每个双键碳原子上所连接的原子或基团中哪个为较优基团，如果两个双键碳原子上所连接的较优基团位于双键的同侧，则为 Z 式，反之为 E 式。（Z 是德文 zusammen 的字头，是同一侧的意思；E 是德文 entgegen 的字头，是相反的意思。）

次序规则的要点：

① 比较与双键碳原子直接相连的两个原子的原子序数，原子序数大的取代基排列在前（称为“较优”基团），原子序数小的取代基排列在后。常见原子的优先次序为：

I>Br>Cl>S>P>F>N>C>D>H>（其中“>”表示“优于”）

② 如果与双键碳原子直接连接的基团的第一位原子相同时，则要依次比较其相连的第二位原子的原子序数，并依次类推，大者为较优基团。

例如：CH_3CH_2—>CH_3—（因第一位原子均为 C，故必须比较与碳相连基团的大小），CH_3—中与碳相连的是 C（H、H、H），CH_3CH_2—中与碳相连的是 C（C、H、H），所以

CH_3CH_2—为较优基团。

常见烷基的优先次序为：

$$(CH_3)_3C\text{—}>CH_3CH(CH_3)CH\text{—}>(CH_3)_2CHCH_2\text{—}>CH_3CH_2CH_2CH_2\text{—}>CH_3CH_2CH_2\text{—}>CH_3CH_2\text{—}>CH_3\text{—}$$

③ 如果含有双键或叁键等不饱和基团时，则把双键或叁键看作是它以单键和二个或三个相同原子相连接，再进行比较。

例如：$CH_2{=}CH$— 相当于 H_2C—C(H)— （两个C各连一个C）　　>C=O 相当于 >C(O)(O)

【例1】 用Z/E命名法命名下列物质。

1. (Br)(CH₃)C=C(H)(Cl)　　Br>CH₃—　Cl>H　　(E)-1-氯-2-溴丙烯

2. (Br)(Cl)C=C(Cl)(H)　　Br>Cl　Cl>H　　(Z)-1,2-二氯-1-溴乙烯

从上述第2题可以看出，顺反命名和Z/E命名不一定是一一对应的，应引起注意。

交流研讨

1. 写出 C_5H_{10} 的链状单烯烃所有的同分异构体，并用系统命名法将其命名。

2. 用系统命名法命名下列化合物。

(1) $(CH_3CH_2)_2C{=}CHCH_3$　　(2) H_3C—C(CH_3)=C—CH(CH_3)—CH_3

(3) (H_3C)(H)C=C(CH_3)(Cl)　　(4) $CH_3CH_2C(=CH_2)CH(CH_3)CH_3$

3. 用Z/E命名法命名下列化合物。

(1) (H)(Cl)C=C($CH(CH_3)_2$)(CH_2CH_3)　　(2) (H_3C)(H_3CH_2C)C=C(CH_3)(H)

2.2.3 单烯烃的物理性质

单烯烃的物理性质和烷烃相似。常温常压下，$C_2 \sim C_4$ 的烯烃为气体，$C_5 \sim C_{18}$ 的烯烃为液

体，含 C_{19} 以上的烯烃为固体。烯烃沸点和相对密度随相对分子质量的增加而递升，直链烯烃的沸点比带支链的异构体略高一些。烯烃熔点的变化规律性较差，但从总的趋势来看也是随分子量的增加而升高；顺式异构体的沸点一般比反式的要高，而熔点较低。烯烃的相对密度都小于 1，难溶于水，易溶于有机溶剂（如苯、四氯化碳、乙醚等）。烯烃可溶于浓硫酸中，此点与烷烃不太一样。常见单烯烃的物理常数见表 2.6。

表 2.6 常见单烯烃的物理常数

名称	结构式	沸点/℃	熔点/℃	相对密度
乙烯	$CH_2=CH_2$	-103.7	-169.5	0.570（在沸点时）
丙烯	$CH_3CH=CH_2$	-47.7	-185.2	0.610（在沸点时）
1-丁烯	$CH_3CH_2CH=CH_2$	-6.4	-185.4	0.625（在沸点时）
顺-2-丁烯	$\mathrm{H_3C(H)C=C(H)CH_3}$（顺式：两个 CH_3 在同侧）	3.5	-139.3	0.621
反-2-丁烯	$\mathrm{H_3C(H)C=C(H)CH_3}$（反式：两个 CH_3 在异侧）	0.9	-105.5	0.604
异丁烯	$(CH_3)_2C=CH_2$	-6.9	-140.8	0.631（-10℃）
1-戊烯	$CH_3(CH_2)_2CH=CH_2$	30.1	-166.2	0.641
1-己烯	$CH_3(CH_2)_3CH=CH_2$	63.5	-139	0.673
1-庚烯	$CH_3(CH_2)_4CH=CH_2$	93.6	-119	0.697
1-十八碳烯	$CH_3(CH_2)_{15}CH=CH_2$	179	17.5	0.791

2.2.4 单烯烃的化学性质

碳碳双键是烯烃的官能团，其中 π 键不如 σ 键牢固，容易断裂。因此烯烃的化学性质比较活泼，易发生加成、氧化、聚合等反应。此外，在烯烃分子中 α 碳上的氢原子也可以发生取代反应。

1. 加成反应

烯烃在反应中 π 键断裂，双键上的两个碳原子与其他原子或基团结合，形成两个新的 σ 键，这种反应称为加成反应。

1）催化加氢

在催化剂的存在下，烯烃与 H_2 作用生成烷烃的反应称为催化氢化。这个反应常用的催化剂有铂黑、钯粉、雷内镍（RaneyNi）等。例如：

$$H_2C=CH_2 + H_2 \xrightarrow{Ni} CH_3CH_3$$

$$RCH{=}CHR + H_2 \xrightarrow{Pd,\ Pt,\ Ni} RCH_2CH_2R$$

烯烃的催化加氢在工业上和研究工作中都具有重要意义。例如，催化加氢可应用于提高汽油的质量，若汽油中含有一定量的烯烃，则放置日久汽油就会变黑，变成高沸点的杂质。如果要生产高质量稳定的汽油，可以采用催化加氢的方法将汽油中所含有的烯烃转化为烷烃。催化加氢在油脂工业中也常常应用到，人们把油脂烃基上的双键加氢，使含有不饱和双键的液态脂肪变为固态的脂肪（硬化油、人造奶油等），改进油脂的性质，提高其利用价值。

烯烃加氢是定量进行的，因此可以根据烯烃吸收 H_2 的体积算出烯烃分子中双键的数目。

2）与卤素加成

烯烃与卤素发生加成反应，生成邻二卤代物。例如：

$$CH_2{=}CH_2 + Br_2 \xrightarrow{CCl_4} \underset{Br}{CH_2}{-}\underset{Br}{CH_2}$$

红棕色　　1,2-二溴乙烷(无色)

烯烃和溴的加成是检验 C＝C 的一个特征反应，常用于烯烃的定性检验。当烯烃遇到红棕色溴的四氯化碳溶液，红棕色很快变浅或消失。用此方法也可检查汽油、煤油中是否含有烯类等不饱和烃。

卤素的反应活性次序：$F_2>Cl_2>Br_2>I_2$

观察思考

在盛有少量煤油（含烯烃）的试管内逐滴加入1%的溴的四氯化碳溶液，边加边震摇，可观察到什么现象？

3）与卤化氢加成

烯烃可与卤化氢气体或很浓的氢卤酸溶液加成，生成一卤代烷。

$$CH_2{=}CH_2 + HX \longrightarrow CH_3CH_2{-}X$$

加成时，不同 HX 的反应活性次序：HI>HBr>HCl（HF 的加成无实用价值）。

乙烯与卤化氢加成只生成一种产物，但一些不对称烯烃（双键碳原子上连接的原子或基团不相同）与卤化氢加成时可能生成两种产物。例如：

$$CH_3CH{=}CH_2 + HBr \longrightarrow CH_3{-}\underset{Br}{CH}{-}CH_3 + CH_3{-}CH_2{-}\underset{Br}{CH_2}$$

80%　　20%

2-溴丙烷(主)　1-溴丙烷

实验证明：在两种加成产物中，2-溴丙烷是主要产物。

俄国化学家马尔科夫尼科夫（Markovnikov）根据大量实验事实，于1869年总结出一条经验规律：不对称烯烃与卤化氢加成时，卤化氢分子中的氢原子加到烯烃分子中含氢较多的双键碳原子上，而卤原子则加到含氢较少的双键碳原子上。这个经验规律叫作马尔科夫尼科夫规则，简称马氏规则。根据这一规则可以推断和预测很多相关反应的主要产物。例如：

$$CH_3CH_2\underset{\substack{|\\CH_3}}{C}{=}CH_2 + HBr \longrightarrow CH_3CH_2\overset{\substack{Br\\|}}{\underset{\substack{|\\CH_3}}{C}}CH_3$$

交流研讨

下列化合物与溴化氢发生加成反应时，主要产物是什么？

（1）异丁烯　　（2）丁烯　　（3）2,4-二甲基-2-己烯

4）与硫酸加成

烯烃与冷的浓硫酸混合，反应生成硫酸氢酯，硫酸氢酯水解生成相应的醇。例如：

$$CH_2{=}CH_2 \xrightarrow{98\%H_2SO_4} \underset{\text{硫酸氢乙酯}}{CH_3{-}CH_2{-}OSO_3H} \xrightarrow[90\ ^\circ C]{H_2O} CH_3CH_2OH$$

不对称烯烃与硫酸加成时，反应产物也符合马氏规则，例如：

$$CH_3CH{=}CH_2 + H_2SO_4 \longrightarrow \underset{\text{硫酸氢异丙酯}}{CH_3{-}\underset{\substack{|\\OSO_2OH}}{CH}{-}CH_3}$$

工业上常常利用这一反应从石油裂化气制备乙醇及其同系物。但缺点是消耗大量的硫酸，设备的腐蚀极为严重。

5）与水加成

在硫酸或磷酸的催化下，烯烃与水加成直接生成醇，加成反应也遵守马氏规则。例如：

$$CH_2{=}CH_2 + H_2O \xrightarrow[280\sim300\ ^\circ C]{H_3PO_4/\text{硅藻土}} CH_3CH_2OH$$

$$CH_3CH{=}CH_2 + H_2O \xrightarrow[250\ ^\circ C]{H_3PO_4/\text{硅藻土}} CH_3\underset{\substack{|\\OH}}{CH}CH_3$$

这是目前工业上生产乙醇、异丙醇的一个重要方法，即烯烃直接水合法。

2. 氧化反应

烯烃分子中由于 C＝C 的存在而比较容易发生氧化反应，但随着反应条件和氧化剂的不同，其氧化产物也不相同。

1）高锰酸钾氧化

冷的稀高锰酸钾中性或碱性溶液在低温下氧化烯烃，则 C＝C 中 π 键断裂，生成连二

醇，同时，高锰酸钾的紫色褪去，生成棕褐色的二氧化锰沉淀。

$$3\,RCH{=}CH_2 + 2KMnO_4 + 4H_2O \xrightarrow[\text{或中性}]{\text{碱性}} 3R{-}\underset{\substack{|\\OH}}{CH}{-}\underset{\substack{|\\OH}}{CH_2} + 2MnO_2\downarrow + 2KOH$$

这个反应常用来检验不饱和烃的存在。

观察思考

在盛有少量煤油（含烯烃）的试管中，缓缓滴加稀高锰酸钾溶液，边加边振荡，可观察到什么现象?

若用酸性高锰酸钾溶液作氧化剂，并使反应在加热的条件下进行，则烯烃的 C＝C 完全断裂，得到羧酸或酮等产物。且烯烃的结构不同，所得的氧化产物也不同。

因此，根据烯烃氧化产物的不同，可以推断原烯烃分子中双键的位置及分子结构。

$$R{-}CH{=}CH_2 \xrightarrow[H_2SO_4]{KMnO_4} \underset{\text{羧酸}}{R{-}COOH} + HCOOH \longrightarrow CO_2 + H_2O$$

$$\begin{matrix}R'\\ \quad\diagdown\\ \quad C{=}CHR''\\ \quad\diagup\\ R\end{matrix} \xrightarrow[H_2SO_4]{KMnO_4} \underset{\text{酮}}{\begin{matrix}R'\\ \quad\diagdown\\ \quad C{=}O\\ \quad\diagup\\ R\end{matrix}} + \underset{\text{羧酸}}{R''{-}COOH}$$

2）臭氧氧化

在低温时，烯烃还可以被臭氧氧化成臭氧化物，后者不稳定，在还原剂（如锌粉）存在下水解生成醛或酮。例如：

$$CH_3{-}\underset{\substack{|\\CH_3}}{C}{=}CHCH_3 \xrightarrow[2)\ Zn/H_2O]{1)\ O_3} \underset{\text{丙酮}}{\begin{matrix}CH_3\\ \quad\diagdown\\ \quad C{=}O\\ \quad\diagup\\ CH_3\end{matrix}} + \underset{\text{乙醛}}{CH_3CHO}$$

利用臭氧化物的还原水解产物，也可推断原烯烃双键的位置及分子结构。

3）催化氧化

乙烯在银催化剂存在下，能被氧化生成环氧乙烷，这是工业上生产环氧乙烷的方法。

$$CH_2{=}CH_2 + O_2 \xrightarrow[250\ ^\circ C]{Ag} \underset{\text{环氧乙烷}}{\begin{matrix}H_2C{-}CH_2\\ \diagdown\ \diagup\\ O\end{matrix}}$$

环氧乙烷性质活泼，是有机合成的重要原料。

3. 聚合反应

在一定的条件下，烯烃分子中的 π 键断裂，发生同类分子间的加成反应，生成高分子化合物，这种由低分子量的化合物有规律地自身相互加成而生成高分子化合物的反应叫作聚合反应。参加聚合反应的小分子称为单体。聚合后生成的产物称为聚合物。例如：

低压法 $$n\,CH_2{=}CH_2 \xrightarrow[60\sim75\ ^\circ C,\,0.1\sim1\ MPa]{TiCl_4-Al(C_2H_5)_3} \text{-}\!\!\left[CH_2-CH_2\right]_n\!\!\text{-}$$ 低压聚乙烯

$TiCl_4-Al(C_2H_5)_3$称为齐格勒-纳塔催化剂。

1959 年齐格勒-纳塔利用此催化剂首次合成了立体定向高分子，人造天然橡胶，为有机合成做出了巨大的贡献。为此，两人共享了 1963 年的诺贝尔化学奖。

聚乙烯化学稳定性和绝缘性能好，质地软而韧，弹性好，耐化学腐蚀，无毒，易于加工，可用于农业生产和制食品袋、日常用具、电绝缘材料、塑料等，用途非常广泛。

4. α-H 的反应

烯烃分子中与双键碳原子相连的碳原子称为 α-C，而 α-C 上的氢原子称为 α-H。受到双键的影响，α-H 原子具有一定的活性，能发生取代反应和氧化反应。

1）取代反应

烯烃与卤素在室温下可发生加成反应，但在高温（500~600 ℃）时，则主要发生 α-H 原子的取代反应。例如：丙烯与氯气在约 500 ℃左右主要发生取代反应，生成 3-氯-1-丙烯。

$$CH_3-CH{=}CH_2 + Cl_2 \xrightarrow{>500\ ^\circ C} \underset{\displaystyle Cl}{\underset{|}{CH_2}}-CH{=}CH_2 + HCl$$

3-氯-1-丙烯

活性顺序为：α-H（烯丙氢）>3°H>2°H>1°H>乙烯 H

2）氧化反应

在一定条件下，α-H 也可被氧化，例如：

$$CH_3CH{=}CH_2 + O_2 \xrightarrow[350\ ^\circ C,\,0.25\ MPa]{Cu_2O} CH_2{=}CHCHO$$

$$CH_3CH{=}CH_2 + O_2 \xrightarrow[550\sim750\ ^\circ C,\,1\ MPa]{\text{磷、钼、铋系催化剂}} CH_2{=}CHCOOH$$

丙烯醛可用于制造甘油、饲料添加剂、蛋氨酸等，还可用作油田注水的杀菌剂。

交流研讨

1. 如何用化学方法鉴别丙烯和丙烷？如何除去丙烷中少量的丙烯？

2. 试根据下列经酸性高锰酸钾溶液氧化后生成的产物来推断烯烃的构造式。

（1）CO_2和 H_2O　　　　（2）CH_3COOH，CO_2和 H_2O

(3) CH_3COCH_3　　　　(4) $CH_3CH_2COCH_3$，CO_2和H_2O

2.2.5 重要的单烯烃

1. 乙烯

乙烯在常压下为稍有甜味的无色气体，沸点为-103.7 ℃，临界温度为9.9 ℃，临界压力为50.5 MPa。乙烯在空气中容易燃烧，燃烧时火焰明亮但有烟；当空气中含乙烯3%~33.5%时，则形成爆炸性的混合物，遇火星发生爆炸。乙烯几乎不溶于水，难溶于乙醇，易溶于乙醚和丙酮，由乙烷、石脑油、轻柴油等经裂解、压缩、分离、精制而成。

在医药上，乙烯与氧的混合物可作麻醉剂。工业上，乙烯可以用来制备乙醇，也可氧化制备环氧乙烷，环氧乙烷是有机合成上的一种重要物质。还可由乙烯制备苯乙烯，苯乙烯是制造塑料和合成橡胶的原料。乙烯聚合后生成的聚乙烯，具有良好的化学稳定性。

乙烯也是植物的内源激素之一，具有促进果实成熟的作用。所谓植物的内源激素，就是植物体内能自己产生，并对植物有调节生长等生理效应的微量物质，不少植物器官中都含有微量的乙烯。乙烯可用未成熟的果实的催熟剂，也可防止苹果、橄榄等落果，促进棉桃在收获前张开等。由于乙烯是气体，在实际应用中，常用乙烯利代替乙烯。乙烯利（2-氯乙基磷酸）为无色酸性液体，可溶于水，常温下pH小于3，比较稳定，pH大于4开始分解，并释放出乙烯。把乙烯利的低浓度水溶液喷施在植物上，植物吸收后在体内缓慢分解出乙烯发挥作用。

2. 丙烯

丙烯在常温、常压下为带有甜味的无色、可燃性气体，燃烧时产生明亮的火焰。丙烯的化学性质很活泼，主要用于制异丙醇、丙酮、合成甘油、合成树脂、合成橡胶、塑料和合成纤维等。丙烯主要由石油裂解气分离或由丙烷脱氢制取。

身边的化学

识别身边的塑料制品

塑料制品包装一般有一个箭头的三角形标志，里面标有1~7的数字，不同的数字代表不同的材料。

1号PET（聚对苯二甲酸乙二醇酯）。耐热至65 ℃，耐冷至-20 ℃，可以用来制作矿泉水、碳酸饮料瓶，装高温液体或加热则易变形，有害的物质会溶解出来。PET用了10个月

后，可能释放出致癌物，对人体具有毒性。

2号HDPE（高密度聚乙烯）盛装清洁用品、沐浴产品的塑料容器，目前超市和商场中使用的塑料袋多是此种材质制成。

3号PVC（聚氯乙烯）部分用于食品包装，高温时易有有害物质产生，目前，这种材料的容器已经比较少用于包装食品。万一买到用于包装食材，千万不要让它受热。

4号PE（低密度聚乙烯）用于制造保鲜膜、塑料膜等。PE耐热性不强，食物用微波炉加热时，先要取下保鲜膜。

5号PP（聚丙烯）用于制造微波炉餐盒，耐130 ℃高温，耐-20 ℃低温，低温透明度差，这是唯一可以放进微波炉的塑料盒。因造价成本高的原因，盖子以PE制造，放入微波炉之前，先将盖子取下。

6号PS（聚苯乙烯）用于制造碗装泡面盒、发泡快餐盒，耐温70 ℃，要尽量避免用盒打包滚烫的食物。不能用于盛装强酸（如橙汁）、强碱性物质，会分解出易致癌的聚苯乙烯。

7号PC是被大量使用的一种材料，尤其多用于制造奶瓶、太空杯等。PC遇热释放双酚A，奶瓶因含有双酚A而备受争议。PC中残留的双酚A，温度越高，释放越多，速度也越快。使用时勿加热；不在阳光下直射；避免反复使用已老化的塑料器具。

知识链接

认识白色污染

所谓“白色污染”，是人们对难降解的塑料垃圾污染环境的一种形象称谓。它是指用聚苯乙烯、聚丙烯、聚氯乙烯等高分子化合物制成的各类生活塑料制品使用后被弃置成为固体废物，由于随意乱丢乱扔，难以降解处理，以致造成城市环境严重污染的现象。

塑料制品作为一种新型材料，具有质轻、防水、耐用、生产技术成熟、成本低的优点，在全世界被广泛应用且呈逐年增长趋势。塑料包装材料在世界市场中的增长率高于其他包装材料，1990—1995年塑料包装材料的年平均增长率为8.9%。

我国是世界上十大塑料制品生产和消费国之一。包装用塑料的大部分以废旧薄膜、塑料袋和泡沫塑料餐具的形式，被丢弃在环境中。这些废旧塑料包装物散落在市区、风景旅游区、水体、道路两侧，不仅影响景观，造成“视觉污染”，而且因其难以降解对生态环境造成潜在危害。

据调查，北京市生活垃圾的3%为废旧塑料包装物，每年总量约为14万t；上海市生活垃圾的7%为废旧塑料包装物，每年总量约为19万t。天津市每年废旧塑料包装物也超过10万t。北京市每年废弃在环境中的塑料袋约23亿个，一次性塑料餐具约2.2亿个，废农膜约675万m^2。人们对此戏称为“城郊一片白茫茫”。

总结国内外防治“白色污染”的实践经验，结合目前“白色污染”现状及其管理工作中存在的问题，我国防治“白色污染”应遵循“以宣传教育为先导，以强化管理为核心，以回收利用为主要手段，以替代产品为补充措施”的原则。

知识巩固

一、填空题

1. 烯烃是分子中含有__________官能团的物质，通式为__________。

2. 烯烃分子中的碳碳双键是碳原子采取________杂化方式，双键中一个是________键，另一个是________键。

3. 烯烃的同分异构体分为构造异构和顺反异构两类。构造异构包括________________异构和________________异构两种情况。

二、选择题

1. 下列化合物中存在顺反异构体的是（　　）。

(1) $CH_3CH = CHCH_3$　　(2) $(CH_3CH_2)_2C = CHCH_3$

(3) $CH_3C \equiv CCH_3$　　(4) $CH_3CH_2CH = CHBr$

2. 有关单烯烃分子结构及性质说法不正确的是（　　）。

(1) 单烯烃分子中的双键一个是σ键，一个是π键

(2) 单烯烃分子中含有C＝C，键能高，所以性质比烷烃稳定

(3) 单烯烃分子中双键上的碳原子连接的四个原子或基团在同一个平面上

(4) 单烯烃分子中的π键没有对称轴，不能旋转

三、命名下列化合物，如有顺反异构现象，写出顺反命名法或Z/E命名法的名称。

1. 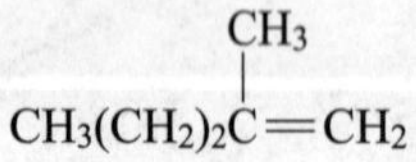 $CH_3(CH_2)_2C(CH_3)=CH_2$

2. $C_2H_5-CH(CH=CH_2)-C_2H_5$

3. $(H_3C)(H)C=C(C_2H_5)(CH_2CH_2CH_3)$

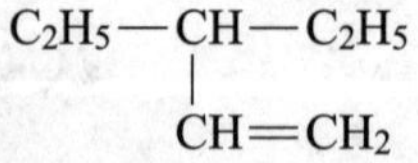

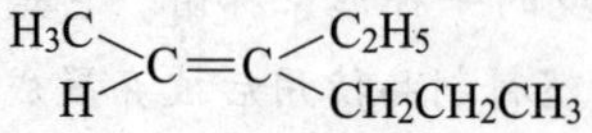

4. $(CH_3)_2C=C(CH_3)CH(CH_3)_2$

四、写出1-丁烯与下列试剂反应所得的产物。

1. H_2/Ni　　2. Br_2/CCl_4　　3. HBr

4. H_2SO_4　　5. $Br_2/500℃$　　6. H_2O

五、写出下列反应的主要产物。

1. 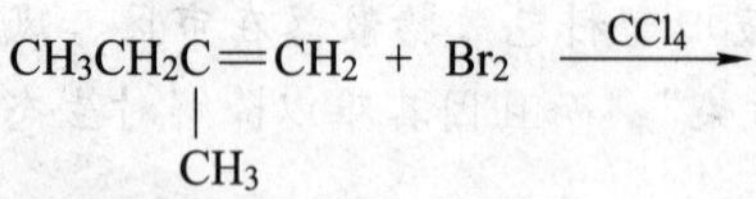 $CH_3CH_2C(CH_3)=CH_2 + Br_2 \xrightarrow{CCl_4}$

2. $CH_3CH_2C(CH_3)=CH_2 + H_2SO_4 \longrightarrow \xrightarrow[\triangle]{H_2O}$

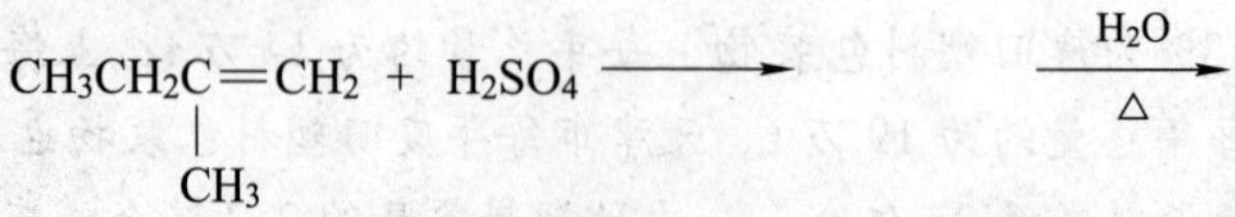

3. $C_2H_5CH=CHC_2H_5 \xrightarrow[H^+/\triangle]{KMnO_4}$

4. $CH_3CH_2CH=CH_2 + Br_2 \xrightarrow{500\ ℃}$

六、用化学方法鉴别丁烷和丁烯。

七、某化合物经催化加氢能吸收一分子 H_2，与过量高锰酸钾作用生成 CH_3CH_2COOH，写出该化合物的结构式。

问题探究

如何除去汽油中的烯烃？

项目 2.3　炔烃

目标要求

1. 了解炔烃的结构、同分异构及命名原则。
2. 掌握炔烃的物理性质、化学性质。
3. 能利用炔烃的化学性质于化学鉴别中。

项目导入

2008 年 8 月 8 日是值得中华民族载入史册的一天。这一天，第 29 届奥林匹克夏季奥运会开幕式在北京国家体育场“鸟巢”隆重举行。这个独具匠心、可容纳 9 万多人的主体育场全部用钢量达 4.2 万 t。令人称奇的是，如此数量庞大的钢材是如何组装形成“鸟巢”的呢？简单地说，其实就是建筑工人将众多的钢架（梁）通过吊装，再焊接而成。在焊接过程中用到的高温源，主要就是乙炔气体。

知识掌握

分子中含有一个 C≡C 的不饱和链烃称为炔烃。炔烃的官能团是碳碳叁键，分子通式是 C_nH_{2n-2}。

2.3.1　炔烃的结构

炔烃中最简单的是乙炔，其分子式为 C_2H_2，结构式为 CH≡CH。经测定，乙炔是一个线型分子，两个碳原子和两个氢原子处于同一条直线上，键角为 180°。

$$\mathrm{H-C\equiv C-H}$$

0.120 nm　0.106 nm　180°

根据杂化轨道理论，乙炔分子中的碳原子以 sp 杂化方式参与成键，两个碳原子各以一条 sp 杂化轨道互相重叠形成一个碳碳 σ 键，每个碳原子又各以一个 sp 轨道分别与一个氢原子的 1s 轨道重叠，各形成一个碳氢 σ 键。三个 σ 键在同一直线上，键角为 180°。

此外，两个碳原子还各有两个相互垂直的未杂化的 2p 轨道，其对称轴彼此平行，相互“肩并肩”重叠形成两个相互垂直的 π 键，从而构成了碳碳叁键。两个 π 键电子云对称地分布在碳碳 σ 键周围，呈圆筒形（如图 2.9 所示）。

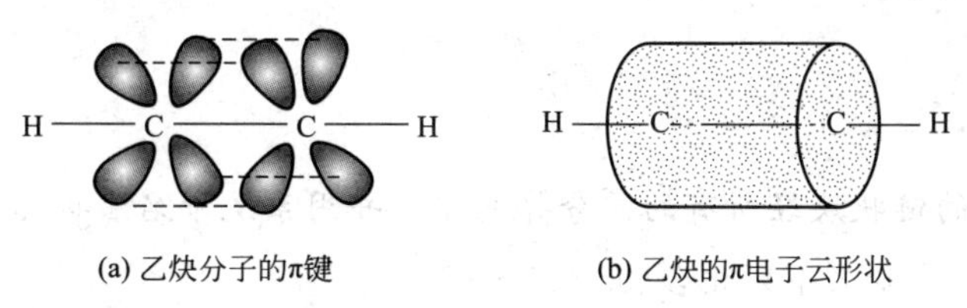

(a) 乙炔分子的π键　　(b) 乙炔的π电子云形状

图 2.9　乙炔分子的 π 键

在乙炔分子的两个碳原子之间，由于共用电子对的增加，就增加了成键电子云对两个原子核的吸引力，使乙炔的叁键键长（0.120 nm）比乙烯的双键键长（0.134 nm）要短，这说明乙炔中的 π 键重叠的程度比乙烯中的 π 键重叠的程度大，也就是说，乙炔中的 π 键比乙烯中的 π 键强些，因而叁键的活性不如双键。

2.3.2 炔烃的同分异构和命名

1. 炔烃的同分异构

由于炔烃分子中存在叁键，故它既有碳链异构，又有叁键位置异构。但由于叁键对侧链位置的限制，所以炔烃异构体的数目比相应的烯烃要少些，例如：丁烯有三个同分异构体，而丁炔只有两种同分异构体。

$CH\equiv CCH_2CH_3$　　　$CH_3C\equiv CCH_3$

1-丁炔　　　2-丁炔

由于与叁键相连的三个 σ 键均在同一条直线上，因而炔烃没有顺反异构体。

2. 炔烃的命名

炔烃的系统命名法与烯烃相似，命名原则如下：

① 选择含有叁键的最长碳链作为主链，称为“某炔”。

② 从靠近叁键的一端开始，给主链碳原子编号，将叁键的位号标在“某炔”的前面，中间用一短线隔开，若叁键的位号在正中央，则从靠近取代基的一端开始编号。

③ 把取代基的位置、数目和名称写在叁键位号的前面。例如：

$$HC\equiv C\underset{\displaystyle CH_3}{\underset{|}{C}}HCH_2CH_3 \qquad CH_3C\equiv CCH_2\underset{\displaystyle CH_3}{\underset{|}{C}}HCH_3$$

3-甲基-1-戊炔　　　5-甲基-2-己炔

④ 若分子中同时含有叁键和双键时，应选取同时含有双键和叁键的最长碳链作为主链，称为“某烯炔”，编号从最先遇到双键或叁键的一端开始，使双键和叁键的位号之和为最小数值，命名时以烯烃优先，炔烃在后的原则。例如：

$$\overset{7}{C}H_3\overset{6}{C}\equiv \overset{5}{C}\overset{4}{C}H_2\underset{\displaystyle CH_3}{\underset{|}{\overset{3}{C}}}H\overset{2}{C}H=\overset{1}{C}H_2$$

3-甲基-1-庚烯-5-炔

交流研讨

一、写出 C_5H_8 的链状炔烃所有的同分异构体，并用系统命名法将其命名。

二、用系统命名法命名下列化合物。

1. $H_3C-\underset{\displaystyle CH_3}{\underset{|}{C}}HC\equiv CH$

2. $CH_3CH_2C\equiv C\,\underset{\displaystyle CH_2CH_3}{\underset{|}{C}}HCH_3$

3. $(CH_3)_2CHC\equiv CC(CH_3)_3$

4. $HC\equiv C-CH_2CH=CH_2$

2.3.3　炔烃的物理性质

炔烃的物理性质与烯烃相似，常温时，$C_2\sim C_4$ 的炔烃是气体，$C_5\sim C_{18}$ 的炔烃是液体，C_{18} 以上的炔烃是固体。炔烃的沸点通常比相应的烯烃高 10~20 ℃，密度也比相应的烯烃大，原因是炔烃的分子为直线型结构，在固、液态时，分子间可以更为紧密地靠近，使范德华力增强。炔烃都难溶于水，易溶于丙酮、石油醚、苯等有机溶剂。常见炔烃的物理常数见表 2.7。

表 2.7　常见炔烃的物理常数

名称	沸点/℃	熔点/℃	相对密度
乙炔	-83.4	-81.8	0.618
丙炔	-23.2	-101.5	0.706
1-丁炔	8.1	-130	0.678
2-丁炔	27	-32.3	0.690
1-戊炔	39.7	-90	0.695
2-戊炔	56.1	-101	0.711
3-甲基-1-丁炔	29.4	-89.7	0.666
1-己炔	71.3	-124	0.716
2-己炔	84	-89.6	0.732

2.3.4　炔烃的化学性质

炔烃的化学性质和烯烃相似，也有加成、氧化和聚合等反应。这些反应都发生在叁键上，所以叁键是炔烃的官能团。但由于炔烃中的 π 键和烯烃中的 π 键在强度上有差异，造成两者在化学性质上有差别，即炔烃的亲电加成反应活泼性不如烯烃，且炔烃叁键碳上的氢显示一定的酸性。

炔烃的主要化学反应如下：

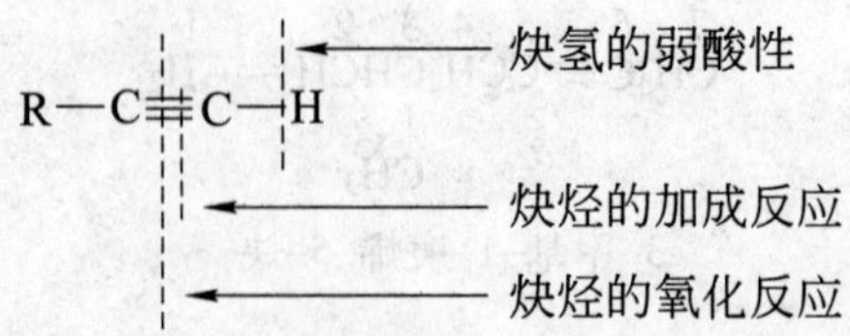

1. 加成反应

1）催化加氢

在常用的催化剂如铂、钯的催化下，炔烃和足够量的氢气反应生成烷烃，反应难以停止在烯烃阶段。

$$R—C≡C—R' \xrightarrow[Pd]{H_2} R—CH=CH—R' \xrightarrow[Pd]{H_2} R—CH_2CH_2—R'$$

如果只希望得到烯烃，可使用活性较低的催化剂。常用的是林德拉（Lindlar）催化剂（钯附着于碳酸钙上，加少量醋酸铅和喹啉使之部分毒化，从而降低催化剂的活性），在其催化下，炔烃的氢化可以停留在烯烃阶段。这表明，催化剂的活性对催化加氢的产物有决定性的影响。部分氢化炔烃的方法在合成上有广泛的用途。

$$R—C≡C—R' + H_2 \xrightarrow{\text{林德拉催化剂}} R—CH=CH—R'$$

2）与卤素单质加成

炔烃也能和卤素单质（主要是氯和溴）发生加成反应，反应是分步进行的，先加与卤素单质 1∶1 生成二卤代烯，然后继续加成得到四卤代烷烃。

$$CH_3—C≡CH \xrightarrow{Br_2/CCl_4} CH_3—CBr=CHBr \xrightarrow{Br_2/CCl_4} CH_3—CBr_2—CHBr_2$$

1，2-二溴丙烯　　1，1，2，2-四溴丙烷

与烯烃一样，炔烃与红棕色的溴溶液反应生成无色的溴代烃，所以此反应可用于炔烃的鉴别。

3）与卤化氢加成

炔烃与烯烃一样，可与卤化氢加成，并服从马氏规则。反应是分两步进行的，控制试剂的用量可只进行一步反应，生成卤代烯烃。

$$CH≡CH \xrightarrow{HI} CH_2=CHI \xrightarrow{HI} CH_3—CHI_2$$

碘乙烯　　1，1-二碘乙烷

$$CH_3CH_2C≡CH \xrightarrow{HBr} CH_3CH_2CBr=CH_2 \xrightarrow{HBr} CH_3CH_2CBr_2—CH_3$$

2-溴-1-丁烯　　2，2-二溴丁烷

乙炔和氯化氢的加成要在氯化汞催化下才能顺利进行。例如：

$$CH≡CH \xrightarrow[HgCl_2]{HCl} CH_2=CHCl \xrightarrow[HgCl_2]{HCl} CH_3—CHCl_2$$

氯乙烯　　1，1-二氯乙烷

氯乙烯是合成聚氯乙烯塑料的单体。

4）与水加成

在稀硫酸水溶液中，用汞盐作催化剂，炔烃可以和水发生加成反应。例如，乙炔在10%硫酸和5%硫酸汞水溶液中发生加成反应，生成乙醛，这是工业上生产乙醛的方法之一。

$$CH\equiv CH + H_2O \xrightarrow[H_2SO_4]{HgSO_4} \underset{\text{乙烯醇}}{[CH_2=CH-OH]} \xrightarrow{\text{重排}} \underset{\text{乙醛}}{CH_3-CHO}$$

反应时，首先是一个叁键与一分子水加成，生成羟基与双键碳原子直接相连的加成产物，称为烯醇。具有这种结构的化合物很不稳定，容易发生重排，形成稳定的羰基化合物。

炔烃与水的加成遵从马氏规则，因此除乙炔得到乙醛外，其他炔烃与水加成均得到酮。

$$RC\equiv CH + H_2O \xrightarrow[H_2SO_4]{HgSO_4} \left[\begin{matrix} RC=CH_2 \\ | \\ OH \end{matrix}\right] \xrightarrow{\text{重排}} R-\overset{\overset{\displaystyle O}{\|}}{C}-CH_3$$

由于汞盐有剧毒，因此很早已开始非汞催化剂的研究，并已取得很大进展。

2. 氧化反应

炔烃可被高锰酸钾等氧化剂氧化，生成羧酸或二氧化碳。

$$RC\equiv CH \xrightarrow[H^+]{KMnO_4} R-\overset{\overset{\displaystyle O}{\|}}{C}-OH + CO_2 + H_2O$$

$$RC\equiv CR' \xrightarrow[H^+]{KMnO_4} R-\overset{\overset{\displaystyle O}{\|}}{C}-OH + R'-\overset{\overset{\displaystyle O}{\|}}{C}-OH$$

反应后高锰酸钾溶液的紫色消失，因此，这个反应可用来检验分子中是否存在叁键。根据所得氧化产物的结构，还可推知原炔烃的结构。

3. 聚合反应

炔烃也能发生聚合反应，但与烯烃不同，它一般不聚合成高聚物，只能由少数几个分子形成低聚物。乙炔在催化剂作用下发生聚合反应。例如，在氯化亚铜和氯化铵的作用下，可以发生二聚或三聚作用。

$$HC\equiv CH + HC\equiv CH \xrightarrow{Cu_2Cl_2\text{-}NH_4Cl} CH_2=CH-C\equiv CH$$

$$3\,CH\equiv CH \xrightarrow[\text{三苯基膦羰基镍络合物}]{(C_6H_5)_3PNi(CO)_2} C_6H_6\ (\text{苯})\quad 80\%$$

4. 金属炔化物的生成

碳碳叁键在碳链的一端时，称为末端炔烃，结构通式为 $RC\equiv CH$。此时叁键碳上具有H原子，叁键碳上的H原子较活泼，有质子化倾向，使末端炔烃具有一定的酸性，可被金属取代而生成金属炔化物。例如，将乙炔通入银盐或亚铜盐的氨溶液中，则生成灰白色的乙炔银或棕红色的乙炔亚铜沉淀。

$$CH \equiv CH + 2Ag(NH_3)_2NO_3 \longrightarrow \underset{\text{乙炔银(灰白色)}}{AgC \equiv CAg} \downarrow + 2NH_4NO_3 + 2NH_3$$

$$CH \equiv CH + 2Cu(NH_3)_2Cl \longrightarrow \underset{\text{乙炔亚铜(棕红色)}}{CuC \equiv CCu} \downarrow + 2NH_4Cl + 2NH_3$$

$$CH_3C \equiv CH + Ag(NH_3)_2NO_3 \longrightarrow CH_3C \equiv CAg \downarrow + NH_4NO_3 + NH_3$$

$$CH_3C \equiv CH + Cu(NH_3)_2Cl \longrightarrow CH_3C \equiv CCu \downarrow + NH_4Cl + NH_3$$

上述反应灵敏而且现象明显，常用来鉴别末端炔烃。

乙炔银或乙炔亚铜在潮湿状态及低温时比较稳定，干燥时很不稳定，撞击或受热容易发生爆炸。为了避免危险，实验后应及时将这些金属炔化物用盐酸或硝酸等分解处理。

交流研讨

写出1-戊炔分别与下列试剂反应时的主要产物。

(1) 1 mol HCl　　(2) 2 mol HCl

(3) 1 mol Br_2/CCl_4　　(4) 2 mol Br_2/CCl_4

(5) 1 mol H_2/Lindlar 催化剂　　(6) 过量 H_2/Ni

(7) $AgNO_3$的 NH_3溶液　　(8) 热的 $KMnO_4$溶液（H^+）

2.3.5 重要的炔烃——乙炔

乙炔分子式 C_2H_2，结构简式是 $CH \equiv CH$。纯净的乙炔是没有颜色、没有臭味、比空气稍轻、微溶于水、易溶于有机溶剂的气体。

乙炔燃烧火焰明亮且有大量黑烟。明亮是因为燃烧时，一部分碳氢化合物裂化成细微分散的碳颗粒，这些碳粒受灼热而发光，因此乙炔曾作为照明气使用；黑烟是因为乙炔含碳量高，燃烧不充分造成的。乙炔是重要的基本有机原料，可用于制备氯乙烯、聚氯乙烯等。乙炔燃烧时产生的氧炔焰可用来切割或焊接金属。

身边的化学

炭黑是一种无定形碳，是轻、松而极细的黑色粉末，比表面积非常大，范围从10~3 000 m^2/g，是有机物（天然气、重油、燃料油等）在空气不足的条件下经不完全燃烧或受热分解而得的产物，相对密度为1.8~2.1。由天然气制成的炭黑称为“气黑”，由油类制成的炭黑称为“灯黑”，由乙炔制成的炭黑称为“乙炔黑”，此外还有“槽黑”“炉黑”。按炭黑性能区分有“补强炭黑”“导电炭黑”“耐磨炭黑”等。可作黑色染料，用于制造中国墨、油墨、油漆等，也用于橡胶的补强剂。

乙炔炭黑是由碳化钙法或石脑油（粗汽油）热解时副产气分解精制得到的纯度99%以上的乙炔，经连续热解后得到的炭黑。将反应炉内部升温至乙炔分解起始温度800 ℃以上后，导入乙炔开始进行热分解，因为此反应是放热反应，反应可自动进行。为了获得稳定的质量，反应温度应保持在 1 800 ℃左右。炉内温度可通过反应炉外筒水冷夹套进行控制。乙炔炭黑作为锰干电池的阳极材料与二氧化锰和电解液一起使用。它与炉法炭黑相比其结晶及二次结构更为发达，故导电性和吸液性也更优良。由于重金属等杂质少，故自放电造成的损耗小，贮存性能也更好。乙炔黑几乎占领了这一领域的整个市场。可以预测，今后也会和干电池的需求一同延续下去。

知识链接

使用氧气/乙炔的注意事项

一、氧气瓶

1. 每个氧气瓶必须在定期检验的周期内使用（三年），色标明显，瓶帽齐全。氧气瓶应与其他易燃气瓶油脂和其他易燃物品分开保存，也不准同车运输。运送储存，使用氧气瓶需有瓶帽。禁止用自行车或吊车吊运氧气瓶。

2. 氧气瓶附件有毛病或缺损，阀门螺杆滑丝时均应停止使用。氧气瓶应直立着安放在固定支架上，以免跌倒发生事故。

3. 禁止使用没有减压器的氧气瓶。

4. 氧气瓶中的氧气不允许全部用完，气瓶的剩余压力应不小于 0.05 MPa，并将阀门拧紧，写上“空瓶”标记。

5. 开启氧气阀门时，要用专用工具，动作要缓慢，不要面对减压表，但应观察压力表指针是否灵活正常。

6. 当氧气瓶在电焊同一工作地点，瓶底应垫绝缘物，防止电焊机二次回路。

7. 氧气瓶一定要避免受热、暴晒，使用时应尽可能垂直立放，并联使用时汇流输出总管上应装设单向阀。

二、乙炔气瓶

1. 乙炔瓶在使用、运输、储存时必须直立固定，严禁卧放或倾倒；应避免剧烈震动、碰撞；运输时应使用专用小车，不得用吊车吊运；环境温度超过 40 ℃时应采取降温措施。

2. 乙炔瓶使用时，一把焊割炬配置一个岗位回火防止器及减压器。

3. 操作者应站在阀口的侧后方，轻缓开启。拧开瓶阀不宜超过 1.5 转。

4. 瓶内气体不能用光，必须留有一定余压。当环境温度小于 0 ℃时，余压为 0.05 MPa；当环境温度为 0~15 ℃，余压为 0.1 MPa，当环境温度为 15~25 ℃时，余压力为 0.2 MPa，当环境温度为 25~40 ℃时，余压为 0.3 MPa。

5. 焊接工作地乙炔瓶存量不得超过 5 只。超过时，车间内应设单独的储存间。若超过 20 只，应放置在乙炔瓶库。

6. 乙炔瓶严禁与氯气瓶、氧气瓶、电石及其他易燃易爆物品同库存放。作业点与氧气瓶，明火相互间距至少离开 10 m。

知识巩固

一、填空题

1. 炔烃是分子中含有__________官能团的物质，通式为____________。

2. 炔烃分子中的碳碳叁键碳原子是采取________杂化方式，其中一个是________键，两个是______键。

3. 炔烃催化加氢时选用不同的催化剂，所得的产物不同。制备烷烃时选用__________作催化剂；制备烯烃时，选用____________作催化剂。

4. 不对称炔烃与溴化氢发生加成反应，产物遵循__________________规则。

二、选择题

1. 有关炔烃结构说法不正确的是（　　）。

（1）炔烃分子中叁键是由一个 σ 键和两个 π 键组成

（2）炔烃分子中叁键上的碳原子采取 sp 杂化轨道成键

（3）所有炔烃分子中的碳链都是直线型的

（4）叁键上的碳原子及其所连接的两个原子在一条直线上

2. 鉴别丙烯和丙炔，应在下列试剂中选用（　　）。

（1）$KMnO_4/H^+$

（2）$KMnO_4/H_2O$

（3）$Ag(NH_3)_2NO_3$

（4）Br_2/CCl_4

三、用系统命名法命名下列化合物。

1. $CH_3CH_2CH_2CH_2C\equiv CH$

2. $CH_3CH_2CH_2C\equiv CCH_3$

3. $CH_3CHCH_2C\equiv CH$（2位碳上连 CH_3）

4. $CH_3CH_2CHC\equiv CCH_3$（3位碳上连 $CH_2CH_2CH_3$）

四、写出下列反应的主要产物。

1. $CH_3CH_2CH_2C\equiv CH + 2HCl \longrightarrow$

2. $CH_3CH_2C\equiv CCH_2CH_3 + H_2 \xrightarrow{\text{Lindlar催化剂}}$

3. $CH_3CH_2CH_2CH_2C\equiv CH + 2Br_2 \xrightarrow{CCl_4}$

4. $CH_3CH_2CH_2C\equiv CH \xrightarrow[H^+]{KMnO_4}$

5. $CH_3CH_2CH_2C\equiv CH \xrightarrow{Ag(NH_3)_2^+}$

五、用化学方法鉴别下列各组化合物。

1. 1-丁炔和2-丁炔

2. 丙烷、丙烯和丙炔

六、化合物 A 和 B 分子式同为 C_6H_{10}，催化加氢后都得到2-甲基戊烷，A 与硝酸银氨溶液反应，而 B 不与硝酸银氨溶液反应，写出 A、B 可能存在的构造式。

七、化合物 A 和 B 的分子式都是 C_5H_8，都能使溴的四氯化碳溶液褪色，A 与硝酸银的氨溶液反应生成白色沉淀，用高锰酸钾溶液氧化，则生成 $CH_3CH_2CH_2COOH$ 和 CO_2；B 不与硝酸银的氨溶液反应，用高锰酸钾溶液氧化时，生成 CH_3COOH 和 CH_3CH_2COOH。推测 A、B 的构造式。

问题探究

如何去除乙烷中少量的乙炔？

项目 2.4　二烯烃

目标要求

1. 了解二烯烃的分类和橡胶种类。
2. 掌握共轭二烯烃的命名及共轭二烯烃的结构特征。
3. 掌握共轭二烯烃的化学性质，重点掌握加成规律、双烯合成反应。
4. 学会应用电子效应解释结构与性质关系。

项目导入

橡胶是具有可逆形变的高弹性聚合物材料，分为天然橡胶和合成橡胶。天然橡胶主要来源于三叶橡胶树，当这种橡胶树的表皮被割开时，就会流出乳白色的汁液，称为胶乳，胶乳经凝聚、洗涤、成型、干燥即得天然橡胶。合成橡胶是由人工合成方法而制得的，采用不同的原料（单体）可以合成出不同种类的橡胶。1900—1910 年化学家 C. D. 哈里斯（Harris）测定了天然橡胶的结构是异戊二烯的高聚物，这就为人工合成橡胶开辟了途径。1910 年俄国化学家列别捷夫（Lebedev，1874—1934）以金属钠为引发剂使 1,3-丁二烯聚合成丁钠橡胶，以后又陆续出现了许多新的合成橡胶品种。异戊二烯和 1,3-丁二烯都属于二烯烃，二烯烃在人工合成橡胶方面发挥了重要的作用。

知识掌握

分子中含有两个或两个以上碳碳双键的不饱和烃称为多烯烃。一般把含有两个碳碳双键的叫作二烯烃，它的通式是 C_nH_{2n-2}，与炔烃相同，因此，二烯烃和含碳原子数相同的炔烃互为官能团异构。

2.4.1　二烯烃的分类和命名

1. 二烯烃的分类

根据二烯烃中两个双键的相对位置的不同，可将二烯烃分为以下三类。

1）累积二烯烃

两个双键与同一个碳原子相连接，即分子中含有 C＝C＝C 结构的二烯烃称为累积二烯烃。例如：

$$CH_2{=}C{=}CH_2 \quad 丙二烯$$

2）隔离二烯烃

两个双键被两个或两个以上的单键隔开，即分子骨架为 C＝C—（C）$_n$—C＝C，的二烯烃称为隔离二烯烃。例如：

$CH_2=CH-CH_2-CH=CH_2$　1,4–戊二烯

3）共轭二烯烃

两个双键被一个单键隔开的（双键和单键相互交替）叫作共轭双键，含有共轭双键的分子叫作共轭分子，含有共轭双键的二烯烃叫作共轭双键二烯烃，简称共轭二烯烃。例如：

$CH_2=CH-CH=CH_2$　1,3–丁二烯

$CH_2=C(CH_3)CH=CH_2$　2–甲基–1,3–丁二烯(俗名异戊二烯)

在上述三类二烯烃中，累积二烯烃数量较少，且不稳定，很容易异构化为炔烃；隔离二烯烃性质与单烯烃相似；共轭二烯烃性质比较稳定而且比较特殊，无论在理论上，还是在实际应用中都很重要。

2. 二烯烃的命名

二烯烃的命名与烯烃相似，选择含有两个双键的最长的碳链为主链，从距离双键最近的一端将主链上的碳原子依次编号，根据主链的碳原子数称“某二烯”，两个双键的位置用阿拉伯数字标明在前，中间用短线隔开。若有取代基时，则将取代基的位次和名称加在前面。例如：

$CH_2=C(CH_3)CH=CH_2$　2–甲基–1,3–丁二烯

$CH_3CH_2CH=CHCH_2CH(CH_2)_4CH_3$　3,6–十一碳二烯

二烯烃因有两个碳碳双键，当双键碳原子上连有不同的原子或取代基时，也有顺反异构且比单烯烃要复杂。命名这些顺反异构体时，每个双键的构型均需用顺，反或 Z，E 表明。

例如：

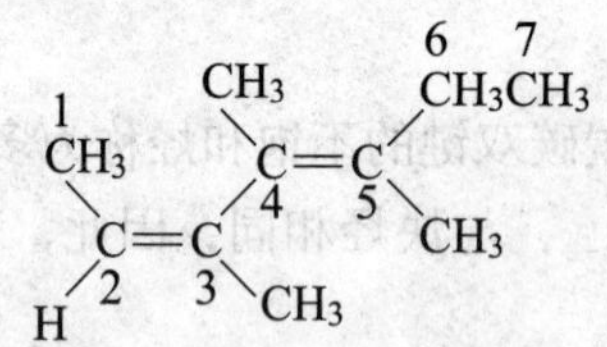

(2E,4E)–3,4,5–三甲基–2,4–庚二烯

交流研讨

命名下列化合物。

（1）$CH_2=C=C(CH_3)_2$　（2）$CH_3CH=C(C_2H_5)CH=CHCH_3$

（3）$(CH_3)_2C=CHCH=C(CH_3)_2$　（4）$CH_2=CHCH(C_2H_5)CH_2C(CH_3)=CH_2$

2.4.2　1,3-丁二烯的结构和共轭效应

1. 1,3-丁二烯的结构

现代物理测定实验结果表明，1,3-丁二烯分子中的四个碳原子和六个氢原子在同一平面上，所有键角都接近 120°，C ═ C 键长与乙烯的 C ═ C 键长相近，C—C 键长是 0. 148 nm，比乙烷键长（0. 154 nm）短。说明 1，3-丁二烯分子中的碳碳双键趋于平均化。它的键长参数如图 2. 10 所示。

杂化轨道理论认为：1,3-丁二烯分子中，4 个碳原子都是以 sp^2杂化，它们彼此各以 1 个 sp^2杂化轨道结合形成碳碳 σ 键，其余的 sp^2杂化轨道分别与氢原子的 s 轨道重叠形成 6 个碳氢 σ 键。分子中所有 σ 键和全部碳原子、氢原子都在一个平面上。此外，每个碳原子还有 1 个未参加杂化的与分子平面垂直的 p 轨道，在形成碳碳 σ 键的同时，对称轴相互平行的 4 个 p 轨道可以侧面重叠形成 2 个 π 键，即 C_1与 C_2和 C_3与 C_4之间各形成一个 π 键，如图 2. 11 所示。

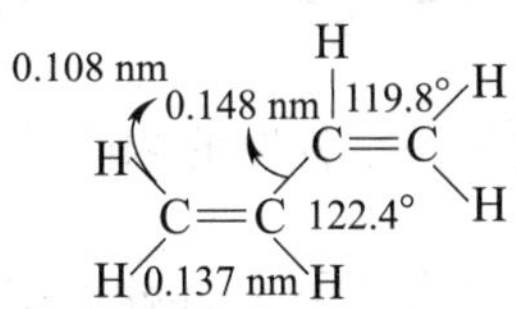

化学键	键长
普通 C—C	0.154 nm
普通 C═C	0.134 nm
普通 C—H	0.109 nm

图 2. 10　1,3-丁二烯分子的形状

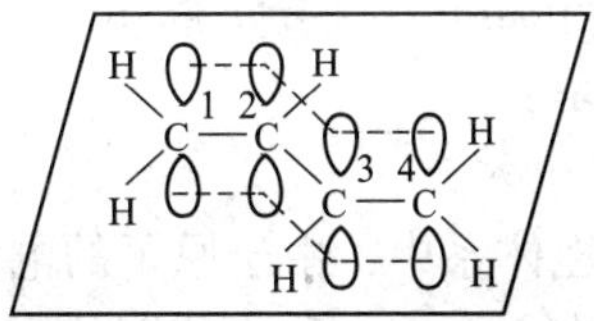

图 2. 11　1,3-丁二烯 π 键的构成

在构成 π 键时，C_2与 C_3两个碳原子的 p 轨道平行，也可侧面重叠，把两个 π 键连接起来，形成一个包含 4 个碳原子的大 π 键。但 C_2—C_3键所具有的 π 键性质要比 C_1—C_2和 C_3—C_4键所具有的 π 键性质小一些。像这种 π 电子不是局限于 2 个碳原子之间，而是分布于 4 个（2 个以上）碳原子的分子轨道，称为离域轨道，这样形成的键叫离域键，也称大 π 键。

2. 共轭体系与共轭效应

1）共轭体系

在 1,3-丁二烯的分子中由于形成了大 π 键，π 电子可以发生离域。凡是具有能发生电子离域的结构体系统称为共轭体系。1,3-丁二烯分子是由两个相邻的 π 键形成的共轭体系，称为 π-π 共轭体系。共轭体系在物理及化学性质上有许多特殊表现。

（1）共轭体系的形成条件

① 分子中参与共轭的原子处于同一平面上。通过讨论 1,3-丁二烯的分子结构可以看出，共轭体系中各原子必须在同一平面上

② p 轨道互相平行。每个原子必须有一个垂直于该平面的 p 轨道。

③ p 电子数小于 p 轨道的 2 倍。若 p 电子数等于 p 轨道的 2 倍，则轨道全充满，就不能形成共价键，也就无法形成共轭。

（2）共轭体系的特点

在共轭体系中，虽然各原子间 π 电子云密度不完全相同，但由于 π 电子离域，使得单

双键的差别减小，键长有趋于平均化的倾向。共轭体系越长，单双键差别越小。

另外，由于 π 电子离域作用，共轭体系能量降低，因而共轭体系比非共轭体系更加稳定。这可以从它们的氢化热的数据得到证明。

$$CH_3CH=CHCH=CH_2+2H_2 \rightarrow CH_3CH_2CH_2CH_2CH_3+226.4\ kJ/mol$$

$$CH_2=CHCH_2CH=CH_2+2H_2 \rightarrow CH_3CH_2CH_3CH_2CH_3+254\ kJ/mol$$

同是加成 2mol 的 H_2，但放出的氢化热却不同，这只能归于反应物的能量不同。这个能量上的差值通称为离域能或共轭能，它是由于 π 电子的离域引起的，是共轭效应的表现，其离域能越大，体系能量越低，化合物则越稳定。

(3) 共轭体系的类型

共轭体系主要包括四种类型。

① π-π 共轭体系。由 π 电子的离域所体现的共轭效应，称为 π-π 共轭体系，该共轭体系的结构特征是双键、单键、双键交替连接。

② p-π 共轭体系。与双键碳原子直接相连的原子上有 p 轨道，这个 p 轨道与 π 键的 p 轨道平行，从侧面重叠构成 p-π 共轭体系。

③ σ-π 超共轭体系。碳氢 σ 键与相邻双键 π 轨道可以发生一定程度的侧面重叠，形成的共轭体系。

④ σ-p 超共轭体系。碳氢 σ 键与相邻双键 p 轨道可以发生一定程度的侧面重叠，形成的共轭体系。

2) 共轭效应

在共轭体系中，由于原子的电负性不同和形成共轭体系的方式不同，会使共轭体系中电子离域具有方向性，称为共轭效应。共轭效应有吸电子的共轭效应（用-C 表示）和给电子的共轭效应（用+C 表示）两种。

(1) 吸电子的共轭效应（-C 效应）

电负性大的原子以双键的形式连到共轭体系上，π 电子向电负性大的原子方向离域，产生吸电子的共轭效应。

(2) 给电子的共轭效应（+C 效应）

含有孤电子对的原子与双键形成共轭体系，则产生+C 效应。一些原子或基团的+C 效应强度顺序：

半径：—F>—Cl>—Br>—I　　　　—OR>—SR

电负性：$—NR_2$>—OR>—F　　　　$O^- > OR > O^+R_2$

烷基自由基及烷基碳负离子有+C 效应。

2.4.3 共轭二烯烃的化学性质

共轭二烯烃具有烯烃的通性，但由于是共轭体系，故又具有共轭二烯烃的特有性质。下面以 1,3-丁二烯为例，主要讨论共轭二烯烃的特性。

1. 1,4-加成反应

与烯烃相似，共轭二烯烃如 1,3-丁二烯能与卤素、卤化氢和氢气发生加成反应。但由于其结构的特殊性，加成产物通常有两种，一种是发生在一个双键上的加成，称为 1,2-加成；另一种加成方式是试剂的两部分分别加到共轭体系的两端，即加到 C_1 和 C_4 两个碳原子上，分子中原来的两个双键消失，而在 C_2 与 C_3 之间，形成一个新的双键，称为 1,4-加成。这是具有共轭双键的二烯烃加成时的一般情况。例如：

$$H_2C{=}CH{-}CH{=}CH_2 \xrightarrow{Br_2} \underset{\text{1,4-二溴-2-丁烯(多)}\ \text{1,4-加成产物}}{H_2C(Br){-}CH{=}CH{-}CH_2(Br)} + \underset{\text{3,4-二溴-1-丁烯(少)}\ \text{1,2-加成产物}}{H_2C{=}CH{-}CH(Br){-}CH_2(Br)}$$

$$H_2C{=}CH{-}CH{=}CH_2 \xrightarrow{HBr} \underset{\text{1-溴-2-丁烯(多)}\ \text{1,4-加成产物}}{H_2C(H){-}CH{=}CH{-}CH_2(Br)} + \underset{\text{3-溴-1-丁烯(少)}\ \text{1,2-加成产物}}{H_2C{=}CH{-}CH(H){-}CH_2(Br)}$$

如果在 25 ℃，用氯化氢长时间处理上述产物，则 1,2-加成产物逐渐转变成为 1,4-加成产物。最后达到平衡时，1,2-加成产物占 25%，1,4-加成产物占 75%。1,2-加成和1,4-加成是同时发生的，哪一反应占优，决定于反应的温度、反应物的结构、产物的稳定性和溶剂的极性。一般情况下，在非极性溶剂中，低温，短时间反应，产物以 1,2-加成为主；在极性溶剂中，高温，长时间反应，产物以 1,4-加成为主。

共轭二烯烃能够发生 1,4-加成的原因，是由于共轭体系中 π 电子离域的结果。

2. 狄尔斯-阿尔德反应（双烯合成）

共轭二烯烃与某些具有碳碳双键的不饱和化合物发生 1，4-加成反应生成环状化合物的反应称为双烯合成，也叫狄尔斯-阿尔德（Diels-Alder）反应。这是共轭二烯烃特有的反应，它将链状化合物转变成环状化合物，因此又叫环合反应。

反应通式为：

双烯体 + 亲双烯体（R） ⟶ 合成环状化合物（R）

在这类反应中，含共轭双键的二烯烃称为双烯体，而含碳碳叁键或双键的化合物称亲双烯体。亲双烯体应是亲电试剂，所以当双键上连有强吸电子基（—COOH、—CHO、—CN、—NO_2等）时，由于有更强的亲电性，更有利于双烯合成反应。例如：1,3-丁二烯与丙烯醛反应，生成环己烯-4-甲醛：

1,3-丁二烯 + 丙烯醛（CHO） $\xrightarrow[100\ ℃]{苯}$ 环己烯-4-甲醛(产率100%)（CHO）

1,3-丁二烯与顺丁烯二酸酐的苯溶液反应，生成白色的 4-环己烯-1,2-二甲酸酐。此反应可以用于鉴定共轭二烯烃的存在。

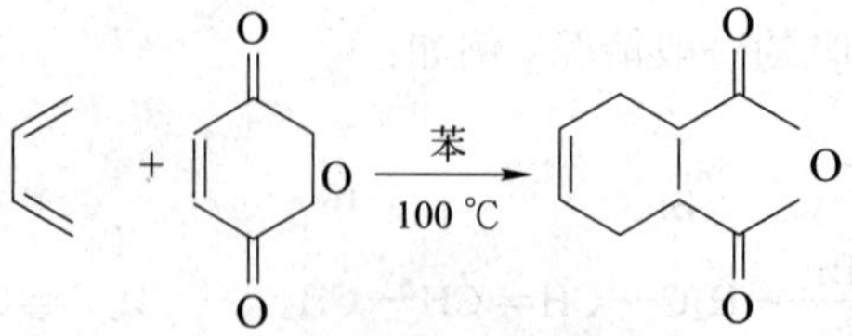

顺丁烯二酸酐　4环己烯-1,2-二甲酸酐(白色)

$$\text{丁二烯} + \text{顺丁烯二酸酐} \xrightarrow[100\ ^\circ C]{\text{苯}} \text{4-环己烯-1,2-二甲酸酐}$$

狄尔斯-阿尔德反应是共轭二烯烃的一个特征反应。它既不是离子反应，也不是自由基反应，而是协同反应。其反应特征是：新键的生成和旧键的断裂同时发生并协同进行，不需要催化剂，一般只要求在光或热的作用下发生反应。

双烯合成的意义：

（1）用来制备六元环环状化合物，产量高，在理论上和生产上都占有重要的地位。

（2）该反应可逆，在高温时，加成产物又会分解为原来的共轭二烯烃，可用于检验或提纯共轭二烯烃。

3. 聚合反应

共轭二烯烃可以进行聚合反应。1,4-聚合是生产合成橡胶的重要方法。1,3-丁二烯比烯烃更容易聚合，在金属钠的催化下，发生分子间的1,4-加成反应和1,2-加成反应，生成一种混合带支链的高分子聚合物，但弹性、耐磨、抗老化等不如天然橡胶，直到齐格勒-纳塔催化剂出现，情况才彻底改观，控制产物的立体构型均为顺式，被称为顺丁橡胶。

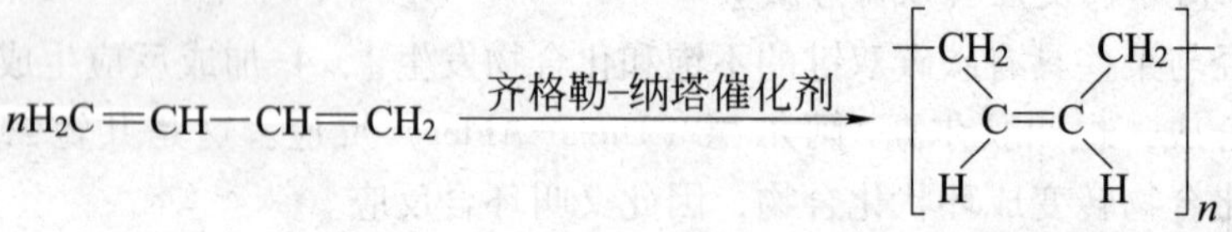

$$nH_2C=CH-CH=CH_2 \xrightarrow{\text{齐格勒-纳塔催化剂}} \left[\begin{array}{c} -CH_2 \quad\quad CH_2- \\ C=C \\ H \quad\quad\quad H \end{array}\right]_n$$

顺丁橡胶

$$nH_2C=\overset{\displaystyle CH_3}{\overset{|}{C}}-CH=CH_2 \xrightarrow{\text{齐格勒-纳塔催化剂}} \left[\begin{array}{c} -CH_2 \quad\quad CH_2- \\ C=C \\ CH_3 \quad\quad\quad H \end{array}\right]_n$$

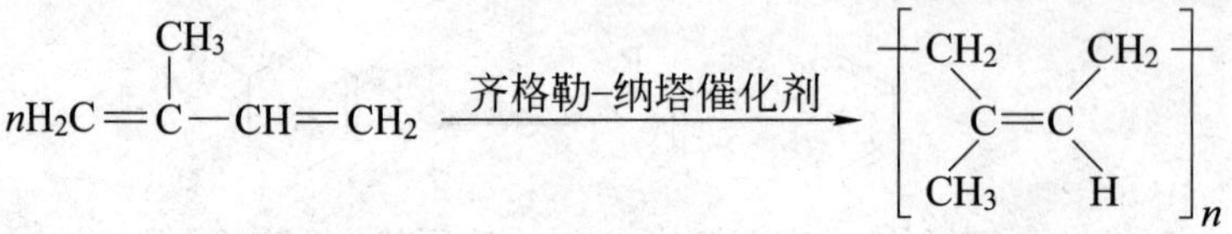

异戊橡胶

交流研讨

1. 写出2,3-二甲基-1,3-丁二烯与HCl加成的主产物。

2. 写出下列各反应中空白处的化合物的构造式。

（1）$\text{丁二烯} + \begin{array}{c} CH_2 \\ \| \\ CH_2 \end{array} \xrightarrow[200\ ^\circ C]{\text{高压}}$

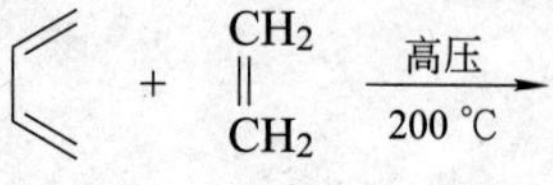

（2）$\quad + \quad \longrightarrow$ 4-环己烯-1,2-二甲酸二甲酯（环己烯环上两个 $COOCH_3$）

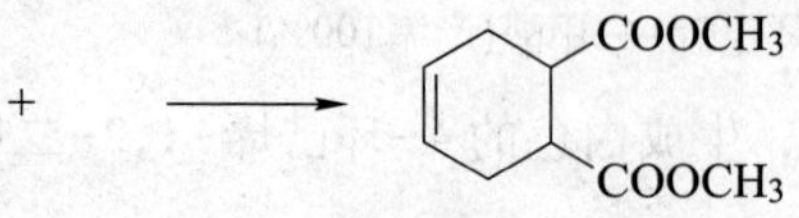

身边的化学

化学家很早就有人工合成橡胶的想法，19世纪中叶查明了天然橡胶的结构单位是异戊二烯，接着从松节油制得了异戊二烯，后用钠聚合，研究工作继续扩充到其他二烯烃。后来，苏联的列别捷夫终于找到了从酒精制造丁二烯的工业化方法，于1932年开始大规模生产丁钠橡胶，从此开始了合成橡胶的历史。以后又陆续出现了许多新的合成橡胶品种，如顺丁橡胶、氯丁橡胶、丁苯橡胶等等。合成橡胶的产量已大大超过天然橡胶，其中产量最大的是丁苯橡胶。丁苯橡胶是由丁二烯和苯乙烯共聚制得的，有乳聚丁苯橡胶、溶聚丁苯橡胶和热塑性橡胶（SBS）。顺丁橡胶是丁二烯经溶液聚合制得的，顺丁橡胶具有特别优异的耐寒性、耐磨性和弹性，还具有较好的耐老化性能。顺丁橡胶绝大部分用于生产轮胎，少部分用于制造耐寒制品、缓冲材料以及胶带、胶鞋等。氯丁橡胶是以氯丁二烯为主要原料，通过均聚或少量其他单体共聚而成的。如抗张强度高，耐热、耐光、耐老化性能优良，耐油性能均优于天然橡胶、丁苯橡胶、顺丁橡胶。氯丁橡胶用途广泛，如用来制作运输皮带和传动带，电线、电缆的包皮材料，制造耐油胶管、垫圈以及耐化学腐蚀的设备衬里。

知识链接

双烯合成反应的发现

双烯合成反应是1928年由德国化学家奥托·狄尔斯和他的学生库尔特·阿尔德发现的，他们因此获得1950年的诺贝尔化学奖。

最早关于狄尔斯-阿尔德反应的研究可以上溯到1892年。齐克发现并提出了狄尔斯-阿尔德反应产物四氯环戊二烯酮二聚体的结构；稍后列别捷夫指出了乙烯基环己烯是丁二烯二聚体的转化关系。但这两人都没有认识到这些事实背后更深层次的东西。

1906年德国慕尼黑大学研究生阿尔布莱希特按导师惕勒的要求做环戊二烯与酮类在碱催化下缩合，合成一种染料的实验。当时他们试图用苯醌替代其他酮做实验，但是苯醌在碱性条件下很容易分解。实验没有成功。阿尔布莱希特发现不加碱反应也能进行，但是得到了一个没有颜色的化合物。阿尔布莱希特提了一个错误的结构来解释实验结果。

1920年德国人冯·欧拉和学生约瑟夫研究异戊二烯与苯醌反应产物的结构。他们正确地提出了狄尔斯-阿尔德产物结构，也提出了反应可能经历的机理。事实上他们离狄尔斯-阿尔德反应的发现已经非常近了。但冯·欧拉并没有深入研究下去，因为他的主业是生物化学（后因研究发酵而获诺贝尔奖），对狄尔斯-阿尔德反应的研究纯属娱乐消遣性质的，所以狄尔斯-阿德尔反应再次沉没下去。

1921年，狄尔斯及其研究生巴克研究偶氮二羧酸乙酯（半个世纪后因光延反应而在有机合成中大放光芒的试剂）与胺发生的酯变胺的反应，当他们用2-萘胺做反应的时候，根据元素分析，得到的产物是一个加成物而不是期待的取代物。狄尔斯敏锐地意识到这个反应与十几年前阿尔布莱希特做过的古怪反应有共同之处。这使他开始以为产物是类似阿尔布莱希特提出的双键加成产物。狄尔斯很自然地仿造阿尔布莱希特用环戊二烯替代萘胺与偶氮二羧酸乙酯作用，结果又得到第三种加成物。通过计量加氢实验，狄尔斯发现加成物中只含有一个双键。如果产物的结构是如阿尔布莱希特提出的，那么势必要有两个双键才对。这个现象深深地吸引了狄尔斯，他与另一个研究生阿尔德一起提出了正确的双烯加成物的结构。1928 年他们将结果发表。这标志着狄尔斯-阿尔德反应的正式发现。从此狄尔斯、阿尔德两个名字开始在化学史上闪烁。

在他们的论文中，两个作者很深远地看到了这个反应对有机合成观念的颠覆作用，他们预言了该反应日后将在天然产物合成领域产生重大意义。当然两人在文章中也透露出地主恶霸的作风。先是在文章开头把阿尔布莱希特提出的错误结构这件事用很恶毒的语言痛批一顿。在文章最后又声明两人对该反应有专属权，不允许其他人使用。当然，科学界不把这些话当回事。狄尔斯、阿尔德两人后来卷入该反应的发现权纷争中，分散了精力，没能实现他们预言的“在天然产物全合成中的应用”。

1950 年，伍德沃德第一个开创了狄尔斯-阿尔德反应在全合成中的应用。从此以后，合成大师们用睿智的大脑把狄尔斯-阿尔德反应的应用发挥到了炉火纯青的极致。

值得指出的是，在伍德沃德之前，中国化学家庄长恭曾经尝试过用狄尔斯-阿尔德反应来合成甾体化合物，但是由于当时缺乏对狄尔斯-阿尔德反应区域选择性的控制的知识而失败了。

知识巩固

一、填空题

1. 二烯烃是分子中含有两个________的不饱和烃，通式为__________。

2. 根据二烯烃中两个双键的相对位置不同，将二烯烃分为三类____________、______________和_____________。

二、用系统命名法命名下列化合物。

1. $CH_2=CHCH=C(CH_3)_2$

2. $CH_3CH=C=C(CH_3)_2$

3.
```
CH3      CH=CH2
   \    /
    C=C
   /    \
  H      H
```

三、某二烯烃和一分子溴加成生成 2,5-二溴-3-己烯，该二烯烃经臭氧化还原水解而生成两分子 CH_3CHO 和一分子 CHO-CHO。

1. 写出此二烯烃的构造式及上述反应式。

2. 若上述的二溴加成物，再加一分子溴，得到的产物是什么？

问题探究

橡胶制品时间长了为什么会老化？怎样延缓橡胶制品的老化现象？

项目 2.5 脂环烃

目标要求

1. 了解脂环烃的分类及命名。
2. 熟悉环烷烃的结构。
3. 掌握环烷烃的性质。

项目导入

环烷烃的主要来源为石油和天然气。动植物复杂的有机化合物经过数百万年的腐烂过程以及地质应力的作用，变成了烷烃和环烷烃的混合物。石油工业中称环烷烃为脂环烃。环己烷常用作橡胶、涂料、清漆的溶剂，胶粘剂的稀释剂、油脂萃取剂。

知识掌握

分子中只含有碳和氢两种元素的环状化合物称为环烃，环烃分为脂环烃和芳香烃两类。脂环烃是指性质与脂肪烃相似的环烃。脂环烃按照组成环的碳原子数目的不同，可分为三元环、四元环、五元环、六元环等，习惯上按照环的大小可分为：小环（$C_3 \sim C_4$）、普通环（$C_5 \sim C_7$）、中环（$C_8 \sim C_{11}$）和大环（$\geqslant C_{12}$）。

2.5.1 脂环烃的分类和命名

1. 脂环烃的分类

① 按照碳原子的饱和程度脂环烃可分为环烷烃、环烯烃和环炔烃，例如：

环己烷　　环庚烯　　环辛炔

② 按分子中所含碳环的数目脂环烃分为单环脂肪烃，二环脂环烃和多环脂环烃。

单环脂肪烃：分子的碳架中含有一个碳环的烃，称为单环脂肪烃，例如：

环丙烷　　环戊烷　　环庚烷

二环脂肪烃：分子中碳架中含有两个碳环的烃，称为二环脂肪烃，例如：

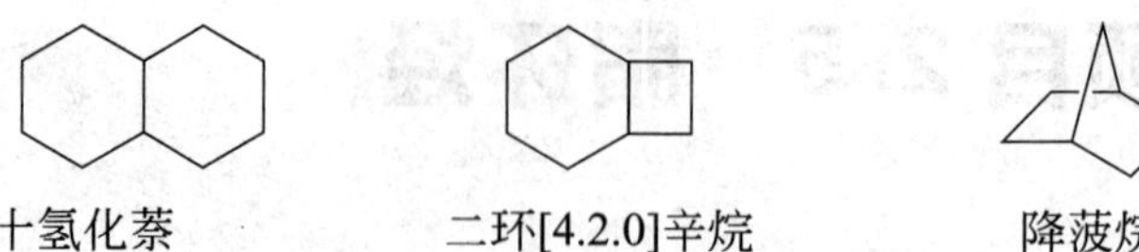

十氢化萘　　　　二环[4.2.0]辛烷　　　　降菠烷

多环脂肪烃：分子中碳架中含有三个或三个以上碳环的烃，称为多环脂肪烃，例如：

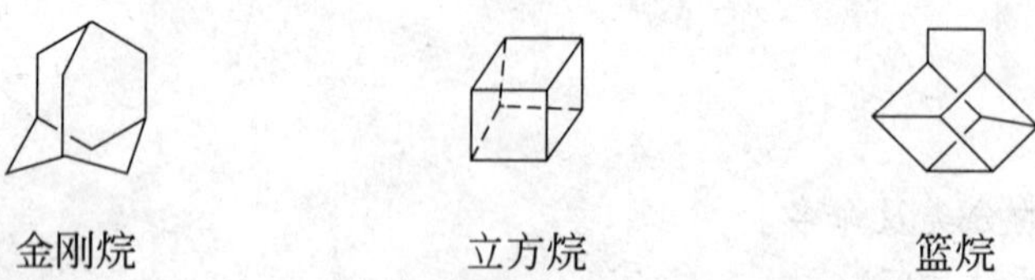

金刚烷　　　　立方烷　　　　篮烷

2. 脂环烃的命名

（1）以碳环为母体，当脂环烃的环上没有取代基时，脂环烃的命名与烷烃、烯烃和炔烃相似，根据脂环烃分子中组成碳环的碳原子数，称为环某烷、环某烯和环某炔。例如：

环丙烷　　　　环辛炔　　　　环庚烯

当碳环上有取代基时，如取代基的结构简单，则仍以碳环为母体，将取代基名称写于环烷烃前，取代基的编号和列出次序则参照“最低系列原则”和“次序规则”。例如：

1–甲基–3–丙基环己烷　　　　2,3–二甲基环己烯

（2）当碳环上所连烃基的结构复杂时，则选择以环作为取代基，而以烃作为母体。例如：

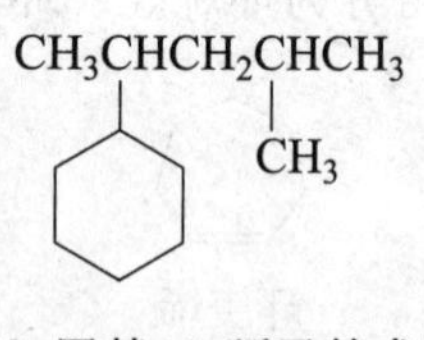

2–甲基–4–环己基戊烷

交流研讨

写出下列化合物的结构式

（1）1-甲基-1,4-环己二烯　　　　（2）1-甲基-4-溴环辛烷

2.5.2 环烷烃的结构

三元环和四元环碳环化合物是于1883年合成出来的，按照杂化轨道理论，在环烷烃中成键的碳原子均为sp^3杂化，∠C—C—C键角应为109°28′。但是事实上环丙烷分子中∠C—C—C键角却为60°，因此这一问题难以解释。因此，1885年德国化学家拜耳提出了“张力学说”。他认为：构成环的碳原子排列成正多边形。不同碳环中∠C—C—C键角和碳正四面体所要求的键角109°28′的偏差产生张力，称为角张力。例如：环丙烷的环为三角形，其∠C—C—C键角应为60°，而环丁烷中∠C—C—C键角应为90°，与正常的109°28′有偏差，因此碳原子在成键时，就要压缩至60°或90°即必须使两个C—C键同时向内偏转，这样就产生了角张力。角张力越大，所成的碳环越不稳定，反应中就容易开环。因此环丙烷的反应活性高于环丁烷。

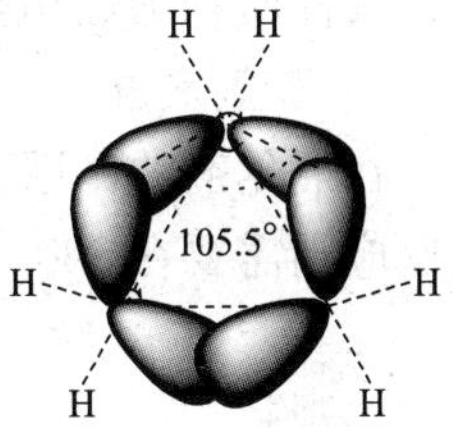

图2.12 环丙烷的成键情况

现代物理实验方法证明：环丙烷分子中∠C—C—C键角为105.5°，即在环丙烷分子中所形成的碳碳键为弯键，其形状如香蕉。从轨道重叠越大，形成的键越牢固、分子越稳定的观点来分析，105.5°比正常的109.5°要小点，这是环丙烷中C—C键容易断裂的原因。环丙烷的成键情况如图2.12所示。

2.5.3 脂环烃的物理性质

环烷烃的熔点和沸点都比相应的烷烃略高，相对密度也略高于相应的烷烃，但和水相比较轻。表2.8是常见脂环烃的物理常数。

表2.8 常见脂环烃的物理常数

名称	熔点/℃	沸点/℃	相对密度
环丙烷	-127.6	-32.9	0.72（-79 ℃）
环丁烷	-80	12	0.703（0 ℃）
环戊烷	-93	49.3	0.745
环己烷	6.5	80.8	0.779
环庚烷	-12	118	0.81
环辛烷	11.5	148	0.836

2.5.4 脂环烃的化学性质

脂环烃的化学性质和相应的脂肪烃的化学性质相似，但是由于小环特殊的环状结构，还有一些特殊的反应，如开环反应等。

1. 脂环烃的取代反应

脂环烃在高温和紫外光的作用下，环烷烃和卤素发生取代反应生成卤代环烷烃。例如：

$$\text{环戊烷} + Br_2 \xrightarrow{300\ ℃} \text{溴代环戊烷} + HBr$$

$$\text{环己烷} + Cl_2 \xrightarrow{h\gamma} \text{氯代环己烷} + HCl$$

2. 脂环烃的加成反应

小环烷烃如环丙烷、环丁烷和其取代物是有张力的环状化合物，很容易进行开环加成反应，其性质和烯烃相类似。

1）加氢反应

在催化剂的作用下，环丙烷很容易加氢，环丁烷需要在较高的温度下加氢，环戊烷加氢的反应则需要在 300 ℃才能进行。

$$\triangle + H_2 \xrightarrow[80\ ℃,\text{常压}]{Ni} CH_3CH_2CH_3$$

$$\square + H_2 \xrightarrow[200\ ℃,\text{常压}]{Ni} CH_3CH_2CH_2CH_3$$

.

2）加卤素反应

环丙烷容易与卤素进行开环加成，生成相应的卤代烃。例如：

$$\triangle + Br_2 \xrightarrow{CCl_4} BrCH_2CH_2CH_2Br$$

而环丁烷与卤素在常温下不反应，必须加热才能进行开环加成。例如：

$$\square + Br_2 \xrightarrow{\text{加热}} BrCH_2CH_2CH_2CH_2Br$$

环已烷与环戊烷与溴不发生加成反应。反应中溴褪色，因此这个反应可用来鉴别环丙烷和环丁烷。

3）加卤化氢反应

环丙烷及其烷基取代物也容易与卤化氢进行开环加成反应。例如：

$$\triangle + HBr \xrightarrow{H_2O} CH_3CH_2CH_2Br$$

当环丙烷的烷基衍生物与卤化氢加成时，环的断裂发生在连接氢原子最多和最少的两个成环碳原子之间，而且与卤化氢的加成符合马氏规则：

$$(H_3C)_2C\!-\!CHCH_3\ (\text{环}, CH_2) + HBr \longrightarrow H_3C-\underset{Br}{\overset{CH_3}{C}}-\overset{CH_3}{CH}-CH_3$$

只有环丙烷及其烷基取代物才能与卤化氢发生开环加成反应，其他环烷烃不能发生这个反应。

交流研讨

完成下列反应：

(1) 环戊烯 + Br_2 $\xrightarrow{\triangle}$

(2) 环丁烯 + $2H_2$ $\xrightarrow[\triangle]{Ni}$

3. 脂环烃的氧化反应

在常温下，诸如高锰酸钾或者臭氧等氧化剂并不能氧化环烷烃，因此，可以利用高锰酸钾水溶液来鉴别烯烃和环烷烃。但是在加热时与强氧化剂作用，或在催化剂作用下用空气直接氧化，则氧化反应就可以进行，而且随着反应条件的不同，产物也不同。例如：

$$\text{环己烷} \xrightarrow[140\sim180\ ^\circ\text{C}]{O_2/\text{环烷酸钴}} \text{环己醇(—OH)} + \text{环己酮}$$

$$\text{环己烷} \xrightarrow[90\sim120\ ^\circ\text{C}]{O_2/60\%HNO_3} \begin{matrix} CH_2—CH_2—COOH \\ | \\ CH_2—CH_2—COOH \end{matrix}$$

己二酸

己二酸是重要的有机化工产品，它是合成锦纶 66 的单体。锦纶 66 全名为聚己二酰己二胺纤维，由己二酸和己二胺聚合而成，主要用于制造起重绳索、运输带、过滤等。

2.5.5 重要的脂环烃化合物

在化工生产中，有两种脂环烃占很重要的位置，分别是环己烷和环戊二烯。

1. 环己烷

环己烷是无色液体，熔点为 6.5 ℃，沸点为 80.8 ℃，相对密度为 0.779，不溶于水但溶于有机溶剂，是一种常见的原料，也是一种很好的有机溶剂，而且毒性比苯小，环己烷存在原油中，工业上生产环己烷主要采用如下方法。

(1) 在 80 ℃，用三氧化铝做催化剂，进行异构化反应，使甲基环戊烷转化为环己烷。

$$\text{环戊烷} \xrightarrow[80\ ^\circ\text{C}]{AlCl_3} \text{环己烷}$$

(2) 以 Ni 为催化剂，在 180~250 ℃进行苯的加氢反应，生成环己烷。

$$\text{苯} + 3H_2 \xrightarrow[180\sim250\ ^\circ\text{C}]{Ni} \text{环己烷}$$

2. 环戊二烯

1,3-环戊二烯，简称环戊二烯，是具有特殊气味的无色液体，沸点为 41~42 ℃，相对密度为 0.805，易溶于有机溶剂而不溶于水，化学性质活泼，可以发生很多种化学反应，广泛应用于合成树脂、杀虫剂、香料等。在常温下，环戊二烯就可以聚合成为二聚体，生成的环二聚体沸点较高，但在加热蒸馏时又分解为环戊二烯，这个性质方便了环戊二烯的储存和运输。

知识链接

环烷基原油

原油种类繁多，成分复杂，分类方法也多种多样。但按关键馏分的特性即特性因数 K 值，可大致将原油分为石蜡基原油、中间基原油和环烷基原油三大类。

环烷基原油又称沥青基原油，是以含环烷烃较多的一种原油，环烷基原油所产的汽油辛烷值较高，柴油的十六烷值较低，润滑油馏分含蜡量少或几乎不含蜡、凝固点低，黏度指数较低，渣油中含沥青较多。环烷基原油虽然黏温性差，但凝固点低，可用来制备倾点要求很低而对黏温性要求不高的油品，如电器用油、冷冻机油等。

环烷基原油属稀缺资源，储量只占世界已探明石油储量的 2.2%，被公认为生产电气绝缘油和橡胶油的优质资源。全球目前只有中国、美国和委内瑞拉等国家拥有环烷基原油资源，中国存在于新疆油田、辽河油田、大港油田以及渤海湾等地区较为丰富，环烷基原油具有蜡含量低、酸值高、密度大、黏度大、胶质、残炭含量高以及金属含量高等特点，其裂解性能很差，很少作为催化原料，然而是生产沥青的优质原料，所以环烷基原油的装置工艺设置是按照燃料—润滑油—沥青型路线安排的。以环烷基原油为原料生产的变压器油、冷冻机油、橡胶填充油、BS 光亮油、重交通道路沥青等产品，在国内外市场上备受青睐。

知识巩固

一、用系统命名法命名下列物质。

1. 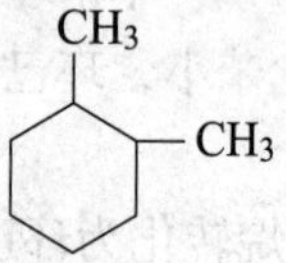 CH_3　CH_3

2. 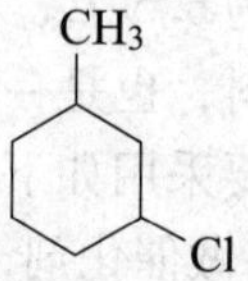 CH_3　Cl

3. CH_2CH_3

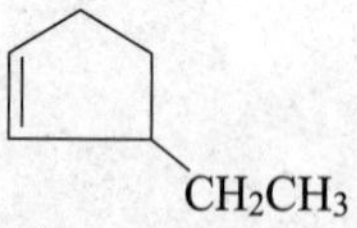

4. 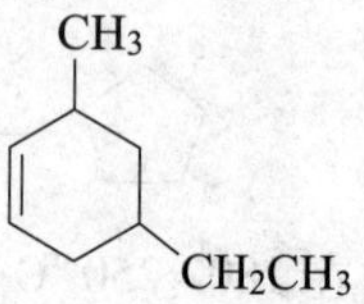 CH_3　CH_2CH_3

5. 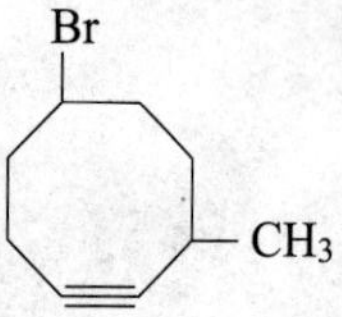 Br　CH_3

6. 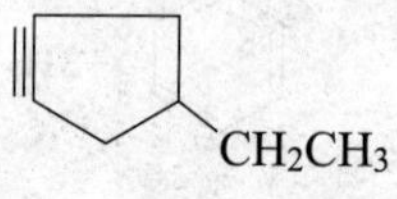 CH_2CH_3

7. 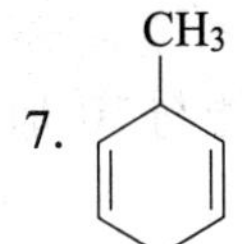

8. 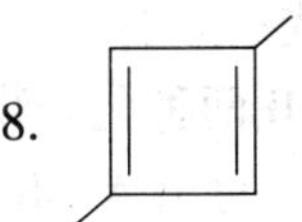

9. 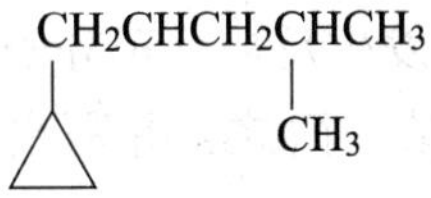 $CH_2CHCH_2CHCH_3$ (CH_3)

10. 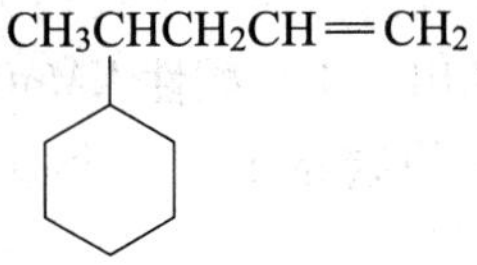 $CH_3CHCH_2CH{=}CH_2$

二、写出下列化合物的构造式。

1. 1,4-二甲基环己烷
2. 1,2-二甲基-3-氯环己烷
3. 1,1,4-三甲基环庚烷
4. 1,5-二甲基环己烯
5. 2-甲基-1,3-环戊二烯
6. 3,6-二甲基-1,4-环己二烯
7. 1,2-二甲基-1,3-环丁二烯
8. 3-氯环辛炔
9. 3-环丁基己烷
10. 2-乙基-4-环己基戊烯

三、写出符合下列条件的分子式为C_5H_{10}的环烷烃构造式并命名。

1. 只含仲氢原子
2. 只含伯氢和仲氢原子
3. 只含一个叔氢原子
4. 含有两个叔氢原子
5. 含有伯、仲、叔三类氢原子

四、试用化学的方法区分2-环丙基戊烷，环戊烷，乙烯基环己烷。

五、完成下列反应式。

1. 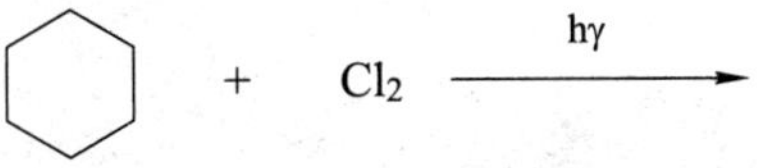 + Cl_2 $\xrightarrow{h\gamma}$

2. + HBr $\xrightarrow{H_2O}$

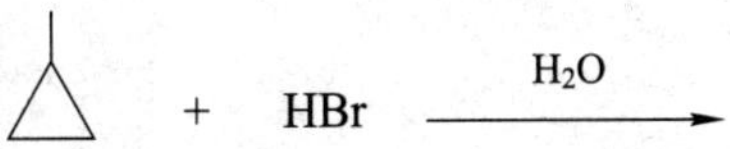

3. 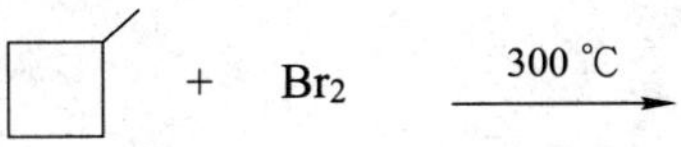 + Br_2 $\xrightarrow{300\ ℃}$

4. 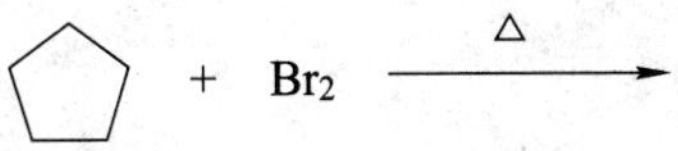 + Br_2 $\xrightarrow{\triangle}$

5. 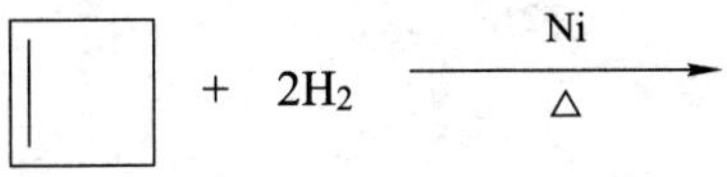 + $2H_2$ $\xrightarrow[\triangle]{Ni}$

6. 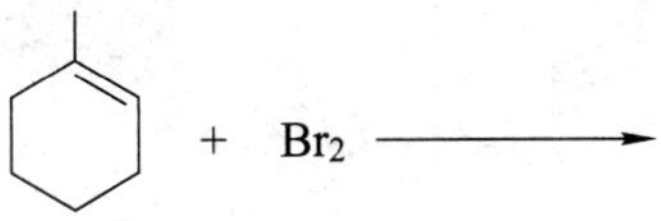 + Br_2 $\longrightarrow$

六、推断化合物的结构简式。

1. 分子式均为C_3H_6的A、B两种化合物，都能使溴的CCl_4溶液褪色，都能与HI加成，但B不能使$KMnO_4$溶液褪色。试写出A、B的结构简式。

2. A、B两种有机化合物分子式均为C_7H_{14}，已知A与酸性$KMnO_4$反应生成4-甲基戊酸，并有一种气体逸出。B与酸性$KMnO_4$或Br_2的CCl_4溶液均不能发生反应，B分子式中有五个仲碳原子，一个伯碳原子，一个叔碳原子。试推断A、B的结构简式，并写出有关反应式。

知识拓展

如何除去环丙烷中混有的少量丙烯？

项目 2.6　芳香烃

目标要求

1. 掌握芳香烃及其衍生物的命名。
2. 理解苯环的结构特征。
3. 掌握苯及其同系物的物理性质及化学性质。
4. 熟悉苯环上取代基定位规律。
5. 熟悉萘的结构与性质，了解几种多环芳烃。

项目导入

19 世纪初，由于冶金工业的发展，需要大量焦炭，生产焦炭的主要方法是煤的干馏，即对煤隔绝空气加强热。煤的干馏同时却生成一种黑色黏稠有特殊臭味的油状液体。人们把它称作煤焦油。当时，煤焦油被当作废物扔掉，污染环境，造成公害，煤焦油的堆积也越来越严重，煤焦油的利用就成为当时生产中迫切需要解决的一个重要的环境和社会问题。

后来，以法拉第为代表的科学家对煤焦油产生了兴趣并从煤焦油中分离出了以芳香烃为主的多种重要芳香族化合物，又以这些芳香族化合物为原料合成了多种染料、药品、香料、炸药等有机产品。

大约到了 1930 年，由煤生产苯已经发展成为世界性的大吨位工业。1940 年以来，通过石油催化重整生成苯、甲苯、二甲苯等；烃裂解制乙烯时，裂解汽油副产物中含芳烃达 40%~48%，因此石油也成为芳香烃的重要来源。

知识掌握

芳香烃简称“芳烃”，通常指分子中含有苯环结构的碳氢化合物，具有苯环基本结构。历史上早期发现的这类化合物具有芳香味道，所以称这些烃类物质为芳香烃，但后来发现的大部分芳香烃是没有香味的，芳香这个词已失去了原有的意义，只是由于习惯而沿用至今。

2.6.1　芳香烃的分类

根据是否含有以及所含苯环的数目和连接方式不同，芳烃可分为如下三类。

1. 单环芳烃

分子中只含有一个苯环结构，如苯、甲苯、苯乙烯等。

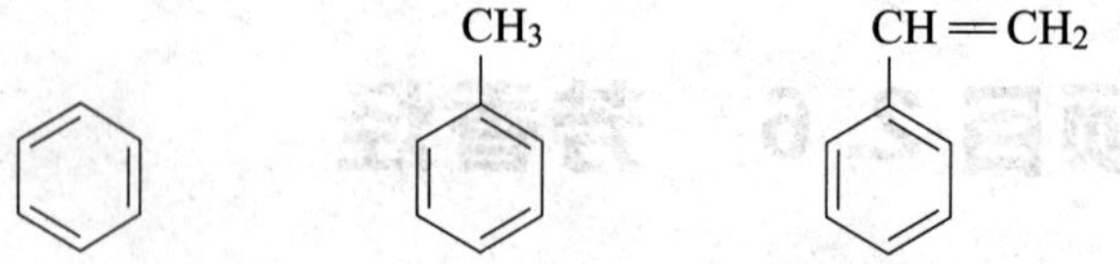

CH_3　　$CH{=}CH_2$

2. 多环芳烃

分子中含有两个或两个以上的苯环结构，如联苯、萘、蒽等。

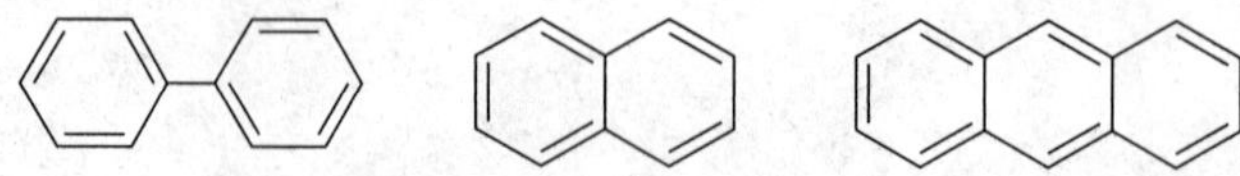

3. 非苯芳烃

分子中不含苯环结构，但含有结构和性质与苯环相似的芳环，并具有芳香族化合物的共同特性。如环戊二烯负离子、环庚三烯正离子等。

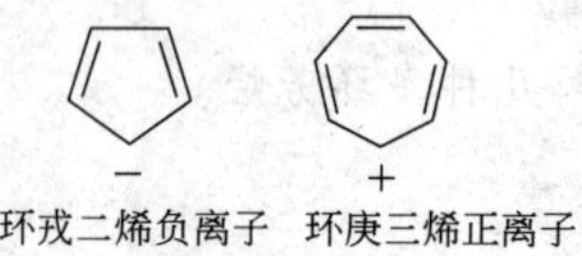

环戊二烯负离子　环庚三烯正离子

2.6.2　单环芳烃的结构

最简单的单环芳烃是苯，其分子式为 C_6H_6。其结构式为：

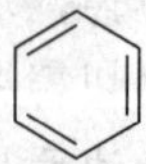

从苯的分子式看，苯是远没有达到饱和的烃。但它的性质并不具有不饱和烃的典型性质，反而与饱和烃性质相似。

[演示实验]

在盛有苯的试管里加入高锰酸钾的酸性溶液，观察溶液颜色变化情况。

从以上实验可以看到试管中的溶液颜色保持不变。这说明苯与高锰酸钾溶液不起反应，可见，苯和一般烯烃在性质上有很大差别。苯的这些特殊性质是由苯的特殊结构决定的。

苯加氢可以生成环己烷，说明苯具有六碳环的骨架，而苯的一元取代物只有一种，证明苯分子中六个氢原子是等同的。因此，1865 年凯库勒从苯的分子式出发，提出了苯的环状结构，为了保持碳的四价，凯库勒在环内加上了三个双键，便是苯的凯库勒式：

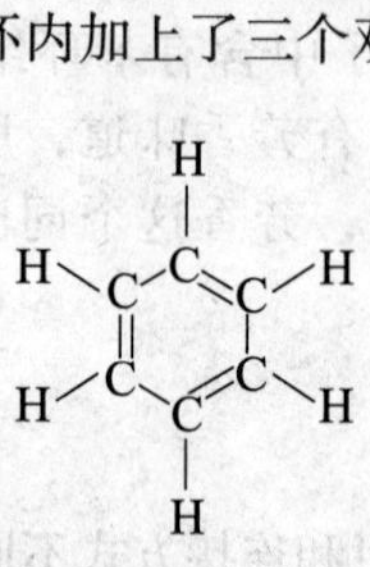

按凯库勒式，苯分子中有交替的碳碳单键和碳碳双键，单键和双键的键长是不相等的，并且双键应具有烯烃的加成性质，但事实上苯分子中碳碳键的键长完全相等，它们既不同于

烷烃中的碳碳单键，也不同于烯烃中的碳碳双键。苯环性质比较稳定，一般不发生类似烯烃的加成反应。

现代物理方法测得苯的结构为：苯分子的六个碳原子和六个氢原子都在同一平面上，六个碳原子构成平面正六边形，C—C 键长 0.140 nm，既不同于一般的单键（C—C 键长 0.154 nm），也不用于一般的双键（C ═ C 键长 0.133 nm），各键角均为 120°（如图 2.13 所示）。

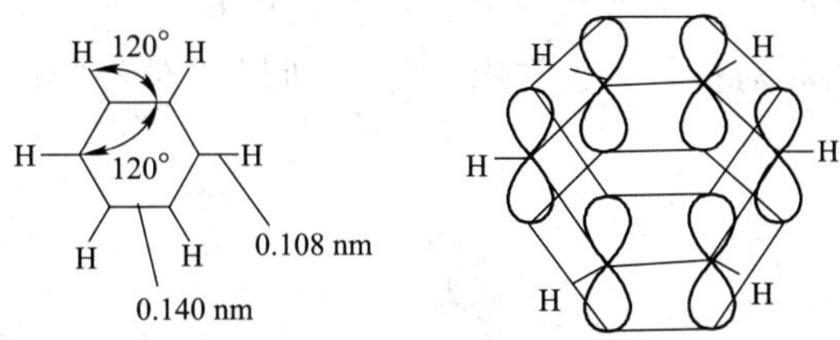

图 2.13　苯分子环状结构及 π 电子云分布图

杂化轨道理论认为：苯分子中的碳原子都是以 sp^2 杂化轨道成键的，故键角均为 120°，所有原子均在同一平面上。未参与杂化的 p 轨道都垂直与碳环平面，彼此侧面重叠，形成一个封闭的共轭体系，由于共轭效应使 π 电子高度离域，电子云完全平均化，故无单双键之分。

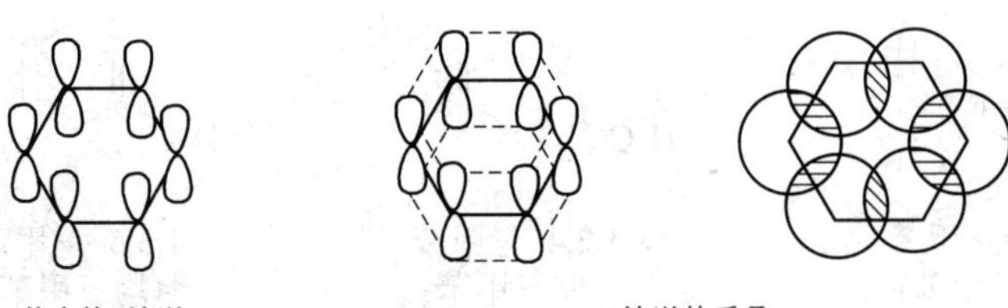
苯中的P轨道　　P轨道的重叠

2.6.3　单环芳烃的同分异构和命名

1. 单环芳烃的异构

单环芳烃产生同分异构现象的原因有两方面。

① 苯环上支链结构不同，产生同分异构现象。例如：

$C_6H_5-CH_2CH_2CH_3$　　$C_6H_5-CH(CH_3)_2$

正丙苯　　异丙苯

② 支链在环上相对位置不同，产生同分异构现象。例如：

(邻位 R、R′)　(间位 R、R′)　(对位 R、R′)

2. 单环芳烃的命名

① 命名简单的苯的同系物时，以苯环为母体，烷基作为取代基，称为某烷基苯。命名时常把“基”字省略。例如：

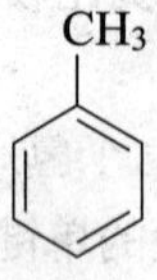

CH_3 甲(基)苯　　$CH(CH_3)_2$ 异丙(基)苯

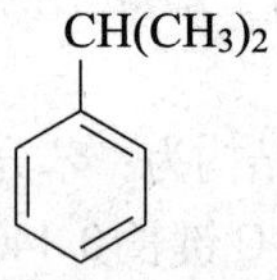

当苯环上连有两个或两个以上取代基时，则要用阿拉伯数字（表示取代基位置的数字之和要最小）表示它们的相对位置，也常用“邻”“间”“对”“连”“偏”“均”等字头表示它们的相对位置。

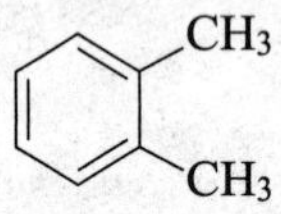

1,2–二甲苯　　1,3–二甲苯　　1,4–二甲苯
(邻二甲苯)　　(间二甲苯)　　(对二甲苯)

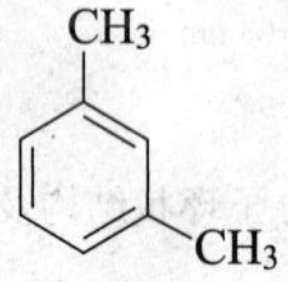

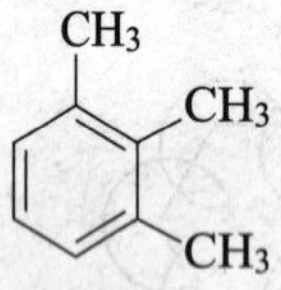

1,2,3–三甲苯　　1,2,4–三甲苯　　1,3,5–三甲苯
(连三甲苯)　　(偏三甲苯)　　(均三甲苯)

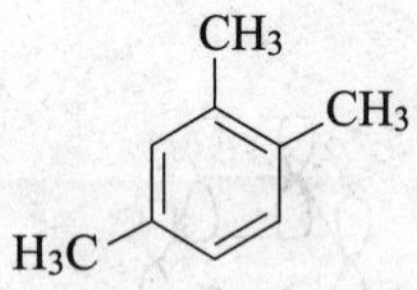

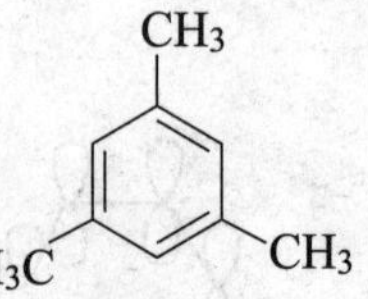

② 当苯环上连有不饱和烃或复杂的碳链时，可将苯环做取代基。例如：

苯乙烯　　苯甲酸　　2–甲基–3–苯基丁烷

交流研讨

1. 根据名称写出下列化合物的构造式。

邻二甲苯，对氨基苯磺酸，1–甲基–4–乙基–3–异丙基苯

2. 写出分子式为 C_8H_{10} 的单环芳烃的所有同分异构体，并命名。

2.6.4　单环芳烃的物理性质

苯及其同系物多数为液体，不溶于水，易溶于有机溶剂，特别是乙醚、汽油、乙醇、二甘醇等溶剂对芳烃有很好的选择性溶解，因此，工业上用它们从烃的混合物中萃取（抽提）芳烃。

单环芳烃的相对密度小于 1，但比同碳数的脂肪烃和脂环烃大，一般为 0.8~0.9。单环芳烃有特殊的气味，蒸气有毒，对呼吸道、中枢神经和造血器官产生损害，有的稠环芳烃对人体有致癌作用。由于苯及其同系物中含碳量比较多，燃烧时火焰带有黑烟。

常见的苯衍生物的物理常数见表 2.9。

表 2.9 常见的苯衍生物的物理常数

化合物	熔点/℃	沸点/℃	20 ℃时密度/($g \cdot mL^{-1}$)	20 ℃时折光率
苯	5.5	80.1	0.878 6	1.500 1
甲苯	-95	110.6	0.866 9	1.496 1
乙苯	-95	136.2	0.867 0	1.495 9
丙苯	-99.5	159.2	0.862 0	1.492 0
异丙苯	-96	152.4	0.861 8	1.491 5
丁苯	-88	183	0.861 0	
仲丁苯	-75	173	0.862 1	
叔丁苯	-57.8	169	0.866 5	

2.6.5 单环芳烃的化学性质

单环芳烃的特征反应是芳环的亲电取代反应，反应前后芳环体系不变。由于芳环的稳定性，只有在特殊条件下才能发生加成反应和氧化反应。另外，由于芳环的影响，芳环侧链的 α-H 表现出一定的活泼性，易发生侧链 α-H 的氧化和取代反应。苯在结构上和性质上的这些特殊性，常称作“芳香性”。

1. 取代反应

1）卤化反应

在三卤化铁或铁粉等的催化下，单环芳烃很容易与卤素（Cl_2，Br_2）作用生成卤代芳烃，该反应称为卤化反应。例如：

$$C_6H_6 + Cl_2 \xrightarrow[\text{或}FeCl_3,\ 20\sim30\ ℃]{Fe\text{粉},\ 40\sim60\ ℃} C_6H_5Cl + HCl$$

烷基苯的卤化比苯容易，反应条件也更温和，主要生成邻位和对位产物。例如：

$$C_6H_5CH_3 \xrightarrow{Br_2/FeBr_3} o\text{-}BrC_6H_4CH_3 + p\text{-}BrC_6H_4CH_3$$

对于不同的卤素，亲电取代反应活性次序为：氟>氯>溴>碘。

苯的碘化在氧化剂（如硝酸）存在的条件下进行：

$$C_6H_6 + I_2 \xrightarrow{HNO_3} C_6H_5I + HI$$

86%

2）硝化反应

单环芳烃在浓硝酸和浓硫酸的混合物（常称为混酸）作用下生成硝基苯，如果只用浓硝酸作硝化试剂，反应速度很慢。

$$C_6H_6 + HNO_3(浓) \xrightarrow[50\sim60\ ℃]{浓H_2SO_4} C_6H_5NO_2 + H_2O$$

硝基苯不容易继续硝化。要在更高温度下或用发烟硫酸和发烟硝酸的混合物作硝化试剂才能引入第二个硝基，且主要生成间二硝基苯。

$$C_6H_5NO_2 \xrightarrow[95\sim100\ ℃]{发烟HNO_3,发烟H_2SO_4} 1,3-C_6H_4(NO_2)_2\ (93\%) \xrightarrow[95\sim100\ ℃]{发烟HNO_3,发烟H_2SO_4} 1,3,5-C_6H_3(NO_2)_3\ (5天)$$

烷基苯硝化比苯容易，产物主要为邻、对位产物。继续硝化，则主要产物是 2,4-二硝基甲苯、2,4,6-三硝基甲苯（TNT）。例如：

$$C_6H_5CH_3 \xrightarrow[30\ ℃]{浓HNO_3,浓H_2SO_4} 邻硝基甲苯\ (58\%) + 对硝基甲苯\ (38\%) \xrightarrow[50\ ℃]{浓HNO_3,浓H_2SO_4}$$

$$2,4-二硝基甲苯 + 2,6-二硝基甲苯 \xrightarrow[>100\ ℃]{浓HNO_3,浓H_2SO_4} 2,4,6-三硝基甲苯$$

3）磺化反应

芳烃环上的氢原子被磺酸基取代的反应称为磺化反应。磺化试剂除浓 H_2SO_4、发烟 H_2SO_4外，还有 SO_3、$ClSO_3H$ 等。苯磺酸继续磺化比苯困难，生成间苯二磺酸。

$$C_6H_6 \xrightarrow[或H_2SO_4,\ 10\%SO_3,\ 25\ ℃]{浓H_2SO_4,\ 70\sim80\ ℃} C_6H_5SO_3H \xrightarrow[200\sim245\ ℃]{H_2SO_4,\ 10\%SO_3} 1,3-C_6H_4(SO_3H)_2$$

同样，烷基苯的磺化比苯容易，主要生成邻、对位取代物。

$$\text{C}_6\text{H}_5\text{CH}_3 \xrightarrow[\text{回流}]{\text{浓}H_2SO_4} o\text{-}CH_3C_6H_4SO_3H + p\text{-}CH_3C_6H_4SO_3H$$

$$C_6H_5SO_3H \xrightarrow[150\sim200\ ^\circ\text{C，加压}]{\text{稀}HCl\text{，}H_2O} C_6H_6 + H_2SO_4$$

4）弗里德-克拉夫茨烷基化反应

芳烃与卤代烷在无水 $AlCl_3$ 的催化下，生成芳烃的烷基衍生物。反应的结果是苯环上引入了烷基，这个反应叫作弗里德-克拉夫茨（Friedel-Crafts）烷基化反应，简称弗-克烷基化反应。

$$C_6H_6 + RCl \xrightarrow{AlCl_3} C_6H_5R + HCl$$

常用的催化剂有无水 $AlCl_3$、$FeCl_3$、$SnCl_4$、$ZnCl_2$、BF_3、H_2SO_4 等，以无水 $AlCl_3$ 活性最高。

当苯环上有强的吸电子基团（如—NO_2，—SO_3H，—COOH，—CN 等）时，烷基化反应不能进行。

2. 加成反应

由于苯环的特殊结构，离域能大，较稳定，所以一般情况下不易进行加成反应，只有在特殊条件下才发生加成反应。

1）加氢

在 Ni、Pt、Pd 等催化剂作用下，且在较高温度或加压下，苯才能加氢生成环己烷。

$$C_6H_6 + 3H_2 \xrightarrow[2.8\ \text{MPa}]{\text{Ni，}180\sim210\ ^\circ\text{C}} C_6H_{12}$$

也可采用均相催化剂 2-乙基乙酸镍/三乙基铝催化加氢，条件比较温和

2）加氯

在紫外线照射下，苯才能加氯生成 1,2,3,4,5,6-六氯环己烷，因其分子式为 $C_6H_6Cl_6$，简称六六六。

$$C_6H_6 + 3Cl_2 \xrightarrow[50\ ^\circ\text{C}]{\text{光}} C_6H_6Cl_6$$

3. 氧化反应

苯环很稳定，在一般条件下不易被氧化开环。只有在高温、催化作用下，苯才可被空气

氧化而生成顺丁烯二酸酐。

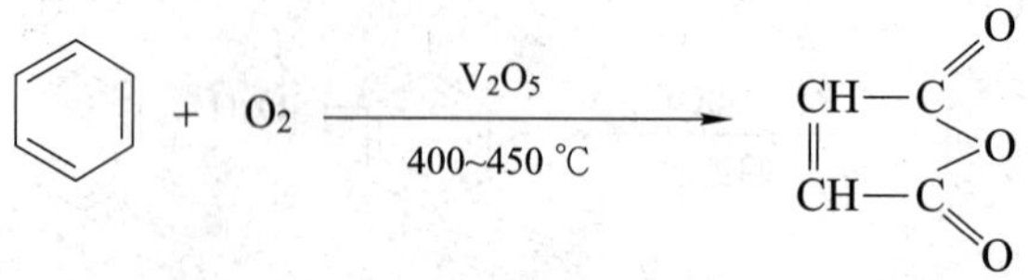

$$\text{C}_6\text{H}_6 + O_2 \xrightarrow[400\sim450\ ^\circ C]{V_2O_5} \text{顺丁烯二酸酐}$$

顺丁烯二酸酐

4. 芳烃侧链的反应

1）卤化反应

烷基苯分子中的 α-H，因受苯环的影响活性增强，当在较高温度下或光照条件下，与卤素发生 α-H 被取代的反应，如甲苯在光照下与氯反应生成苄氯。

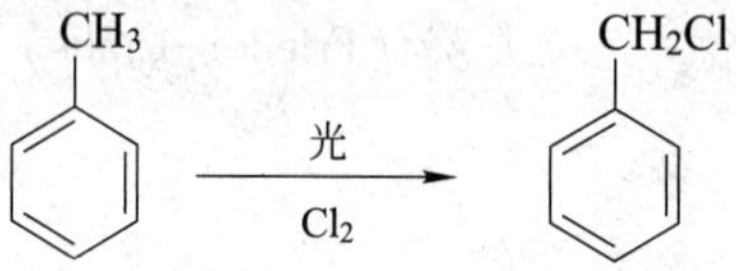

$$C_6H_5CH_3 \xrightarrow[Cl_2]{光} C_6H_5CH_2Cl$$

2）氧化反应

对于烷基苯来说，因 α-H 活泼，易被氧化，且不管碳链有多长，以及侧链上有什么基团，只要有 α-H 都一律被氧化生成苯甲酸。常用的氧化剂有：高锰酸钾、重铬酸钾、硝酸等。无 α-H 的烷基苯不被氧化。在激烈氧化时，苯环被破坏。例如：

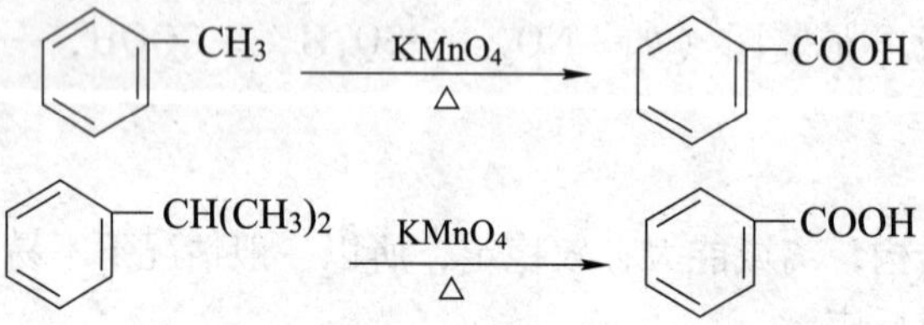

$$C_6H_5CH_3 \xrightarrow[\triangle]{KMnO_4} C_6H_5COOH$$

$$C_6H_5CH(CH_3)_2 \xrightarrow[\triangle]{KMnO_4} C_6H_5COOH$$

苯甲酸

交流研讨

什么是“芳香性”？

2.6.6 苯环上的亲电取代定位规律

1. 一元取代苯的定位规律

从前面讨论的一些苯环亲电取代反应中可以看出，当苯环上已有一个取代基，如再引入第二个取代基时，第二个取代基进入的位置，主要由苯环上原有取代基的性质所决定。化学家们把芳环上原有的取代基称为定位基，把定位基支配第二个取代基进入芳环位置的能力称为定位效应。按所得取代产物的不同组成来划分，可以把苯环上的取代基分为邻对位定位基和间位定位基两类。

1）邻对位定位基

邻对位定位基又叫第一类定位基，它们使第二个取代基主要进入它的邻位和对位，（邻位+对位>60%）其定位能力由强到弱的次序大致如下：$—O^-$，$—NR_2$，—NHR，$—NH_2$，—OH，$—OCH_3$，—NHCOR，—OCOR，$—C_6H_5$，—R，—X 等，这类定位基主要有以下三个特点：①这些取代基与苯环直接相连的原子一般都是饱和的且多数有孤电子对或带负电荷；②除卤素外，这类定位基均能使苯环上电子云密度升高，使苯环活化，因此这些定位基又称活化基。③这些取代苯（除卤苯外）的亲电取代反应活性比苯高，反应速度比苯快。

2）间位定位基

间位定位基又叫第二类定位基，它们使第二个取代基主要进入它的间位（间位>40%）。其定位能力由强到弱的次序大致如下：$—\overset{+}{N}R_3$，$—NO_2$，$—CCl_3$，—CN，$—SO_3H$，—COOH，—CHO，—COR，$—COOCH_3$，$—CONH_2$ 等，这类定位基主要有以下三个特点：①这些取代基与苯环直接相连的原子一般都是不饱和的（重键的另一端是电负性大的元素）或带正电荷（也有例外，如$—CCl_3$）；②这类定位基均能使苯环上电子云密度降低，使苯环钝化，因此这些定位基又称钝化基；③这些取代基的亲电取代反应活性比苯低，反应速度比苯慢。

2. 二元取代苯的定位规律

苯环上已有两个取代基时，第三个取代基进入苯环的位置是由苯环上原有的两个定位基共同决定。

① 若两个取代基的定位效应一致时，则由定位规律决定。例如：

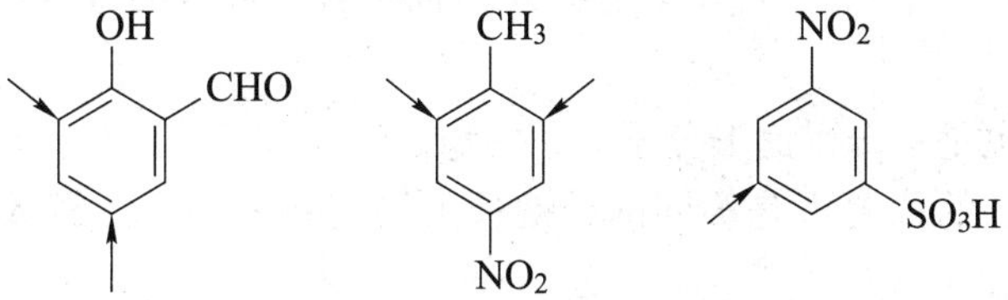

(箭头表示第三个取代基进入的位置)

② 若两个取代基的定位效应不一致时，则可分为两种情况：

第一，定位基属于同一类时，第三个取代基进入苯环的位置由定位效应强的定位基决定；若定位效应相差不大时，则生成混合物。

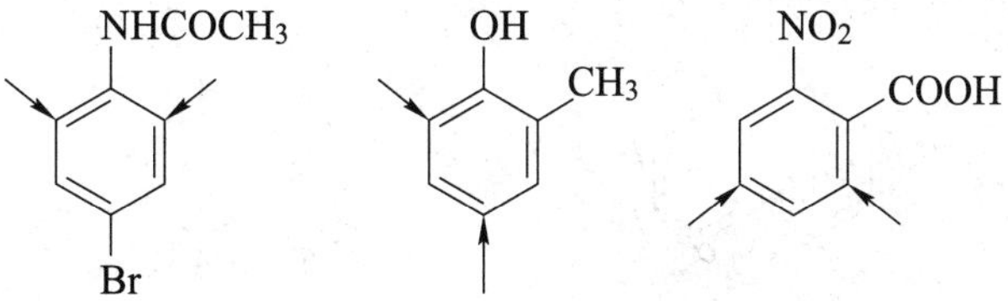

第二，定位基属于不同类时，第三个取代基进入苯环的位置由活化基决定，例如：

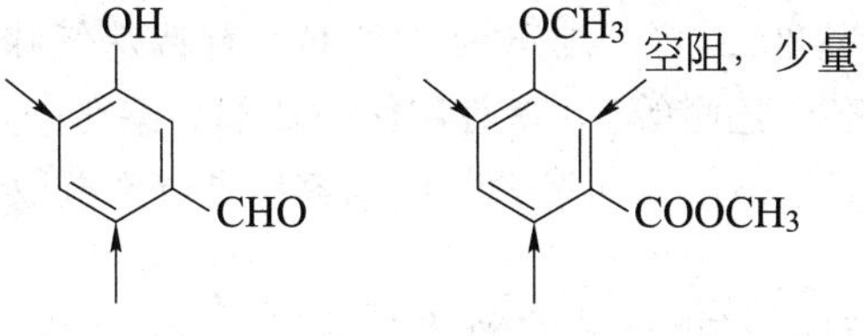

空阻，少量

3. 定位规律的应用

应用定位规律，不仅可以判断反应的主要产物，而且可以确定合理的合成路线。

例如：以甲苯为原料合成间硝基苯甲酸。

CH_3 —→ COOH, NO_2　　只能先氧化，后硝化

2.6.7　稠环芳烃

稠环芳烃是指多环芳烃分子中有两个或两个以上的苯环以共用两个相邻碳原子的方式相互稠合，如萘、蒽、菲等。

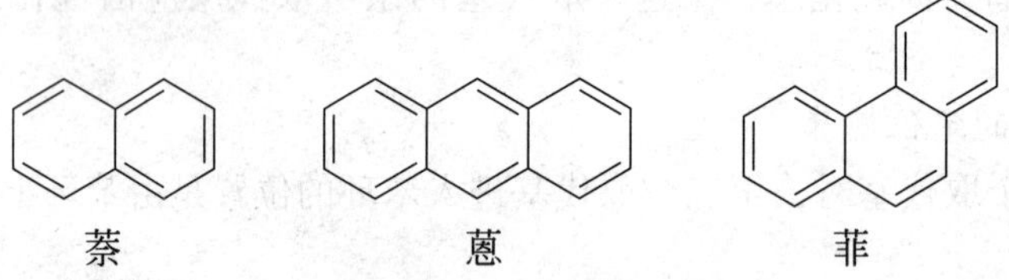

萘　　　　蒽　　　　菲

1. 萘及其衍生物

萘是最简单的稠环芳烃，分子式为 $C_{10}H_8$。它是煤焦油中含量最多的芳香族化合物，约达 6%，是重要的化工原料。

萘的结构式和苯类似，也是一个平面形分子。萘的稳定性比苯差。

由于萘分子中的各碳原子的位置不是等同的，键长平均化并不彻底。经 X 射线衍射法测定萘分子各键的键长如下：

0.142 nm　0.137 nm　0.139 nm　0.140 nm

萘分子结构一般常用下式来表示：

α α β β β β α α　　或　　8 1 7 2 6 3 5 4

其中，1，4，5，8 四个碳原子位置等同，称为 α 位，2，3，6，7 四个碳原子位置等同，称为 β 位。因此萘的一元取代物可有两种。

萘是白色晶体，熔点为 80.5 ℃，沸点为 218 ℃，有特殊气味，易升华。它不溶于水，易溶于有机溶剂（如热乙醇、乙醚等）。萘曾用作防蛀剂。萘在染料合成中应用很广。

萘的化学性质与苯相似，但比苯活泼，既比苯容易进行亲电取代反应，又比苯容易进行加成和氧化反应。

萘可以发生亲电取代反应。萘的 α 位活性大于 β 位，因此萘的亲电取代一般发生在 α 位。

1）卤代反应

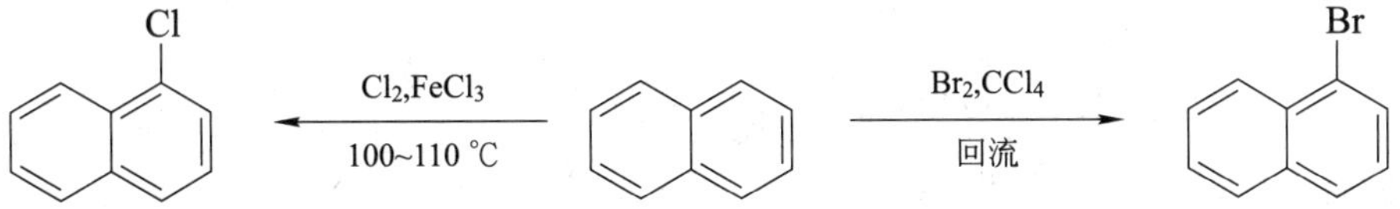

Cl

Cl_2,$FeCl_3$

100~110 ℃

Br_2,CCl_4

回流

Br

α–氯苯95%

α–溴苯,72%~75%

2）硝化反应

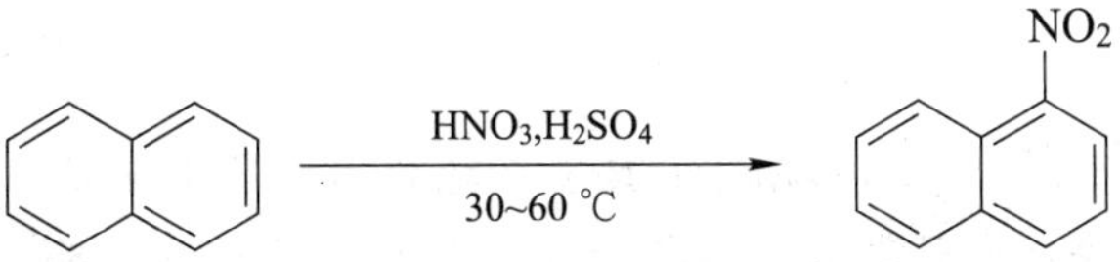

HNO_3,H_2SO_4

30~60 ℃

NO_2

α–硝基萘，79%

3）磺化反应

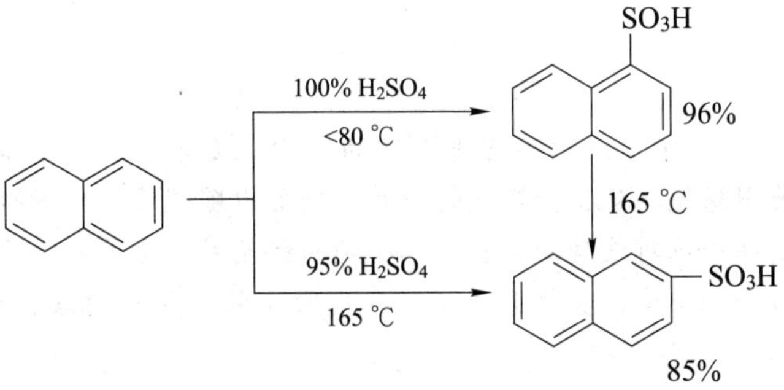

100% H_2SO_4

<80 ℃

SO_3H

96%

165 ℃

95% H_2SO_4

165 ℃

SO_3H

85%

2. 蒽

蒽存在于煤焦油中，分子式为 $C_{14}H_{10}$。可以从分馏煤焦油的蒽油馏分中提取。蒽分子是由三个苯环稠合而成。分子中所有的碳原子和氢原子都在同一个平面内。蒽的结构和键长可表示如下：

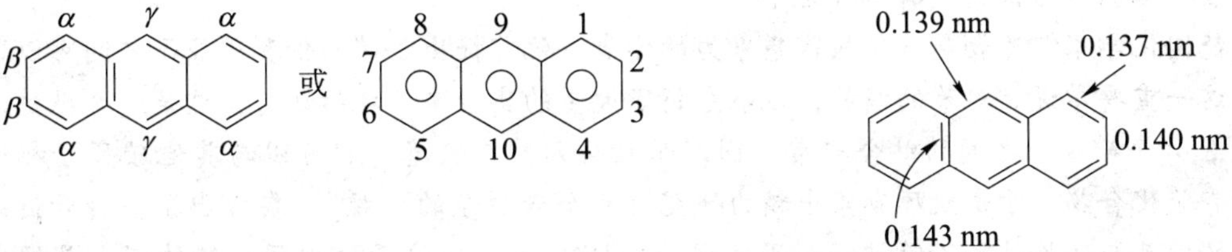

α γ α β β α γ α

或

8 9 1 7 2 6 3 5 10 4

0.139 nm

0.137 nm

0.140 nm

0.143 nm

蒽是白色片状带有蓝色荧光的晶体，不溶于水，难溶于乙醇和乙醚，但在苯中溶解度较大；熔点为 217 ℃，沸点为 354 ℃。蒽可以从煤焦油中提取，主要用于合成蒽醌。蒽醌的许多衍生物是染料中间体，用于制备蒽醌染料。

3. 菲

菲的分子式为 $C_{14}H_{10}$，与蒽互为同分异构体，也是由三个苯环稠合而成，但三个苯环不在一条直线上，其结构式和键长可表示如下：

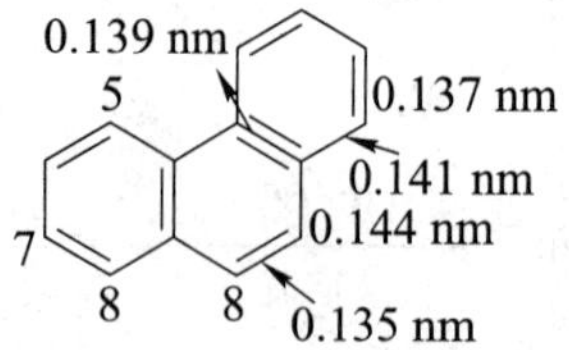

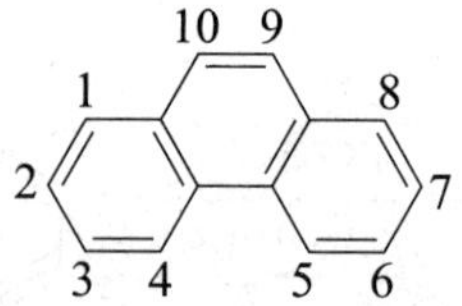

菲是有光泽的无色片状晶体，熔点为 101 ℃，沸点为 340 ℃；不溶于水，易溶于苯，溶液有蓝色荧光。菲也可以从煤焦油中提取。

身边的化学

许多含有 4 个或 4 个以上苯环的稠环芳烃有致癌作用，称为致癌烃。煤焦油和沥青中的 1,2-苯并芘有高度的致癌性，长期从事煤焦油作业的人员易患皮肤癌。世界卫生组织证实，蛋白质、油脂等熏制和烧焦的食品都会产生 1,2-苯并芘。煤、木材燃烧产生的烟尘、机动车排出的废气以及烟草的烟雾中也都含有 1,2-苯并芘，这种物质易诱发肺癌和唇癌。

知识链接

苯是 1825 年由英国化学家法拉第首先发现的。19 世纪初，英国和其他欧洲国家一样，城市的照明已普遍使用煤气。从生产煤气的原料中制备出煤气后，剩下的一种油状液体长期无人问津。法拉第是第一位对这种油状液体感兴趣的科学家。他用蒸馏的方法将这种油状液体进行分离，得到另一种液体，实际上就是苯，当时法拉第讲这种液体称为“氢的重碳化合物”。

1834 年，德国科学家米希尔里希通过蒸馏苯甲酸和石灰的混合物，得到了与法拉第所制液体相同的一种液体，并命名苯。待有机化学中的正确的分子概念和原子价概念建立以后，法国化学家日拉尔等人又确定了苯的相对分子质量为 78，分子式为 C_6H_6。苯分子中碳的相对含量如此之高，苯的碳、氢比值如此之大，表明苯是高度不饱和烃，但它又不具有典型的不饱和烃应该具有的易发生加成反应的性质。那么，如何确定苯的分子结构呢？化学家们经过多年的努力，仍没有解开这个谜。

德国化学家凯库勒是一位极富想象力的学者，他曾提出了碳四价和碳原子之间可以连接成链这一重要学说。对苯的结构，他在分析了大量的实验事实之后认为：这是一个很稳定的“核”，六个碳原子之间的结合非常牢固，而且排列非常紧凑，它可以与其他碳原子相连形成芳香族化合物。于是凯库勒集中精力研究这六个碳原子的“核”。在提出了多种开链式结构而又因其与实验结果不符被一一否定之后，1865 年，他终于悟出闭合链的形式是解决苯分子结构的关键。

关于凯库勒悟出苯分子的环状结构的经过，一直是化学史上的一个趣闻。据他自己说这来自一个梦。那是他在比利时的根特大学任教时，一天晚上，他在书房中打起了瞌睡，眼前又出现了旋转碳原子。碳原子的长链像蛇一样盘绕卷曲，忽见一蛇抓住了自己的尾巴，并旋转不停。他像触电般的猛醒，起来后整理苯环结构的假说，又忙了一夜。对此，凯库勒说：“我们应该会做梦！那么我们就可以发现真理，但不要在清醒的理智检验之前，就宣布我们的梦。”

应该指出的是，凯库勒能够从梦中得到启发，成功地提出重要的结构学说，并不是偶然的。这是由于他善于独立思考，平时总是冥思苦想有关原子、分子以及结构等问题，才会日有所思，夜有所梦；更重要的是，他懂得化合价的真正意义，善于捕捉直觉形象；加之以事实为依据，以严肃的科学态度进行多方面的分析和探讨，这一切都为他取得成功奠定了基础。

知识巩固

一、填空题

1. 分子中含有________的化合物称为芳香烃。

2. 苯的分子式为________，结构简式为________，苯分子中的六个碳原子和六个氢原子处于同一平面，其键角为________。

3. 苯及苯的同系物的通式为________。芳香烃的芳香性是指________、________、________性质。

4. 鉴别苯和甲苯，可选用________试剂，反应现象是________。

二、判断题

1. 凡是环状的化合物碳原子均在同一平面。(　　)

2. 分子式为 C_6H_{10} 的化合物，它一定就是乙烯的同系物。(　　)

3. 苯分子中的六个碳原子均为 sp^2 杂化，都是完全等同的。(　　)

4. 苯结构中有不饱和键，因此与烯烃一样，易发生加成和氧化反应。(　　)

5. 甲苯的硝化反应比苯的容易，主要得到邻、对位取代物。(　　)

三、写出下列化合物的结构简式。

1. 3,5-二溴-2-硝基甲苯　　2. 2-硝基-3-甲氧基甲苯

3. β-萘磺酸　　4. 邻氨基苯甲酸

5. 3-苯基戊烷　　6. 4-氯-2,3-二硝基甲苯

四、命名下列化合物。

1. 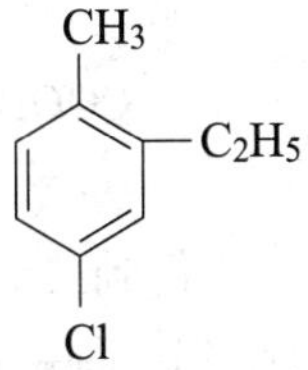 CH_3　C_2H_5　Cl

2. 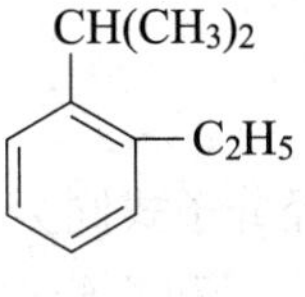 $CH(CH_3)_2$　C_2H_5

3. CH_3　Cl　NO_2

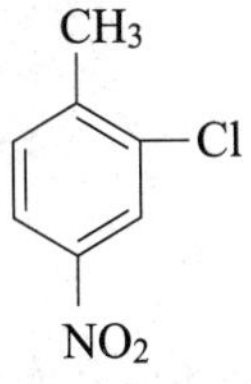

4. 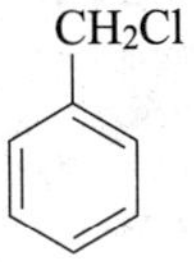 CH_2Cl

5. COOH　NH_2

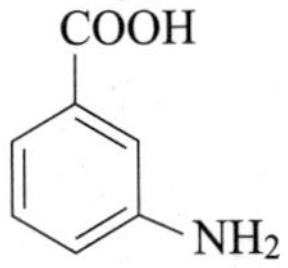

6. 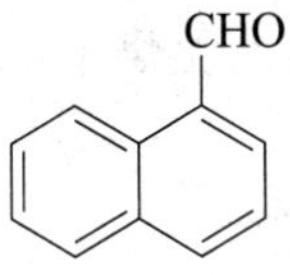 CHO

五、用化学方法鉴别下列各组化合物。

1. 苯、甲苯、环丙烷　　　　2. 苯乙烯、苯乙炔、乙苯

3. 环已烯、环已烷、甲苯　　　　4. 甲苯、环已烷、1-已炔

六、完成下列反应式。

1. $H_3C-C_6H_4-C_2H_5 \xrightarrow[\triangle]{KMnO_4}$

2. $H_3C-C_6H_4-Cl \xrightarrow[H_2SO_4]{HNO_3} \qquad \xrightarrow[\triangle]{KMnO_4}$

3. $C_6H_5CH_2CH_3 + Cl_2 \xrightarrow{光}$

4. 间二甲苯 $+ (CH_3)_3CCl \xrightarrow[100\ ^{\circ}C]{AlCl_3}$

七、以苯为原料合成下列化合物。

1. 邻溴苯磺酸　　　　2. 间硝基苯甲酸

八、用箭头表示发生取代反应时，新基团进入苯环的位置。

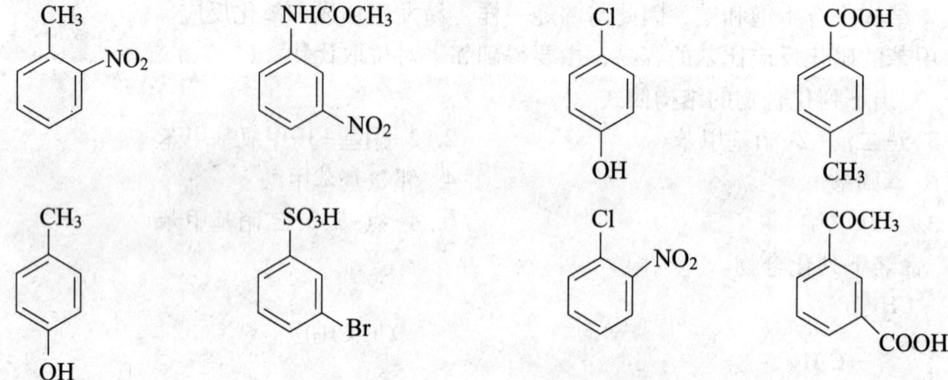

九、甲、乙、丙三种芳烃分子式同为 C_9H_{12}，氧化时甲得到一元羧酸，乙得到二元羧酸，丙得到三元羧酸；但硝化时，甲和乙分别得到两种一硝基化合物，而丙只得到一种一硝基化合物。请写出甲、乙、丙三者的构造式。

问题探究

一切含碳燃料及许多有机物的不完全燃烧都会产生致癌的稠环芳烃，对环境及农作物造成污染。请思考能否用烟道气直接烘干粮食，为什么？

模块3　烃的衍生物

烃的衍生物是指烃分子中的氢原子被其他原子或者原子团所取代而生成的一系列化合物。烃的衍生物种类很多，可分为卤代烃、醇、酚、醛、羧酸和酯等。烃的衍生物的性质由所含官能团决定。利用有机物的性质，可以合成具有特定性质而自然界并不存在的有机物，以满足人们的需要。

项目 3.1　卤代烃

目标要求

1. 了解卤代烃的分类及结构特点。
2. 了解卤代烃的普通命名法，熟练掌握卤代烃的系统命名法。
3. 掌握卤代烃的性质及应用。
4. 掌握伯、仲、叔卤代烷及烯丙基型、苄基型、乙烯基型、苯基型卤代烯烃的化学活性差异及其应用。

项目导入

自然界极少有天然的卤代烃，绝大多数都是化学合成的。为什么要人工合成这样一类物质呢？这是因为卤代烃的性质比烃活泼得多，能发生多种化学反应而转化成各种其他类型的化合物，为有机合成提供了可能途径。所以，引入卤原子，在有机合成中起着桥梁的作用。

知识掌握

烃分子中一个或多个氢原子被卤素原子取代后所生成的化合物，叫作卤代烃。其中卤原子就是卤代烃的官能团。通常可表示为 R—X，其中 X = F、Cl、Br、I。

虽然卤素包括氟、氯、溴、碘，但由于氟代烃的制法和性质与其他卤代烃不同，因此本书所说卤代烃的制法和性质不包括氟代烃。而碘代烃由于价格昂贵，其制法和性质在工业上应用不多，主要应用于科研，所以本书多以氯、溴代烃为例给予讲解和讨论。

3.1.1　卤代烃的分类、同分异构现象和命名

1. 卤代烃的分类

① 根据分子中所含卤原子的种类卤代烃可分为氟代烃、氯代烃、溴代烃和碘代烃。

② 按分子中烃基的构造不同，卤代烃可分为饱和卤代烃、不饱和卤代烃、卤代芳烃。

饱和卤代烃：　CH_3Br（溴甲烷）　　▷—Cl（氯代环丙烷）

不饱和卤代烃：　$CH_2{=}CHCl$　　$CH_2{=}CHCH_2Br$

卤代芳烃：　⬡—Br（溴苯）　　⬡—CH_2Cl（苯氯甲烷）

③ 根据分子中所含卤原子数目的不同，卤代烃可分为：一卤代烃和多卤代烃。

一卤代烃：CH_3CH_2Cl　　C_6H_5Cl
　　　　　氯乙烷　　　　氯苯

多卤代烃：$CH_3CHClCH_2Cl$　　$CHCl_3$　　$C_6H_4Br_2$
　　　　　1,2-二氯丙烷　　三氯甲烷　　二溴苯

④ 根据和卤原子相连的C原子不同，卤代烃可分为伯卤代烃（或称一级卤代烃）、仲卤代烃（也称二级卤代烃）、叔卤代烃（也称三级卤代烃）。

伯卤代烃：　R—CH₂—X

仲卤代烃：　R—CH—X（CH上连R′）

叔卤代烃：　R—C—X（C上连两个R′）

2. 卤代烃的同分异构现象

1）饱和卤代烷的同分异构现象

由于饱和卤代烷的碳链和卤素原子的位置不同都能引起同分异构现象，故其异构体的数目比相应的烷烃要多。例如，丁烷有正丁烷和异丁烷两种异构体，而一氯丁烷有下列四种同分异构体：

$CH_3CH_2CH_2CH_2Cl$　　$CH_3CH_2CHClCH_3$　　$CH_3CH(CH_3)CH_2Cl$　　$(CH_3)_3C-Cl$

上述四种异构体是分别从正丁烷及异丁烷的碳骨架变换碳原子的位置衍生出来的。

2）不饱和卤代烃的同分异构现象

由于不饱和卤代烃的碳链不同、不饱和键位置不同和卤素原子的位置不同都能引起同分异构现象，故其异构现象更为复杂。例如，一氯丁烯（C_4H_7Cl）有下列八种同分异构体：

$CH_3CH_2CH{=}CHCl$　　$CH_3CH_2CCl{=}CH_2$　　$CH_3CHClCH{=}CH_2$　　$ClCH_2CH_2CH{=}CH_2$

$CH_3CH{=}CHCH_2Cl$　　$CH_3CH{=}CClCH_3$　　$CH_3C(CH_3){=}CHCl$　　$ClCH_2C(CH_3){=}CH_2$

3. 卤代烃的命名

1）普通命名法

普通命名法是根据卤原子所连的烃基名称将其命名为“某烃基卤”。例如：

CH_3Cl	$CH_2{=}CHBr$	$CH_2{=}CHCHCl$	$CH_3-\overset{CH_3}{\underset{CH_3}{C}}-Cl$
甲基氯	乙烯基溴	烯丙基氯	叔丁基氯

这种命名法一般用于常见的结构简单的烃基的卤化物，对于比较复杂的卤代烃则需用系统命名法。

2）系统命名法

（1）卤代烷的命名

选择含有卤原子的最长碳链作主链，称为某烷，将卤原子及其他支链作为取代基，按“最低序列”原则对主链编号，命名时将取代基按“次序规则”（较优基团后列出），把各取代基位次、数目、名称写在某烷的前面。

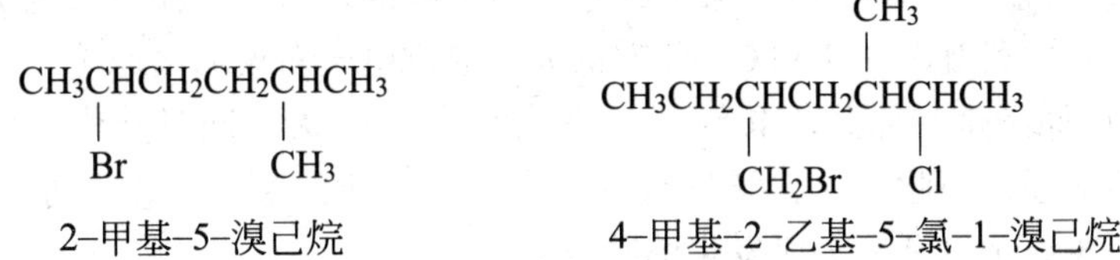

2–甲基–5–溴己烷　　　　4–甲基–2–乙基–5–氯–1–溴己烷

（2）不饱和卤代烃的命名

选择含有不饱和键和卤素原子在内的最长碳链为主链，按照烯烃的命名原则，从靠近不饱和键一端开始将主链编号，卤素原子作为取代基，以烯烃或炔烃为母体来命名。例如：

$CH_3CH_2\underset{Br}{CH}CH_2\underset{CH_3}{C}{=}CHCH_3$　　　　$CH{\equiv}CCH_2Cl$

3–甲基–5–溴–2–庚烯　　　　3–氯丙炔

（3）卤代芳烃的命名

卤代芳烃的命名与卤代脂肪烃相似。

当卤素原子直接连在芳环碳原子上时，以芳烃为母体，卤素原子作为取代基。

当卤素连在芳环侧链上时，以脂肪烃基为母体，将卤原子和芳环作为取代基。

例如：

$CH_3-C_6H_4-Br$　　　　$C_6H_5-CH_2\underset{CH_3}{CH}CH_2Cl$

4–溴甲苯(或对溴甲苯)　　　　2–甲基–1–苯基–3–氯丙烷

（4）卤代脂环烃的命名

一般以脂环烃为母体命名，卤原子及其他支链都看作取代基。较小的基团，编号最小。例如：

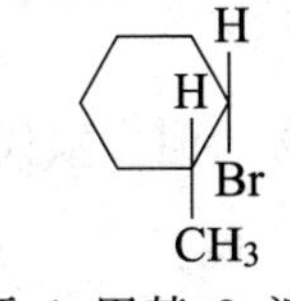

顺–1–甲基–2–溴环己烷

交流研讨

用系统命名法命名下列化合物。

```
CH3CHCH2CHCH3
   |     |
   Cl    CH3
```

```
     H          CH2CH3
      \        /
       C == C
      /        \
  CH3CH         CH2Cl
     |
     CH3
```

```
        CH3
         |
  CH3CCH2CHCH3
     |     |
     Cl    Br
```

3.1.2　卤代烃的结构

卤代烃的许多性质都是由于卤素原子的存在而引起的，由于卤原子的电负性比较大，使碳卤键（C—X）的极性比C—H和C—C键都大，成键电子对偏向卤原子，从而使碳原子带有部分正电荷，卤原子带有部分负电荷。C—X键不但极性大，同时极化度也大，X的诱导效应使β-H酸性增强，因此，在化学反应中易发生共价键异裂，不仅卤原子易离去而发生取代反应，且β-H原子也易离去而发生消除反应。

3.1.3　卤代烃的物理性质

室温下除低级卤代烃如CH_3Cl，CH_3Br，C_2H_5Cl及$CH_2=CHCl$为气体外，其他常见的卤代烃大多是液体，高级卤代烃为固体。纯净的卤代烃多数是无色的。碘代烷和溴代烷对光敏感，长期放置因分解产生游离碘和溴而分别带紫色和棕黄色，尤其是碘代烷。

一卤代烷有不愉快的气味，其蒸气有毒。氯乙烯对眼睛有刺激性，有毒，是一种致癌物质。一卤代芳烃具有香味，苄基卤具有催泪性。

所有卤代烃均不溶于水，但能溶于醇、醚、烃等多种有机溶剂，它们彼此也可以相互混溶。某些卤代烃本身就是很好的有机溶剂，如二氯甲烷、氯仿、四氯化碳等。多氯代烷和多氯代烯可用作干洗剂。

在卤代烃分子中，随卤原子数目的增多，化合物的可燃性降低。例如，甲烷可作为燃料，氯甲烷有可燃性，二氯甲烷则不燃，而四氯化碳可灭火；氯乙烯、偏二氯乙烯可燃，而四氯乙烯则不燃。某些含氯和含溴的烃或其衍生物还可作为阻燃剂，如含氯量约为70%的氯化石蜡主要用作阻燃剂，可作为合成树脂的不燃性组分，以及不燃性涂料的添加剂等。

卤代烃的沸点也有规律性。烃基相同而卤素原子不同的卤代烃中，其沸点则随着卤素原子的序数增加而升高。一般氟代物的沸点最低，密度最小；碘代物沸点最高，密度最大。卤素相同时，其沸点随烃基的增大而增高，密度则减小。同分异构体中，支链越多，沸点越低。

卤代烃一般都比较重，特别是多卤代物（但多氟代物例外）。

表3.1给出了一些卤代烷烃的物理常数。

表 3.1 一些卤代烷烃的物理常数

烷基或卤烷名称	氯化物		溴化物		碘化物	
	沸点/℃	相对密度（20 ℃）	沸点/℃	相对密度（20 ℃）	沸点/℃	相对密度（20 ℃）
甲基	-24.2	0.916	3.5	1.676	42.4	2.279
乙基	12.3	0.898	38.4	1.460	72.3	1.936
正丙基	46.6	0.891	71.0	1.354	102.5	1.749
异丙基	35.7	0.862	59.4	1.314	89.5	1.703
正丁基	78.5	0.886	101.6	1.276	130.5	1.615
仲丁基	68.3	0.873	91.2	1.259	120	1.592
异丁基	68.9	0.875	91.5	1.264	120.4	1.605
叔丁基	52	0.842	73.3	1.221	100	1.545
二卤甲烷	40.0	1.335	97	2.492	181	3.325
1,2-二卤乙烷	83.5	1.256	131	2.180	分解	2.13
三卤甲烷	61.2	1.492	149.5	2.890	升华	4.008
四卤甲烷	76.8	1.594	189.5	3.27	升华	4.50

3.1.4 卤代烷的化学性质

1. 亲核取代反应

由于碳卤键（C—X）上卤原子带有部分负电荷，而碳原子带有部分正电荷，与卤原子直接相连的碳原子，容易被带有负电荷或未共用电子对的试剂（如 H_2O、RO^-、OH^-、ROH、CN^-、NH_3等）进攻，使卤原子以 X^-形式离去，从而发生卤原子被取代的反应。

这种由亲核试剂进攻而引发的取代反应，称为亲核取代反应，用符号 S_N（substitution nucleophilic）表示，反应的一般式为：

$$R—X + Nu^- \longrightarrow R—Nu + X^-$$

卤代烷 亲核试剂 取代产物 离去基团

1）水解

在一定条件下，卤代烷与水作用，卤原子被羟基取代生成醇的反应，也叫作水解反应。反应中所用卤代烷通常指伯卤代烷。

$$R—X + H_2O \rightleftharpoons R—OH + HX$$

卤代烷的水解反应是可逆反应，且进行很慢，为了加速反应和使反应完全，通常利用稀 NaOH 或 KOH 溶液，中和水解中产生的 HX，从而使反应不可逆，且提高了醇的产率。如：

$$CH_3(CH_2)_3CH_2Cl + NaOH \xrightarrow{\triangle} CH_3(CH_2)_3CH_2—OH + NaCl$$

由于自然界没有卤代烷，一般需通过醇制备。所以一般的醇不用此法制备，因为卤代烷通常由醇得到。但某些复杂的醇可用此法制备。

2）醇解

在相应的醇中，卤代烷与醇钠作用，卤原子被烷氧基取代生成醚。此反应也称为卤代烷的醇解。反应中所用卤代烷通常指伯卤代烷。

$$RCH_2X + R'ONa \xrightarrow[\triangle]{R'OH} RCH_2—O—R' + NaX$$

卤代烷的醇解是合成混合醚的重要方法，称为威廉姆森（Williamson）合成法。

3）氰解

卤代烷与氰化钠或氰化钾的醇溶液共热，卤原子被氰基取代生成腈。此反应也称为氰解反应。在有机合成上，这是增长碳链的常用一种方法。此外，这也是制备腈的一种方法。由于—CN水解生成—COOH、还原生成—CH_2NH_2，所以这也是从卤代烷制备羧酸RCOOH和胺RCH_2NH_2的一种方法。反应中所用卤代烷通常也指伯卤代烷。

$$RCH_2X + KCN \xrightarrow[回流]{C_2H_5OH} RCH_2CN + KX$$

4）氨解

卤代烷与氨溶液作用，卤原子被氨基取代生成胺，此反应也称为卤代烷的氨解，反应中所用卤代烷通常也指伯卤代烷。

$$RCH_2X + NH_3 \longrightarrow RCH_2—NH_2 + HX \quad (HX \xrightarrow{NH_3} NH_4X)$$

由于产物具有亲核性，除非使用大大过量的氨（胺），否则反应很难停留在一取代阶段。如果卤代烷过量，产物是各种取代的胺以及季铵盐。

以上取代反应，活性次序为RI>RBr>RCl，仲、叔卤代烷不以取代为主或不发生取代反应。

5）与硝酸银-乙醇溶液反应

卤代烷与硝酸银的醇溶液作用，卤原子被硝酸根取代生成硝酸酯，同时产生卤化银沉淀。

$$R—X + AgNO_3 \xrightarrow{C_2H_5OH} R—O—NO_2 + AgX\downarrow$$

对于卤代烷，当烷基结构相同而卤原子不同时，其反应活性为RI>RBr>RCl；当卤原子相同而烷基不同时，其活性为叔卤代烷>仲卤代烷>伯卤代烷，其中伯卤代烷通常需要加热才能发生反应。此反应可用于卤代烷的定性鉴定。

6）与碘化钠-丙酮溶液反应

由于氯化钠和溴化钠不溶于丙酮，而碘化钠易溶于丙酮，所以在丙酮中氯代烷和溴代烷可与碘化钠分别生成氯化钠和溴化钠沉淀。

$$R—X + NaI \longrightarrow R—I + NaX\downarrow \quad (X=Cl 或 Br)$$

卤素原子相同，烷基不同的卤代烷（氯代烷和溴代烷）的活性顺序是：

伯卤代烷>仲卤代烷>叔卤代烷

同卤代烷与硝酸银-乙醇溶液反应的活性顺序正好相反。这个反应除了在实验室中用来制备碘代烷外，在有机分析上还可用来检验氯代烷和溴代烷。

2. 消除反应

卤代烷与氢氧化钠或氢氧化钾水溶液反应时，不仅可以发生卤原子被羟基取代的反应，而且还可以发生卤代烷分子脱去卤化氢的反应，这种从一个有机物分子中消掉两个原子或基团（它们生成一个简单分子），生成不饱和化合物的反应，叫作消除反应。用符号 E（elimination）表示。在此消除反应中，卤原子是和β-H 原子形成 HX 脱去的，这种形式的消除反应称为β-消除反应。

在碱性条件下，消除反应和水解反应是两种相互竞争的反应，碱的浓度越大，越利于消除反应的进行。例如，1-溴丁烷与稀 NaOH 水溶液共热时，主要生成正丁醇（取代产物）；而与浓 KOH 的乙醇溶液（氢氧化钠在乙醇中溶解较小）共热时，则主要生成1-丁烯（消除产物）：

$$CH_3CH_2CH_2CH_2Br + \underset{(稀水溶液)}{NaOH} \xrightarrow[\triangle]{H_2O} CH_3CH_2CH_2CH_2OH + NaBr$$

$$CH_3CH_2CH_2CH_2Br + \underset{(浓乙醇溶液)}{KOH} \xrightarrow[\triangle]{CH_3CH_2OH} CH_3CH_2CH{=}CH_2 + KBr + H_2O$$

当含有两个或两个以上 β-H 原子的卤代烷发生消除反应时，可按不同方式脱去卤化氢，生成不同产物。大量实验证明，仲卤烷和叔卤烷脱卤化氢时，卤原子主要和相邻含氢较少的β-C 上的氢结合脱去卤化氢，即主要形成双键碳原子上连有最多烃基的烯烃。这个经验规律称为札依采夫规则。例如：

$$2CH_3\underset{\displaystyle Br}{\underset{|}{C}}HCH_2CH_3 \xrightarrow[\triangle]{KOH-C_2H_5OH} \underset{81\%}{CH_3CH{=}CHCH_3} + \underset{19\%}{CH_2{=}CHCH_2CH_3} + 2HBr$$

卤代烷脱卤化氢的反应是制备烯烃的方法之一。

3. 与金属镁反应——格氏试剂的生成

卤代烷能与多种金属反应生成金属有机化合物。所谓金属有机化合物是指碳原子直接与金属相连的一类有机化合物，使用较多的是含 C-Mg 键的一类，称为格氏试剂。格氏试剂可通过一卤代烃在无水乙醚中与金属镁作用制得。

$$R{-}X + Mg \xrightarrow[回流]{无水乙醚} R{-}Mg{-}X$$

格氏试剂中的 C-Mg 键极性很强，化学性质非常活泼，能和多种化合物作用生成烃、醇、醛、酮、羧酸等物质。例如格氏试剂能吸收空气中的 O_2 而被氧化，其氧化产物经水解生成醇：

$$R{-}Mg{-}X \xrightarrow{O_2} R{-}O{-}MgX \xrightarrow{H_2O} ROH + Mg(OH)X$$

格氏试剂与CO_2作用，经水解后可制得羧酸：

$$R-MgX \xrightarrow{CO_2} R-\overset{\overset{\displaystyle O}{\|}}{C}-OMgX \xrightarrow{H_2O} R-\overset{\overset{\displaystyle O}{\|}}{C}-OH + Mg(OH)X$$

在制备格氏试剂时卤代烷的活性次序是RI>RBr>RCl。但碘代烷很贵，而氯代烷的活性又较差，因此在实验室中制备格氏试剂多是采用溴代烷。

由于格氏试剂能与许多含活泼氢的物质作用，生成相应的烷烃而使格氏试剂遭到破坏，因此在制备格氏试剂时必须避免与水、醇、酸、氨等物质接触。

$$R-Mg-X + HY \longrightarrow R-H + MgYX$$

$$(Y=-OH、-OR、-X、-NH_2、-C\equiv CR等)$$

这类反应在有机结构分析中被用于鉴定活泼氢原子。

由于格氏试剂的上述性质——能被含活泼氢的化合物分解、被空气缓慢氧化，以及它能溶解在乙醚中，因此制备格氏试剂时所用乙醚必须无水、无乙醇，制备的格氏试剂不需要分离，可直接使用。

格氏试剂还能与多种化合物进行反应而广泛应用于有机合成，我们将在以后相关部分中讨论。

1. 写出下列反应的主要产物：

(1) $CH_3CH_2CH_2Br + NaOH \xrightarrow[\triangle]{H_2O}$

(2) $CH_3CH_2CH_2Br + KOH \xrightarrow[\triangle]{C_3H_7OH}$

(3) $CH_3CH_2CH_2Br + NaCN \xrightarrow[回流]{C_2H_5OH-H_2O}$

(4) $C_6H_5-CH_2CHBrCH_3 \xrightarrow[\triangle]{KOH-醇}$

2. 用简便的化学方法鉴别下列各组化合物。

(1) 1-溴丁烷、2-溴丁烷、2-甲基-2-溴丙烷

(2) 环己烷、环己烯、溴代环己烷、3-溴环己烯

3.1.5 卤代烯烃和卤代芳烃

1. 乙烯基型和苯基型卤代烃

卤原子直接连在双键碳上或芳环上的卤代烃分别属于乙烯基型和苯基型卤代烃。例如：

$CH_2=CH-Cl$　　　　C_6H_5-Cl

氯乙烯或乙烯基氯　　　　氯苯或苯基氯

这类卤代烃的特点是含有 C ═ C—Cl 构造，其中的卤原子的活性较小。实验证明，它们不易与镁和硝酸银-乙醇溶液反应，也不易与亲核试剂（如 NaOH、RONa、NaCN、NH_3等）发生取代反应。卤原子的活性次序是：

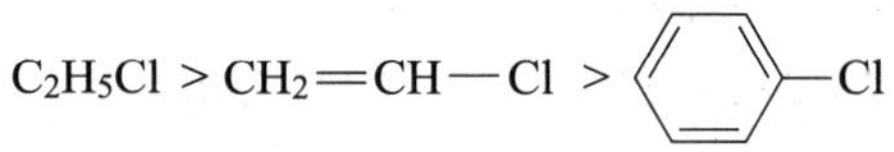

$$C_2H_5Cl > CH_2{=}CH{-}Cl > C_6H_5{-}Cl$$

这是因为在 C ═ C—Cl 构造中，氯原子与碳原子的结合更牢固些。所以 C ═ C—Cl 构造中的氯原子就比较难离去。这一性质可以用来鉴别氯代烷和乙烯基型卤代烃。然而卤素原子的不活泼是相对的，在一定条件下反应亦可发生。

2. 烯丙基型和苄基型卤代烃

卤原子与 C ═ C 双键或芳环相隔一个饱和碳原子的卤代烃，分别属于烯丙基型和苄基型卤代烃。例如：

$CH_2{=}CHCH_2{-}Cl$ 烯丙基氯　　$C_6H_5{-}CH_2Cl$ 苄基氯

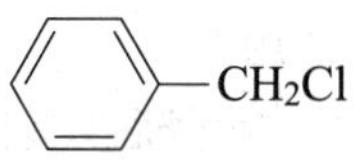

这类卤代烃的特点是含有 C ═ C—C—Cl 构造，其中的卤原子活性较大，例如，它们与硝酸银-乙醇溶液反应时，立即生成卤化银沉淀。以此可以用来鉴别卤代烷和烯丙基氯或苄基氯。卤原子的活性次序是：

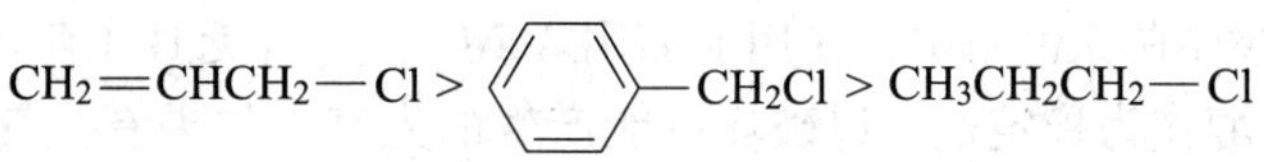

$$CH_2{=}CHCH_2{-}Cl > C_6H_5{-}CH_2Cl > CH_3CH_2CH_2{-}Cl$$

烯丙基型和苄基型卤代烃中卤素原子活性较大的原因是它们分子的构造决定，在此不再赘述。

另外，还有其他类型卤代烯烃，如孤立性卤代烃，这类卤代烃中的卤素原子与双键（或芳环）上的碳相隔两个或两个以上的碳原子，例如：

$CH_2{=}CHCH_2CH_2{-}Cl$　　$C_6H_5{-}CH_2CH_2Cl$

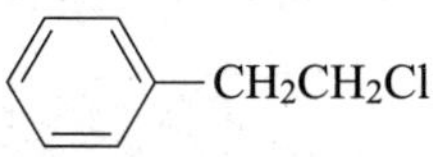

这类卤代烃的反应活性与伯卤代烷、仲卤代烷相似。

3. 卤代芳烃的水解和氨解

与苯环直接相连的卤原子，由于活性较小，只有在强烈条件下，才能水解和氨解。例如：

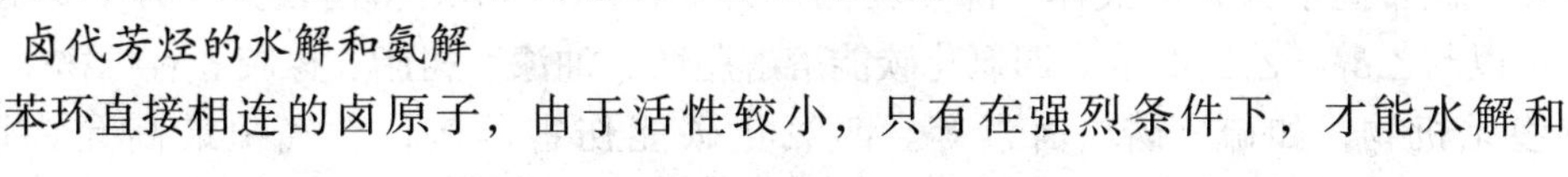

$$C_6H_5{-}Cl + NaOH \xrightarrow[350\sim370\ ^\circ C]{Cu,\ 20MPa} C_6H_5{-}ONa \xrightarrow{H^+} C_6H_5{-}OH$$

$$C_6H_5{-}Cl + NH_3 \xrightarrow[200\ ^\circ C]{Cu_2O,\ 6\ MPa} C_6H_5{-}NH_2 + NH_4Cl$$

交流研讨

比较下列卤代烃与 $AgNO_3$-C_2H_5OH 反应的快慢：

(1) 1-溴丙烷　　(2) 2-溴丙烷　　(3) 丙烯基溴　　(4) 烯丙基溴

3.1.6 重要的卤代烃

1. 三氯甲烷（$CHCl_3$）

三氯甲烷俗名氯仿，常温下是一种具有甜味的无色液体，沸点 61.2 ℃，相对密度（d_4^{20}）为 1.482，不易燃，微溶于水，能与乙醇、乙醚、苯、石油醚等有机溶剂混溶。它能溶解脂肪、蜡、有机玻璃和橡胶等多种有机物，是一种无燃性的有机溶剂。三氯甲烷具有强烈的麻醉作用，在 19 世纪，纯氯仿被用作外科手术的麻醉剂，但因其对肝脏有严重损伤，并有致癌作用，现已禁用。

氯仿在光和空气中能逐渐被氧化生成剧毒的碳酰氯，又名光气。人吸入光气会引起肺气肿。如每升空气含 0.5 mg 光气，吸入 10 min 可致死。空气中最高允许浓度为 50 μg/g。

$$CHCl_3 + O_2 \longrightarrow \underset{\text{光气}}{Cl-\overset{\overset{\displaystyle O}{\|}}{C}-Cl} + HCl$$

因此，氯仿要保存在棕色瓶中，使用前需用 $AgNO_3$ 检查有无 HCl 存在。工业氯仿中加入 1%（体积分数）乙醇作为稳定剂，以破坏可能产生的光气。如果有光气生成，乙醇将它转变为无毒的碳酸二乙酯。

$$Cl-\overset{\overset{\displaystyle O}{\|}}{C}-Cl + 2C_2H_5OH \longrightarrow C_2H_5O-\overset{\overset{\displaystyle O}{\|}}{C}-OC_2H_5 + 2HCl$$

此外，氯仿也广泛用作有机合成的原料。近年来也被一些国家列为致癌物质，并禁止在食品、药物中使用。

2. 四氯化碳（CCl_4）

四氯化碳常温下为无色液体，沸点较低，为 76.7 ℃，相对密度较大，为 1.594，微溶于水，可以与乙醇、乙醚混溶。四氯化碳能溶解脂肪、油漆、树脂、橡胶等有机物质，亦能溶解某些无机物，如硫、磷、卤素等。四氯化碳能伤害肝脏，空气中最高允许浓度为 25 μg/g。

四氯化碳在空气中不能燃烧，遇热易挥发，蒸气比空气重，不能燃烧，且不导电。因此，当四氯化碳受热蒸发时，其蒸气能把燃烧物体覆盖，使之隔绝空气而熄灭，所以特别适宜于扑灭油类着火以及电源附近的火灾，是一种常用的灭火剂。但四氯化碳在 500 ℃以上高温时，能水解生成剧毒的光气。因此，使用四氯化碳灭火时，要注意空气流通，以防止中毒。四氯化碳不能扑灭金属钠着火，因为二者作用会发生爆炸。

四氯化碳主要用作溶剂、萃取剂和灭火剂，也用作干洗剂、熏蒸杀虫剂和牲畜的驱虫剂。四氯化碳易挥发，能损伤肝脏，并被怀疑有致癌作用，使用时应注意安全。

3. 二氟二氯甲烷

二氟二氯甲烷是无色、无臭、无腐蚀性、不燃烧、不爆炸、化学性质稳定的气体，无毒，200 ℃以下对金属无腐蚀性，溶于乙醇和乙醚，沸点为-29.8 ℃，易压缩成为液体，解除压力后立即气化，同时吸收大量的热。因此，是良好的制冷剂和气雾剂。从 20 世纪 30 年代起，它代替液氨作制冷剂，在冰箱和冷冻器中大量使用，是氟利昂（freon）制冷剂的一种。

氟利昂（简称 CFC）是含有一个或两个碳原子的氟氯烷的总称。氟利昂实际是指含一个或两个碳原子的氟氯代烷，常用 F 表示。对于不同的氟氯代烷，通常利用其各自含有的碳、氢、氟、氯或溴的原子数来区别，用 F-abc 表示：a=碳原子数-1，a=0 时不列出；b=氢原子数+1；c=氟原子数；氯原子数不列出。例如：

	$ClF_2C—CF_2Cl$	$ClF_2C—CFCl_2$	$CFCl_3$	CF_2Cl_2	CF_3Cl
商品名代号	F-114	F-113	F-11	F-12	F-13

由于在使用和制造氟利昂时，逸入大气中的氟利昂受日光中紫外线辐射分解出氯原子，破坏大气高空能屏蔽紫外线的臭氧层，导致大量紫外线透射到地面，对人类的生存及动植物生长产生极大威胁。因而引起了世界各国的高度重视。现已被世界各国禁止或限制生产和使用。目前，许多国家在研制氟利昂代用品。

4. 氯苯

氯苯常温下为无色透明液体，具有不愉快的苦杏仁味，沸点为 131.7 ℃，比水重，能溶于乙醇、乙醚、氯仿和苯等有机溶剂，有中等毒性，空气中的允许量为 75 μg/g，在空气中爆炸极限 1.3%~7.1%。

氯苯不溶于水，对中枢神经系统有抑制和麻醉作用；对皮肤和黏膜有刺激性。第一次世界大战期间主要用于生产军用炸药所需的苦味酸。1940 年以来，大量用于生产滴滴涕（DDT）杀虫剂，由于其对环境污染过于严重，1960 年后，DDT 逐渐被高效低残毒的其他农药所取代。现在主要用作乙基纤维素和许多树脂的溶剂，生产多种其他苯系中间体，如硝基氯苯、苯酚、苯胺、硝基酚等。

5. 苄基氯（苄氯）

苄基氯是无色液体，沸点为 179 ℃，具有强刺激性气味；蒸气有催泪作用，能刺激皮肤和呼吸道；不溶于水，溶于乙醇、乙醚、氯仿等有机溶剂；有强毒性，空气中的允许量为 1 μg/g；在空气中爆炸极限为 1.1%~141%（体积分数）。

苄氯用作苯甲基化试剂，制造苯甲基化合物，在燃料、香料、药物等工业中也有应用。

6. 全氟碳类血液代用品

全氟碳为一类氢原子全被氟原子所取代的环烃，用其制成的乳剂，由于能溶解大量的氧和二氧化碳，已被用作人类血液代用品。

身边的化学

三　氯　生

三氯生，学名“二氯苯氧氯酚”，化学分子式为 $C_{12}H_7C_{13}O_2$，又名“三氯新”“三氯沙”等。

三氯生常态为白色或灰白色晶状粉末，稍有酚臭味；不溶于水，易溶于碱液和有机溶剂。三氯生的小鼠口服半数致死量（LD_{50}）大约为3 800 mg/kg，属于低毒物质。它在环境中可以迅速分解代谢，通常不会造成环境问题。

三氯生是一种广谱抗菌剂，被广泛应用于肥皂、牙膏等日用化学品之中。而对于牙膏中三氯生会致癌的说法，相关专家于2011年11月29日表示目前还没有科学研究可以证明。

知识链接

无氟电冰箱的推广

冰箱的发明给人们解决了保存食品等问题，但是因为普通电冰箱的制冷系统采用R-12氟利昂作制冷剂，而氟利昂已被视为破坏地球臭氧层的主要元凶。氟利昂泄漏到空气中以后，受到阳光中的紫外线的照射，极易发生化学反应，导致臭氧数量减少，甚至造成臭氧层的破坏，从而构成对人类健康及生物生长的威胁。

根据资料，2003年臭氧空洞面积已达2 500万km^2。臭氧层被大量损耗后，吸收紫外线辐射的能力大大减弱，导致到达地球表面的紫外线明显增加，给人类健康和生态环境带来多方面的危害。据推测：臭氧层的量减少1%，皮肤癌的发病率将增加2%，白内障的发病率将从0.6%上升到0.8%；除了影响到作为海洋生态系统的基础浅海的浮游生物，还会导致农业生产的减少；紫外线若能到达地表附近的话，估计光化学烟雾也会恶化。另外氟利昂与二氧化碳相比，温室效应要高出几千到13 000倍；因此保护臭氧层就是保护人类自己。这引起了各国政府和科学家的重视。1985年3月以来联合国环境规划署（UNEP）主持制定了《保护臭氧层维也纳公约》《关于消耗臭氧层物质的蒙特利尔议定书》，规定20世纪末停止生产和使用氟利昂。据了解，根据上述议定书，我国已于2010年成为无氟国家。

目前，我国和许多国家正在研究氟利昂的代用品，对于新型制冷剂的性能要求，制冷、空调领域的国际权威机构——美国供暖、制冷与空调工程师协会（ASHRAE）提出必须是无毒、无腐蚀、不可燃、不可爆，并具良好的热工性能且不破坏臭氧层。对于这一研究已经取得了可喜的成果。

为了保护人类赖以生存的大气环境，现在提倡和使用“无氟”冰箱。随着国家发布了对氟利昂制冷剂的规定，凡是带有氟利昂制冷剂产品2010年全部不准销售。无氟冰箱的重大改进首先就是不采用R-12氟利昂，一般采用R-134a作制冷剂或R-600a制冷剂，并且对系统内的润滑油、密封材料等进行了革命性的改革，采用先进的生产工艺，确保制冷效果。

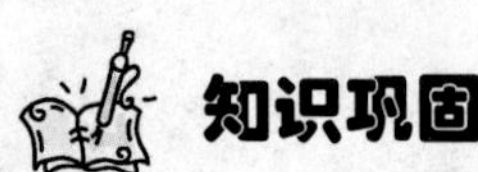

知识巩固

一、填空题

1. 对光敏感的卤代烃有____代烃和____代烃，光照下能缓慢地游离出卤素而分别带有____色和______色。

2. 烃基相同而卤素原子不同的卤代烃沸点按______________的顺序依次降低。

3. 伯卤代烷、仲卤代烷、叔卤代烷、烯丙基型卤代烃、丙烯基型卤代烃与 $AgNO_3$ 反应的活性顺序为______________。

二、选择题

1. 下列化合物与 $AgNO_3$ 的乙醇溶液反应最慢的是（　　）。

(1) 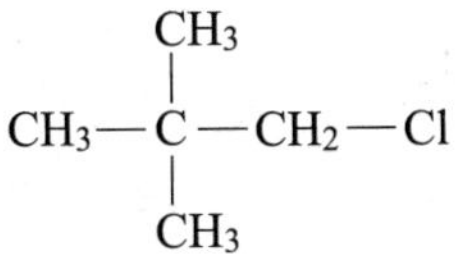 $CH_3-C(CH_3)_2-CH_2-Cl$

(2) $CH_3-C(CH_3)_2-Cl$

(3) $CH_3-CH(CH_3)-Cl$

(4) $C_6H_5CH_2Cl$（苯环上连 CH_2Cl）

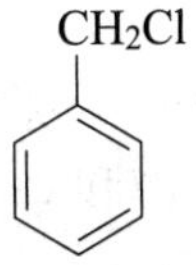

2. 以下关于氯仿的叙述错误的是（　　）。

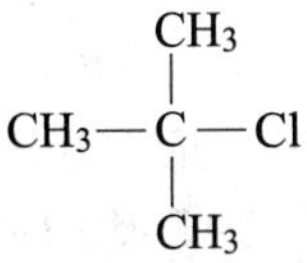

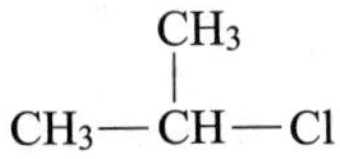

(1) 氯仿有强烈的麻醉作用，但不是良好的麻醉剂

(2) 氯仿应保存在棕色瓶中，且使用前需用 $AgNO_3$ 检查有无 HCl

(3) 氯仿在光照下能被空气氧化生成剧毒的光气

(4) 氯仿是良好的灭火剂

三、用系统命名法命名下列化合物

1. 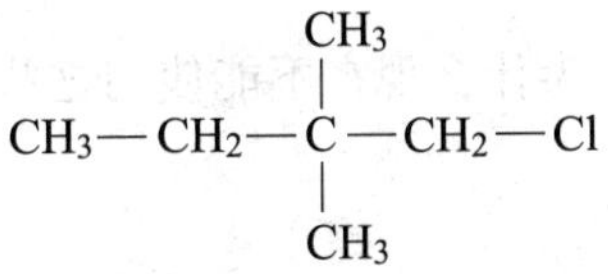 $CH_3-CH_2-C(CH_3)_2-CH_2-Cl$

2. $CH_3CH=CHCHBrCH_2Cl$

3. 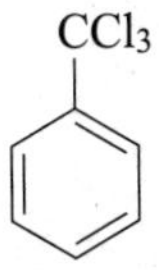 $C_6H_5CCl_3$（苯环上连 CCl_3）

4. 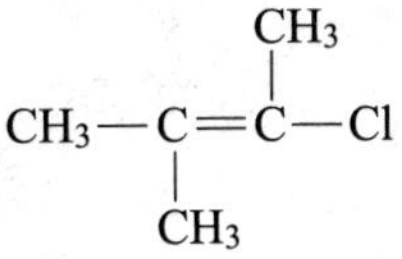 $CH_3-C(CH_3)=C(CH_3)-Cl$

5. $C_6H_5-C(CH_2Cl)=C(CH_3)-C_6H_5$

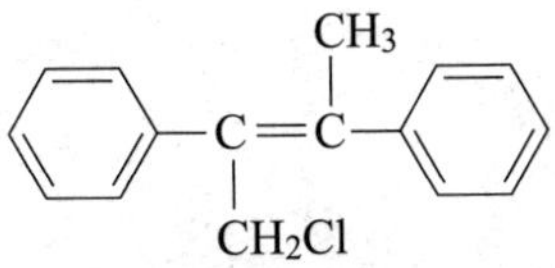

四、用方程式表示苯乙基溴与下列化合物反应的主要产物

1. KOH（水）　2. KOH（醇）　3. NH_3

4. NaCN　5. $AgNO_3$（醇）　6. Mg（无水乙醚）

五、完成下列反应

1. 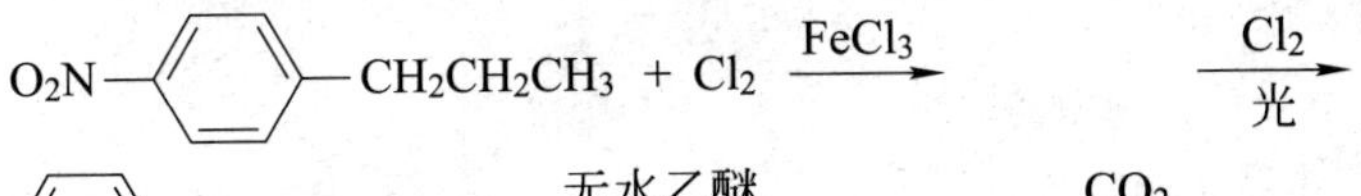 $O_2N-C_6H_4-CH_2CH_2CH_3 + Cl_2 \xrightarrow{FeCl_3}$ ______ $\xrightarrow[光]{Cl_2}$

2. $C_6H_5-CH_2Cl + Mg \xrightarrow{无水乙醚}$ ______ $\xrightarrow{CO_2}$ ______ $\xrightarrow{H_2O}$

3. （邻位取代苯：$CH=CHBr$，CH_2Br）$+ AgNO_3 \xrightarrow{C_2H_5OH}$

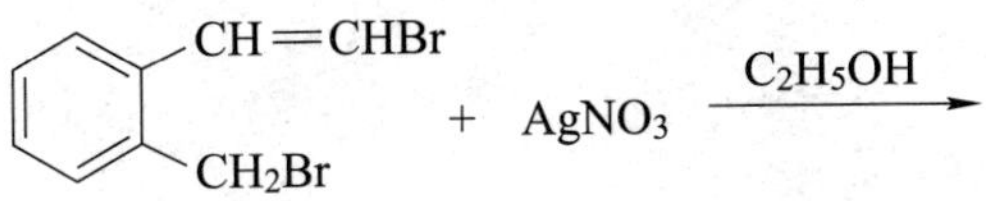

4. $CH_2{=}CHCH_2Br \xrightarrow{NaCN}$

5. $\underset{\displaystyle\quad\; Cl}{(CH_3)_2CH\overset{}{C}HCH_2CH_3} \xrightarrow{KOH-C_2H_5OH}$

六、用化学方法区别下列各组化合物

1. $CH_3CH{=}CHCl$ 、$CH_2{=}CHCH_2Cl$ 和 $CH_2{=}CHCH_2CH_2Cl$

2. 正丁基溴、叔丁基溴、烯丙基溴

3. 氯苯、苯基氯甲烷、2-苯基-1-氯乙烷

七、完成下列转化或合成

1. 丙烯转化为1,2-二氯-3-碘丙烷

2. 由1-溴丁烷转化为2-丁醇和2-丁烯

3. 由甲苯合成对氯苯甲醇

八、某卤代烃 C_4H_9Br（A）与 KOH 乙醇溶液反应生成 C_4H_8（B），（B）经氧化后得到含三个碳原子的羧酸（C）及二氧化碳和水，使（B）与溴化氢反应，则得到（A）的异构体（D）。试推导（A）（B）（C）（D）的结构并写出各步反应方程式。

问题探究

列出几种以前常用的卤代烃农药？其杀虫机理是什么？为什么现在不能使用这些卤代烃农药了？

项目 3.2 醇 酚 醚

目标要求

1. 了解醇、酚、醚的分类。
2. 熟练掌握醇、酚、醚的命名原则。
3. 了解醇、酚、醚的物理性质。
4. 熟练掌握醇、酚、醚的化学性质。
5. 熟悉常见的醇、酚、醚的用途。

项目导入

95%的酒精用于擦拭紫外线灯。这种酒精在医院常用，而在家庭中则只会将其用于相机镜头的清洁。

70%~75%的酒精用于消毒。这是因为，过高浓度的酒精会在细菌表面形成一层保护膜，阻止其进入细菌体内，难以将细菌彻底杀死。若酒精浓度过低，虽可进入细菌，但不能将其体内的蛋白质凝固，同样也不能将细菌彻底杀死。其中 70%的酒精消毒效果最好。

40%~50%的酒精可预防褥疮。长期卧床患者如按摩时将少许 40%~50%的酒精倒入手中，均匀地按摩患者受压部位，就能达到促进局部血液循环，防止褥疮形成的目的。

25%~50%的酒精可用于物理退热。高烧患者可用其擦身，达到降温的目的。但酒精浓度不可过高，否则可能会刺激皮肤，并吸收表皮大量的水分。

知识掌握

醇、酚、醚分子中都含有氧，它们都是烃的含氧衍生物。醇和酚分子中都含有羟基(—OH)，它们是烃的羟基衍生物，而醚可看作是醇或酚分子中羟基的氢被烃基取代，因此本主题将这三种化合物放在一起讨论。醇的通式是 R—OH，指羟基与脂肪烃基相连；酚的通式是 Ar—OH，指羟基与芳基直接相连；醚的通式是 R—O—R，Ar—O—R 或 Ar—O—Ar，指氧两端与烃基相连，可看作醇或酚的羟基中的氢被取代。

3.2.1 醇

1. 醇的结构、分类和命名

1）醇的结构与分类

（1）醇的结构

醇的官能团是羟基（—OH），最简单的醇是甲醇（CH_3OH），而大家熟知的酒精则是乙醇（C_2H_5OH）的水溶液。

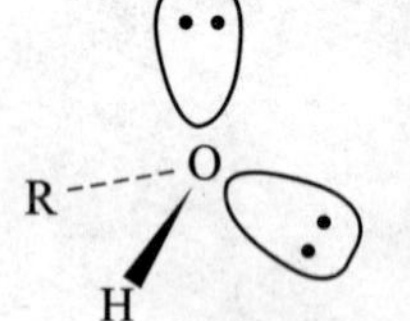

图 3.1 醇分子中O原子的环境

醇分子中O原子为sp^3杂化，在O原子的四个sp^3杂化轨道中，两对未共用电子对占据着两个，另两个分别与H和C结合成σ键，如图3.1所示。

（2）醇的分类

① 根据分子中烃基的不同，醇可分为脂肪醇（饱和醇，不饱和醇）、脂环醇和芳香醇。

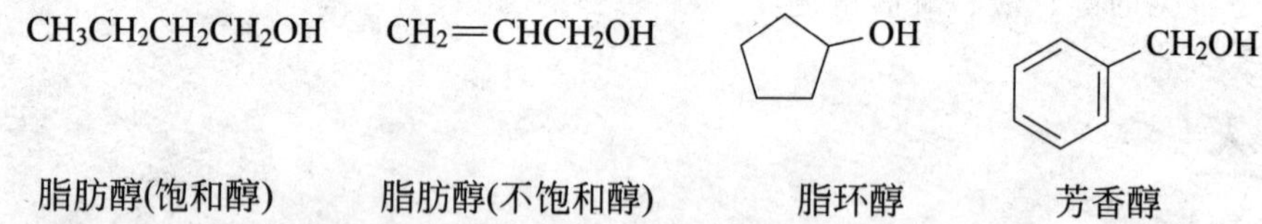

脂肪醇(饱和醇)　脂肪醇(不饱和醇)　脂环醇　芳香醇

② 根据羟基所连碳原子不同，醇可分为伯醇、仲醇和叔醇。

羟基直接与一级碳原子相连的醇称为伯醇，羟基直接与二级碳原子相连的醇称为仲醇，而羟基直接与三级碳原子相连的醇称为叔醇。

$CH_3CH_2CH_2OH$　　$CH_3CH_2CH(OH)CH_3$　　$CH_3CH_2C(CH_3)_2OH$

伯醇　仲醇　叔醇

③ 根据分子中羟基的数目，醇可分为一元醇、二元醇和多元醇。

CH_3CH_2OH　　$CH_2(OH)—CH_2(OH)$　　$CH_2(OH)—CH(OH)—CH_2(OH)$

一元醇　二元醇　三元醇

2）醇的命名

（1）简单结构醇的命名

简单结构的醇通常采用习惯命名法，将与羟基直接相连的烃基的名称写于“醇”字前即可。例如：

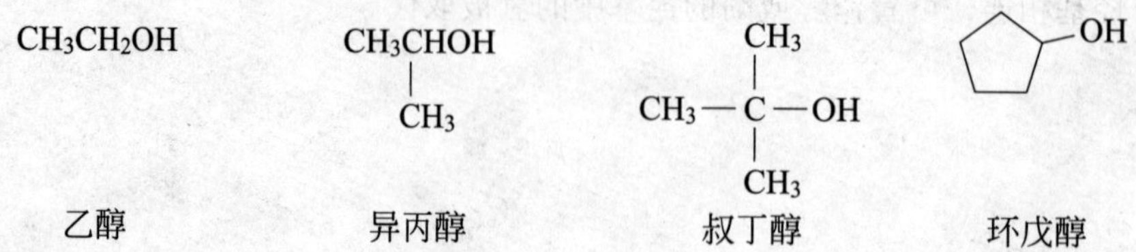

乙醇　异丙醇　叔丁醇　环戊醇

(2) 复杂结构醇的命名

对于复杂结构的醇，一般采用系统命名法，遵循以下原则：

① 选择连有羟基的最长碳链作为主链，将支链看作取代基，按主链所含碳原子数叫作“某醇”。

② 从靠近羟基的一端开始将碳原子编号，羟基的位置用它所连的碳原子的编号来表示。

③ 将取代基的位置和名称及羟基的位置写在“醇”字前面。

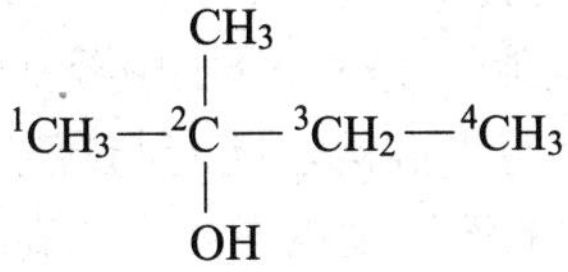

$$\overset{1}{C}H_3-\overset{2}{C}(CH_3)(OH)-\overset{3}{C}H_2-\overset{4}{C}H_3$$

2-甲基-2-丁醇

$$H_2\overset{4}{C}=\overset{3}{C}H-\overset{2}{C}H(OH)-\overset{1}{C}H_3$$

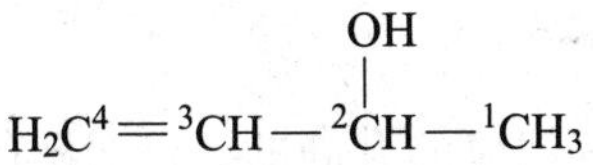

3-丁烯-2-醇

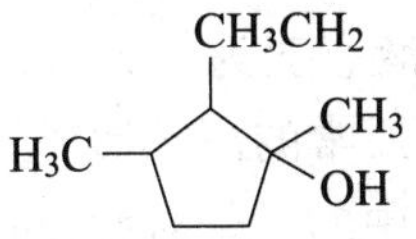

1,3-二甲基-2-乙基环戊醇

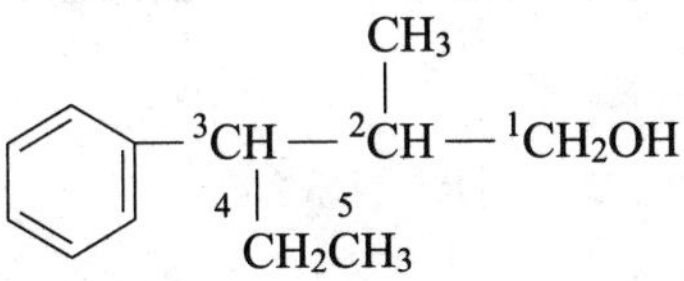

$$C_6H_5-\overset{3}{C}H(\overset{4}{C}H_2\overset{5}{C}H_3)-\overset{2}{C}H(CH_3)-\overset{1}{C}H_2OH$$

2-甲基-3-苯基-1-戊醇

④ 分子中含有两个或两个以上羟基的，分别叫作二元醇或多元醇，命名时选择连有尽可能多的羟基的碳链为主链，并标出各个羟基位次，当羟基数目与主链碳原子数目相同时，可不写明其位次。

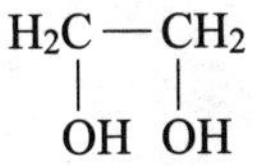

$$H_2C(OH)-CH_2(OH)$$

乙二醇

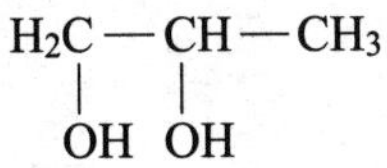

$$H_2C(OH)-CH(OH)-CH_3$$

1,2-丙二醇

$$H_2C(OH)-CH(OH)-CH_2(OH)$$

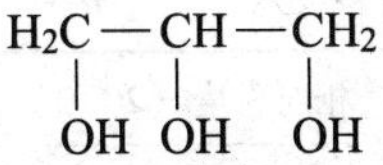

丙三醇

(甘油)

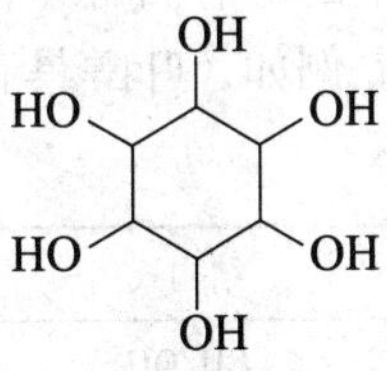

环己六醇

(肌醇)

交流研讨

请写出符合分子式 $C_5H_{12}O$ 的所有醇的异构体，按系统命名法命名，并指出其中的伯、仲、叔醇。

2. 醇的物理性质

1）状态

碳原子数低于12的饱和一元醇是无色液体，碳原子数12或以上的饱和一元醇室温下是蜡状固体，多元醇为黏稠状液体。

2）溶解性

低级醇（三个碳以下）因烷基在分子中的比例不大，能与水混溶，随着相对分子质量的增加，醇在水中溶解度降低，但可溶于有机溶剂。另外，分子中羟基的增加也能增强醇的水溶性。低级醇能在水中与水形成氢键，因此能与水混溶。随着与羟基相连的烃基的增大，醇与水形成氢键的能力也在减弱，因此醇在水中的溶解度也在减小。高级醇不溶于水，其性质与烷烃相似，易溶于有机溶剂。

3）沸点

饱和一元醇的沸点是随着碳原子数的增加而有规律的升高的。低级醇的沸点比大多相对分子质量相近的其他有机物高，这是因为醇分子是极性分子（羟基中氢氧键高度极化），液态时其分子之间相互缔合（如图3.2所示），所以醇由液态变为气态时，不仅要克服偶极—偶极间的作用，还要破坏氢键的作用，因此低级醇沸点反常的高。形成氢键的能力越大，沸点越高，所以多元醇的沸点高于一元醇。然而，醇分子中的烃基对缔合有阻碍作用，烃基越大，位阻越大，故直链饱和一元醇的沸点随相对分子质量增加越来越接近相应烷烃的沸点。碳原子数相同的醇，含支链越多其沸点越低。

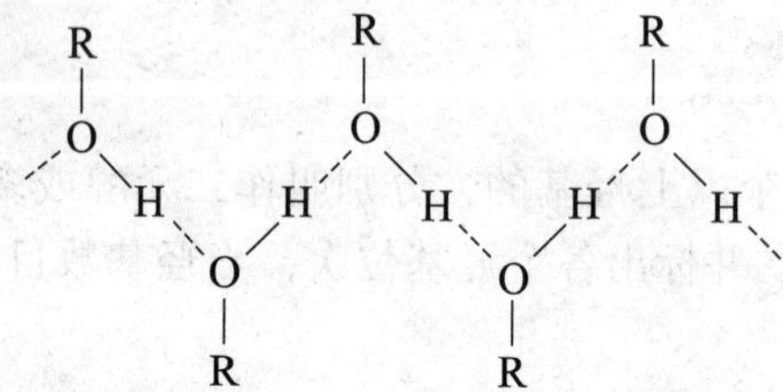

图3.2 醇分子中的缔合作用

4）气味

含4个碳以下的醇有酒香味，一些醇具有特殊的香气，许多香精油中都含有醇，因此醇可用于配制香精。例如，叶醇具有清香，苯乙醇有玫瑰香。一些醇的物理常数见表3.2。

表3.2 一些醇的物理常数

名称	结构式	熔点/℃	沸点/℃	相对密度（20 ℃）	在水中的溶解度/g
甲　醇	CH_3OH	-93.9	65	0.791 4	∞
乙　醇	CH_3CH_2OH	-114.1	78.5	0.789 3	∞
正丙醇	$CH_3CH_2CH_2OH$	-126.5	97.4	0.803 5	∞
异丙醇	$(CH_3)_2CHOH$	-89.5	82.4	0.785 5	∞
正丁醇	$CH_3(CH_2)_3OH$	-89.5	117.2	0.809 8	7.9

续表

名称	结构式	熔点/℃	沸点/℃	相对密度（20 ℃）	在水中的溶解度/g
异丁醇	$(CH_3)_2CHCH_2OH$	-108	108	0.801 8	9.5
仲丁醇	$CH_3CHCH_2CH_3$ (—OH 在第2位碳上)	-115	99.5	0.806 3	12.5
叔丁醇	$(CH_3)_3COH$	25.5	82.3	0.788 7	∞
正戊醇	$CH_3(CH_2)_4OH$	-79	137.3	0.814 4	2.7
正己醇	$CH_3(CH_2)_5OH$	-46.7	158	0.813 6	0.59
环己醇	环己基—OH	25.1	161.1	0.962 4	3.6
烯丙醇	$H_2C=CHCH_2OH$	-129	97.1	0.854 0	∞
乙二醇	$HOCH_2CH_2OH$	-11.5	198	1.108 8	∞
丙三醇	$H_2C—CH—CH_2$ (各连 OH)	20	290（分解）	1.2613	∞

交流研讨

试比较下列化合物的沸点高低

1. 正丁醇　　叔丁醇　　仲丁醇
2. 己醇　　丁醇　　乙醚　　辛醇
3. 醇的化学性质

1）与活泼金属的反应

与水类似，醇分子中的O—H键有极性，氧原子带有部分负电荷，氢原子带有部分正电荷，因此醇具有一定的解离出氢质子的能力，即醇有酸性，但由于烷基是给电子基团，醇中O—H键上电子云密度比水中O—H键上的高，醇中O—H键断裂比水中O—H键断裂要难，所以醇的酸性比水弱，醇能与碱金属或碱土金属作用，且作用比较缓和。虽然也产生大量的热量，但不会燃烧，并随着与羟基相连的烷基的增大，反应趋于缓慢。

$$HOH + Na \xrightarrow{\text{剧烈}} NaOH + (1/2)H_2$$

$$ROH + Na \xrightarrow{\text{缓慢}} \underset{\text{醇钠}}{RONa} + (1/2)H_2$$

$$2ROH + Mg \longrightarrow \underset{\text{醇镁}}{(RO)_2Mg} + H_2$$

$$(CH_3)_3COH + K \longrightarrow (CH_3)_3COK + (1/2)H_2$$

由于醇的酸性比水弱，因此反应所得的醇化物可水解生成醇和金属氢氧化物。

$$RONa + HOH \longrightarrow ROH + NaOH$$

工业上制备乙醇钠时，是将乙醇与固体氢氧化钠作用，并在反应液中加苯共沸蒸馏来除水，因此乙醇钠的工业产品为乙醇钠的乙醇溶液，并含有少量的苯。

一元醇分子中与羟基相连的 α-C 上所连的支链越少，其酸性越强。例如：

	CH_3OH	CH_3CH_2OH	$(CH_3)_2CHOH$	$(CH_3)_3COH$
pK_a	15.9	16.0	18.0	19.0

液态醇的酸性强弱顺序为：1°醇>2°醇>3°醇。

多元醇或分子中有强吸电子基存在，则醇的酸性也增强。例如：

	$ClCH_2CH_2OH$	Cl_3CCH_2OH	$HOCH_2CH_2OH$	$HOCH_2CHOHCH_2OH$
pK_a	14.5	12.2	14.2	14.1

2）与氢卤酸的反应

由于醇分子中的羟基氧有孤对电子，因此是弱的路易斯碱，醇遇强酸如氢卤酸、浓硫酸等时，醇分子中的羟基氧原子可以接受强酸的质子，生成质子化的醇，称为𬭸盐。𬭸盐能溶解于强酸中，因此可以利用醇的这一性质除去醇中不溶于水的杂质。醇与氢卤酸作用得到卤代烷，这是在实验室中制备卤代烷的常用方法。

$$ROH + HX \rightleftharpoons RX + H_2O$$

氢卤酸与醇的反应活性次序为：HI>HBr>HCl。

不同结构的醇与氢卤酸反应的活性次序为：叔醇>仲醇>伯醇。

卢卡斯试剂是由浓盐酸与无水氯化锌配制而成的溶液，可以利用卢卡斯试剂与醇反应速率的不同，来鉴别低级一元醇如伯、仲、叔醇、烯丙基醇。低级一元醇（含六个碳以下的醇）能溶解于卢卡斯试剂中，而生成的氯代烷则不溶，因此根据出现混浊的速度可以来区别不同结构的醇。低级叔醇或烯丙基醇与卢卡斯试剂在室温振荡立即反应生成氯代烷，生成的氯代烷不溶于卢卡斯试剂，成为细小的油珠使反应液混浊，然后迅速分层。仲醇作用很慢，需要数分钟才出来混浊的现象，然后再分层。伯醇在常温下不与卢卡斯试剂反应，必需加热才能出现混浊现象。此反应只适用于6个碳以下一元醇的异构体的鉴别，高级一元醇不溶于卢卡斯试剂。

3）与无机含氧酸的反应

醇与无机含氧酸如硫酸、硝酸和磷酸等作用，脱去水生成的产物称为无机酸酯。

醇与浓硝酸作用可得到硝酸酯，多数硝酸酯受热后能猛烈分解而爆炸。

$$ROH + HONO_2 \rightleftharpoons RONO_2 + H_2O$$

例如，甘油与硝酸反应所得的产物为三硝酸甘油酯，其俗名为硝化甘油，是一种炸药：

$$\begin{array}{l} CH_2-O-H \\ | \\ CH-O-H \\ | \\ CH_2-O-H \end{array} + 3HO-NO_2 \xrightarrow{\text{浓}H_2SO_4} \begin{array}{l} CH_2-ONO_2 \\ | \\ CH-ONO_2 \\ | \\ CH_2-ONO_2 \end{array} + 3H_2O$$

三硝酸甘油酯

醇与二元酸如硫酸反应，先生成硫酸氢酯，硫酸氢酯为酸性酯，具有酸性，能够与碱反应生成盐。工业上利用这一反应来制备高级醇的硫酸氢酯的钠盐，例如，十二醇的硫酸氢酯钠盐为一种合成洗涤剂，能够去除衣物上的污垢。

$$CH_3OH + HOSO_2OH \rightleftharpoons \underset{\text{硫酸氢甲酯}}{CH_3OSO_2OH} + H_2O$$

硫酸氢酯在减压蒸馏的条件下可反应得到硫酸二酯。

$$2CH_3OSO_2OH \xrightleftharpoons{\text{减压蒸馏}} \underset{\text{硫酸二甲酯}}{CH_3OSO_2OCH_3} + H_2O + SO_3$$

硫酸二甲酯是无色油状有刺激性的液体，为中性酯，它和硫酸二乙酯是有机合成中常用的甲基化和乙基化试剂，可在其他化合物分子中引入甲基或乙基。但其缺点是有很强的毒性，因此使用时要注意。

醇与三元含氧酸如磷酸作用生成的产物为磷酸酯。

$$ROH + HO-\overset{O}{\overset{\|}{P}}(OH)-OH \xrightarrow{-H_2O} \underset{\text{磷酸烷基酯}}{RO-\overset{O}{\overset{\|}{P}}(OH)-OH} \xrightarrow[-H_2O]{ROH} \underset{\text{磷酸二烷基酯}}{RO-\overset{O}{\overset{\|}{P}}(OR)-OH} \xrightarrow[-H_2O]{ROH} \underset{\text{磷酸三烷基酯}}{RO-\overset{O}{\overset{\|}{P}}(OR)-OR}$$

4）脱水反应

醇在浓硫酸、浓磷酸或三氧化二铝存在下加热，随着反应温度变化，会以两种不同的形式进行脱水，一种为分子内脱水，另一种为分子间脱水。

（1）分子内脱水

醇在较高温度下，在浓硫酸、浓磷酸或三氧化二铝的催化下加热可进行分子内脱水发生消除反应生成烯烃，这也是制备烯烃的常用方法之一。

$$CH_3-CH_2-OH \xrightarrow[170\ ^\circ C]{\text{浓}H_2SO_4} H_2C=CH_2 + H_2O$$

不同结构的醇进行分子内脱水的容易程度为：3°醇>2°醇>1°醇，而仲醇或叔醇在进行分子内脱水时，一样也服从 Saytzeff 规律。例如：

$$CH_3CH_2CH_2CH_2OH \xrightarrow[140\ ^\circ C]{75\%H_2SO_4} CH_3CH_2CH=CH_2$$

$$CH_3CH_2\underset{OH}{\underset{|}{C}}HCH_3 \xrightarrow[95\ ^\circ C]{60\%H_2SO_4} CH_3CH_2CH=CH_2 + \underset{\text{主要产物}}{CH_3CH=CHCH_3}$$

$$(CH_3)_3COH \xrightarrow[85\sim90\ ^\circ C]{20\%H_2SO_4} CH_3\underset{CH_3}{\underset{|}{C}}=CH_2$$

交流研讨

完成下列转变：

1. 由1-丁烯生成2-丁烯

2. 由3-甲基2-丁醇生成2-氯-2-甲基丁烷

(2) 分子间脱水

在较低的温度下，两分子醇可以在酸的存在下进行分子间脱水生成醚。

$$C_2H_5OH + HOC_2H_5 \xrightarrow[140\ ℃]{浓H_2SO_4} C_2H_5—O—C_2H_5 + H_2O$$

两种不同结构的醇与浓硫酸共热则会生成三种醚的混合物。仲醇或叔醇在酸的催化下加热反应会主要生成烯而不是醚。

上述醇的分子内脱水和分子间脱水是竞争反应，在较高的温度下醇主要进行分子内脱水生成的主要产物为烯烃，但同时也有少量的醚生成；而在较低温度下醇主要进行分子间脱水反应生成的主要产物为醚，但同时也会有少量的烯烃生成。因此，控制反应条件，可以控制生成的主要产物，抑制副产物的生成。

5) 氧化和脱氢反应

(1) 氧化反应

不同结构的醇在氧化剂的存在下生成的产物也不相同，有 α-H 的伯醇或仲醇可被某些氧化剂氧化，生成醛、酮或羧酸。例如，伯醇在强氧化剂如 $KMnO_4$的酸性溶液或碱性溶液，$K_2Cr_2O_7$的硫酸溶液或硝酸溶液的存在下先生成醛，醛再被继续氧化生成羧酸，这个反应很难停留在醛阶段，因为生成的醛比醇更容易被氧化。

$$\underset{伯醇}{R—CH_2—OH} \xrightarrow[或-2H]{[O]} \underset{醛}{R—\overset{\overset{\large O}{\|}}{C}—H} \xrightarrow{[O]} \underset{羧酸}{R—\overset{\overset{\large O}{\|}}{C}—OH}$$

例如：

$$CH_3CH_2CH_2CH_2CH_2OH \xrightarrow[\triangle]{K_2Cr_2O_7-H_2SO_4} CH_3CH_2CH_2CH_2COOH$$

仲醇在强氧化剂的存在下，则被氧化生成酮。

$$\underset{仲醇}{R—\overset{H}{\underset{OH}{C}}—R'} \xrightarrow[或-2H]{[O]} \underset{酮}{R—\overset{\overset{\large O}{\|}}{C}—R}$$

例如：

$$\text{环己醇(OH)} \xrightarrow[60\sim65\ ℃]{50\%HNO_3} \underset{己二酸}{\text{(COOH, COOH)}}$$

己二酸是重要的有机化工原料，其主要用途是作为合成尼龙66盐、聚氨酯和增塑剂的原料，此外还可用于生产高级润滑油和食品添加剂。

叔醇没有α氢，因此不能被氧化。在过于强烈的条件下，则会发生碳链的断裂。

选择氧化能力较弱的试剂如三氧化铬的吡啶溶液或二氧化锰来氧化伯醇可以使反应停留在醛的阶段。例如：

$$CH_3CH_2CH_2CH_2CH_2OH \xrightarrow{MnO_2} CH_3CH_2CH_2CH_2CHO$$

$$(CH_3)_2C{=}CHCH_2CH_2C(CH_3){=}CHCH_2OH \xrightarrow{CrO_3\text{–吡啶}} (CH_3)_2C{=}CHCH_2CH_2C(CH_3){=}CHCHO$$

上述两种氧化剂将伯醇氧化成醛的产率比较高，同时还可保留反应物中的碳碳双键和叁键。

(2) 脱氢反应

有α-H的伯醇或仲醇的蒸气在高温下通过活化了的铜或银等催化剂的表面，则可发生脱氢反应生成醛或酮。

$$RCH_2OH \xrightarrow[\triangle]{Cu} RCHO + H_2$$

$$R—CH(R')—OH \xrightarrow[\triangle]{Cu} R—C(R'){=}O + H_2$$

例如：

$$CH_3—CH(CH_3)—OH \xrightarrow[400\sim480\ ℃]{Cu} CH_3—C(CH_3){=}O$$

叔醇没有α-H，因此不能发生脱氢反应。

4. 重要的醇

自然界有很多含羟基的化合物，它们都是动植物代谢过程中的重要物质。

1) 甲醇（CH_3OH）

甲醇是一种无色、透明、易燃、易挥发的有毒液体，略有酒精气味。沸点64.5 ℃，能与水、乙醇、乙醚、苯、酮、卤代烃和许多其他有机溶剂相混溶，遇热、明火或氧化剂易燃烧。

甲醇用途广泛，是基础的有机化工原料和优质燃料。甲醇主要用于制造甲醛、醋酸、氯甲烷、甲氨、硫酸二甲酯等多种有机产品，也是农药、医药的重要原料之一。甲醇在深加工后可作为一种新型清洁燃料，也加入汽油掺烧。

甲醇有一定的毒性。工业酒精中大约含有4%的甲醇，被不法分子当作食用酒精制作假酒，这种假酒被人饮用后，就会导致甲醇中毒。甲醇的致命剂量大约是70 mL。吸入或经皮肤吸收也能引起中毒，少量（10 mL）可致失明，多量（30 mL）即能致死。这是因为甲醇经人体代谢会产生甲醛和甲酸，然后对人体产生伤害。

2）乙醇（CH_3CH_2OH）

乙醇又称酒精，为无色透明液体，易挥发，有辛辣味，易燃烧，沸点为78.5 ℃，能与水以任意比例混溶。

乙醇有相当广泛的用途，除用作燃料，制造饮料和香精外，也是一种重要的有机化工原料，如用乙醇制造乙酸、乙醚等。乙醇也是一种有机溶剂，用于溶解树脂，制造涂料。医疗上常用75%（体积分数）的酒精做消毒剂。乙醇属于中效消毒剂，其杀菌作用较快，消毒效果可靠，对人刺激性小，无毒，对物品无损害，多用于皮肤消毒以及临床医疗器械的消毒。

工业上合成乙醇主要有两种方法：发酵法和乙烯水化法。

发酵法。发酵法是制取乙醇的一种重要方法，所用原料是含糖类很丰富的各种农产品，如高粱、玉米、薯类以及多种野生的果实等，也常利用废糖蜜。这些物质经过发酵，再进行分馏，可以得到95%（质量分数）的乙醇。

乙烯水化法。以石油裂解产生的乙烯为原料，在加热、加压和有催化剂（硫酸或磷酸）存在的条件下，乙烯跟水反应，生成乙醇。这种方法叫作乙烯水化法。用乙烯水化法生产乙醇，成本低，产量大，能节约大量粮食，所以随着石油化工的发展，这种方法发展很快。

$$CH_2=CH_2+H_2O \xrightarrow[250\sim300\ ℃,\ 7\sim8\ MPa]{H_3PO_4} CH_3CH_2OH$$

3）乙二醇（$HOCH_2CH_2OH$）

乙二醇是一个重要的二元醇，俗称甘醇。乙二醇为无色透明黏稠液体，味甜，具有吸湿性，易燃。因分子中多了一个羟基，使氢键数目增多，所以乙二醇的沸点（198 ℃）比乙醇（78.5 ℃）高得多。乙二醇能与水、低级脂肪族醇、甘油、醋酸、丙酮及类似酮类、醛类、吡啶及类似的煤焦油碱类混溶，但由于其分子中羟基的增加，乙二醇在非极性或极性较小的有机溶剂中的溶解度降低，微溶或不溶于乙醚，几乎不溶于苯及其同系物、氯代烃、石油醚和油类。

工业上乙二醇由环氧乙烷用稀盐酸水解制得。实验室中可用水解二卤代烷或卤代乙醇的方法制备。

乙二醇为重要的有机化工原料，乙二醇常可代替甘油使用。在制革和制药工业中，分别用作水合剂和溶剂。乙二醇的衍生物二硝酸酯是炸药。乙二醇的单甲醚或单乙醚是很好的溶剂，如甲基溶纤剂$HOCH_2CH_2OCH_3$可溶解纤维、树脂、油漆和其他许多有机物。乙二醇的溶解能力很强，但它容易代谢氧化，生成有毒的草酸，因而不能广泛用作溶剂。乙二醇还是一种抗冻剂，60%的乙二醇水溶液在−40 ℃时才结冰。

4）丙三醇$\left(\begin{array}{ccc} H_2C- & CH- & CH_2 \\ | & | & | \\ OH & OH & OH \end{array}\right)$

丙三醇，俗称甘油，是无色、透明、无臭、黏稠液体，味甜，具有吸湿性，可燃，低毒；熔点为18.17 ℃。沸点为290 ℃（分解）。丙三醇能与水和乙醇混溶于11倍的乙酸乙酯，以及约500倍的乙醚；不溶于苯、氯仿、四氯化碳、二硫化碳、石油醚、油类。

目前甘油的工业生产方法主要有两大类：以天然油脂为原料的方法，所得甘油俗称天然甘油；以丙烯为原料的合成法，所得甘油俗称合成甘油。

甘油是重要的基本有机原料，主要用于医药、化妆品、醇酸树脂、烟草、食品、硝酸纤维素塑料和炸药、纺织印染等方面。

在药物和化妆品制造中，甘油用以制取各种制剂、溶剂、吸湿剂、防冻剂、甜味剂等。

甘油与丙酮反应生成1,2-异丙叉甘油醚，该药用于升高白细胞数药物鲨肝醇的制造。甘油硝化得到三硝酸甘油酯，即血管扩张药硝化甘油。

$$
\begin{array}{l}
H_2C-ONO_2 \\
\quad | \\
\ CH-ONO_2 \\
\quad | \\
H_2C-ONO_2
\end{array}
$$

硝化甘油

甘油的另一大用途是制取醇酸树脂。目前世界涂料所用的树脂以醇酸树脂、丙烯酸树脂、乙烯基酯树脂和环氧树脂占的比例最大，其中，醇酸树脂涂料在美国和日本都占第一位。

甘油易于消化而无毒，可用作食品工业的溶剂、吸湿剂和载色剂。在调味和着色食品中，由于甘油具有黏性而有助于食品成型。在食品的快速冷冻中，甘油可用作与食品直接接触的传热介质。甘油还是食品加工和包装机械的润滑剂。此外，聚甘油和聚甘油酯在制造松脆食品和人造奶油方面的应用正逐年增加。

甘油在烟草中（主要是雪茄烟）用作湿润剂以保持烟草的湿润，防止脆化，增加烟草的甜味。在雪茄烟纸和过滤纸中，以三乙酸甘油酯的形式用作增塑剂。三乙酸甘油酯在烟草工业中占甘油总消费量的三分之一。

5）苯甲醇（$C_6H_5CH_2OH$）

苯甲醇是最简单的芳香醇，又名苄醇，其分子式为 $C_6H_5CH_2OH$，可看作是苯基取代的甲醇。在自然界中苯甲醇多数以酯的形式存在于香精油中，如茉莉花油、风信子油和妥鲁香脂中都含有苯甲醇。

常温常压下，苯甲醇为无色黏稠液体，其熔点为-15.3 ℃，沸点为205.3 ℃；有微弱芳香的气味，在香料工业中常用作稀释剂；易溶于乙醇、乙醚等有机溶剂，能溶于水。

工业上用多种方法生产苯甲醇，最早采用坎尼扎罗反应，即由苯甲醛与浓氢氧化钾反应制得：

$$2C_6H_5CHO+KOH \rightarrow C_6H_5CH_2OH+C_6H_5COOK$$

此合成法的缺点是不够经济，其中只有一半原料生成苯甲醇。目前常用布兰法，即将干燥的氯化氢气通入苯、三聚甲醛和氯化锌的混合液中，也可用甲苯蒸气与氯气在光照下反应，先生成氯化苄，然后水解制得苯甲醇。此法虽比坎尼扎罗反应经济，但在反应中生成氯代苯的副产物，使产物不能用于香料和油漆等，如欲去除副产物，则产品价格升高。

苯甲醇可用于制作香料和调味剂（多数为脂肪酸酯），还可用作明胶、虫胶、酪蛋白及醋酸纤维等的溶剂。苯甲醇具有微弱的麻醉作用和防腐性能，配制注射剂可减轻疼痛。

6）环己六醇（$C_6H_6O_6$）

OH, HO, OH, HO, OH, OH（环己六醇结构式：环己烷六个碳上各连一个OH）

环己六醇又名肌醇，分子式 $C_6H_6O_6$，不含结晶水时为无吸湿性的白色结晶性粉末；熔点为 225~227 ℃；能溶于水，不溶于醚，微溶于醇；无臭，味甜，在空气中稳定。

环己六醇为 B 族维生素之一，能促进细胞的新陈代谢，改善细胞营养的作用，能助长发育，增进食欲，恢复体力；能阻止肝脏中脂肪积存，加速去除心脏中过多的脂肪，与胆碱有协同的趋脂作用，因此用于治疗肝脂肪过多症、肝硬化症。肌醇广泛分布于动植物界中，是某些动物和微生物生长所必需的物质。

3.2.2　酚

1. 酚的结构及命名

1）苯酚的结构

羟基直接与芳环相连的化合物叫酚。在酚类化合物中最简单的就是苯酚，因此下面就以苯酚为例来讨论酚的结构。在苯酚分子中酚羟基中的氧原子为 sp^2 杂化，其 1 个 p 轨道未参与杂化，且含有一对未成键电子，它可参与苯环的大 π 键，形成 p-π 共轭体系，如图 3.3 所示，氧原子上的电子云向苯环转移。其结果是：

① 苯环上的电子云密度相对增大，环上的亲电取代反应容易进行；

② C—O 键间电子云密度相对增大，C—O 键变得更牢固，—OH 不易被取代；

③ 氧原子上的电子云密度相对降低，O—H 键间的电子云向氧原子转移，O—H 键极性增强，H 较活泼，表现出一定的酸性。

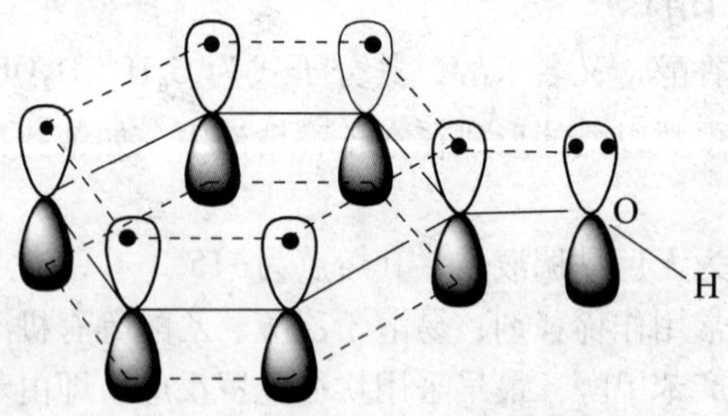

图 3.3　苯酚中 p-π 共轭示意图

2）命名

酚命名时，多以芳环酚为母体，再冠以取代基的位次、数目和名称，在某些情况下，要按次序规则将酚羟基当作取代基来命名：

OH　　　　OH　CH_3　　　　OH　OH

苯酚　　　　邻甲基苯酚　　　　邻苯二酚

OH

α-萘酚

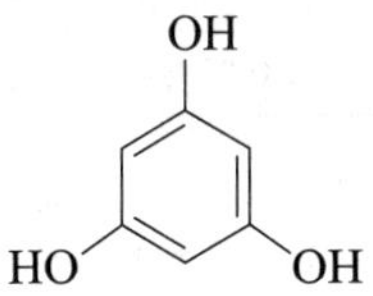

1,3,5-苯三酚 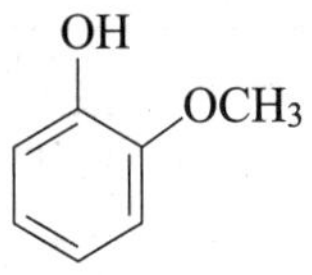　　邻甲氧基苯酚 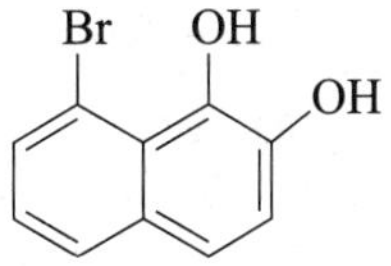　　8-溴-1,2-萘二酚

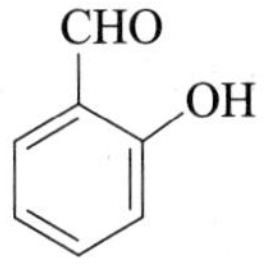

邻羟基苯甲醛(水杨醛)

2. 酚的物理性质

1）状态

在常温常压下多数酚都是固体，只有少数烷基酚是液体。纯净的酚为无色，但因酚易被空气氧化产生有色杂质，苯酚通常带有不同程度的红或黄色。

2）溶解性

酚能溶于乙醇、乙醚、苯等有机溶剂，苯酚及其同系物在水中有一定的溶解度，随着酚分子中羟基的增多，其水溶性也增大。一些酚的物理常数见表 3.3。

表 3.3　一些酚的物理常数

名称	结构式	熔点/℃	沸点/℃	溶解度/g	K_a
苯酚	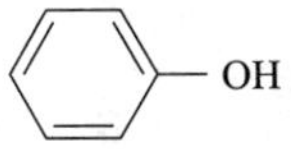	43	181.7	8.2（15 ℃）	1.28×10^{-10}（20 ℃）
邻甲苯酚	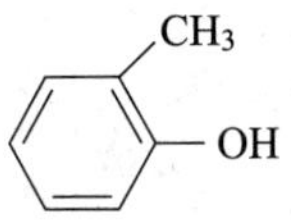	30.9	191	2.5	6.3×10^{-11}（25 ℃）
间甲苯酚	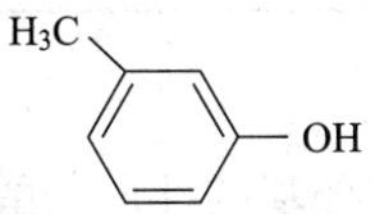	11.5	202.2	0.5	9.8×10^{-11}（25 ℃）
对甲苯酚	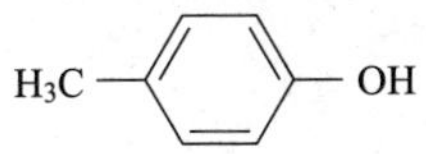	34.8	201.9	1.8	6.7×10^{-11}（25 ℃）
邻苯二酚（儿茶酚）	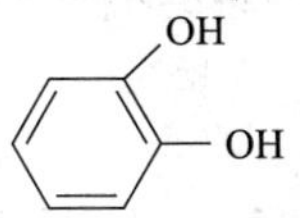	105	245	45.1（20 ℃）	1.4×10^{-10}（20 ℃）

续表

名称	结构式	熔点/℃	沸点/℃	溶解度/g	K_a
间苯二酚	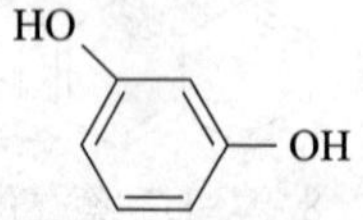	111	281	147.3（12.5 ℃）	1.55×10^{-10}（25 ℃）
对苯二酚（氢醌）	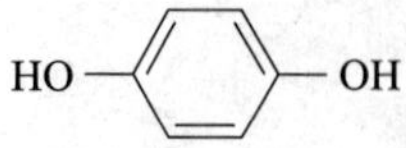	173.4	285	6（15 ℃）	4.5×10^{-11}（20 ℃）
1,2,3-苯三酚	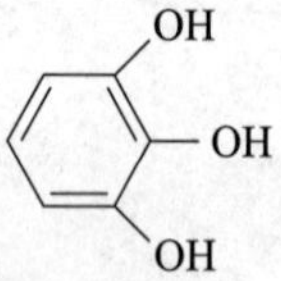	133	309	易溶	1×10^{-7}（25 ℃）
1,2,4-苯三酚（偏苯三酚）	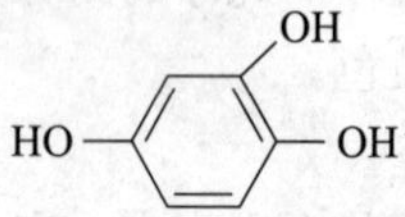	140	—	易溶	
1,3,5-苯三酚（均苯三酚）	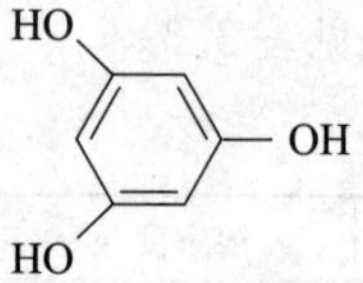	218.9	—	1.13	4.5×10^{-10}（25 ℃）
α-萘酚	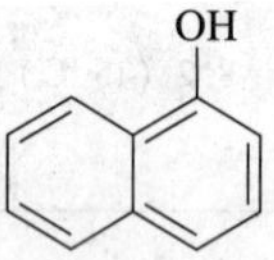	96（升华）	288	不溶	
β-萘酚	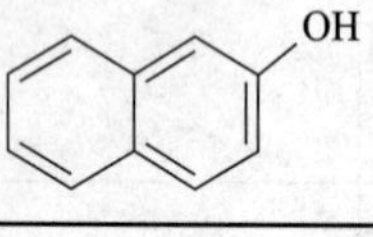	123~124	295	0.07	

3. 酚的化学性质

由于羟基与苯环直接相连，二者相互影响，因此酚的羟基的性质与醇有明显的区别，比如酚有酸性；另外，由于芳环与羟基氧的 p-π 共轭作用，使得芳环上的电子云密度增大，因此芳环容易发生亲电取代反应。

1）酚羟基的反应

酚与醇含有相同的官能团，即羟基，但由于酚中与羟基相连的碳原子上电子密度增大，使酚不易进行亲核取代反应。

（1）酚羟基的酸性

酚羟基中氧原子的 p 轨道与苯环形成 p-π 共轭体系，氧上未共用电子对向苯环转移，氢氧间的结合较弱，所以有利于氢原子以质子形式离去，故酚具有酸性，且其酸性比水和醇强，但比碳酸要弱，因此酚只能与强碱如氢氧化钠反应生成钠盐。例如：

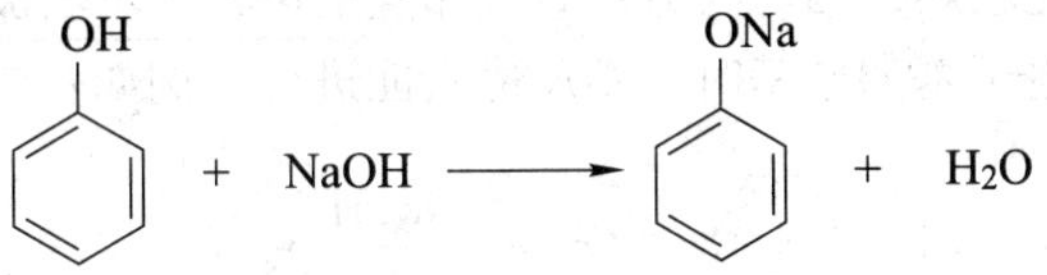

$$C_6H_5OH + NaOH \longrightarrow C_6H_5ONa + H_2O$$

酚的酸性比碳酸弱，因此在酚钠溶液中通入二氧化碳，苯酚又游离出来，生成的苯酚不溶于碳酸氢钠溶液。

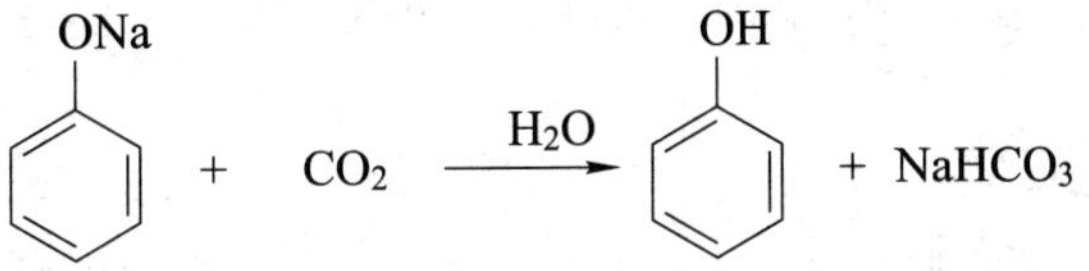

$$C_6H_5ONa + CO_2 \xrightarrow{H_2O} C_6H_5OH + NaHCO_3$$

因此可用上述方法来提纯苯酚。

当苯环上有吸电子取代基存在时，由于其吸电子作用的影响，降低了酚羟基氧原子和氢原子之间的电子云密度，有利于氢以质子的方式离去，因此酚的酸性增加，相反，当苯环上有斥电子基存在时，则降低酚的酸性。例如：

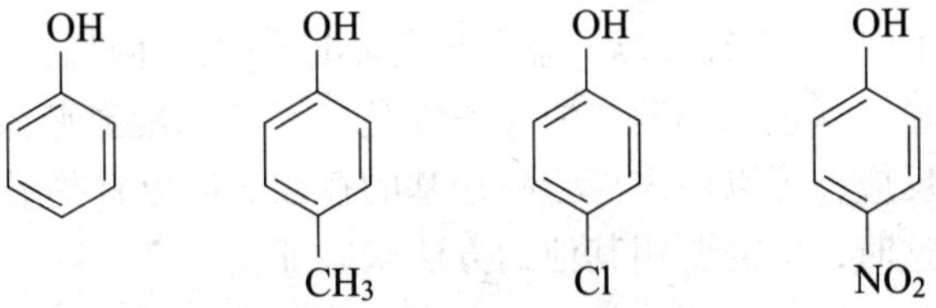

	苯酚	对甲基苯酚（CH_3）	对氯苯酚（Cl）	对硝基苯酚（NO_2）
pK_a	10.0	10.26	9.38	7.15

交流研讨

试比较下列化合物的酸性强弱：

乙醇，苯酚，水，对溴苯酚，间甲基苯酚，间硝基苯酚，碳酸

（2）酚醚的生成

此酚羟基很难直接脱水，通常情况下要使酚在碱性溶液中与卤代烃或硫酸二酯反应来制备酚醚。

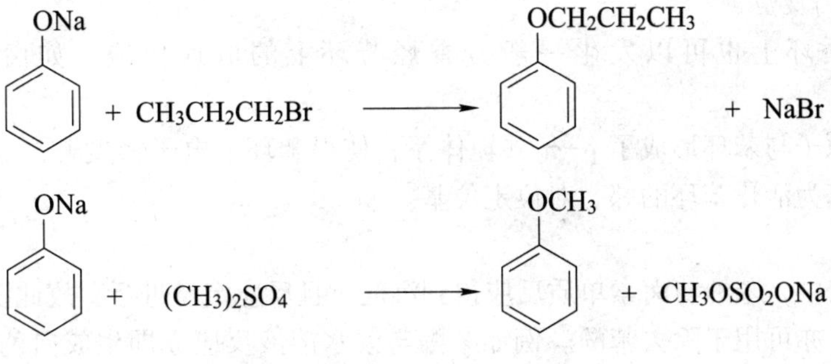

$$C_6H_5ONa + CH_3CH_2CH_2Br \longrightarrow C_6H_5OCH_2CH_2CH_3 + NaBr$$

$$C_6H_5ONa + (CH_3)_2SO_4 \longrightarrow C_6H_5OCH_3 + CH_3OSO_2ONa$$

苯甲醚

二苯基芳醚的制备比较难，因为与芳环直接相连的卤素也不活泼，很难脱掉，而当芳环的邻、对位连有强的吸电子基如硝基时，则反应就能进行。例如：

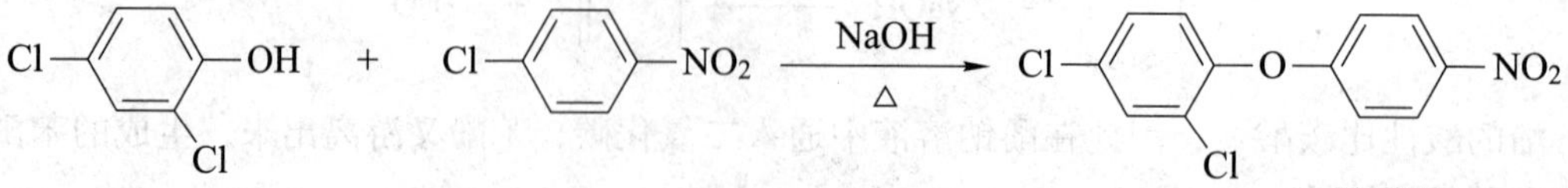

$$\text{2,4-二氯苯酚} + \text{Cl-C}_6\text{H}_4\text{-NO}_2 \xrightarrow[\triangle]{\text{NaOH}} \text{2,4-Cl}_2\text{C}_6\text{H}_3\text{-O-C}_6\text{H}_4\text{-NO}_2$$

除草醚

除草醚为醚类选择性触杀型除草剂，可除治一年生杂草，对多年生杂草只能抑制，不能致死。

(3) 与 $FeCl_3$ 的显色反应

具有烯醇式结构 $\left(\begin{array}{c}\mid\quad\mid\\ -C=C-OH\end{array}\right)$ 的化合物能与 $FeCl_3$ 的水溶液发生显色反应，生成铁的络合物，酚也能 $FeCl_3$ 的水溶液发生显色反应。例如：

$$\underset{\text{苯酚}}{6C_6H_5OH} + FeCl_3 \longrightarrow \underset{\text{紫色}}{H_3[Fe(OC_6H_5)_6]} + 3HCl$$

多数酚能与 $FeCl_3$ 产生红、绿、蓝、紫等不同颜色，例如，苯酚显紫色，对甲基苯酚显蓝色，对苯二酚显暗绿色，邻苯二酚显深绿色，间苯二酚显蓝紫色，连苯三酚显淡棕色等。这种特殊的显色反应，可以用来检验酚羟基的存在。但也有些酚不显色，所以酚的存在并不能全以此为证，这时，则需要用其他的方法来验证。

(4) 氧化

酚比醇容易被氧化，酚与空气长时间接触就能被氧化，使其颜色加深。

苯酚或对苯二酚氧化能生成对苯醌，邻苯二酚氧化生成邻苯醌，具有这两种醌结构的物质都是有颜色的，这就是酚带有颜色的原因。

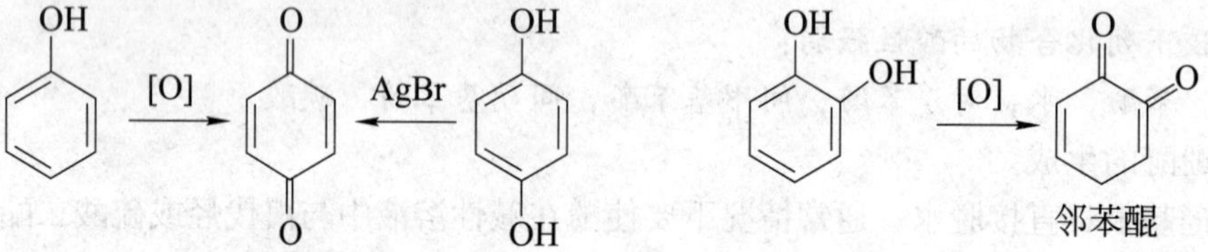

$$\text{苯酚} \xrightarrow{[O]} \underset{\text{对苯醌}}{\text{O=C}_6\text{H}_4\text{=O}} \xleftarrow{\text{AgBr}} \text{对苯二酚} \qquad \text{邻苯二酚} \xrightarrow{[O]} \text{邻苯醌}$$

2) 芳环上的反应

酚中的芳香环上也可以发生一般芳香烃芳环上的取代反应，如卤代、硝化、磺化等。

因羟基氧原子与苯环形成了 p-π 共轭体系，使得苯环上电子密度升高，更易进行亲电取代反应。羟基为活化苯环的邻、对位定位基。

(1) 卤代

在极性溶液中，苯酚与卤素单质反应得到沉淀，且反应定量进行，故此反应可定性或定量的测定苯酚，亦可用于除去苯酚。例如苯酚与溴水溶液反应立即生成白色沉淀 2,4,6-三溴苯酚：

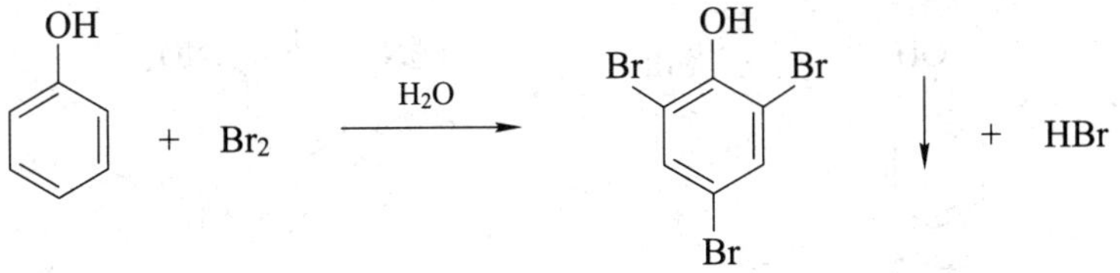

这个反应很灵敏，反应中溴水红棕色褪去并生成白色沉淀，因此该反应可用于苯酚的鉴别。反应不能停留在一取代溴阶段。要得到一溴代产物，则需在非极性溶剂如二硫化碳、四氯化碳中进行苯酚的溴化反应。例如：

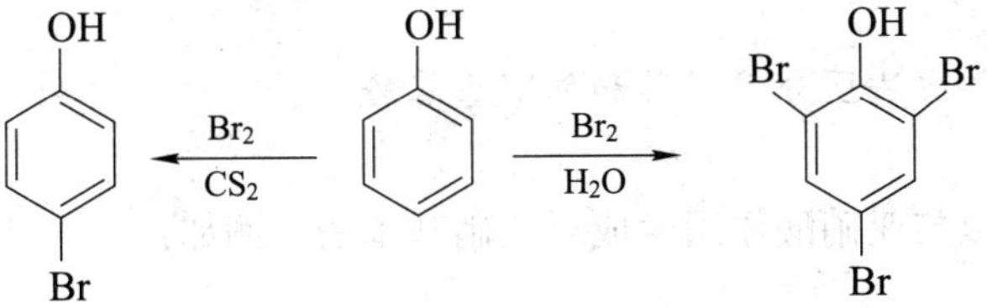

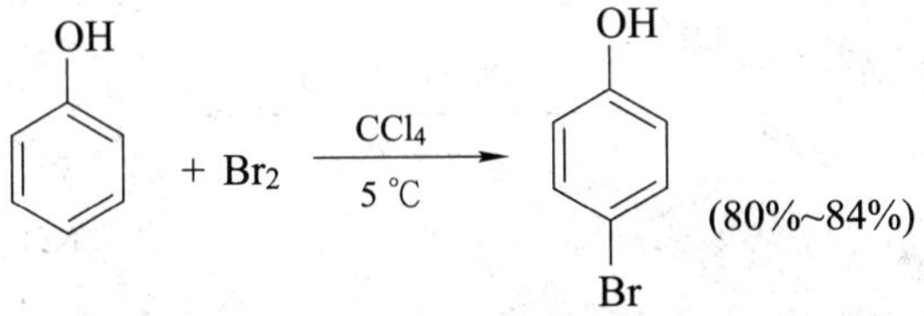

(80%~84%)

（2）硝化

室温下苯酚与稀硝酸发生硝化反应生成邻硝基苯酚和对硝基苯酚的混合物。

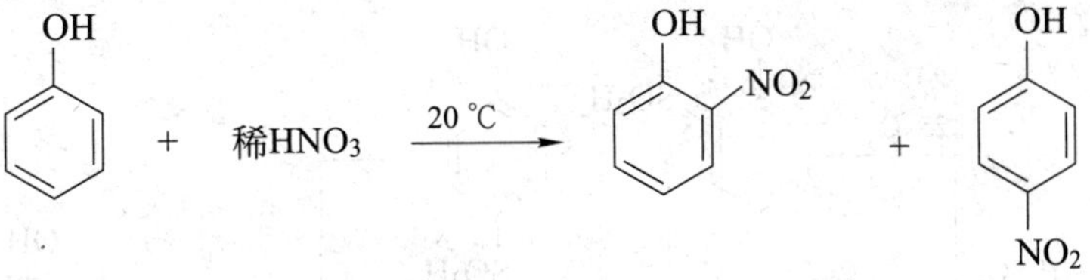

邻硝基苯酚中的羟基与硝基相距较近，分子内会形成氢键并构成环，这样的环称为螯环。这样，邻硝基苯酚不再与水缔合，也不生成分子间氢键。

但对硝基苯酚分子间可通过氢键缔合，也可与水缔合。所以与对硝基苯酚相比，邻硝基苯酚水溶性低，沸点也较低，因此可用蒸馏的方法将两者分开。

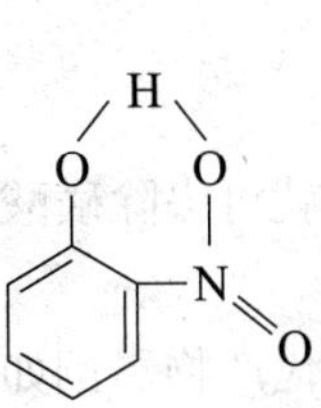

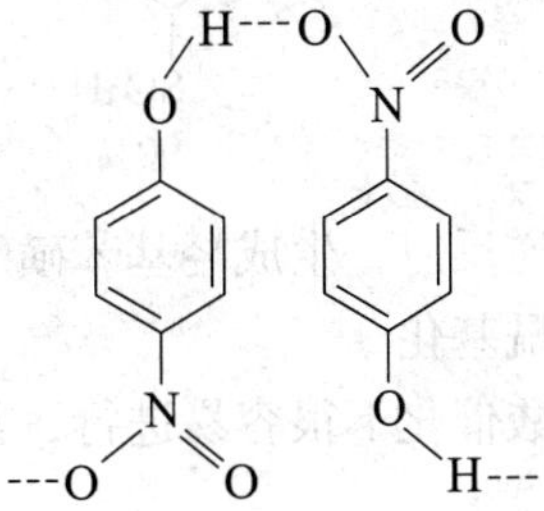

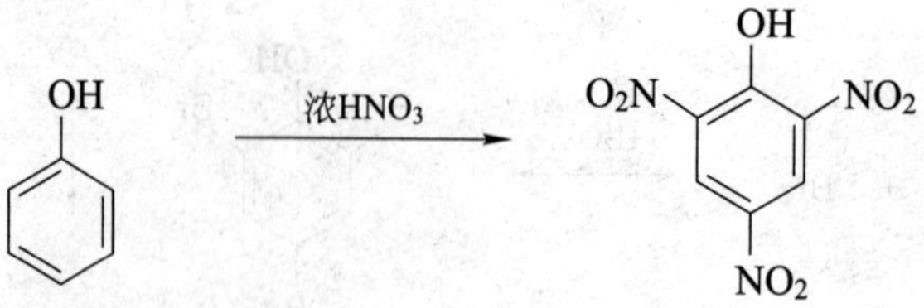

苯酚 $\xrightarrow{浓HNO_3}$ 2,4,6-三硝基苯酚（O_2N、NO_2、NO_2、OH）

苦味酸

苦味酸主要用于炸药、火柴、染料、制药和皮革等工业。

交流研讨

请用最简单的化学方法区分苯甲醇和邻甲基苯酚

(3) 亚硝化

苯酚在低温就可以与亚硝酸作用生成对亚硝基苯酚。例如：

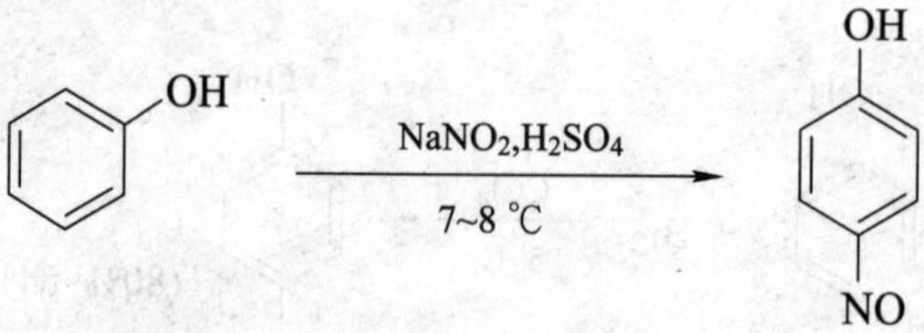

苯酚（OH） $\xrightarrow[7\sim8\ ℃]{NaNO_2,H_2SO_4}$ 对亚硝基苯酚（OH，NO）

(4) 磺化

苯酚在室温就可以与浓硫酸发生磺化反应，生成邻位和对位产物。在 100 ℃则以对位产物为主。例如：

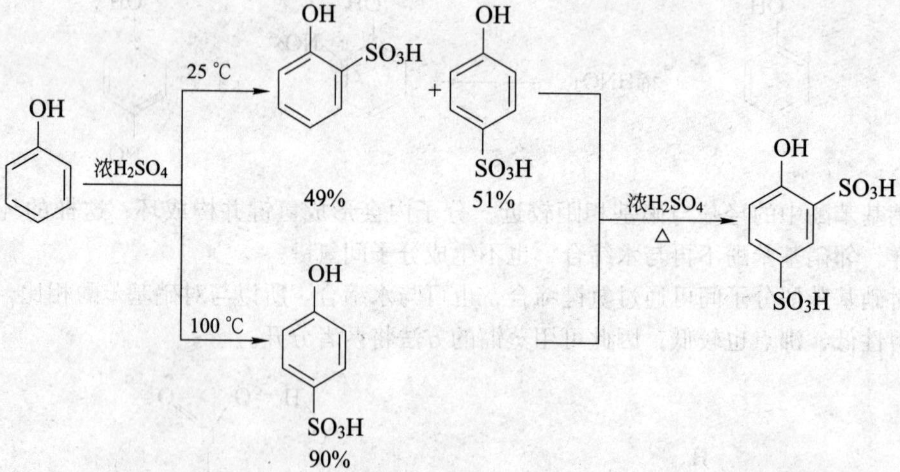

苯酚（OH） $\xrightarrow{浓H_2SO_4}$

- 25 ℃：邻羟基苯磺酸（OH，SO_3H）49% + 对羟基苯磺酸（OH，SO_3H）51%
- 100 ℃：对羟基苯磺酸（OH，SO_3H）90%

$\xrightarrow[\triangle]{浓H_2SO_4}$ 4-羟基-1,3-苯二磺酸（OH，SO_3H，SO_3H）

磺化反应是可逆反应，生成羟基苯磺酸在稀硫酸中回流就可去除磺酸基。

(5) 烷基化和酰基化

酚的烷基化在酸催化下很容易进行，常常得到多烷基取代产物。例如：

$$p\text{-}CH_3C_6H_4OH + CH_2{=}C(CH_3)_2 \xrightarrow{\text{浓}H_2SO_4} 2,6\text{-}[(CH_3)_2CH]_2\text{-}4\text{-}CH_3C_6H_2OH$$

2,4,6-抗氧剂

由于苯酚芳环上的电子云密度增大，因此苯酚在弱的 Lewis 催化剂如 BF_3的存在下就可以与 CH_3COOH 发生酰基化反应，主要生成对位产物。例如：

$$C_6H_5OH + CH_3COOH \xrightarrow{BF_3} p\text{-}HOC_6H_4COCH_3\ (95\%) + o\text{-}HOC_6H_4COCH_3$$

4. 重要的酚

酚及其衍生物在自然界中广泛分布，可用于医药、配制香精、防腐杀菌。

1）苯酚（C_6H_5OH）

苯酚俗名石炭酸，分子式为 C_6H_5OH，熔点为 42~43 ℃，沸点为 182 ℃。苯酚为无色结晶或结晶熔块，具有特殊气味（与糨糊的味道相似），暴露空气中或日光下被氧化逐渐变成粉红色至红色。

苯酚在室温微溶于水，能溶于苯及碱性溶液，易溶于乙醇、乙醚、氯仿、甘油等有机溶剂中，难溶于石油醚。

苯酚主要用于生产酚醛树脂、己内酰胺、双酚 A、己二酸、苯胺、烷基酚、水杨酸等，此外还可用作溶剂、试剂和消毒剂等，在合成纤维、合成橡胶、塑料、医药、农药、香料、染料以及涂料等方面具有广泛的应用。苯酚的稀溶液与熟石灰混合可作厕所、阴沟等的消毒剂。

苯酚能凝固蛋白质，对皮肤有腐蚀性，可通过皮肤进入体内引起中毒，致死量为 1~15 g。

2）甲苯酚

甲苯酚有邻、间和对位三种异构体，都存在于煤焦油中，故三种甲苯酚混合物称为煤酚。含 47%~53%煤酚的肥皂水溶液叫作 lysol（来苏水），是常用的消毒剂。甲苯酚的毒性与苯酚相同。

3）苯二酚

苯二酚有邻、间和对位三各异构体，邻苯二酚俗名儿茶酚，常温下为固态，为无色单斜晶体，有毒，能升华，可燃，暴露在空气中易氧化为棕褐色。

邻苯二酚是一种化学中间体，可用作橡胶硬化剂、电镀添加剂、皮肤防腐杀菌剂、染发剂、照相显影剂、彩照抗氧化剂、毛皮染色显色剂、油漆和清漆抗起皮剂，是合成树脂、鞣酸，农药克百威、残杀威，医药黄连素、肾上腺素，香料香兰素、黄樟素、胡椒醛等的原料之一。

苯二酚有个重要的衍生物——肾上腺素：

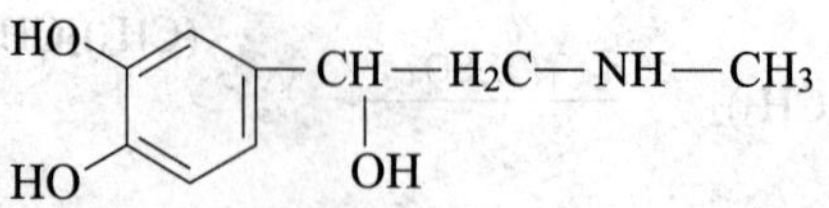

$$\text{(HO)}_2C_6H_3-\underset{\displaystyle OH}{\underset{|}{CH}}-H_2C-NH-CH_3$$

肾上腺素主要由肾上腺髓质分泌，肾上腺素通过对血管的调节作用对全身器官血流量分配起很大作用，特别可使肌肉血流量大为增加。肾上腺素可使心率增加，心缩力增强，兴奋传导加速，临床上常用其制剂作为强心药。

间苯二酚又称雷锁辛，是一种重要的精细有机化工原料，广泛应用于汽车子午胎帘子布浸胶、木材黏合剂、紫外线吸收剂、医药和农药等领域，目前主要用于橡胶工业。

对苯二酚又名氢醌，可干扰黑色素形成，临床上对雀斑、老人斑、口服避孕药诱发之肝斑症，有消退淡化作用。

三种苯二酚都是结晶形固体，能溶于水，乙醇、乙醚中。

4）萘酚

萘酚有 α 及 β 两种异构：

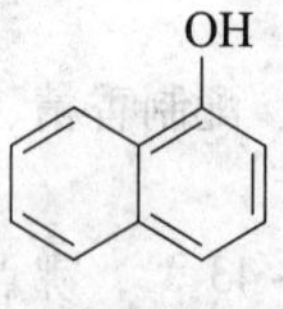

α－萘酚(1-萘酚) 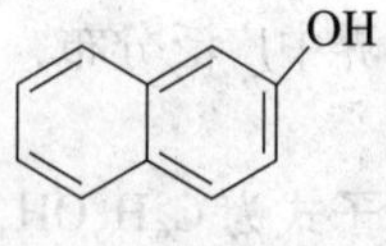　　　β－萘酚(2-萘酚)

它们都是能升华的结晶，在 $FeCl_3$溶液中，前者生成紫色沉淀，后者则显绿色。

1-萘酚主要用于杀虫剂西维因的原料，也广泛应用与染料生产中，在医药工业中用于制造防腐剂和抗轻度风湿病药物，也是醛及矿物油和植物油的抗氧剂，广泛应用于合成香料、橡胶抗老剂及彩色电影胶片的成色剂。

2-萘酚是橡胶防老剂、选矿剂、杀菌剂、防霉剂、防腐剂等的原料。

3.2.3　醚

1. 醚的结构及命名

1）醚的结构

醚可看作是醇或酚分子中的氢原子被烃基所取代的产物，其通式为 R—O—R′，C—O—C 叫醚键。与氧原子相连的两个烃基相同的醚叫简单醚，与氧原子相连的两个烃基不同的醚叫混合醚。

2）醚的命名

醚的命名主要采用普通命名法。

（1）简单醚的命名

简单醚命名时先给出与氧原子相连的烃基的名字再加“醚”字即可。例如：

$H_3C-O-CH_3$　　　$C_2H_5-O-C_2H_5$　　　$C_6H_5-O-C_6H_5$

二甲醚(甲醚)　　　二乙醚(乙醚)　　　二苯醚

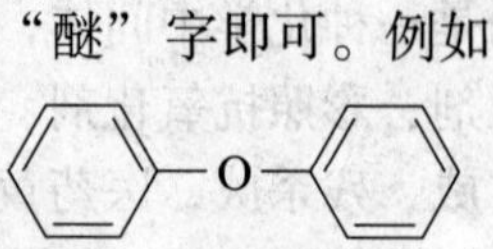

简单醚烃基前面的“二”字可省掉。

（2）混合醚的命名

混合醚命名时要将两个不同烃基中较小的放在前面，当有芳香基时，芳香基放在前面。

$H_3C—O—C_2H_5$　　　$H_3C—O—C_6H_5$

甲乙醚　　　苯甲醚

（3）复杂结构醚的命名

对于结构复杂的醚，要采用系统命名法。将较大的烃或芳香环作为母体，剩下的 RO—或 ArO—当作取代基（称为烃氧基）来命名。例如：

$CH_3OCH_2CH(OH)CH_3$　　　$CH_3OCH_2CH_2CH_2OCH_3$　　　$HOOC—C_6H_4—OCH_2CH_3$

1-甲氧基-2-丙醇　　　1,3-二甲氧基丙烷　　　对乙氧基苯甲酸

（4）环醚的命名

氧原子连接两个烃基形成的环状醚叫环醚，环醚命名时一般称为“环某烃”。例如：

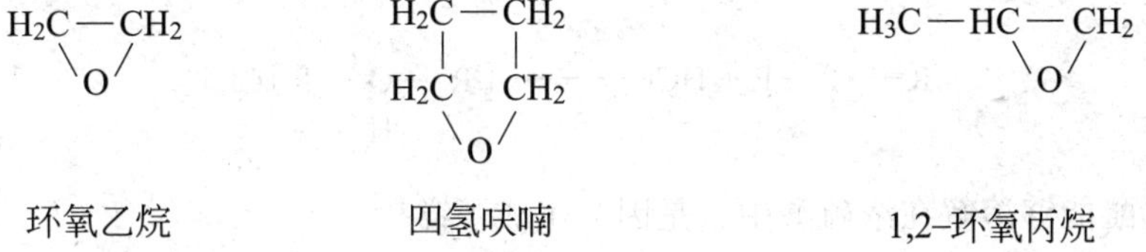

环氧乙烷　　　四氢呋喃　　　1,2-环氧丙烷

2. 醚的物理性质

1）状态

在常温常压下除甲醚和甲乙醚为气体外，其他大多数醚在室温为无色液体，有特殊香味。

2）沸点

与分子量相同的醇相比，醚的分子量要低得多。例如，甲醚的沸点为-23.7 ℃，而与之分子量相同的乙醇的沸点为 78.5 ℃。这是因为醇分子中含有羟基，因此醇分子之间能够形成氢键，而醚分子中没有与强电负性原子相连的氢，因此醚分子之间不能形成氢键。因此，相对分子量相同的醇的沸点要比醚的高得多。

3）溶解性

低级醚在水中有一定的溶解度，因为醚分子中的氧原子有较强的电负性，可与水形成氢键，因此在水中有一定溶解度，且能溶于许多极性及非极性有机溶剂中。一些醚的物理常数见表 3.4。

表 3.4 一些醚的物理常数

名称	结构式	熔点/℃	沸点/℃	相对密度（20 ℃时）
甲醚	$CH_3—O—CH_3$	-138.5	-25	
乙醚	$C_2H_5—O—C_2H_5$	-116	34.5	0.713 8
正丁醚	$C_4H_9—O—C_4H_9$	-95.3	142	0.768 9
二苯醚	$C_6H_5—O—C_6H_5$	28	257.9	1.074 8
苯甲醚	$C_6H_5—O—CH_3$	-37.3	155.5	0.994
环氧乙烷	$H_2C—CH_2$（以 O 相连成环）	-111	14	0.882 4（10 ℃）
四氢呋喃	（五元环，含 O）	-108	67	0.889 2
1,4-二氧六环	（六元环，含两个 O）	11.8	101	1.033 7

3. 醚的化学性质

由于醚分子中的 C—O—C 键是相当稳定的，除某些环醚外，一般不易进行有机反应。但 C—O—C 键本身在一定的条件下可以发生 C—O 键的断裂，另外，醚分子中的氧原子有未共用的电子对，可以接受质子成盐。

1）鎓盐的生成

醚的氧原子上有未共用电子对，能接受强酸中的质子生成鎓盐。

$$R—\ddot{O}—R + HCl \longrightarrow [R—\overset{+}{\underset{H}{\ddot{O}}}—R]Cl^-$$

例如：乙醚能够溶解在浓硫酸中就是因为生成了鎓盐。

鎓盐是一种弱碱强酸盐，只有在浓酸中才能稳定，用冰水稀释后，就会分解析出醚，可以由此来区别醚与烷烃或卤代烃，从而将醚从烷烃或卤代烃中分离出来。

醚还可以提供孤对电子与亲电试剂如 BF_3、$AlCl_3$、格氏试剂 RMgX 等生成配位络合物。

$$R—\ddot{O}—R + AlCl_3 \longrightarrow R_2O \rightarrow AlCl_3$$

$$2R—\ddot{O}—R + R'MgX \longrightarrow (R_2O)_2 \rightarrow Mg(R')X$$

$$R—\ddot{O}—R + BF_3 \longrightarrow R_2O \rightarrow BF_3$$

尤其是四氢呋喃（四氢呋喃环状结构式），其溶剂化和络合能力很强，一些难制备的格氏试剂（如PhMgCl、$CH_2{=}CHMgCl$）常用它作溶剂来制备。

2）醚键的断裂

在较高温度下，强酸能使醚键断裂，这是因为强酸与醚中氧原子形成𨦡盐，从而使碳氧键变弱。常用的使醚键断裂的强酸为浓氢卤酸，如HI和HBr。醚与氢碘酸作用先生成碘代烷和醇，在过量氢碘酸的存在下生成的醇可进一步反应生成碘代烷。

$$R-O-R'+HI \xrightarrow{\triangle} RI+R'OH$$

$$R'OH+HI \longrightarrow R'I+H_2O$$

例如：

$$(CH_3)_3COCH_3 + \text{过量}HI \xrightarrow{\triangle} (CH_3)_3COH + CH_3I$$

烷基醚与氢碘酸反应，首先生成碘代烷和醇，醇可以进一步与过量氢碘酸反应生成碘代烷。当两个烃基不相同时，往往是含碳原子较少的烃基断裂下来与碘结合，而且反应可以定量完成。

芳基烷基醚与氢卤酸作用时，烷氧基断裂，生成的产物是酚和卤代烷。例如：

$$C_6H_5-O-CH_3 + HI \longrightarrow C_6H_5-OH + CH_3I$$

$$C_{10}H_7-OCH_2CH_3 + HI \xrightarrow{\triangle} C_{10}H_7-OH + CH_3CH_2I$$

3）过氧化合物的生成

很多烷基醚长期存放，会与空气中的氧慢慢反应，生成过氧化物。过氧化物不易挥发且很不稳定，在受热或受到摩擦作用时，非常容易爆炸。

$$CH_3CH_2-O-CH_2CH_3 \xrightarrow{[O]} CH_3CH_2-O-\underset{\displaystyle O-O-H}{\underset{|}{C}HCH_3}$$

因此醚类应尽量避免暴露在空气中，一般应放在棕色玻璃瓶中，避光保存。

注意：

① 长期存放的醚使用前应先检验有无过氧化物，其检验方法如下：

取少量醚与酸性碘化钾溶液一起摇动，如有过氧化物则有碘生成，显黄色，可进一步用淀粉试纸检验；

取少量醚与硫酸亚铁和硫氰化钾混合液振摇，如有过氧化物则显红色。

② 如醚中有过氧化物存在，应除去，除去过氧化物的方法：

加入还原剂5% $FeSO_4$于醚中振荡后蒸馏；

贮藏时在醚中加入少量金属钠。

市售的醚中常加入少量的抗氧化剂以避免生成过氧化物。

4. 重要的醚

1）乙醚（$CH_3CH_2OCH_2CH_3$）

乙醚是古老的合成有机化合物之一。常温下，乙醚为无色易燃液体，极易挥发，气味特殊。其沸点为 34.5 ℃。不溶于水，能溶于乙醇、苯、氯仿、石油醚、其他脂肪溶液及许多油类。

乙醚长时间与氧接触和光照，可生成过氧化乙醚，后者为难挥发的黏稠液体，加热可爆炸，为避免生成过氧化物，常在乙醚中加入抗氧剂，如二乙氨基二硫代甲酸钠。

乙醚是重要的溶剂，可溶解多种有机物，常用作天然产物的萃取剂或反应介质。有些物质能溶于含乙醇或水的乙醚中。有些无机物在乙醚中也有一定的溶解度，例如，少量的硫或磷，而溴、碘、氯化铁、氯化金在乙醚中有较大的溶解度。

乙醚有麻醉作用，于1985年即被用作外科手术上的全身麻醉剂，是首次试用成功的外科麻醉剂，乙醚可用于各种手术的全麻，既可单独使用，也可与其他药物合用，组成复合麻醉。由于本品有易燃易爆的危险性以及空气污染等缺点，目前已被淘汰。

无水乙醚主要用作有机反应的溶剂。

2）环氧乙烷$\left(\underset{\diagdown O \diagup}{H_2C—CH_2}\right)$

环氧乙烷为无色气体，能溶于水、醇及乙醚中。环氧乙烷非常活泼，容易和许多含活泼氢的试剂或亲核试剂作用而开环。开环时，碳氧键断裂。

$$\underset{\diagdown O \diagup}{H_2C—CH_2} + HOH \longrightarrow \underset{\text{乙二醇}}{HO—CH_2—CH_2—OH}$$

$$\underset{\diagdown O \diagup}{H_2C—CH_2} + HOR \longrightarrow \underset{\text{乙二醇醚}}{HO—CH_2—CH_2—OR}$$

$$\underset{\diagdown O \diagup}{H_2C—CH_2} + HNH_2 \longrightarrow \underset{\text{乙醇胺}}{HO—CH_2—CH_2—OH}$$

$$\underset{\diagdown O \diagup}{H_2C—CH_2} + HX \longrightarrow HO—CH_2—CH_2—CH \left(X\text{为卤素，}—CN\text{，}—O—\overset{\overset{O}{\|}}{C}—R\text{等}\right)$$

$$\underset{\diagdown O \diagup}{H_2C—CH_2} + \underset{\text{格式试剂}}{RMgX} \longrightarrow R—CH_2—CH_2—MgX \xrightarrow[H^+]{H_2O} R—CH_2—CH_2—OH + Mg\begin{matrix}\diagup OH \\ \diagdown X\end{matrix}$$

利用环氧乙烷生产的精细化工产品主要有：合成非离子型表面活性剂、乙醇胺类、乙二醇醚类、聚醚多元醇（聚醚）、多胺类（包括哌嗪）、羟乙基纤维素、氯化胆碱和具有特殊功能的液体等。目前这些产品已经深入到国民经济的各个部分。例如，这些产品可用于工业用溶剂、抗冻剂、合成洗涤剂、洗涤剂、农药乳化剂、选矿中的浮选剂、纺织工业的助剂、稻田的覆盖剂、石油产品添加剂、原油破乳剂、纤维的抗静电剂、表面活性剂、溶纤剂等。

环氧乙烷是一种广谱、高效的气体杀菌消毒剂，对消毒物品的穿透力强，可达到物品深部，可以杀灭大多数病原微生物，包括细菌繁殖体、芽孢、病毒和真菌。

3）冠醚

冠醚是含有多个氧原子的大环醚，可由聚乙二醇与卤代醚通过威廉姆森法合成制得，因其形状类似皇冠而得名。

冠醚的命名以“m-冠-n”表示，m 代表环中所有原子数，n 为环中氧原子数。

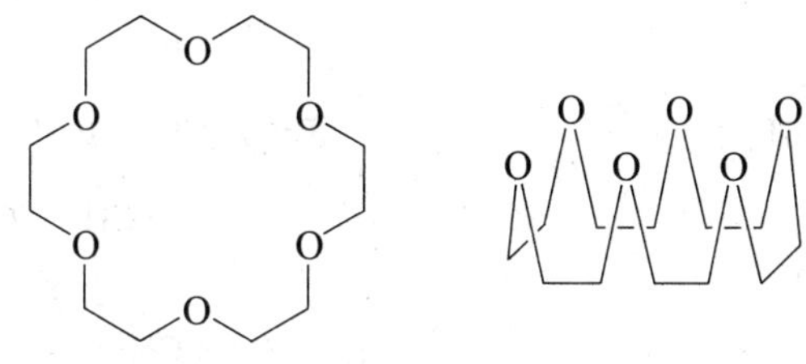

18-冠-6

冠醚分子呈环形，中间有一个空隙，向内的氧原子能提供未成对电子与金属离子络合。冠醚能与正离子，尤其是与金属离子络合，并且随环的大小不同而与不同的金属离子络合。例如，12-冠-4 与锂离子络合而不与钾离子络合；18-冠-6 不仅与钾离子络合，还可与重氮盐络合，但不与锂或钠离子络合。冠醚的这种性质在有机合成上极为有用，使许多在传统条件下难以发生甚至不发生的反应能顺利地进行。

知识链接

乙醇汽油

乙醇汽油是一种由粮食及各种植物纤维加工成的燃料乙醇和普通汽油按一定比例混配形成的替代能源。按照我国的国家标准，乙醇汽油是用 90% 的普通汽油与 10% 的燃料乙醇调和而成。乙醇可以有效改善油品的性能和质量，降低一氧化碳、碳氢化合物等主要污染物排放。它不影响汽车的行驶性能，还减少有害气体的排放量。乙醇汽油作为一种新型清洁燃料，是目前世界上可再生能源的发展重点，符合我国能源替代战略和可再生能源发展方向，技术上成熟安全可靠，在我国完全适用，具有较好的经济效益和社会效益。

汽油作为汽车的动力燃料，多年来一直保持着主导地位，但是随着自然环境的日趋恶化，清洁能源越来越被人们所关注。而且从 2000 年 6 月开始，国际原油价格较高，国家进口原油用去的外汇急剧增加。有关专家推荐一种替代能源措施，用乙醇进行调配汽油。

车用乙醇汽油是指在不含甲基叔丁基醚（MTBE）、含氧添加剂的专用汽油组分油中，按体积比加入一定比例（我国目前暂定为 10%）的变性燃料乙醇，由车用乙醇汽油定点调配中心按《车用乙醇汽油（E10）》（GB 18351—2017）的质量要求，通过特定工艺混配而成的新一代清洁环保型车用燃料。车用乙醇汽油按研究法辛烷值分为 89 号、92 号、95 号、98 号四个牌号。标志方法是在汽油标号前加注字母 E，作为车用乙醇汽油的统一标示，四种牌号的汽油标志分别为“89 号车用乙醇汽油（E10）(V)”“92 号车用乙醇汽油（E10）(VIA)”“95 号车用乙醇汽油（E10）(VIB)”“98 号车用乙醇汽油（E10）(VIA)/(VIB)”。车用乙醇汽油适用于装配点燃式发动机的各类车辆、无论是化油器或电喷供油方式的大、中、小型车辆。车用乙醇汽油的使用可有效地降低汽车尾气排放，改善能源结构。国内研究表明，E15乙醇汽油（汽油中乙醇含量为15%）比纯车用无铅汽油碳烃排量下降16.2%，一氧化碳排量下降30%。

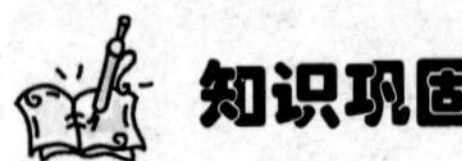

知识巩固

一、命名下列化合物

1. 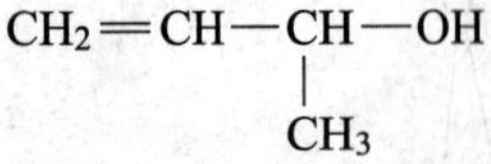 $CH_2=CH-CH(CH_3)-OH$

2. $BrCH_2CH_2CH(CH_3)CH_2CH(CH_2CH_3)OH$

3. $C_6H_5CH(C_2H_5)CH_2CH(OH)CH_3$

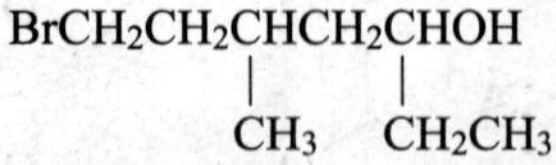

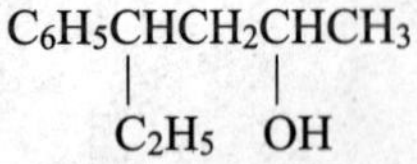

4. 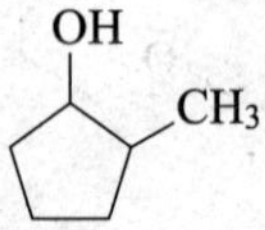 OH　CH_3

5. 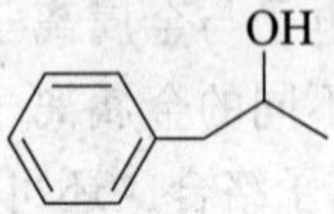 OH

6. $CH_3OCH_2CH_2OCH_3$

7. 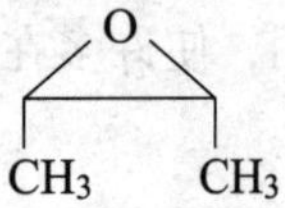 O　CH_3　CH_3

8. 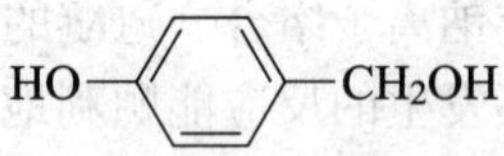 HO　CH_2OH

9. 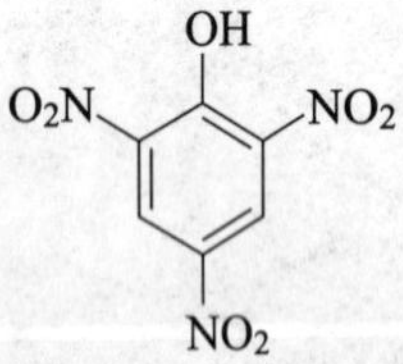 OH　O_2N　NO_2　NO_2

10. 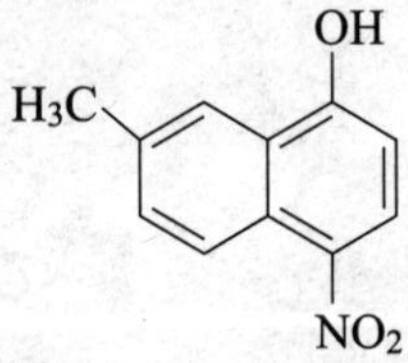 OH　H_3C　NO_2

二、写出下列化合物的结构式

1. 异丁醇　2. 叔丁醇　3. 对氯苯甲醇　4. 2-丁烯-1-醇
5. 甘油　6. 苄醇　7. 对甲氧基苯酚　8. 苦味酸
9. 肌醇　10. 茴香醚

三、完成下列转化：

1. 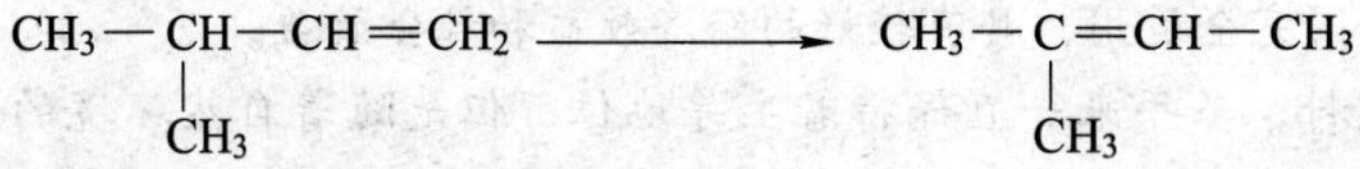 $CH_3-CH(CH_3)-CH=CH_2 \longrightarrow CH_3-C(CH_3)=CH-CH_3$

2. $CH_3CH_2OH \longrightarrow HC\equiv CH$

3. 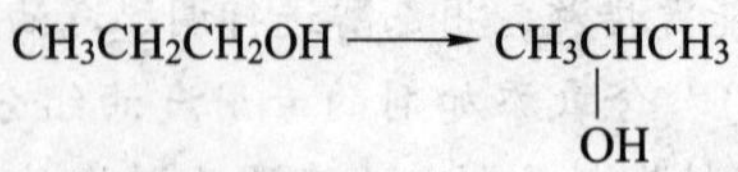 $CH_3CH_2CH_2OH \longrightarrow CH_3CH(OH)CH_3$

4. 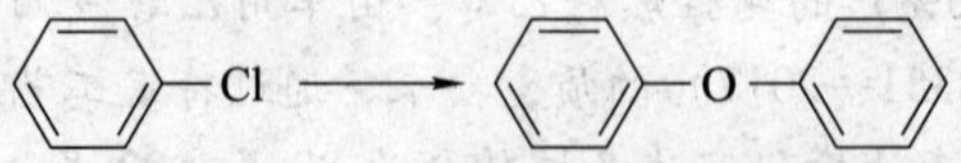 Cl ⟶ O

5. $CH_3CH=CH_2 \longrightarrow CH_3CH_2CH_2OCH_2CH_2CH_3$

6. 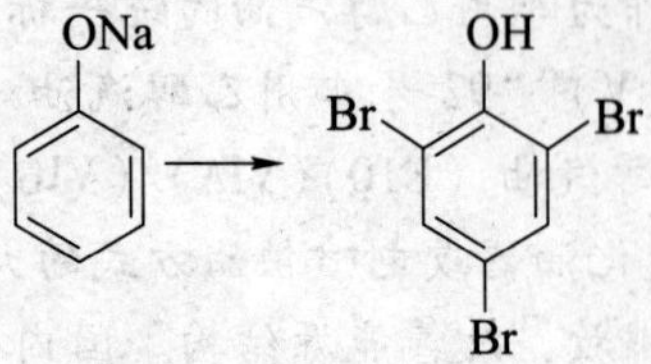 ONa ⟶ OH　Br　Br　Br

四、完成下列反应

1. $CH_3CH_2CH{=}CH_2 \xrightarrow[H_2SO_4]{H_2O} \quad \xrightarrow{HBr}$

2. $CH_3CH_2CH{=}CH_2 \xrightarrow[H_2O_2,OH^-]{B_2H_6} \quad \xrightarrow{SOCl_2}$

3. (苯甲醇，$C_6H_5CH_2OH$) $\xrightarrow{PBr_3} \quad \xrightarrow[无水乙醚]{Mg} \quad \xrightarrow{HC\equiv CH}$

4. $CH_3CH_2OH \xrightarrow{Na} \quad \xrightarrow{CH_2{=}CHCH_2Cl}$

5. (环氧环戊烷) $\xrightarrow{CH_3NH_2}$

6. $(CH_3)_3CCl + CH_3ONa \longrightarrow$

7. (1-甲基环戊基，取代基 CH、CH_3) $\xrightarrow{H_2SO_4}$

8. $HO-C_6H_4-CH_2OH \xrightarrow{NaOH} \quad \xrightarrow{BrCH_2CH_2CH_3}$

9. $C_6H_5-OCH_2CH_2CH_3 \xrightarrow{HI}$

10. $CH_3CH_2Br \xrightarrow[无水乙醚]{Mg} \quad \xrightarrow{CH_2{=}CHCH_2Br}$

11. $CH_3CH_2OH + HCl \xrightarrow{ZnCl_2}$

12. $CH_3CH_2CH{=}CHCH_2OH \xrightarrow{MnO_2}$

13. $CH_3CH_2CH_2OH + CH_3COOH \xrightarrow[\triangle]{H_2SO_4}$

14. (环己醇，OH) $\xrightarrow[②H^+]{①KMnO_4,OH^-}$

五、选择合适的试剂来制备下列醇

1. $CH_3CH_2-C(CH_3)(OH)-CH_3$

2. (苯环：CH_3、邻位 Br、对位 OH)

3. $CH_3CH=CHCH_2OH$

4. $HOCH_2CH_2OH$

六、试用简单化学方法鉴别下列化合物

1. 正丁醇、仲丁醇、叔丁醇

2. 苯甲醇、苯甲醚、苯酚

七、某醇 $C_5H_{12}O$（A），经 $KMnO_4$ 氧化后可得到一种酮（B），A 在浓 H_2SO_4 作用下加热脱水得到一不饱和烃（C），此烃（C）经 $KMnO_4$ 氧化可生成另一种酮（D）和一种羧酸（E），试推断 A 的结构简式，并写出生成 B、C、D、E 的各步生成反应式。

八、分子式为 C_7H_8O 的芳香族化合物 A，与金属钠无反应；在浓氢碘酸作用下得到 B 和 C。B 能溶于氢氧化钠，并与三氯化铁作用产生紫色。C 与硝酸银乙醇溶液作用产生黄色沉淀，推测 A，B，C 的结构，并写出各步反应。

九、分子式为 $C_5H_{12}O$ 的 A，能与金属钠作用放出氢气，A 与浓硫酸共热生成 B。用冷的高锰酸钾水溶液处理 B 得到产物 C。C 与高碘酸作用得到丙酮与乙醛。B 与 HBr 作用得到 D（$C_5H_{11}Br$），将 D 与稀碱共热又得 A。推测 A 的结构，并用反应式表明推断过程。

十、芳香族化合物 A 和 B，分子式均为 C_7H_8O。都能与金属钠作用放出氢气。A 能与 $FeCl_3$ 显色，当 A 进行苯环上的取代时可以得到两种主要产物。B 不能与 $FeCl_3$ 显色，但可以与 $ZnCl_2$ 的浓盐酸溶液反应生成卤代芳烃，B 与高锰酸钾作用生成醛。试推测 A、B 的结构式，并写出有关反应式。

问题探究

1. 以苯酚为原料设计一种制备临邻溴酚的较好方法。

2. 用什么方法从混合物中分离出邻位异构体？

项目 3.3 醛 酮 醌

目标要求

1. 熟悉醛、酮的分类，掌握醛、酮的命名法。
2. 理解醛、酮的物理性质，掌握醛、酮的化学性质。
3. 能应用醛酮的反应于有机合成和有机分析。

项目导入

有人说，由于甲醛溶于水，可以在家里多放几个水盆用来吸收甲醛，或者用醋或红茶泡水等方法吸收甲醛。甲醛易溶于水、水、醇和醚这是事实，空气中的游离甲醛运动过程中遇到水后会溶入其中，这与活性炭的吸附原理类似。一盆水与空气的接触面积只有水盆的大小，而 1 克活性炭内部孔隙的比表面积可以达到一个足球场那么大。即使在房间内放一百盆水，其实吸附效果不会比一小包活性炭强多少。因此利用水、红茶、醋等方法来吸附甲醛，显然是不现实的。

知识掌握

醛、酮分子中含有官能团羰基 $\rangle C=O$，故称为羰基化合物。

羰基和两个烃基相连的化合物叫作酮，至少和一个氢原子相连的化合物叫作醛，可用通式表示为：

酮 $R_1-\underset{\underset{O}{\parallel}}{C}-R_2$ $\quad Ar-\underset{\underset{O}{\parallel}}{C}-R$ $\quad Ar_1-\underset{\underset{O}{\parallel}}{C}-Ar_2$

醛 $(H)R-\underset{\underset{O}{\parallel}}{C}-H$ $\quad Ar-\underset{\underset{O}{\parallel}}{C}-H$

酮分子中的羰基称为酮基，醛分子中的 $-\overset{\overset{O}{\parallel}}{C}-H$ 称为醛基，醛基可以简写为—CHO，但不能写成—COH。

3.3.1　醛和酮的分类和命名

1. 醛、酮的分类

根据羰基所连烃基的结构，可把醛、酮分为脂肪族、脂环族和芳香族醛、酮等几类。根据羰基所连烃基的饱和程度，可把醛、酮分为饱和与不饱和醛、酮。根据分子中羰基的数目，可把醛、酮分为一元、二元和多元醛、酮等。

2. 醛、酮的命名

少数结构简单的醛、酮，可以采用普通命名法命名，即在与羰基相连的烃基名称后面加上“醛”或“酮”字。例如：

$CH_3CH(CH_3)CHO$　异丁醛

CH_3COCH_3　二甲(基)酮

$CH_3COCH_2CH_3$　甲(基)乙(基)酮

$C_6H_5COCH_3$　苯基甲基酮

结构复杂的醛、酮通常采用系统命名法命名。选择含有羰基的最长碳链为主链，从距羰基最近的一端编号，根据主链的碳原子数称为“某醛”或“某酮”。因为醛基处在分子的一端，命名醛时可不用标明醛基的位次，但酮基的位次必须标明。主链上有取代基时，将取代基的位次和名称放在母体名称前。主链编号也可用希腊字母 α，β，γ…表示。命名不饱和醛、酮时，需标出不饱和键的位置。例如：

$(CH_3)_2CHCHO$　2-甲基丙醛

$CH_3COCH_2CH(CH_3)CH_3$　4-甲基-2-戊酮

$CH_3CHBrCOCHBrCH_3$　2,4-二溴-3-戊酮

$CH_3CH{=}CHCHO$　2-丁烯醛

命名芳香醛、酮时，把芳香烃基作为取代基。例如：

$C_6H_5COCH_3$　苯乙酮

$C_6H_5COCH_2CH_3$　1-苯基-1-丙酮

$C_6H_5CH_2COCH_3$　1-苯基-2-丙酮

某些醛常用俗名。例如：

C_6H_5CHO　苦杏仁油(苯甲醛)

$o\text{-}HOC_6H_4CHO$　水杨醛(2-羟基苯甲醛)

$C_6H_5CH{=}CHCHO$　肉桂醛(3-苯基丙烯醛)

交流研讨

根据命名写出下列化合物：

(1) 异丁醛　　(2) 苯甲醛　　(3) 丙酮　　(4) 邻羟基苯甲醛

(5) 4-苯基-2-丁酮

3.3.2　醛和酮的物理性质

室温下，除甲醛是气体外，十二个碳原子以下的脂肪醛、酮为液体，高级脂肪醛、酮和芳香酮多为固体。酮和芳香醛具有愉快的气味，低级醛具有强烈的刺激气味，中级醛具有果香味，所以含有9个和10个碳原子的醛可用于配制香料。

醛、酮是极性化合物，但醛、酮分子间不能形成氢键，所以醛、酮的沸点较分子量相近的烷烃和醚高，但比分子量相近的醇低。例如：

	丁烷	丙醛	丙酮	丙醇
分子量	58	58	58	60
沸点/℃	-0.5	48.8	56.1	97.2

醛、酮的羰基能与水分子形成氢键，所以四个碳原子以下的低级醛、酮易溶于水，如甲醛、乙醛、丙醛和丙酮可与水互溶，其他醛、酮在水中的溶解度随分子量的增加而减小。高级醛、酮微溶或不溶于水，易溶于一般的有机溶剂。

3.3.3　醛和酮的化学性质

醛、酮的化学反应可归纳如下：

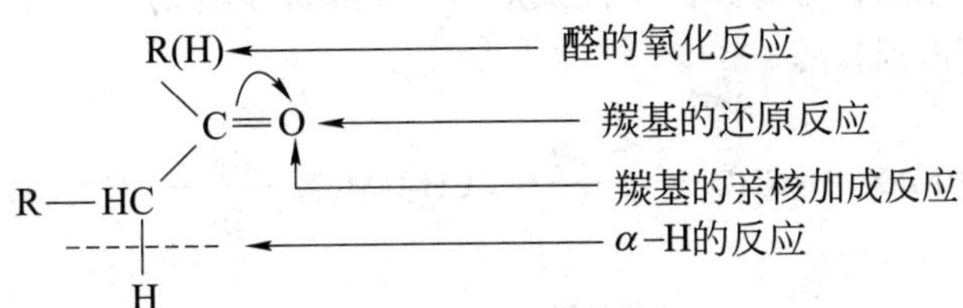

1. 羰基的亲核加成反应

1）与氢氰酸加成

醛、酮与氢氰酸作用，生成α-羟基腈。反应是可逆的，少量碱存在可加速反应进行。

$$\underset{R'(H)}{\overset{R}{>}}C{=}O + HCN \rightleftharpoons \underset{R'(H)}{\overset{R}{>}}C\underset{CH}{\overset{OH}{<}} \xrightarrow[H^+]{H_2O} \underset{R'(H)}{\overset{R}{>}}C\underset{COOH}{\overset{OH}{<}}$$

α-羟基腈可进一步水解成α-羟基酸。由于产物比反应物增加了一个碳原子，所以该反应是有机合成中增长碳链的方法。

2）与亚硫酸氢钠加成

醛、酮与饱和亚硫酸氢钠溶液作用，亚硫酸氢钠分子中带未共用电子对的硫原子作为亲核中心进攻羰基碳原子，生成α-羟基磺酸钠。反应是可逆的，必须加入过量的饱和亚硫酸氢钠溶液，以促使平衡向右移动。

$$\underset{(H)}{R'}\!\!>\!C{=}O + HO{-}\overset{O}{\underset{O}{S}}{-}O^-Na^+ \rightleftharpoons \underset{R'}{\overset{R}{}}\!\!>\!C\!<\!\underset{SO_3Na}{\overset{OH}{}}\downarrow$$

白色沉淀

与加氢氰酸相同，只有醛、脂肪族甲基酮、八个碳原子以下的环酮才能与饱和亚硫酸氢钠溶液反应。

由于α-羟基磺酸钠不溶于饱和亚硫酸氢钠溶液，以白色沉淀析出，所以此反应可用来鉴别醛、酮。另外，α-羟基磺酸钠溶于水而不溶于有机溶剂，与稀酸或稀碱共热可分解析出原来的羰基化合物，所以此反应也可用于分离提纯某些醛、酮。

$$R{-}\underset{OH}{\underset{|}{CH}}SO_3Na \xrightarrow[H_2O]{HCl} RCHO + NaCl + SO_2 + H_2O$$

$$R{-}\underset{OH}{\underset{|}{CH}}SO_3Na \xrightarrow[H_2O]{Na_2CO_3} RCHO + Na_2SO_3 + NaHCO_3$$

3）与格氏试剂加成

格氏试剂是较强的亲核试剂，非常容易与醛、酮进行加成反应，

$$R{-}MgX + >C{=}O \longrightarrow R{-}C{-}OMgX \xrightarrow[H^+]{H_2O} R{-}C{-}OH + Mg(OH)X$$

加成的产物不必分离便可直接水解生成相应的醇，是制备醇的最重要的方法之一。

格氏试剂与甲醛作用，可得到比格氏试剂多一个碳原子的伯醇；与其他醛作用，可得到仲醇；与酮作用，可得到叔醇。

$$RMgX + HCHO \xrightarrow{干燥乙醚} RCH_2OMgX \xrightarrow[H^+]{H_2O} RCH_2OH$$

$$RMgX + R'CHO \xrightarrow{干燥乙醚} R{-}\underset{R'}{\underset{|}{CH}}OMgX \xrightarrow[H^+]{H_2O} R{-}\underset{R'}{\underset{|}{CH}}{-}OH$$

$$RMgX + \underset{R''}{\overset{R'}{}}\!\!>\!C{=}O \xrightarrow{干燥乙醚} R{-}\underset{R''}{\overset{R'}{C}}{-}OMgX \xrightarrow[H^+]{H_2O} R{-}\underset{R''}{\overset{R'}{C}}{-}OH$$

由于产物比反应物增加了碳原子，所以该反应在有机合成中是增长碳链的方法。

4）与醇加成

在干燥氯化氢的催化下，醛与醇发生加成反应，生成半缩醛。半缩醛又能继续与过量的醇作用，脱水生成缩醛。反应是可逆的，必须加入过量的醇以促使平衡向右移动。

半缩醛不稳定，容易分解成原来的醛和醇。在同样条件下，半缩醛可以与另一分子醇反

$$\mathrm{R(H)C{=}O} + \mathrm{R'\ddot{O}H} \underset{}{\overset{干HCl}{\rightleftharpoons}} \left[\mathrm{R(H)C(OH)(OR')}\right] \underset{干燥HCl}{\overset{R'OH}{\rightleftharpoons}} \mathrm{R(H)C(OR')_2}$$

半缩醛 缩醛

应生成稳定的缩醛。

酮一般不和一元醇加成，但在无水酸催化下，酮能与乙二醇等二元醇反应生成环状缩酮。

$$\mathrm{RR'C{=}O} + \mathrm{HOCH_2CH_2OH} \xrightarrow{干HCl} \mathrm{RR'C}\langle\mathrm{O{-}CH_2}\text{—}\mathrm{O{-}CH_2}\rangle$$

2. α-H 的反应

醛、酮分子中，与羰基直接相连的碳原子上的氢原子称为 α-H 原子。由于羰基的 π 电子云与 α-碳氢键之间的 σ 电子云相互交叠产生 σ-π 超共轭效应，削弱了 α-碳氢键，使 α-H 更加活泼，酸性有所增强。因此醛、酮分子中的 α-H 表现出特别的活性。

1）卤代及碘仿反应

醛、酮分子中的 α-H 原子在酸性或中性条件下容易被卤素取代，生成 α-卤代醛或 α-卤代酮。例如：

$$\mathrm{C_6H_5{-}\overset{O}{\overset{\|}{C}}{-}CH_3} + \mathrm{Br_2} \xrightarrow[微量AlCl_3]{乙醚} \mathrm{C_6H_5{-}\overset{O}{\overset{\|}{C}}{-}CH_2Br} + \mathrm{HBr}$$

α-卤代酮是一类催泪性很强的化合物。

酸催化可控制反应在一卤代阶段。由于引入卤原子的吸电子效应，使羰基氧原子上的电子云密度降低，再质子化形成烯醇要比未卤代时困难。

卤代反应也可被碱催化，碱催化的卤代反应很难停留在一卤代阶段。如果 α-C 为甲基，例如乙醛或甲基酮（CH_3CO—），则三个氢都可被卤素取代。这是由于 α-H 被卤素取代后，卤原子的吸电子诱导效应使还没有取代的 α-H 更活泼，更容易被取代。例如：

$$\mathrm{CH_3{-}\underset{\underset{O}{\|}}{C}{-}CH_3} + \mathrm{X_2} \xrightarrow{NaOH} \mathrm{CH_3{-}\underset{\underset{O}{\|}}{C}{-}CX_3}$$

生成的 1,1,1-三卤代丙酮由于羰基氧和三个卤原子的吸电子作用，使碳-碳键不牢固，在碱的作用下会发生断裂，生成卤仿和相应的羧酸盐。例如：

$$\mathrm{CH_3{-}\underset{\underset{O}{\|}}{C}{+}CX_3} \xrightarrow[H_2O]{NaOH} \mathrm{CH_3\overset{O}{\overset{\|}{C}}{-}O^-} + \mathrm{CHX_3}$$

因为有卤仿生成，故称为卤仿反应，当卤素是碘时，称为碘仿反应。碘仿（CHI_3）是黄色沉淀，利用碘仿反应可鉴别乙醛和甲基酮。

2）羟醛缩合反应

在稀碱催化下，含 α-H 的醛发生分子间的加成反应，生成 β-羟基醛，这类反应称为羟醛缩合（aldol condensation）反应。例如：

$$CH_3-\underset{\underset{O}{\|}}{C}H + HCH_2-\underset{\underset{O}{\|}}{C}-H \underset{稀OH^-}{\rightleftharpoons} CH_3\underset{\underset{OH}{|}}{C}H-CH_2CHO$$

β-羟基醛在加热下很容易脱水生成 α, β-不饱和醛：

$$CH_3-\underset{\underset{OH}{|}}{C}H-\underset{\underset{H}{|}}{C}HCHO \xrightarrow{\triangle} CH_3CH=CHCHO + H_2O$$

关于羟醛缩合反应的几点说明：

不含 α-H 的醛，如甲醛、苯甲醛、2,2-二甲基丙醛等不发生羟醛缩合反应。

如果使用两种不同的含有 α-H 的醛，则可得到四种羟醛缩合产物的混合物，不易分离，无制备意义。

如果一个含 α-H 的醛和另一个不含 α-H 的醛反应，则可得到收率好的单一产物。例如：

$$C_6H_5-CHO + CH_3CH_2CHO \underset{}{\overset{稀NaOH}{\rightleftharpoons}} C_6H_5-\underset{\underset{OH}{|}}{C}H\underset{\underset{CH_3}{|}}{C}HCHO \xrightarrow[-H_2O]{\triangle} C_6H_5-CH=\underset{\underset{CH_3}{|}}{C}CHC$$

两分子酮进行缩合时，由于电子效应和空间效应的影响，在同样的条件下，只能得到少量缩合产物。例如：

$$CH_3\underset{}{\overset{O}{\overset{\|}{C}}}CH_3 + CH_3\overset{O}{\overset{\|}{C}}CH_3 \xrightarrow{OH^-} CH_3-\overset{CH_3}{\underset{OH}{C}}-CH_2-\overset{O}{\overset{\|}{C}}-CH_3 \quad 1\%$$

如果采用特殊装置，将产物不断由平衡体系中移去，则可使酮大部分转化为 β-羟基酮。

3. 氧化反应和还原反应

1）氧化反应

醛羰基碳上连有氢原子，所以醛很容易被氧化为相应的羧酸，甚至空气中的氧都可将醛氧化。酮一般不被氧化，在强氧化剂作用下，则碳碳键断裂生成小分子的羧酸，无制备意义。只有环酮的氧化常用来制备二元羧酸。

若使用弱氧化剂，则醛能被氧化而酮不被氧化，这是实验室区别醛、酮的方法。常用的氧化剂有下列几种：

(1) 托伦（Tollen）试剂

硝酸银的氨溶液。将醛和托伦试剂共热，醛被氧化为羧酸，银离子被还原为金属银附着在试管壁上形成明亮的银镜，所以这个反应又称为银镜反应。

$$RCHO + 2Ag(NH_3)_2OH \xrightarrow[\triangle]{} RCOONH_4 + 2Ag\downarrow + H_2O + 3NH_3\uparrow$$

要想得到银镜，试管壁必须干净，否则出现黑色悬浮的金属银。

托伦试剂既可氧化脂肪醛，又可氧化芳香醛。在同样的条件下酮不发生反应。

(2) 费林 (Fehling) 试剂

由 A、B 两种溶液组成，A 为硫酸铜溶液，B 为酒石酸钾钠和氢氧化钠溶液，使用时等量混合组成费林试剂。其中酒石酸钾钠的作用是使铜离子形成配合物而不致在碱性溶液中生成氢氧化铜沉淀。

脂肪醛与费林试剂反应，生成氧化亚铜砖红色沉淀。

$$RCHO + Cu^{2+} \xrightarrow{OH^-} RCOO^- + Cu_2O\downarrow$$

甲醛可使费林试剂中的 Cu^{2+} 还原成单质的铜。其他脂肪醛可使费林试剂中的 Cu^{2+} 还原成 Cu_2O 沉淀。酮及芳香醛不与费林试剂反应。

2) 还原反应

醛、酮可以发生还原反应，在不同的条件下，还原的产物不同。

(1) 羰基还原为羟基

用催化氢化的方法，醛、酮可分别被还原为伯醇或仲醇，常用的催化剂是镍、钯、铂。

$$RCHO + H_2 \xrightarrow{Ni} RCH_2OH$$

$$\begin{matrix} R \\ \diagdown \\ C{=}O + H_2 \\ \diagup \\ R_1 \end{matrix} \xrightarrow{Ni} \begin{matrix} R \\ \diagdown \\ CHOH \\ \diagup \\ R_1 \end{matrix}$$

催化氢化的选择性不强，分子中同时存在的不饱和键也同时会被还原。例如：

$$CH_3CH{=}CH{-}CHO + H_2 \xrightarrow{Ni} CH_3CH_2CH_2CH_2OH$$

某些金属氢化物如硼氢化钠 ($NaBH_4$)、异丙醇铝 ($Al[OCH(CH_3)_2]_3$) 及氢化铝锂 ($LiAlH_4$) 有较高的选择性，它们只还原羰基，不还原分子中的不饱和键。例如：

$$CH_3CH{=}CH{-}CHO \xrightarrow{NaBH_4} CH_3CH{=}CHCH_2OH$$

(2) 羰基还原为亚甲基

用锌汞齐与浓盐酸可将羰基直接还原为亚甲基，这个方法称为克莱门森 (Clemmenson) 还原法。

$$\diagdown C{=}O \xrightarrow[\text{浓HCl}]{Zn\text{-}Hg} \diagdown CH_2$$

该方法是在浓盐酸介质中进行的。因此，分子中若有对酸敏感的其他基团，如醇羟基、碳碳双键等则不能用这个方法还原。

用沃尔夫-基希纳还原法也可将羰基还原为亚甲基。沃尔夫-基希纳的方法是将羰基化合物与无水肼反应生成腙，然后在强碱作用下，加热、加压使腙分解放出氮气而生成烷烃。

$$>C=O + NH_2NH_2(\text{无水}) \longrightarrow >C=N-NH_2 \xrightarrow[\text{加热加压}]{KOH} >CH_2 + N_2\uparrow$$

这个反应广泛用于天然产物的研究中，但条件要求高，操作不便。1946 年，我国化学家黄鸣龙改进了这个方法。他采用水合肼、氢氧化钠和一种高沸点溶剂与羰基化合物回流生成腙，再将水及过量肼蒸出，然后升温至 200 ℃回流 3~4 h 使腙分解得到烷烃。改进后的方法提高了产率，应用更加广泛。

3）歧化反应

不含 α-H 的醛，如 HCHO、R_3C—CHO 等，与浓碱共热发生自身的氧化还原反应，一分子醛被氧化成羧酸，另一分子醛被还原为醇，这个反应叫作歧化反应，也叫作坎尼扎罗反应。例如：

$$2HCHO \xrightarrow{\text{浓}NaOH} HCOO^- + CH_3OH$$

两种无 α-H 的醛进行交叉歧化反应的产物复杂，不易分离，因此无实际意义。但如果用甲醛与另一种无 α-H 的醛进行交叉歧化反应时，甲醛总是被氧化为甲酸，另一种醛被还原为醇。例如：

$$HCHO + C_6H_5\text{—}CHO \xrightarrow{\text{浓}NaOH} HCOO^- + C_6H_5\text{—}CH_2OH$$

3.3.4 重要的醛酮

醛、酮是一类很重要的化合物，它们广泛地用作溶剂、合成中间体、香料、塑料单体等。

1. 甲醛

甲醛又名蚁醛。常温下是无色、有刺激性的气体，易溶于水，有杀菌防腐能力。37%~40%的甲醛水溶液（内含 8%的甲醇）商业上叫“福尔马林”（formalin）。因为甲醛能使蛋白质凝固，所以常用作消毒剂和防腐剂。

甲醛是结构上比较特殊的醛。羰基直接连接两个氢原子，因此它表现出特殊的化学活性。甲醛和氨作用生成一个结构复杂的化合物——六亚甲基四胺，商品名叫乌洛托品。

$$6HCHO + 4NH_3 \longrightarrow (CH_2)_6N_4 + 6H_2O$$

六亚甲基四胺

六亚甲基四胺是无色晶体，熔点 263 ℃，易溶于水，有甜味，燃烧时产生炽热的火焰。乌洛托品在医药上用作利尿剂和尿道消毒剂。在塑料工业上用作固化剂，如热塑性酚醛树脂中加入六亚甲基四胺，加热即可固化。这是因为六亚甲基四胺在加热时水解产生的甲醛起着交联剂的作用，氨则起碱性催化剂的作用。六亚甲基四胺也是制造烈性炸药的原料。

甲醛非常容易聚合，在不同的条件下生成三聚甲醛和多聚甲醛。它们加热到一定的温度都解聚成甲醛。

高纯度的甲醛用三氟化硼作催化剂容易聚合成分子量为数万至数十万的线性甲醛聚合物，叫作聚甲醛。它是白色粉末。聚甲醛是一种具有优良综合性能的工程塑料，在较大的温度范围内有很好的机械强度和硬度，自润性和耐磨性也很好，可以代替金属材料制造汽车、飞机的零件、泵、轴承等。

2. 乙醛

是无色、有刺激臭味、易挥发的液体，可溶于水、乙醇、乙醚中。三氯乙醛是乙醛的一个重要衍生物，是由乙醇与氯气作用而得。三氯乙醛由于三个氯原子的吸电子效应，使羰基活性大为提高，可与水形成稳定的水合物，称为水合三氯乙醛，简称水合氯醛。其10%水溶液在临床上作为长时间作用的催眠药，用于失眠、烦躁不安等。

3. 苯甲醛

为无色液体，微溶于水，易溶于乙醇和乙醚中。苯甲醛易被空气中的氧氧化成白色的苯甲酸固体。

4. 丙酮

为无色易挥发易燃的液体，具有特殊的气味，与极性及非极性液体均能混溶，与水能以任何比例混溶。优良的有机溶剂。重要的有机合成原料。

5. 苯乙酮

为淡黄色液体，不溶于水，是合成苯乙烯的中间体。

6. 丙烯醛

是无色有刺激性的挥发性液体，脂肪过热时所产生的刺激性气味是由于其甘油成分变成丙烯醛之故。

3.3.5 醌

醌是指分子中具有或结构的二元环酮化合物。醌在自然界分布很广。醌类化合物大多有颜色。食品工业中的许多色素、一些危害粮油食品的霉菌和真菌、昆虫的一些色素及某些毒素、动植物细胞中某些酶的辅酶等，均是醌类化合物。

1. 醌的命名

醌可分为苯醌、萘醌和蒽醌。命名时在醌前加芳香烃基的名称，并指出邻、对羰基的位置。例如：

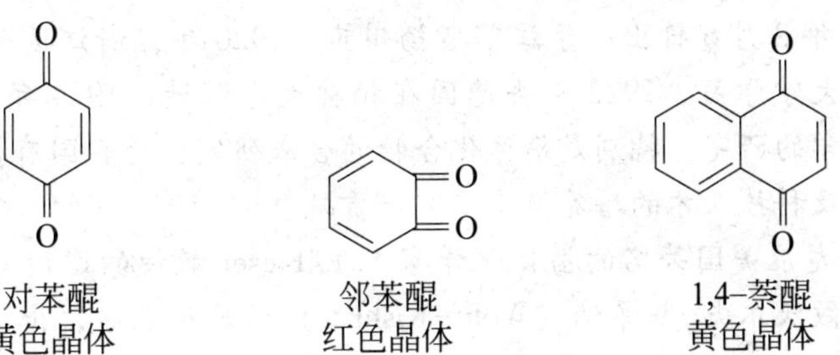

对苯醌 黄色晶体　　邻苯醌 红色晶体　　1,4–萘醌 黄色晶体

2. 醌的性质

醌的结构可看作为环式不饱和酮，两个羰基和两个或两个以上的碳碳双键共轭，又不同于芳环共轭。醌不属于芳香族化合物，可以不发生不饱和键典型的加成反应。

醌可与羰基亲核试剂作用，如苯醌与一分子或两分子羟胺（NH_2OH）作用生成单肟或双肟，与肼作用生成腙。

醌分子中的碳碳双键可与卤素、卤化氢等亲电试剂加成，如对苯醌与氯加成可得到二氯或四氯化合物。

有许多醌类化合物还具有生理活性，如蒽醌对鸟有拒避作用，2,3-二氯-1,4-萘醌则具有较好的杀虫性能，这些醌类化合物常用作植物种子的保护剂。

3. 重要的醌

1）对苯醌

对苯醌在常温下为黄色结晶固体，熔点为 115 ℃，密度为 1.31 g/cm^3。它溶于热水，能升华。有特殊的刺激性气味，易与蛋白质结合，当与皮肤接触时会使皮肤变色。

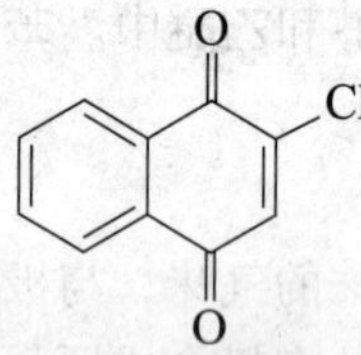

O, CH_3, O

甲萘醌

2）甲萘醌

甲萘醌又称 2-甲基-1,4-萘醌，是 K 族维生素的母体。维生素 K_1 和维生素 K_2 都是萘醌的衍生物，它们都具有凝血作用。人或动物缺乏维生素 K 受伤后常会出血不止。

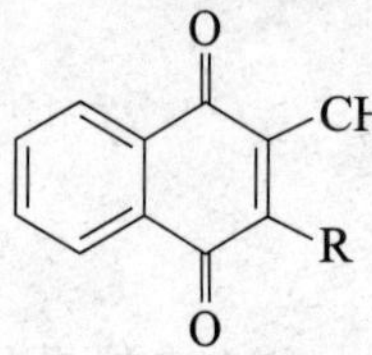

O, CH_3, R, O

维生素K

K_1：$R=-CH_2CH=\overset{CH_3}{\overset{|}{C}}-CH_2\!\left(CH_2\overset{CH_3}{\overset{|}{C}}HCH_2CH_2\right)_3H$

K_2：$R=\!\left(CH_2-CH=\overset{CH_3}{\overset{|}{C}}-CH_2\right)_6H$

知识链接

黄鸣龙及黄鸣龙还原法

黄鸣龙，1898 年 8 月 6 日出生于江苏省扬州市。1920 年，浙江医药专科学校毕业，即赴瑞士，在苏黎世大学学习。1922 年去德国在柏林大学深造，1924 年，获哲学博士学位。毕生致力于有机化学的研究，特别是甾体化合物的合成研究，为我国有机化学的发展和甾体药物工业的建立以及科技人才的培养做出了突出贡献。

1945 年，黄鸣龙应美国著名的甾体化学家 L. F. Fieser 教授的邀请去哈佛大学化学系做研究工作。一次在做沃尔夫-基希纳（Wolff-Kishner）还原反应时，出现了意外情况，但黄鸣龙并未弃之不顾，而是继续做下去，结果得到出乎意外的好产率。于是，他仔细分析原因，又通过一系列反应条件中的实验，终于对羰基还原为亚甲基的方法进行了创造性的改进。现此法简称黄鸣龙还原法，在国际上已广泛采用，并被写入各国有机化学教科书中。此方法的发现虽有其偶然性，但与黄鸣龙一贯严格的科学态度和严谨的治学精神是分不开的。

黄鸣龙还原法的基础是沃尔夫-基希纳还原法，黄鸣龙在其反应条件上进行了改良：

(1) 先将醛、酮、氢氧化钠、肼的水溶液和一个高沸点的水溶性溶剂（如二甘醇、三甘醇）一起加热，使醛、酮变成腙。

(2) 蒸出过量的水和未反应的肼，待达到腙的分解温度（约 200 ℃时，继续回流 3~4 h 至反应完成）。

知识巩固

一、命名下列化合物

1. $CH_3CH_2\overset{\overset{O}{\|}}{C}CH(CH_3)_2$

2. $CH_3CH_2\underset{}{\overset{\overset{CH_3}{|}}{C}H}CH_2\overset{\overset{CH_3}{|}}{C}HCH_2CHO$

3. $\overset{CH_3}{\underset{H}{}}\!\!>C=C<\!\!\overset{H}{\underset{CH_2CH_2CHO}{}}$

4. $CH_3\overset{\overset{CH_3}{|}}{C}HCHO$

5. $CH_3-\overset{\overset{O}{\|}}{C}-CH_2-\overset{\overset{CH_3}{|}}{C}H-CHO$

6. $CH_3\overset{\overset{CH_3}{|}}{C}HCH_2CH=CHCHO$

7. $CH_3\overset{\overset{CH_3}{|}}{C}H-\overset{\overset{O}{\|}}{C}-CH_3$

8. $CH_3-\overset{\overset{O}{\|}}{C}-CH_2-\overset{\overset{O}{\|}}{C}-CH_2CH_3$

9. 苯环：1位 CHO，2位 OH，4位 CH_3

二、完成下列反应

1. $CH_3CH_2COCH_3 \xrightarrow[OH^-]{HCN} \xrightarrow{稀H_2SO_4}$

2. $CH_3COCH_3 \xrightarrow[H_2O]{NaHSO_3} \xrightarrow{OH^-}$

3. $CH_3-\overset{\overset{O}{\|}}{C}-CH_2CH_3 \xrightarrow{CH_3MgBr} \xrightarrow{H_2O}$

4. $CH_3-\overset{\overset{OH}{|}}{C}H-CH_2CH_3 \xrightarrow{(\quad)} CH_3-\overset{\overset{O}{\|}}{C}-CH_2CH_3 \xrightarrow{HCN}$

5. $CH_3—\overset{O}{\overset{\|}{C}}—CH_2CH_2CH_3 + H_2N—NH—$(2,4-二硝基苯基：邻位 O_2N，对位 NO_2) $\xrightarrow{加热}$

6. $(CH_3)_3CCHO \xrightarrow{浓NaOH}$

7. $C_6H_5—CHO + HCHO \xrightarrow{浓NaOH}$　　　　+

8. 环戊酮 $\xrightarrow{NaBH_4}$

9. $CH_3—C(CH_3)_2—\overset{O}{\overset{\|}{C}}—CH_3 \xrightarrow[NaOH]{I_2} \xrightarrow{H_3O^+}$

10. $CH_3O—\overset{O}{\overset{\|}{C}}—$(环己基-4-酮)$=O \xrightarrow{NaBH_4}$

11. $C_6H_5—\overset{O}{\overset{\|}{C}}—CH_3 + CH_3MgBr \xrightarrow[②H^+/H_2O]{①乙醚}$

12. $C_6H_5—CH=CHCHO \xrightarrow[OH^-]{Ag(NH_3)_2^+}$

13. $CH_3CH_2CHO \xrightarrow{稀NaOH} \xrightarrow{加热}$

三、将下列化合物按沸点由高到低排列成序

1. 正丁醛　　2. 正戊烷　　3. 正丁醇　　4. 2-甲基丙醛

四、用化学方法鉴别下列各组化合物

1. 甲醛、乙醛、丙酮、苯乙酮　　2. 戊醛、2-戊酮、3-戊酮、2-戊醇

五、下列化合物能够发生碘仿反应的有（　　）。

1. CH_3CHO　　2. $CH_3CH_2COCH_2CH_3$　　3. $(CH_3)_2CHOH$　　4. 环己酮（环己基$=O$）

5. $(CH_3)_2CHCHO$　　6. C_6H_5CHO　　7. $C_6H_5COCH_3$　　8. 环己基$—CHO$

六、某化合物分子式为 $C_5H_{12}O$（A），氧化后得 $C_5H_{10}O$（B），B 能和苯肼反应，也能发生碘仿反应，A 和浓硫酸共热得 C_5H_{10}（C），C 经氧化后得丙酮和乙酸，推测 A 的结构，并用反应式表明推断过程。

项目 3.4　羧酸及其衍生物

目标要求

1. 掌握羧酸及其衍生物的分类和命名原则。
2. 掌握羧酸及其衍生物的物理和化学性质。
3. 能利用羧酸性质分离提纯鉴别羧酸。
4. 能将羧酸衍生物相互转化的条件运用于有机合成中。

项目导入

羧酸广泛存在于自然界中，与人类的生活关系极为密切，如食用醋的主要成分是醋酸，柠檬中含有柠檬酸，松香中含有松香酸，单宁中含有没食子酸，胆汁中存在有胆甾酸等。实际上大多数羧酸是以酯的形式存在于自然界中，如苯甲酸（安息香酸）就以酯的形式存在于安息香中，油脂是高级脂肪酸的酯，草酸则以盐的形式存在于许多植物细胞中。2015 年，中国科学家屠呦呦获得了诺贝尔生理学或医学奖，她的主要贡献是发现了可以用于治疗疟疾的药物青蒿素，它是一种新型倍半萜内酯。

知识掌握

分子中含有羧基（—COOH）的化合物叫作羧酸。羧基是羧酸的官能团，羧酸分子中的羧基被不同的原子或基团取代后生成的产物叫作羧酸衍生物。

3.4.1　羧酸

1. 羧酸的分类和命名

1）羧酸的分类

根据分子中烃基的结构，可把羧酸分为脂肪酸（饱和脂肪酸和不饱和脂肪酸）、脂环酸（饱和脂环酸和不饱和脂环酸）、芳香酸等；根据分子中羧基的数目，又可把羧酸分为一元酸、二元酸、多元酸等。

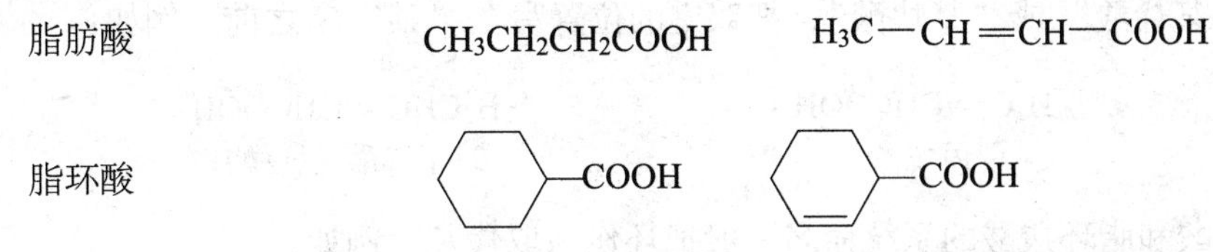

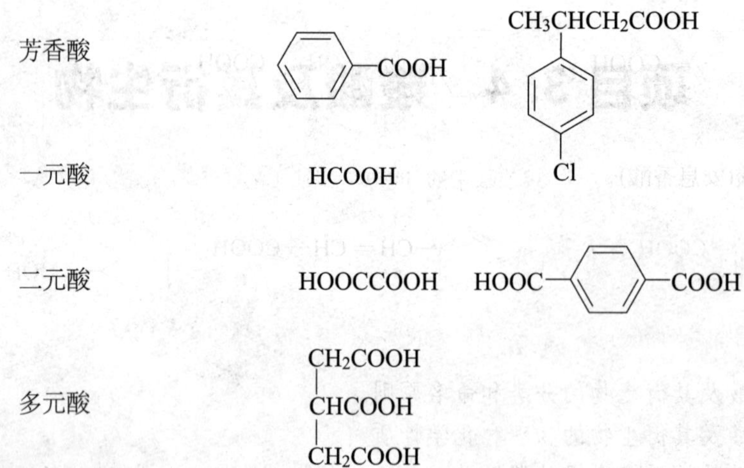

2）羧酸的命名

羧酸的命名方法有俗名和系统命名两种。

早期发现的羧酸一般都是根据它们的来源用俗名来命名的，例如，蚁酸（甲酸）存在于蚂蚁的分泌物中，醋酸（乙酸）存在于食醋中，酪酸（丁酸）存在于酸败的奶油中，羊油酸（己酸）、羊脂酸（辛酸）、羊蜡酸（癸酸）存在于山羊的脂肪中，安息香酸（苯甲酸）存在于安息香胶中。

脂肪族一元酸的系统命名法与醛的命名法类似，即首先选择含有羧基的最长碳链作为主链，根据主链的碳原子数称为“某酸”；然后从含有羧基的一端编号，用阿拉伯数字或用希腊字母（α，β，γ，δ，…）表示取代基的位置，将取代基的位次及名称写在主链名称之前。例如：

$$\overset{\gamma}{H_3C}-\overset{\beta}{\underset{\displaystyle CH_3}{\underset{|}{CH}}}-\overset{\alpha}{CH_2}-COOH$$

3-甲基丁酸　或　β-甲基丁酸

$$\overset{4}{H_3C}-\overset{3}{\underset{\displaystyle CH_3}{\underset{|}{CH}}}-\overset{2}{\underset{\displaystyle CH_3}{\underset{|}{CH}}}-\overset{1}{COOH}$$

2,3-二甲基丁酸

脂肪族二元酸的系统命名是选择包含两个羧基的最长碳链作为主链，根据碳原子数称为“某二酸”，把取代基的位置和名称写在“某二酸”之前。例如：

$$HOOC-COOH$$

乙二酸（草酸）

$$HOOC-H_2C-COOH$$

丙二酸

$$HOOC-H_2C-CH_2-COOH$$

丁二酸(琥珀酸)

$$H_3C-\underset{\displaystyle CH_2-COOH}{\underset{|}{CH}}-COOH$$

甲基丁二酸

不饱和脂肪羧酸的系统命名是选择含有不饱和键和羧基的最长碳链作为主链，根据碳原子数称为“某烯酸”或“某炔酸”，把双键的位置写在“某”字之前。例如：

$$H_2C=CHCOOH$$

丙烯酸

$$H_3CHC=CHCOOH$$

2-丁烯酸(巴豆酸)

芳香羧酸和脂环羧酸的系统命名一般把环作为取代基。例如：

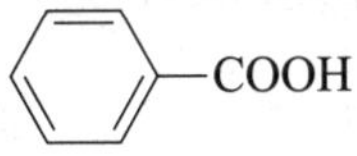

COOH　　CH—CH_2—COOH（CH 上连 CH_3）　　CH_2COOH

苯甲酸(安息香酸) 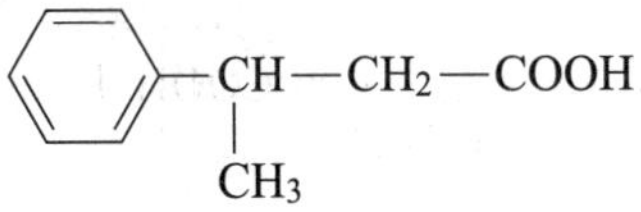　　3–苯基丁酸 或 β–苯基丁酸 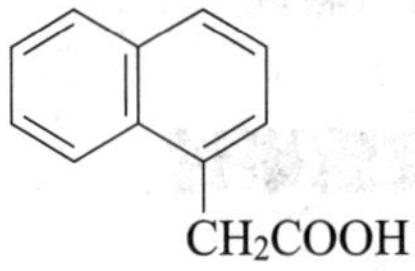　　1–萘乙酸 或 α–萘乙酸

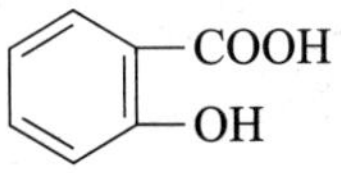

COOH、OH　　CH═CH—COOH　　COOH

邻羟基苯甲酸(水杨酸) 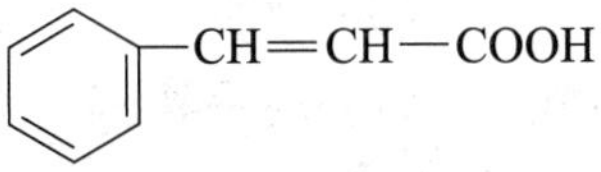　　3–苯基丙烯酸(肉桂酸) 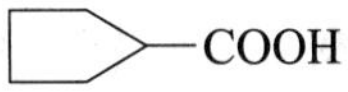　　环戊基甲酸

交流研讨

1. 写出下列化学式的系统命名。

（1）$CH_3(CH_2)_4(CH═CHCH_2)_4(CH_2)_2COOH$　　（2）CH_2COOH（环己基）

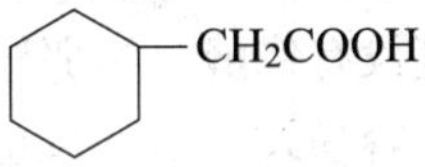

（3）HOOC—（苯环）—COOH

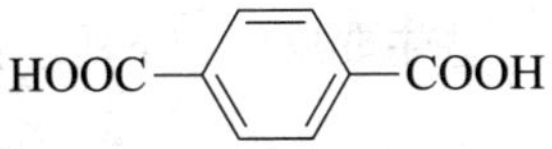

2. 写出下列化合物的结构式。

（1）2–丁烯酸　（2）苯甲酸　（3）丁酸　（4）β–甲基–α–戊稀酸

（5）3–环戊基丁酸

2. 羧酸的物理性质

羧基是极性较强的亲水基团，其与水分子间的缔合比醇与水的缔合强，所以羧酸在水中的溶解度比相应的醇大。常温下，4 个碳以下的羧酸可与水混溶，10 个碳原子以下的饱和一元羧酸是液体，且有强烈的气味。随着羧酸分子量的增大，其所含疏水烃基的比例增大，在水中的溶解度迅速降低。10 个碳原子以上的高级脂肪羧酸为蜡状固体，无味，不溶于水，易溶于乙醇、乙醚等有机溶剂。芳香羧酸为结晶固体，在水中的溶解度很小。低级脂肪族二元羧酸也是结晶固体，易溶于水和乙醇，难溶于其他有机溶剂。

羧酸的沸点随分子量的增大而逐渐升高，并且比分子量相近的其他有机物的沸点高。这是由于羧基是强极性基团，羧酸分子间的氢键（键能约为 14 kJ · mol^{-1}）比醇羟基间的氢键（键能为 5~7 kJ · mol^{-1}）更强。分子量较小的羧酸，如甲酸、乙酸，即使在气态时也以双分子二缔体的形式存在：

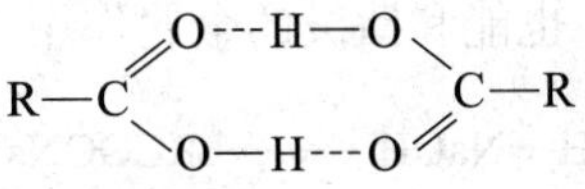

O---H—O
R—C　　C—R
O—H---O

含支链的一元羧酸的沸点较相同碳原子数的直链羧酸的沸点低，二元羧酸的沸点比分子量相近的一元羧酸高。

直链饱和一元羧酸的熔点随分子量的增加而呈锯齿状变化，偶数碳原子的羧酸比相邻两个奇数碳原子的羧酸熔点都高，这是由于含偶数碳原子的羧酸碳链对称性比含奇数碳原子羧酸的碳链好，在晶格中排列较紧密，分子间作用力大，需要较高的温度才能将它们彼此分开，故熔点较高。

比较下列化合物的沸点高低

(1) 乙酸　　(2) 乙醇　　(3) 硬脂酸　　(4) 软脂酸

(5) 正戊酸　　(6) 异戊酸　　(7) 乙二酸

3. 羧酸的化学性质

羧基（—COOH）是羧酸的官能团，由羰基和羟基组成。杂化轨道理论认为，羰基中的碳原子为 sp^2 杂化，羟基氧原子上的未共用电子对与羰基双键中的 π 键形成 p-π 共轭体系，由于共轭体系中电子的离域作用，羟基中氧原子上的电子云密度降低，氧原子便强烈吸引 O—H 键的共用电子对，从而使 O—H 键极性增强，而使 C—O 键的极性减弱；也由于羟基中氧原子上未共用电子对的偏移，使羧基碳原子上电子云密度比醛、酮中的高，不利于发生亲核加成反应，所以羧酸的羧基没有像醛、酮那样典型的亲核加成反应。另外，α-H 原子由于受到羧基的影响，其活性升高，容易发生取代反应；羧基的吸电子效应，使羧基与 α-C 原子间的价键容易断裂，能够发生脱羧反应。根据羧酸的结构，它可发生的一些主要反应如下所示：

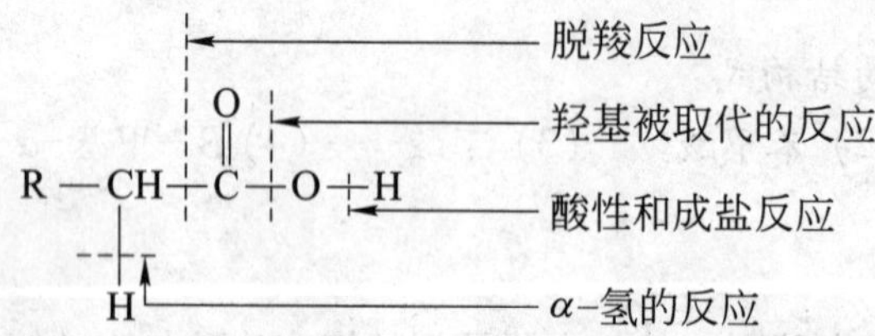

1）酸性

酸性是羧酸最显著的性质。羧酸在水溶液中存在以下电离平衡：

$$RCOOH \rightleftharpoons RCOO^- + H^+$$

羧基中由于 p-π 共轭体系的存在，使得 O—H 键极性增强，与水分子和醇分子中的 O—H 键相比，羧基上的 H 更容易以 H^+ 的形式离解，生成羧酸根（$RCOO^-$）。羧酸根越稳定，相应是羧酸的酸性就越强。

羧酸的酸性比水和醇的酸性强，也比碳酸和苯酚的酸性强，这个性质可用于鉴别羧酸和酚。但与硫酸、盐酸等无机酸比起来，一般的羧酸都是弱酸。羧酸在水中只部分电离，如 1 mol/L的醋酸水溶液在室温下只有 1% 的醋酸电离成氢离子和醋酸根离子。

羧酸能与碱反应生成盐和水，也能和活泼的金属作用放出氢气。

$$RCOOH + NaOH \longrightarrow RCOONa + H_2O$$

$$2RCOOH + Zn \longrightarrow (RCOO)_2Zn + H_2$$

羧酸的酸性比碳酸强，所以羧酸可与碳酸钠或碳酸氢钠反应生成羧酸盐，同时放出 CO_2，用此反应可鉴定羧酸。

$$RCOOH + NaHCO_3 \longrightarrow RCOONa + H_2O + CO_2\uparrow$$

羧酸的碱金属盐或铵盐遇强酸可析出原来的羧酸，这一反应经常用于羧酸的分离、提纯、鉴别。

$$\mathrm{RCOONa + HCl \longrightarrow RCOOH + NaCl}$$

甲酸的酸性比其他脂肪酸强，二元羧酸的酸性比对应的一元脂肪酸强。羧酸的酸性取决于诱导效应、共轭效应和空间效应。在脂肪酸中，羧基连接吸电子基团时，酸性增强；羧基连接供电子基团时，酸性减弱。

2）羧酸衍生物的生成

羧基中羟基被其他原子或基团取代的产物称为羧酸衍生物。如果羟基分别被卤素（—X）、酰氧基（—OCOR）、烷氧基（—OR）、氨基（$-NH_2$）取代，则分别生成酰卤、酸酐、酯、酰胺，这些都是羧酸的重要衍生物。

（1）酰卤的生成

最常见的酰卤是酰氯，由羧酸和氯化剂 PCl_3、PCl_5、$SOCl_2$ 等作用制得。一般使用 $SOCl_2$ 更方便，因为生成的产物除酰氯以外，其他的都是气体，易分离。过量的 $SOCl_2$ 因沸点较低，可以蒸馏去除。

$$\mathrm{3R-\overset{O}{\overset{\|}{C}}-OH + PCl_3 \xrightarrow{\triangle} 3R-\overset{O}{\overset{\|}{C}}-Cl + H_3PO_3}$$

$$\mathrm{R-\overset{O}{\overset{\|}{C}}-OH + PCl_5 \xrightarrow{\triangle} R-\overset{O}{\overset{\|}{C}}-Cl + POCl_3 + HCl\uparrow}$$

$$\mathrm{R-\overset{O}{\overset{\|}{C}}-OH + SOCl_2 \longrightarrow R-\overset{O}{\overset{\|}{C}}-Cl + SO_2\uparrow + HCl\uparrow}$$

（2）酸酐的生成

一元羧酸在脱水剂五氧化二磷或乙酸酐作用下，两分子羧酸受热脱去一分子水生成酸酐，但甲酸脱水生成 CO。

$$\mathrm{2\,R-\overset{O}{\overset{\|}{C}}-OH \xrightarrow[\triangle]{P_2O_5} (RCO)_2O + H_2O}$$

某些二元羧酸分子直接加热则分子内脱水生成内酐。例如：

$$\text{邻苯二甲酸} \xrightarrow{\triangle} \text{邻苯二甲酸酐} + \mathrm{H_2O}$$

(3) 酯的生成

羧酸和醇在少量强酸的催化下共热，失去一分子水形成酯，称为酯化反应。酯化反应是可逆的，其逆反应为酯的水解，此反应较慢，须加热和有催化剂才能进行。如欲提高产物的产率，必须增大某一反应物的用量或降低生成物的浓度，使平衡向生成酯的方向移动。

$$R-\overset{\overset{O}{\|}}{C}-OH+HO-R' \xrightleftharpoons{H^+} R-\overset{\overset{O}{\|}}{C}-OR'+H_2O$$

如用同位素 O^{18} 标记的醇酯化，反应完成后，O^{18} 在酯分子中而不是在水分子中。这说明酯化反应生成的水，是醇羟基中的氢与羧基中的羟基结合而成的，即羧酸发生了酰氧键的断裂。例如：

$$CH_3-\overset{\overset{O}{\|}}{C}-OH+H-O^{18}C_2H_5 \xrightleftharpoons{H^+} CH_3-\overset{\overset{O}{\|}}{C}-O^{18}C_2H_5+H_2O$$

酯化反应中，醇作为亲核试剂进攻具有部分正电性的羧基碳原子，由于羧基碳原子的正电性较小，很难接受醇的进攻，所以反应很慢。当加入少量无机酸作催化剂时，羧基中的羰基氧接受质子，使羧基碳原子的正电性增强，从而有利于醇分子的进攻，加快酯的生成。

羧酸和醇的结构对酯化反应的速度影响很大。一般 α-C 原子上连有较多烃基或所连基团越大的羧酸和醇，由于空间位阻的因素，使酯化反应速度减慢。不同结构的羧酸和醇进行酯化反应的活性顺序为：

$$RCH_2COOH>R_2CHCOOH>R_3CCOOH$$

$$RCH_2OH\text{（伯醇）}>R_2CHOH\text{（仲醇）}>R_3COH\text{（叔醇）}$$

(4) 酰胺的生成

羧酸与氨或碳酸铵反应，生成羧酸的铵盐，铵盐受强热或在脱水剂的作用下加热，可在分子内失去一分子水形成酰胺。酰胺可进一步脱水生成氰。

$$R-\overset{\overset{O}{\|}}{C}-OH+NH_3 \longrightarrow R-\overset{\overset{O}{\|}}{C}-ONH_4$$

$$2R-\overset{\overset{O}{\|}}{C}-OH+(NH_4)_2CO_3 \longrightarrow 2R-\overset{\overset{O}{\|}}{C}-ONH_4+CO_2+H_2O$$

$$R-\overset{\overset{O}{\|}}{C}-ONH_4 \xrightarrow[\triangle]{P_2O_5} R-\overset{\overset{O}{\|}}{C}-NH_2+H_2O$$

$$R-\overset{\overset{O}{\|}}{C}-NH_2 \xrightarrow[-H_2O]{\triangle} RCN$$

二元羧酸与氨共热脱水，可生成酰亚胺。例如：

$$C_6H_4(COOH)_2\text{（邻苯二甲酸）}+NH_3 \xrightarrow{\triangle} C_6H_4(CO)_2NH\text{（邻苯二甲酰亚胺）}+2H_2O$$

3）还原反应

羧基中的羰基由于 p-π 共轭效应的结果，失去了典型羰基的特性，所以羧基很难被一般的还原剂还原，只有特殊的还原剂（如 $LiAlH_4$）能将其直接还原成伯醇。$LiAlH_4$是选择性的还原剂，只还原羧基，不还原碳碳双键。例如：

$$CH_3-CH=CH-COOH \xrightarrow{LiAlH_4} CH_3-CH=CH-CH_2OH$$

4）脱羧反应

通常情况下，羧酸中的羧基是比较稳定的，但在一些件下羧酸中的羧基与羟基连接的碳碳键变弱，容易断裂，羧基被脱去。

一元羧酸或它们的钠盐与强碱共热，生成比原来羧酸少一个碳原子的烃。例如，无水醋酸钠和碱石灰混合加热，发生脱羧反应生成甲烷，这是实验室制备甲烷的方法。

$$CH_3-\overset{\overset{O}{\|}}{C}-ONa+NaOH \xrightarrow[\triangle]{CaO} CH_4+Na_2CO_3$$

当羧酸的 α-C 上连有吸电子基团，如羟基、硝基、卤素、羰基等时，羧酸较易发生脱羧反应。

对于不同的二元羧酸，随着羧基的相对位置的不同，受热后发生的反应也不相同。有些低级二元羧酸，由于羧基是吸电子基团，在两个羧基的相互影响下，受热容易发生脱羧反应。例如，乙二酸和丙二酸加热，脱去二氧化碳，生成比原来羧酸少一个碳原子的一元羧酸。丁二酸及戊二酸加热至熔点以上不发生脱羧反应，而是分子内脱水生成稳定的内酐。己二酸及庚二酸在氢氧化钡存在下加热，既脱羧又失水，生成环酮。

$$HOOC-COOH \longrightarrow HCOOH+CO_2\uparrow$$

$$HOOC-CH_2-COOH \longrightarrow CH_3COOH+CO_2\uparrow$$

$$\begin{array}{l} CH_2-CH_2-COOH \\ | \\ CH_2-CH_2-COOH \end{array} \xrightarrow[\triangle]{Ba(OH)_2} \text{(环戊酮)}=O+CO_2\uparrow+H_2O$$

$$CH_2\begin{array}{l} \diagup CH_2CH_2COOH \\ \diagdown CH_2CH_2COOH \end{array} \xrightarrow[\triangle]{Ba(OH)_2} \text{(环己酮)}=O+CO_2\uparrow+H_2O$$

5）α-H 的卤代反应

羧基是较强的吸电子基团，它可通过诱导效应和 σ-π 超共轭效应使 α-H 活化。但羧基的致活作用比羰基小得多，所以羧酸的 α-H 被卤素取代的反应比醛、酮困难，通常在光或少量磷、碘、硫等的催化作用下可进行。

$$CH_3-COOH \xrightarrow[P]{Cl_2} ClCH_2COOH \xrightarrow[P]{Cl_2} Cl_2CHCOOH \xrightarrow[P]{Cl_2} Cl_3CCOOH$$

卤代羧酸是合成多种农药和药物的重要原料，有些卤代羧酸如 α，α-二氯丙酸或 α，α-二氯丁酸还是有效的除草剂。氯乙酸与 2,4-二氯苯酚钠在碱性条件下反应，可制得2,4-二氯苯氧乙酸（简称2,4-D），它是一种有效的植物生长调节剂，高浓度时可防治禾谷类作物田中的双子叶杂草；低浓度时对某些植物有刺激早熟，提高产量，防止落花落果，产生无籽果实等多种作用。

交流研讨

完成下列各反应

（1）$RCOOH + NaOH \longrightarrow$

（2）$CH_3—CH═CH—COOH \xrightarrow{LiAlH_4}$

（3）$R—\overset{\overset{\large O}{\|}}{C}—OH + NH_3 \longrightarrow$

（4）$CH_3COOH + C_2H_5OH \longrightarrow$

4. 重要的羧酸

1）甲酸

甲酸，又称作蚁酸，最初人们就是蒸馏蚂蚁制得了蚁酸，故有此名。人类被蚂蚁或蜜蜂叮咬后，会起泡红肿，其原因就是蚂蚁分泌物和蜜蜂的分泌液中含有甲酸。甲酸存在于蚁类等昆虫体内，也广泛存在于线麻、松叶等植物体内。甲酸为无色透明液体，有刺激性气味，能与水、乙醇、乙醚和甘油任意混溶。甲酸的熔点为8.4 ℃，沸点为100.8 ℃，易燃，有腐蚀性。甲酸是羧酸中唯一在羧基上连有氢原子的酸，所以甲酸既有羧酸的结构，又有醛基的结构，能被高锰酸钾、托伦试剂、费林试剂氧化。甲酸的类醛基结构使其具有还原性，能还原苄醇等有机化合物，与酮和氨（或仲胺）经还原反应生成氨基化合物，能将硫酸根离子还原为亚硫酸根离子，将二氧化硫还原为硫代硫酸根离子。

甲酸蒸气与空气形成爆炸性混合物，遇明火、高热能引起燃烧爆炸，与强氧化剂可发生反应，具有较强的腐蚀性。甲酸对人的皮肤、黏膜有刺激性，可引起结膜炎、眼睑水肿、鼻炎、支气管炎，重者可引起急性化学性肺炎。人在误服浓甲酸后可腐蚀口腔及消化道黏膜，引起呕吐、腹泻及胃肠出血，甚至因急性肾功能衰竭或呼吸功能衰竭而致死。

甲酸是基本有机化工原料之一，广泛用于农药、皮革、染料、医药和橡胶等工业。甲酸可直接用于织物加工、鞣革、纺织品印染和青饲料的贮存，也可用作金属表面处理剂、橡胶助剂和工业溶剂。在有机合成中用于合成各种甲酸酯、吖啶类染料和甲酰胺系列医药中间体。

2）乙酸

因为乙酸是食醋的主要成分，所以又称醋酸。乙酸在自然界中分布广泛，在水果或植物油中主要以其化合物酯的形式存在；在动物的组织内、排泄物和血液中以游离酸的形式存在。普通食醋中含有3%~5%的乙酸。乙酸是无色液体，有强烈刺激性气味，熔点为16.6 ℃，沸点为117.9 ℃。纯乙酸在16.6 ℃以下时能结成冰状的固体，所以常称为冰醋酸。乙酸易溶于水、乙醇、乙醚和四氯化碳。纯的冰醋酸是无色的吸湿性液体，凝固点为16.6 ℃，凝固后为无色晶体。

尽管根据乙酸在水溶液中的离解能力它是一种弱酸，但是乙酸是具有腐蚀性的，其蒸气对眼和鼻有刺激性作用。乙酸是一种简单的羧酸，是一个重要的化学试剂。乙酸也被用来制造电影胶片所需要的醋酸纤维素和木材用胶粘剂中的聚乙酸乙烯酯，以及很多合成纤维和织物。冰醋酸是最重要的有机酸之一，主要用于生产醋酸乙烯、醋酐、醋酸纤维、醋酸酯和金属醋酸盐等，也用作农药、医药和染料等工业的溶剂和原料，以及在织物印染和橡胶工业中有广泛用途。

3）乙二酸

乙二酸，即草酸，是最简单的有机二元酸之一。草酸遍布于自然界，常以草酸盐形式存在于植物如伏牛花、羊蹄草、酢浆草和酸模草的细胞膜，几乎所有的植物都含有草酸盐。乙二酸是人体中维生素 C 的一种代谢物。甘氨酸氧化脱氨而生成的乙醛酸，如进一步代谢障碍也可氧化成草酸，甚至可与钙离子结合沉淀而致尿路结石。草酸对人体有害，会使人体内的酸碱度失去平衡，影响儿童的发育。

乙二酸在工业中有重要作用。可以作为络合剂、掩蔽剂、沉淀剂、还原剂、除锈剂；可以检测铍、钙、铬、金、锰、锶、钍等金属离子；显微微晶分析检验钠等元素，沉淀钙、镁、钍和稀土元素；校准高锰酸钾和硫酸铈溶液的标准溶液；作为漂白剂、助染剂，可用来除去衣服上的铁锈；建筑行业在涂刷外墙涂料前，由于墙面碱性较强应先涂刷草酸除碱；医药工业用于制造金霉素、土霉素、四环素、链霉素、冰片、维生素 B_{12}、苯巴比妥等药物；印染工业用作显色助染剂、漂白剂；塑料工业用于生产聚氯乙烯、氨基塑料、脲醛塑料等。

4）苯甲酸

苯甲酸又称安息香酸，具有苯或甲醛的臭味，熔点为 122.13 ℃，沸点为 249 ℃，相对密度为 1.265 9。在 100 ℃时迅速升华，它的蒸气有很强的刺激性，吸入后易引起咳嗽。苯甲酸微溶于水，易溶于乙醇、乙醚等有机溶剂。苯甲酸是弱酸，比脂肪酸的酸性强，它们的化学性质相似，都能形成盐、酯、酰卤、酰胺、酸酐等，都不易被氧化。苯甲酸的苯环上可发生亲电取代反应，主要得到间位取代产物。

苯甲酸以游离酸、酯或其衍生物的形式广泛存在于自然界中，例如，在安息香胶内以游离酸和苄酯的形式存在；在一些植物的叶、茎、皮中以游离的形式存在；在香精油中以甲酯或苄酯的形式存在；在马尿中以其衍生物马尿酸的形式存在。最初苯甲酸是由安息香胶干馏或碱水水解制得，也可由马尿酸水解制得。工业上苯甲酸是在钴、锰等催化剂存在下用空气氧化甲苯制得，由邻苯二甲酸酐水解脱羧制得。苯甲酸及其钠盐可用作乳胶、牙膏、果酱或其他食品的抑菌剂，也可作染色和印色的媒染剂。

3.4.2　羧酸衍生物

1. 羧酸衍生物的命名

羧酸衍生物是指羧酸分子中羧基上的羟基被相应的基团取代后生成的酰卤、酸酐、酯和酰胺等产物，它们都是含有酰基的化合物。羧酸衍生物反应活性很高，可以转变成多种其他化合物，是十分重要的有机合成中间体。

羧基中羟基被去除后剩余的基团称为酰基。羧酸衍生通常用相应羧酸或酰基的名称来命名。

1）酰基、酰卤和酰胺的命名

酰基的命名是将相应羧酸的“酸”字改为“酰基”即可。酰卤和酰胺根据酰基的名称而命名为“某酰卤”和“某酰胺”。当酰胺氮上有取代基时，用N表示取代基连在氮原子上。

$H-\overset{O}{\overset{\|}{C}}-$ 甲酰基　$H_3C-\overset{O}{\overset{\|}{C}}-$ 乙酰基　$H_3C-\overset{O}{\overset{\|}{C}}-\overset{O}{\overset{\|}{C}}-$ 草酰基　$C_6H_5-\overset{O}{\overset{\|}{C}}-$ 苯甲酰基

$CH_3CH_2\overset{O}{\overset{\|}{C}}-$ 丙酰基　$C_6H_5-\overset{O}{\overset{\|}{C}}-Cl$ 苯甲酰氯　$C_6H_5-\overset{O}{\overset{\|}{C}}-NH-CH_3$ N–甲基苯甲酰胺

2）酸酐的命名

酸酐以组成它的羧酸加“酐”字来命名，二元羧酸分子内失水形成的酸酐称为内酐。

乙丙酐　　邻苯二甲酸酐(内酐)

3）酯的命名

酯根据相应羧酸和醇的名称称为“某酸某酯”。

$H_3C-\overset{O}{\overset{\|}{C}}-OCH_3$ 乙酸甲酯　$H_3C-\overset{O}{\overset{\|}{C}}-OC_2H_5$ 乙酸乙酯　$H-\overset{O}{\overset{\|}{C}}-OC_2H_5$ 甲酸乙酯

交流研讨

1. 命名下列化合物

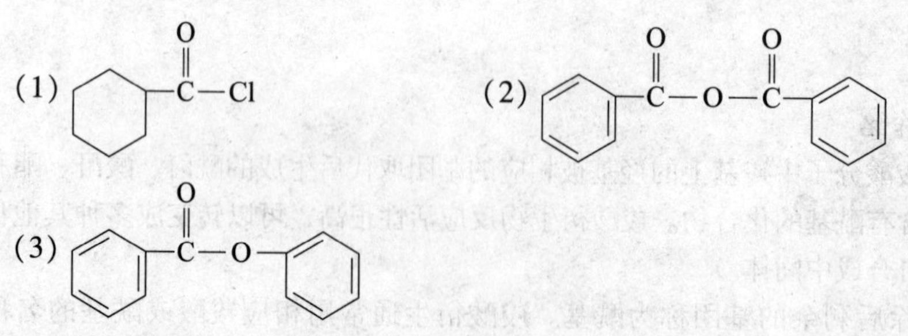

2. 写出下列物质的化学式

（1）乙酰氯　（2）苯甲酰溴　（3）2,2–二甲基丙酰胺

（4）乙丙酸酐　（5）乙酸丙酯

2. 羧酸衍生物的物理性质

室温下，低级的酰氯和酸酐都是无色且对黏膜有刺激性的液体，低级的酰氯遇水强烈水解，放出 HCl。高级的酰氯和酸酐为白色固体，内酐也是固体。酰氯和酸酐的沸点比分子量相近的羧酸低，这是因为它们的分子间不能通过氢键缔合的缘故。

室温下，大多数常见的酯都是液体，低级的酯具有花果香味。例如，乙酸异戊酯有香蕉香味（俗称香蕉水），正戊酸异戊酯有苹果香味，甲酸苯乙酯有野玫瑰香味，丁酸甲酯有菠萝香味等。许多花和水果的香味都与酯有关，因此酯多用于香料工业。酯的沸点较相应的酸和醇都低，与同碳数的醛和酮差不多。酯在水中的溶解度较小，能溶于一般有机溶剂。

酰胺一般沸点较高。低级酰胺易溶于水，除甲酰胺外，$RCONH_2$ 型酰胺在室温下均为固体。氨基上的氢被羟基取代后，由于缔合作用减弱，相应的酰胺的沸点降低。

羧酸衍生物一般都难溶于水而易溶于乙醚、氯仿、丙酮、苯等有机溶剂。

3. 羧酸衍生物的化学性质

羧酸衍生物由于结构相似，因此化学性质也有相似之处，只是在反应活性上有较大的差异。化学反应的活性次序为：

$$R-\overset{\overset{\displaystyle O}{\|}}{C}-Cl > R-\overset{\overset{\displaystyle O}{\|}}{C}-O-\overset{\overset{\displaystyle O}{\|}}{C}-R' > R-\overset{\overset{\displaystyle O}{\|}}{C}-R' > R-\overset{\overset{\displaystyle O}{\|}}{C}-NH_2$$

1）水解反应

羧酸衍生物与水反应均生成相应的羧酸。

$$R-\overset{\overset{\displaystyle O}{\|}}{C}-Cl+H_2O \longrightarrow RCOOH + HCl$$

$$R-\overset{\overset{\displaystyle O}{\|}}{C}-O-\overset{\overset{\displaystyle O}{\|}}{C}-R'+H_2O \xrightarrow{\triangle} RCOOH + R'COOH$$

$$R-\overset{\overset{\displaystyle O}{\|}}{C}-O-R'+H_2O \xrightarrow[H^+或OH^-]{\triangle} RCOOH + R'OH$$

$$R-\overset{\overset{\displaystyle O}{\|}}{C}-NH_2 + H_2O \xrightarrow[H^+或OH^-]{\triangle} RCOOH + NH_3$$

低级的酰卤遇水迅速反应，如乙酰氯在潮湿的空气中会发烟，这是因为乙酰氯和空气中的水分发生水解反应生成盐酸；高级的酰卤由于在水中溶解度较小，水解反应速度较慢。

多数酸酐由于不溶于水，在室温下水解缓慢，加入合适的溶剂或加热使其成均相，则水解速度加快。

酯的水解只有在酸或碱的催化下才能顺利进行。酯的水解在理论上和生产上都有重要意义。酸催化下的水解是酯化反应的逆反应，水解不能进行完全。碱催化下的水解生成的羧酸可与碱生成盐而从平衡体系中除去，所以水解反应可以进行到底。酯的碱性水解反应也称为皂化反应。

酰胺水解生成一分子羧酸和一分子氨/胺，反应速度比酯水解慢，反应需要酸或碱的催化和长时间的加热回流。

2）醇解反应

羧酸衍生物与醇反应的主要产物是生成相应的酯，它们进行醇解反应速度顺序与水解相同。

$$\left.\begin{array}{l} R-\overset{O}{\overset{\|}{C}}-Cl \\ R-\overset{O}{\overset{\|}{C}}-O-\overset{O}{\overset{\|}{C}}-R' \\ R-\overset{O}{\overset{\|}{C}}-OR' \end{array}\right\} + H-OR'' \longrightarrow R-\overset{O}{\overset{\|}{C}}-OR'' + \left\{\begin{array}{l} HCl \\ R'COOH \\ R'OH \end{array}\right.$$

酰卤和酸酐可以与醇直接发生反应生成酯，这是制备酯的常用方法。酰胺的醇解反应较难进行，一般很少使用。

酯的醇解反应也叫酯交换反应，即醇分子中的烷氧基取代了酯中的烷氧基。酯交换反应不但需要酸催化，而且反应是可逆的。酯交换反应常用来制取高级醇的酯，因为结构复杂的高级醇一般难与羧酸直接酯化，往往是先制得低级醇的酯，再利用酯交换反应，即可得到所需要高级醇的酯。

$$H_2C=CHCOOCH_3 + C_4H_9OH \xrightarrow{\text{对甲苯磺酸}} H_2C=CHCOOC_4H_9 + CH_3OH$$

3）氨解反应

除酰胺外，酰氯、酸酐、酯可以与氨发生氨解反应，产物是酰胺。由于氨本身是碱，所以氨解反应比水解反应更易进行。酰氯和酸酐与氨的反应都很剧烈，需要在冷却或稀释的条件下缓慢混合进行反应。氨解反应通常用于各种酰胺的制备。

$$\left.\begin{array}{l} R-\overset{O}{\overset{\|}{C}}-Cl \\ R-\overset{O}{\overset{\|}{C}}-O-\overset{O}{\overset{\|}{C}}-R' \\ R-\overset{O}{\overset{\|}{C}}-OR' \end{array}\right\} + H-NH_2 \longrightarrow R-\overset{O}{\overset{\|}{C}}-NH_2 + \left\{\begin{array}{l} HCl \\ R'COONH_4 \\ R'OH \end{array}\right.$$

酰氯、酸酐、酯除了可同氨发生反应外，同胺也可以发生同样的反应，即胺解反应。

4）酯的还原反应

酯容易还原成醇。常用的还原剂是金属钠和乙醇，$LiAlH_4$是更有效的还原剂。由于羧酸较难还原，经常把羧酸转变成酯后再还原。合成上通常将羧酸变成酯后再还原成醇，以此来制取高级脂肪醇。

$$CH_3(CH_2)_{10}COOCH_3 \xrightarrow[C_2H_5OH]{Na} CH_3(CH_2)_{10}CH_2OH + CH_3OH$$

5）酯的缩合反应

酯分子中的 α-H 原子比较活泼，在醇钠等强碱试剂作用下，两分子的酯脱去一分子醇生成 β-酮酸酯，这个反应称为克来森（Claisen）酯缩合反应。

$$CH_3-\overset{\overset{O}{\|}}{C}-\boxed{OC_2H_5+H}-CH_2-\overset{\overset{O}{\|}}{C}-OC_2H_5 \xrightleftharpoons{C_2H_5ONa} CH_3\overset{\overset{O}{\|}}{C}CH_2\overset{\overset{O}{\|}}{C}-OC_2H_5+C_2H_5OH$$

乙酸乙酰乙酯

6）酰胺的特性

（1）酸碱性

酰胺一般是中性化合物，酰亚胺具有明显的酸性。

$$\text{(丁二酰亚胺)}\ NH + KOH \longrightarrow N^{-}K^{+} + H_2O$$

（2）与亚硝酸反应

酰胺与亚硝酸反应生成相应的羧酸，并放出氮气。

$$R-\overset{\overset{O}{\|}}{C}-NH_2+HNO_2 \longrightarrow RCOOH+N_2\uparrow+H_2O$$

（3）Hofmann 降解反应

具有伯氨基的酰胺在卤素碱溶液的作用下，失去羰基生成比酰胺少一个碳原子的伯胺，此反应称为 Hofmann 降解反应。利用此反应可制备比原来的酰胺少一个碳的伯胺。

$$R-\overset{\overset{O}{\|}}{C}-NH_2+Br_2+4NaOH \longrightarrow RNH_2+NaBr+2Na_2CO_3+2H_2O$$

交流研讨

完成下列方程式

（1）$HOCH_2CH_2COOH \xrightarrow{LiAlH_4}$

（2）$CH_3CH_2COOC_2H_5 \xrightarrow{N_2H_5ONa}$

（3）$CH_3COOC_2H_5+CH_3CH_2CH_2OH \xrightarrow{H^+}$

（4）$C_6H_4(CH_2COOH)_2$（邻位）$\xrightarrow[Ba(OH)_2]{\triangle}$

4. 重要的羧酸衍生物

1）乙酸酐

乙酸酐是无色透明液体，有强烈的乙酸气味，有吸湿性；溶于氯仿和乙醚，缓慢地溶于水形成乙酸，与乙醇作用形成乙酸乙酯；有腐蚀性，有催泪性，易燃，其蒸气与空气可形成爆炸性混合物，遇明火、高热能引起燃烧爆炸；与强氧化剂接触可发生化学反应；能使醇、酚、氨和胺等分别形成乙酸酯和乙酰胺类化合物。

乙酸酐是重要的乙酰化试剂，用于制造纤维素乙酸酯、乙酸塑料、不燃性电影胶片；在医药工业中用于制造合霉素、地巴唑、咖啡因和阿司匹林、磺胺药物等；在染料工业中主要用于生产分散深蓝 HGL、分散大红 S-SWEL、分散黄棕 S-2REL 等；在香料工业中用于生产香豆素、乙酸龙脑酯、葵子麝香、乙酸柏木酯等。由乙酸酐制造的过氧化乙酰，是聚合反应的引发剂和漂白剂。

2）尿素

尿素（$CO(NH_2)_2$）又称碳酰胺或脲，是碳酸的二酰胺。尿素是无色或白色针状或棒状结晶体，工业或农业品为白色略带微红色固体颗粒，有刺鼻性气味；含氮量约为 46.67%；熔点为 132.7 ℃，溶于水、醇，难溶于乙醚、氯仿，呈弱碱性。

尿素是一种高浓度氮肥，属中性速效肥料，也可用于生产多种复合肥料，在土壤中不残留任何有害物质，长期施用没有不良影响。尿素在造粒过程中温度过高会产生少量缩二脲，又称双缩脲，对农作物生长有抑制作用。我国规定肥料用尿素中缩二脲含量应小于 0.5%，当缩二脲含量超过 1%时，不能作种肥、苗肥和叶面肥，其他施用期含量也不宜过多。

尿素是一种很好用的保湿剂，它存在于肌肤的角质层中，属于肌肤天然保湿因子 NMF 的主要成分。对肌肤来说，尿素具有保湿以及柔软角质的功效，能够防止角质层阻塞毛细孔，改善粉刺的问题，所以尿素是面膜、护肤水、护肤霜、护手霜等产品中的保湿成分。

3）巴比妥酸

巴比妥酸，又称丙二酰脲，在水溶液中存在酮式-烯醇式互变异构平衡，烯醇式有酸性，故称为巴比妥酸。巴比妥酸是白色结晶，无臭，在空气中易风化；溶于水和乙醇，溶于乙醚，熔点为 248 ℃（部分分解），沸点为 260 ℃（分解），能与金属作用形成盐。

巴比妥酸的制取以丙二酸二乙酯和尿素为原料，在 50～60 ℃的乙醇钠溶液中，升温至 80 ℃，加入尿素，反应完成后，冷却，过滤，溶于热水，脱色，加盐酸酸化，冷却结晶，进一步在丙酮中精制或在水中重结晶。

巴比妥酸是合成巴比妥、苯巴比妥和维生素 B_{12} 等药品的中间体，也可用作聚合催化剂和制取染料的原料。巴比妥类药物是巴比妥酸的衍生物，具有镇静和催眠作用。

制备实验一

阿司匹林的制备

水杨酸分子中含羟基（—OH）、羧基（—COOH），具有双官能团。本实验采用以强酸硫酸为催化剂，以乙酸酐为乙酰化试剂，与水杨酸的酚羟基发生酰化作用形成酯，反应如下：

$$\text{水杨酸}\ (o\text{-HOC}_6\text{H}_4\text{COOH}) + (\text{CH}_3\text{CO})_2\text{O} \xrightarrow{\text{H}_2\text{SO}_4} \text{乙酰水杨酸（阿司匹林）}\ (o\text{-CH}_3\text{COOC}_6\text{H}_4\text{COOH}) + \text{CH}_3\text{COOH}$$

水杨酸　　乙酸酐　　乙酰水杨酸（阿司匹林）　　乙酸

水杨酸在酸性条件下受热，还可发生缩合反应，生成少量聚合物。

$$n\ \text{HO}-\text{C}_6\text{H}_4-\text{COOH} \xrightarrow[\triangle]{\text{H}^+} \left[\text{O}-\text{C}_6\text{H}_4-\overset{\text{O}}{\overset{\|}{\text{C}}}\right]_n + n\text{H}_2\text{O}$$

通过阿司匹林制备实验，初步熟悉有机化合物的分离、提纯等方法；巩固称量、溶解、加热、结晶、洗涤、重结晶等基本操作。

本次实验所用仪器：三颈瓶（100 mL）、球形冷凝管、减压过滤装置、电炉与调压器、表面皿、水浴锅、温度计（100 ℃）。

实验过程：在干燥的圆底烧瓶中加入4 g水杨酸和10 mL新蒸馏的乙酸酐，在振摇下缓慢滴加7滴浓硫酸，安装普通回流装置。通水后，振摇反应液使水杨酸溶解。然后用水浴加热，控制水浴温度为80~85 ℃，反应20 min。

撤去水浴，趁热于球形冷凝管上口加入2 mL蒸馏水，以分解过量的乙酸酐。

稍冷后，拆下冷凝装置。在搅拌下将反应液倒入盛有100 mL冷水的烧杯中，并用冰-水浴冷却，放置20 min。待结晶析出完全后，减压过滤。

将粗产品放入100 mL烧杯中，加入50 mL饱和碳酸钠溶液并不断搅拌，直至无二氧化碳气泡产生为止。减压过滤，除去不溶性杂质。滤液倒入洁净的烧杯中，在搅拌下加入30 mL盐酸溶液，阿司匹林即呈结晶析出。将烧杯置于冰-水浴中充分冷却后，减压过滤。用少量冷水洗涤滤饼两次，压紧抽干，称量粗产品

将粗产品放入100 mL锥形瓶中，加入95%乙醇和适量水（每克粗产品约需3 mL95%乙醇和5 mL水），安装球形冷凝管，在水浴中温热并不断振摇，直至固体完全溶解。拆下冷凝管，取出锥形瓶，向其中缓慢滴加水至刚刚出现混浊，静止冷却。结晶析出完全后抽滤。

将结晶小心转移至洁净的表面皿上，晾干后称量，并计算收率。

制备实验二

乙酸乙酯的制备

通过学习有机酸合成酯的原理和方法，巩固蒸馏、洗涤、干燥等基本操作。

所用主要仪器：三颈瓶、滴液漏斗、温度计、蒸馏弯管、直形冷凝管、锥形瓶、分液漏斗、蒸馏瓶。

$$\text{主反应}\quad CH_3COOH + CH_3CH_2OH \underset{\triangle}{\overset{\text{浓}H_2SO_4}{\rightleftharpoons}} CH_3COOCH_2CH_3 + H_2O$$

$$\text{副反应}\quad CH_3CH_2OH \xrightarrow[170\ ^\circ C]{\text{浓}H_2SO_4} CH_2{=}CH_2 + H_2O$$

$$2CH_3CH_2OH \xrightarrow[140\ ^\circ C]{\text{浓}H_2SO_4} (CH_3CH_2)_2O + H_2O$$

实验过程：取一个 125 mL 的三颈瓶，旁边两口分别插入 60 mL 的滴液漏斗和温度计，漏斗末端和温度计的水银球浸入液面以下，距瓶底 0. 5~1 cm。中间一口装一蒸馏弯管与直形冷凝管连接，冷凝管末端连接一接液管，伸入 50 mL 具塞锥形瓶中。

瓶中加入 12 mL 95%乙醇，在不断振摇和冷却下分批加入 12 mL 浓硫酸混合均匀，并加入几粒沸石。将 12 mL 95%乙醇和 12 mL 冰醋酸（约 12. 6 g 0. 21 mol/L）的混合液装入滴液漏斗，将三颈瓶在石棉网上用小火加热，使瓶中反应液温度升到 110 ℃左右，开始滴加乙醇和冰醋酸的混合液。控制滴入速度和馏出速度大致相等（约每秒一滴）并维持反应液温度为 110~120 ℃。滴加完毕后，继续加热数分钟，直到温度升高到 130 ℃时不再有液体馏出为止。

馏出液中含有乙酸乙酯及少量乙醇、乙醚、水和醋酸。在此馏出液中慢慢加入饱和碳酸钠溶液（约 10 mL），不断振摇，直至无二氧化碳气体逸出（用试纸检验，酯层应呈中性）。将混合液移入分液漏斗，充分振摇（注意活塞放气）后静置，分去下层水溶液，酯层用 10 mL 饱和食盐水洗涤，放出下层食盐溶液，再用 10 mL 饱和氯化钙溶液洗涤酯层二次，弃去下层液，酯层自分液漏斗上口倒入干燥的 50 mL 具塞锥形瓶中，用无水硫酸镁（或无水硫酸钠）干燥。将干燥的粗乙酸乙酯滤入干燥的 30 mL 蒸馏瓶中，加入沸石后在水浴上进行蒸馏，收集 73~78 ℃的馏分。

产量：10. 5~12. 5 g（产率为 57%~68%）

纯乙酸乙酯是具有果香味的无色液体，沸点为 77. 06 ℃，折光率为 1. 372 3。

身边的化学

在日常生活中，许多物质都与羧酸有关。例如，酒石酸存在于多种植物中（如葡萄等），是葡萄酒中主要的有机酸之一；作为食品中添加的抗氧化剂，可以使食物具有酸味。酒石酸最大的用途是饮料添加剂，也是制药工业原料。在制镜工业中，酒石酸是一个重要的助剂和还原剂，可以控制银镜的形成速度，获得非常均一的镀层。

柠檬酸是世界上公认的最优质的果酸，其所含的有机酸居各种水果之首，柠檬中所含柠檬特殊芳香和甘酸的气味因此得名。英国人在饮用红茶时，都喜欢加入一小片鲜柠檬，使茶水更加芬芳。天然柠檬酸在自然界中分布很广，存在于植物如柠檬、柑橘、菠萝等果实和动物的骨骼、肌肉、血液中。人工合成的柠檬酸是用砂糖、糖蜜、淀粉、葡萄等含糖物质发酵而制得的，可分为无水和水合物两种。纯品柠檬酸为无色透明结晶或白色粉末，无臭，有一种诱人的酸味。

人们经常用到的解热镇痛药阿司匹林是一种乙酰水杨酸。阿司匹林是应用最早，最广和最普通的解热镇痛药抗风湿药，具有解热、镇痛、抗炎、抗风湿和抗血小板聚集等多方面的药理作用，药效迅速且稳定，超剂量易于诊断和处理，很少发生过敏反应。常用于感冒发热，头痛、神经痛、关节痛、肌肉痛、风湿热、急性内湿性关节炎、类风湿性关节炎及牙痛等疾病的治疗。

知识链接

醋的历史

醋几乎贯穿了整个人类文明史。乙酸发酵细菌（醋酸杆菌）能在世界的每个角落发现，每个民族在酿酒的时候，不可避免地会发现醋是这些酒精饮料暴露于空气后的自然产物。如中国就有杜康的儿子黑塔因酿酒时间过长得到醋的说法。

乙酸在化学中的运用可以追溯到远古年代。在公元前 3 世纪，希腊哲学家泰奥弗拉斯托斯详细描述了乙酸是如何与金属发生反应生成美术上要用的颜料的，包括白铅（碳酸铅）、铜绿（铜盐的混合物包括乙酸铜）。古罗马人将发酸的酒放在铅制容器中煮沸，能得到一种高甜度的糖浆，叫作“sapa”。“sapa”富含一种有甜味的铅糖，即乙酸铅，这导致了罗马贵族铅中毒。8 世纪时，波斯炼金术士贾比尔，用蒸馏法浓缩了醋中的乙酸。

文艺复兴时期，人们通过金属醋酸盐的干馏制备冰醋酸。16 世纪德国炼金术士安德烈亚斯·利巴菲乌斯就描述了这种方法，并且拿由这种方法产生的冰醋酸来和由醋中提取的酸相比较。仅仅是因为水的存在，导致了醋酸的性质发生如此大的改变，以至于在几个世纪里，化学家们都认为这是两个截然不同的物质。法国化学家阿迪（Pierre Adet）证明了它们两个是相同的。

1847 年，德国科学家阿道夫·威廉·赫尔曼·科尔贝第一次通过无机原料合成了乙酸。

1910 年时，大部分的冰醋酸提取自干馏木材得到的煤焦油。首先是将煤焦油通过氢氧化钙处理，然后将形成的乙酸钙用硫酸酸化，得到其中的乙酸。在这个时期，德国生产了约 10 000 t 的冰醋酸，其中 30%被用来制造靛青染料。

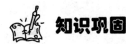

知识巩固

一、用系统命名法命名下列化合物或写出结构简式

（1）$(CH_3)_2CHCOOH$　　（2）$(CH_3)CH{=}CHCOOH$

（3）$CH_3CH_2CH_2COCl$　　（4）$CH_3CH_2COOC_2H_5$

（5）$C_6H_5CONH_2$（苯环上连 $-CONH_2$）　　（6）苯环上邻位连 $-COOH$ 和 $-OH$

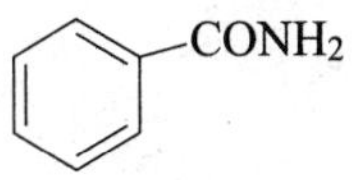

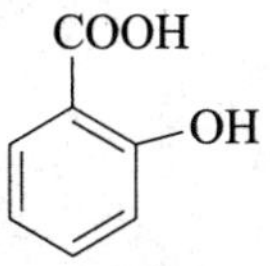

（7）3-溴丁酰溴　　（8）甲酸异丙酯

二、用简单的方法区分下列化合物

（1）甲酸、乙酸、乙二酸

（2）乙醇、乙醛、乙酸

三、完成下列方程式

（1）$CH_3COOC_2H_5 + CH_3CH_2CH_2OH \xrightarrow{H^+}$

（2）$CH_3CH(COOH)_2 \xrightarrow{\triangle}$

（3）（环己烯-1-基）$-COOH + HCl \longrightarrow$

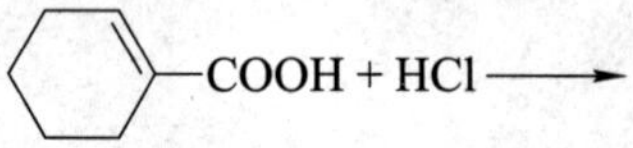

（4）（邻苯二乙酸：苯环邻位上两个 $-CH_2COOH$）$\xrightarrow[Ba(OH)_2]{\triangle}$

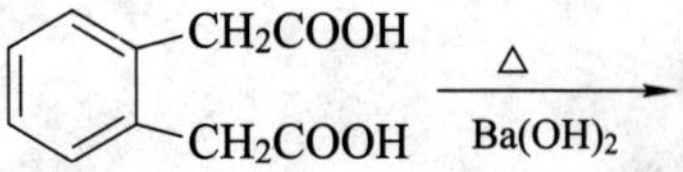

（5）$CH_3CH_2COOC_2H_5 \xrightarrow{C_2H_5ONa}$

（6）$(CH_3)_2CHOH + H_3C-C_6H_4-COCl \longrightarrow$

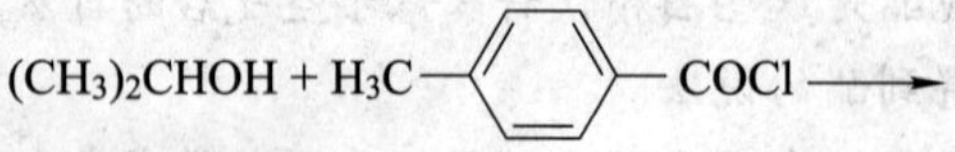

四、完成以下转化

（1）$CH_2=CH_2 \longrightarrow CH_3CH_2CH_2COOH$

（2）$C_6H_5-CH_3 \longrightarrow$（间溴苯甲酸：苯环上 $-COOH$，间位 $-Br$）

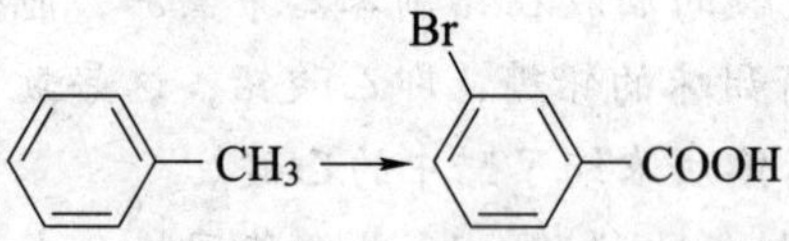

问题探究

除虫菊酯是什么样的物质，其主要用途是什么？

项目 3.5　含氮、磷、硫有机化合物

目标要求

1. 了解硝基化合物和胺的分类及命名。
2. 掌握硝基化合物和胺的物理和化学性质。
3. 熟悉常用的含磷和含硫有机化合物的应用。
4. 能联系各类官能团的结构特征，利用它们的化学特性于鉴别、分离提纯。

项目导入

胆碱是卵磷脂的组成部分，具有调节肝中脂肪代谢和抗脂肪肝的作用。动物体内的胆碱酯酶能催化胆碱与乙酸作用生成乙酰胆碱。

乙酰胆碱是生物体内神经传导物质，它在体内的正常合成和分解可保证生命体正常生理代谢的进行。

知识掌握

含氮有机化合物是指分子中含有碳氮键的化合物，可以看作是烃分子中的氢原子被含氮官能团取代的产物。含氮有机化合物种类繁多，在生产生活中有重要的作用。含磷和含硫的有机化合物在生活中也扮演着重要角色。

3.5.1　硝基化合物

1. 硝基化合物的命名

硝基化合物是烃分子中的氢原子被硝基（$—NO_2$）取代的产物。根据硝基的数目分为一元、二元和多元硝基化合物。根据与硝基所连的基团不同，分为脂肪族硝基化合物（$R—NO_2$）和芳香族硝基化合物（$Ar—NO_2$）。

硝基化合物的命名是以烃为母体，将硝基作为取代基。

$CH_3CH_2NO_2$　硝基乙烷

Cl_3CNO_2　硝基三氯甲烷

（苯环—NO_2）硝基苯

（H_3C—苯环—NO_2）3-硝基甲苯

2. 硝基化合物的物理性质

脂肪族硝基化合物是无色、沸点较高的液体，不溶于水，易溶于醇、醚等有机溶剂。芳香族硝基化合物是无色或淡黄色液体或固体，有苦杏仁味。硝基化合物多有毒，皮肤接触或吸入蒸气会引起肌体血红蛋白变性。多硝基化合物有爆炸性。

3. 硝基化合物的化学性质

1）还原反应

硝基化合物可在酸性还原系统中（Fe、Zn、Sn 和盐酸）还原为胺，或催化氢化为胺。

$$R-NO_2 \xrightarrow[H_2]{Fe/Zn/Sn+HCl} R-NH_2$$

2）脂肪族硝基化合物的酸性

硝基为强吸电子基，能活泼 α-H，所以有 α-H 的硝基化合物能产生假酸式-酸式互变异构，从而具有一定的酸性，可与碱作用生成盐。

$$R-CH_2-N(=O)\rightarrow O \rightleftharpoons R-CH=N(-OH)\rightarrow O$$

$$RCH_2NO_2 + NaOH \longrightarrow RCHNO_2Na + H_2O$$

3）脂肪族硝基化合物与羰基缩合

有 α-H 的硝基化合物在碱性条件下能与某些羰基化合物发生缩合反应。其缩合过程是：硝基烷在碱的作用下脱去 α-H 形成碳负离子，碳负离子再与羰基化合物发生缩合反应。

$$R-CH_2-NO_2 + R'-C(=O)-R'' \xrightarrow{OH^-} R'-C(OH)(R'')-C(H)(R)-NO_2 \xrightarrow{-H_2O} R'-C(R'')=C(R)-NO_2$$

4）脂肪族硝基化合物与亚硝酸反应

不同的硝基烷和亚硝酸反应不同，此反应可用来鉴别三种硝基烷。

$$RCH_2NO_2 + HNO_2 \longrightarrow R-C(=NOH)-NO_2 + H_2O$$

硝肟酸（溶于 NaOH 生成红色溶液）

$$R_2CHNO_2 + HNO_2 \longrightarrow R_2-C(-NOH)-NO_2 + H_2O$$

假硝醇（溶于 NaOH 生成蓝色溶液）

R_3CNO_2因没有 α-H，所以与亚硝酸不反应。

5）硝基对苯环上取代基的影响

(1) 对卤原子的影响

在通常情况下，氯苯中的氯原子很不活泼，很难发生亲核取代反应。但当氯苯的邻、对位被硝基取代后，由于硝基的吸电子作用使与氯原子相连的碳原子电子出现的概率大大降低，有利于亲核试剂 OH^- 的进攻，从而容易发生双分子亲核取代反应。苯环的邻、对位 $—NO_2$ 越多，越易发生反应，这是三个吸电子的硝基对氯原子影响的综合结果。

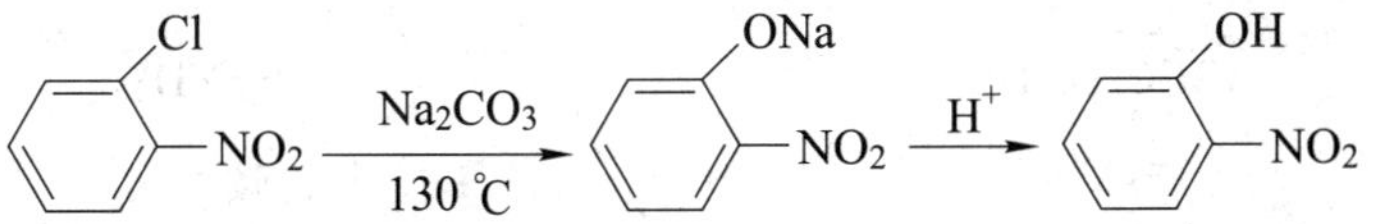

$$\text{邻硝基氯苯} \xrightarrow[130\,℃]{Na_2CO_3} \text{邻硝基苯酚钠} \xrightarrow{H^+} \text{邻硝基苯酚}$$

（2）对酚酸性的影响

在苯酚的苯环上引入硝基，吸电子的硝基通过共轭效应的传递，增加了羟基中的氢离解为 H^+ 的能力，使酚的酸性增强。若邻、对位都引入硝基，则其酸性已接近无机酸。

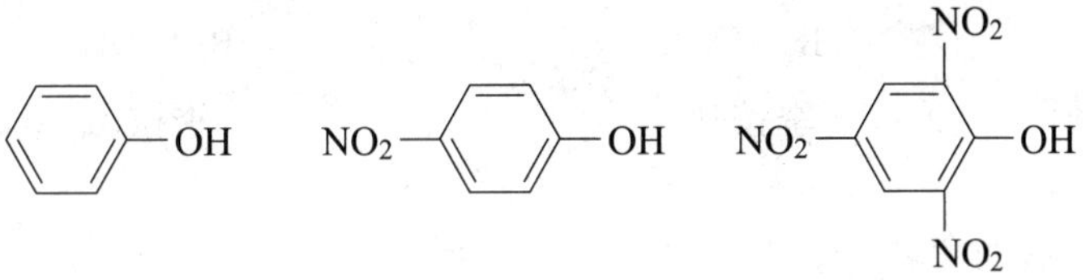

	苯酚	对硝基苯酚	2,4,6-三硝基苯酚
pK_a	9.98	7.15	0.38

交流研讨

1. 写出下列物质的构造式

硝基丙烷　　　　硝基苯　　　　2,4-二硝基氯苯

2. 完成下列方程式

(1) 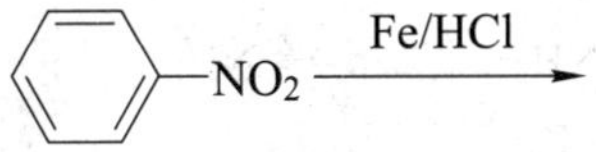 $C_6H_5NO_2 \xrightarrow{Fe/HCl}$

(2) $CH_3CHNO_2 + NaOH \longrightarrow$

(3) 2,4-二硝基氯苯 $+ H_2O \xrightarrow[100\,℃]{Na_2CO_3}$

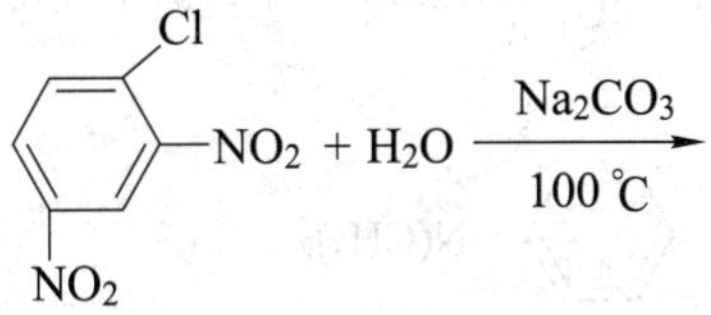

3.5.2　胺

1. 胺的分类、命名和结构

氨分子中氢原子被烃基取代后生成的衍生物叫作胺。

1）胺的分类

根据 NH_3 分子中 H 被烃基取代的数目分类，胺分子中的一个、二个或三个氢原子被烃基取代而生成的化合物，分别称为第一胺（伯胺）、第二胺（仲胺）和第三胺（叔胺）。

RNH_2	R_2NH	R_3N
第一胺（伯胺）	第二胺（仲胺）	第三胺（叔胺）

根据与N相连的烃基分类，胺分子中氮原子与脂肪烃相连称为脂肪胺，与芳香烃相连称为芳胺。

$CH_3CH_2NH_2$ 脂肪胺　　C_6H_5—NH_2 芳香胺

根据氨基个数的不同，胺分为一元胺（含一个氨基）、二元胺（含两个氨基）和多元胺（含两个以上的氨基）。

铵盐（NH_4^+）或（NH_4OH）中的四个氢原子被烃基取代而生成的化合物，称为季铵盐或季铵碱。

$R_4N^+X^-$ 季铵盐　　$R_4N^+OH^-$ 季铵碱

2）胺的命名

（1）简单胺的命名

伯胺先写出连于氮原子上烃基的名称，再以胺字作词尾。对称的仲胺与叔胺，烃基相同时，将取代基的数目加在R基名称之前，并以胺字作词尾。不对称的仲胺与叔胺如果不是太复杂，可看作是伯胺的氮取代物来命名，并选取烃基中最复杂的作为母体伯胺。二元胺和多元胺的伯胺，当其胺基连在直链烃基或直接连在环上时，可称为二胺或三胺。

芳香族的仲胺和叔胺，当氮原子上连有脂肪烃基时，常以芳胺为母体，并在脂肪烃基前加“N”，表示此基团是连在N上的。

C_6H_5—$NHCH_3$ N-甲基苯胺　　C_6H_5—$N(CH_3)_2$ N,N-二甲基苯胺

（2）复杂胺的命名

较复杂的胺命名时一般是把氨基作为取代基来命名。

$HOCH_2CH_2NH_2$ 2-氨基乙醇

$CH_3CH(NHCH_3)CH_2CH_2CH_3$ 2-甲氨基戊烷

季铵化合物可以看作是胺的衍生物来命名。

$(C_2H_5)_4\overset{+}{N}\overset{-}{I}$　　　　$(CH_3)_4\overset{+}{N}\overset{-}{OH}$

碘化四乙胺　　　　氢氧化四甲胺

3）胺的结构

胺分子中，氮原子以 sp^3 不等性杂化，孤对电子处于1个 sp^3 杂化轨道上，另外三个 sp^3 杂化轨道分别与氢或烃基形成σ键。脂肪胺一般为棱锥形，在芳香胺中，苯环倾向于与氮上的孤对电子占据的轨道形成p-π共轭。

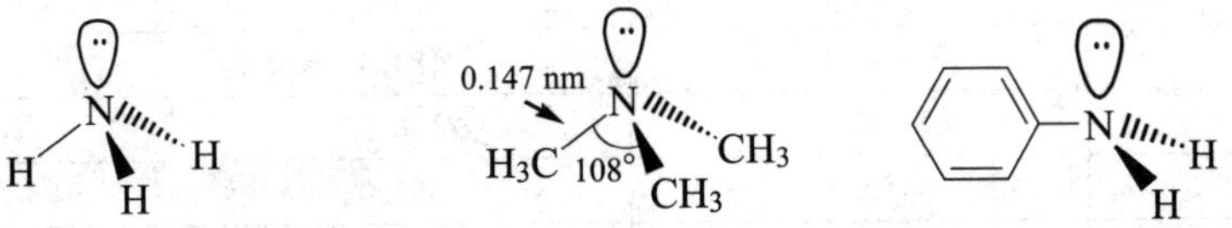

0.147 nm　108°

若氮原子上连有三个不同的基团，它是手性的，应存在一对对映体。但是，对于简单的胺来说，这样的对映体尚未被分离出来，原因是胺的两种棱锥形排列之间的能垒相当低，可以迅速相互转化。三烷基胺对映体之间的相互转化速度，每秒钟 10^3~10^5 次，这样的转化速度，现代技术尚不能把对映体分离出来。

交流研讨

命名下列化合物

（1）$(CH_3CH_2)_2NH$　　（2）（2-萘胺结构式，NH_2）

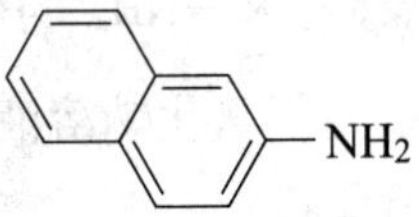

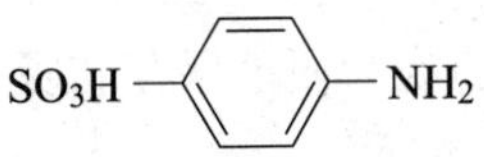

（3）SO_3H—⟨苯环⟩—NH_2　　（4）⟨苯环⟩—NH_2

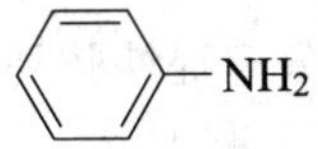

2. 胺的物理性质

低级脂肪胺是气体或是易挥发的液体，常带有氨或鱼腥的气味，如肉和尸体腐烂后生成的1,4-丁二胺（腐肉胺）和1,5-戊二胺（尸胺）。高级脂肪胺是无味的固体。芳香胺多为高沸点的油状液体或低熔点的固体，有特殊气味，有毒，吸入其蒸气或与皮肤接触都会引起中毒，如联苯胺、β-萘胺等有强烈的致癌作用。

伯胺、仲胺中的N能与其他胺中的N上的H原子形成氢键，使伯胺、仲胺的沸点较分子量相近的醚的沸点高。但由于N—H键极性比O—H键弱，所以胺中形成的N—H氢键比醇和酸中O—H氢键弱，故沸点较分子量相近的醇和酸低。叔胺中因N原子上无活泼氢，不能形成分子间氢键，所以其沸点较低。在碳原子数相同的脂肪胺中，伯胺、仲胺、叔胺的沸点依次降低。伯胺、仲胺都可与水形成氢键，因此低级胺可溶于水，随着烃基在分子中比例的增大，形成氢键的能力逐渐减弱，因此，中高级脂肪胺及芳香胺微溶于水或难溶于水。胺大都能溶于有机溶剂，季铵盐具有高的熔点，易溶于水。常见胺的物理常数见表3.5。

表 3.5　常见胺的物理常数

名称	熔点/ ℃	沸点/ ℃	溶解度/g
甲胺	−92.5	−6.7	易溶
二甲胺	−92.2	6.9	易溶
三甲胺	−117.1	9.9	91
乙胺	−80.6	16.6	∞
二乙胺	−50.0	55.5	易溶
三乙胺	−114.7	89.4	∞
正丙胺	−83.0	48.7	∞
正丁胺	−50.0	77.8	∞
苯胺	−6.0	184.4	3.7
N-苯甲胺	−57.0	196.3	难溶
二苯胺	52.9	302.0	不溶
三苯胺	126.5	365.0	不溶

3. 胺的化学性质

胺类化合物中氨基中的氮原子上具有孤对电子，使得胺具有亲核性，能与一些亲电化合物发生反应，如酸（H^+）、卤代烷、酰基化合物等。

1）碱性

胺分子中氮原子上具有未共用的电子对时，能接受一个质子，显出碱性，能与大多数酸作用生成铵盐，铵盐一般为结晶固体，易溶于水和乙醇。

$$R—\ddot{N}H_2 + HCl \longrightarrow R—\overset{+}{N}H_3Cl^-$$

胺的碱性较弱，其盐与氢氧化钠溶液作用时，释放出游离胺。

$$R—NH_3Cl + NaOH \longrightarrow R—NH_2 + NaCl + H_2O$$

利用胺的成盐反应可以分离提纯胺类化合物，很多胺类的药物为便于保存和吸收，常制成水溶性的铵盐。

胺的碱性强弱与其结构有关，碱性大小可用 pK_b 表示，pK_b 越小，碱性越强。

$$R—\ddot{N}H_2 + H_2O \xrightarrow{K_b} R—\overset{+}{N}H_3 + OH^-$$

$$K_b=\frac{[R—NH_3^+][OH^-]}{[RNH_2]}$$

$$pK_b=-\log K_b$$

脂肪胺的碱性比氨强，芳香胺的碱性比氨弱。这主要是因为氨中的氢原子被烷基取代后，由于烷基的斥电子效应，使氮原子上的电子云密度升高，使得脂肪胺接受质子的能力大于氨；而芳香胺氮原子上的未共用电子对由于与苯环形成了共轭体系，使得氮原子上的电子云密度降低，使得芳香胺接受质子的能力小于氨。

碱性　　　　脂肪胺>氨>芳香胺

（1）脂肪胺

脂肪胺在气体状态和在溶液中所显示的碱性不同。气体状态时的碱性是分子本身固有的特性，而在溶液中的碱性是作为溶质与溶剂相互作用的一个整体来考虑的。

在气态时碱性为：$(CH_3)_3N>(CH_3)_2NH>CH_3NH_2>NH_3$

在水溶液中碱性为：$(CH_3)_2NH>CH_3NH_2>(CH_3)_3N>NH_3$

脂肪胺在气体状态时，仅有烷基的斥电子效应，烷基越多，斥电子效应越大，碱性越强。在水溶液中时，碱性的强弱决定于电子效应、溶剂化效应等。从伯胺到仲胺，增加了一个甲基，由于电子效应，使碱性增加；同时要考虑脂肪胺中的氮原子接受质子后形成正离子的溶剂化程度。氮原子上连有氢越多（体积也越小），它与水通过氢键溶剂化的可能性就越大，溶剂化的程度就越高，铵正离子就越稳定，胺的碱性也越强。所以脂肪胺的水溶液的碱性强弱是电子效应和溶剂化效应综合表现的结果。

（2）芳香胺

芳香胺中，芳基的数目越多，胺的碱性越弱。

$$ArNH_2>Ar_2NH>Ar_3N$$

取代芳香胺中，当苯环上连供电子基时，碱性增强；当苯环上连有吸电子基时，碱性降低。

2）烃基化反应

胺作为亲核试剂与卤代烃发生取代反应，生成仲胺、叔胺和季铵盐。此反应可用于工业上生产胺类，但往往得到的是混合物。

$$R—NH_2+R—X \longrightarrow R_2NH+HX$$

$$R_2NH+R—X \longrightarrow R_3N+HX$$

$$R_3N+R—X \longrightarrow R_4NX$$

季铵盐是强碱强酸盐，一般不能与碱作用生成相应的季铵碱，但若用 AgOH 处理，则可生成季铵碱。季铵碱是一种强碱，其碱性与 NaOH 相当，有吸湿性，能吸收空气中的 CO_2，浓溶液对玻璃有腐蚀性。

$$(C_2H_5)_4NI+AgOH \longrightarrow (C_2H_5)_4NOH+AgI\downarrow$$

3）酰基化反应

作为亲核试剂伯胺与仲胺一样，能跟酰氯、酸酐、酯等作用生成酰胺。叔胺氮原子上由于没有氢原子，所以不能生成酰胺。

$$RNH_2 \xrightarrow{R'COCl} RNHCOR'$$

$$R_2NH \xrightarrow{R'COCl} R_2NCOR'$$

$$C_6H_5-NHCH_3 \xrightarrow{CH_3COCl} C_6H_5-N(CH_3)COCH_3$$

酰胺是具有一定熔点的固体，在强酸或强碱的水溶液中加热易水解生成酰胺。因此，此反应在有机合成上常用来保护氨基。如需要在苯胺的苯环上引入硝基，为防止硝酸将苯胺氧化，可以先将氨基乙酰化，生成乙酰苯胺，然后再硝化，在苯环上引入硝基后，水解除去酰基得到硝基苯胺。

$$C_6H_5NH_2 \xrightarrow{CH_3COCl} C_6H_5NHCOCH_3 \xrightarrow{HNO_3} p\text{-}O_2N\text{-}C_6H_4\text{-}NHCOCH_3 \xrightarrow{H_2O} p\text{-}O_2N\text{-}C_6H_4\text{-}NH_2$$

4）磺酰化反应

胺与磺酰化试剂在强碱溶液中反应生成磺酰胺的反应叫作磺酰化反应。常用的磺酰化试剂是苯磺酰氯和对甲基苯磺酰氯。磺酰化反应常用于胺的分离与鉴定。

$C_6H_5\text{-}SO_2Cl$ 苯磺酰氯　　$CH_3\text{-}C_6H_4\text{-}SO_2Cl$ 对甲苯磺酰氯

$$RNH_2 \xrightarrow{C_6H_5SO_2Cl} C_6H_5SO_2NHR\ (\text{白色固体}) \xrightarrow{NaOH} C_6H_5SO_2NR^-Na^+\ (\text{溶于碱})$$

$$R_2NH \xrightarrow{C_6H_5SO_2Cl} C_6H_5SO_2NR_2\ (\text{白色固体}) \xrightarrow{NaOH} \text{不溶于碱}$$

$$R_3N \xrightarrow{C_6H_5SO_2Cl} \text{不反应}$$

根据磺酰基反应可以分离伯胺、仲胺和叔胺。具体方法是：首先在碱性溶液中与苯磺酰氯反应，将反应后的混合物蒸馏，叔胺将被蒸出；其次将剩余的蒸馏液过滤，滤出的固体为仲胺的磺酰胺，加酸水解后可得到仲胺；最后将滤液酸化后加热水解，即可得到伯胺。

5）与亚硝酸反应

亚硝酸不稳定，只能在反应中由亚硝酸钠与盐酸或稀硫酸作用产生。伯胺与亚硝酸反应，生成的碳正离子可以发生各种不同的反应生成烯烃、醇、卤代烃等。伯胺与亚硝酸的反应产物是混合物，此反应在有机合成上用途不大。

$$RCH_2CH_2NH_2 \xrightarrow{NaNO_2+HCl} RCH_2CH_2\overset{+}{N_2}Cl^- \xrightarrow{\text{分解}} RCH_2\overset{+}{C}H_2 + N_2 + Cl^-$$

$$RCH_2\overset{+}{C}H_2 \longrightarrow RCH_2CH_2OH + RCH_2CH_2X + RCH{=}CH_2$$

$$ArNH_2 \xrightarrow{NaNO_2+HCl} ArOH + N_2 + Cl^-$$

仲胺与 HNO_2 反应，生成黄色油状或固体的N-亚硝基胺，N-亚硝基胺是致癌物质。

$$R_2NH \xrightarrow{NaNO_2+HCl} R_2N-N{=}O + H_2O$$

N-亚硝基胺

$$C_6H_5NHCH_3 \xrightarrow{NaNO_2+HCl} C_6H_5N(CH_3)-N=O + H_2O$$

脂肪族的叔胺与亚硝酸生成溶于水的亚硝酸盐；芳香族的叔胺与亚硝酸反应，把亚硝基引入苯环。因而，胺与亚硝酸的不同反应可以区别伯胺、仲胺、叔胺。

$$R_3N + HNO_2 \longrightarrow R_3N^+NO_2^-$$

$$C_6H_5N(CH_3)_2 + HNO_2 \longrightarrow p\text{-}ON\text{-}C_6H_4N(CH_3)_2$$

6）氧化反应

胺容易氧化，用不同的氧化剂可以得到不同的氧化产物。

$$CH_3CH_2NH_2 \xrightarrow{H_2O_2} H_2CHC-\overset{H}{N}-OH \xrightarrow{脱氢} CH_3CH_2NO \xrightarrow{加氧} CH_3CH_2NO_2$$

$$C_6H_{11}(H)CH_2N(CH_3)_2 \xrightarrow{H_2O_2} C_6H_{11}(H)CH_2N(O)(CH_3)_2 \xrightarrow{160\ ℃} C_6H_{10}=CH_2 + (CH_3)_2NH$$

具有 β-H 的叔胺氧化后，加热时发生消除反应，产生烯烃，此反应称为柯普消除反应。

7）芳胺的特性

（1）氧化反应

芳胺很容易氧化。新的纯苯胺是无色的，但暴露在空气中很快就变成黄色然后变成红棕色。用氧化剂处理苯胺时，生成复杂的混合物。在一定的条件下，苯胺的氧化产物主要是对苯醌，当苯环上有吸电子基（如卤素、硝基、氰基等）时，用三氟过乙酸氧化，则可生成硝基化合物。

$$C_6H_5NH_2 \xrightarrow[H_2SO_4]{MnO_2} O=C_6H_4=O \xrightarrow{[O]} 苯胺黑$$

（2）卤代反应

苯胺很容易发生卤代反应，但难控制在一元阶段。苯胺与溴水反应，可生成白色沉淀2,4,6-三溴苯胺，此反应可用于鉴别苯胺。

$$C_6H_5NH_2 + Br_2(H_2O) \longrightarrow 2,4,6\text{-}Br_3C_6H_2NH_2 + 3HBr$$

（3）磺化反应

苯胺可以与对氨基苯磺酸反应生成内盐。

$$C_6H_5NH_2 \xrightarrow{H_2SO_4} C_6H_5\overset{+}{N}H_3HSO_4^- \xrightarrow[-H_2O]{} C_6H_5NHSO_3H \xrightarrow{180℃} p\text{-}NH_2C_6H_4SO_3H \rightleftharpoons p\text{-}\overset{+}{N}H_3C_6H_4SO_3^-$$

（4）硝化反应

芳胺中的伯胺可以发生硝化反应，如果芳伯胺直接与硝酸反应，则氨基易被硝酸氧化，所以必须先把氨基保护起来（乙酰化或成盐），然后再进行硝化反应。

$$C_6H_5NH_2 \xrightarrow{(CH_3CO)_2O} C_6H_5NHCOCH_3 \begin{cases} \xrightarrow[\text{乙酸}]{HNO_3} p\text{-}O_2NC_6H_4NHCOCH_3 \xrightarrow{OH^-/H_2O} p\text{-}O_2NC_6H_4NH_2 \\ \xrightarrow[\text{乙酸酐}]{HNO_3} o\text{-}O_2NC_6H_4NHCOCH_3 \xrightarrow{OH^-/H_2O} o\text{-}O_2NC_6H_4NH_2 \end{cases}$$

交流研讨

1. 完成下列反应式

(1) $C_{10}H_7NHCH_3$（1-甲氨基萘）$+ HNO_3 \longrightarrow$

(2) $(CH_3)_3N + C_{12}H_{25}Br \longrightarrow$

2. 按碱性由强到弱的顺序排列下列化合物

（1）乙胺　（2）苯胺　（3）二苯胺　（4）氨　（5）N-甲基苯胺

4. 重要的胺

1）甲胺

甲胺，化学式为 CH_3NH_2，常温下是无色有强烈鱼腥味的气体，熔点为-93.5 ℃，沸点为-6.3 ℃。甲胺是最简单的伯胺，有低毒性，具有刺激性和腐蚀性。甲胺与空气混合能形成爆炸性混合物，遇明火、高热能引起燃烧爆炸；若遇高热，容器内压增大，有开裂和爆炸的危险。甲胺水溶液是一种强碱，与酸剧烈反应，并对铅、锌和铜有腐蚀性；与汞反应生成对冲击敏感的化合物，与强氧化剂发生反应。其水溶液也是高度的易燃物。

甲胺是重要的有机化工原料，可用于农药、医药、炸药等的生产。市售品一般是其甲醇、乙醇、四氢呋喃或水溶液，或作为无水气体在金属罐中加压储存。工业品常将无水气体加压后通过拖车运输。工业上常用氨气和甲醇在硅铝酸盐催化下反应来制取甲胺。

2）二甲胺

二甲胺，化学式为 CH_3NHCH_3，无色气体，高浓度的带有氨味，低浓度的有烂鱼味。二甲胺的熔点为-96 ℃，沸点为7.4 ℃；易溶于水，溶于乙醇和乙醚；易燃烧；有弱碱性，与无机酸生成易溶于水的盐类。它可用作制药物、染料、杀虫剂和橡胶硫化促进剂的原料，由氨与甲醇在高温高压和催化剂存在下作用而制得。

3）乙二胺

乙二胺，化学式为 $H_2NCH_2CH_2NH_2$，无色澄清黏稠液体，熔点为8.5 ℃，沸点为116~117 ℃，有氨臭，强碱性；能随水蒸气挥发，易从空气中吸收二氧化碳生成不挥发的碳酸盐，应避免露置在空气中；易溶于水，生成水合乙二胺，溶于乙醇和甲醇，微溶于乙醚，不溶于苯。乙二胺易燃，具有强腐蚀性、强刺激性，可致人体灼伤；遇明火、高热或与氧化剂接触，有引起燃烧爆炸的危险；与乙酸、乙酸酐、二硫化碳、氯磺酸、盐酸、硝酸、硫酸、发烟硫酸、过氯酸等剧烈反应；能腐蚀铜及其合金。

乙二胺可用来测定铍、铈、镧、镁、镍、钍、钛、铀、锑、铋、镉、钴、铜、汞、银等，也可以作为蛋白质和纤维蛋白质的溶剂。在工业生产上用作分析试剂、有机溶剂、抗冻剂、乳化剂、环氧树脂固化剂，也用于有机合成及制药工业。

4）苯胺

苯胺，分子式为 $C_6H_5NH_2$，是苯分子中的一个氢原子为氨基取代而生成的化合物。苯胺是最简单的一级芳香胺，无色油状液体；熔点为-6.3 ℃，沸点为184 ℃，稍溶于水，易溶于乙醇、乙醚等有机溶剂；暴露于空气中或日光下变为棕色。苯胺显碱性，能与酸作用生成盐，能起卤化、乙酰化、重氮化等作用；遇明火、高热可燃；与酸类、卤素、醇类、胺类发生强烈反应，会引起燃烧。

苯胺是染料工业中最重要的中间体之一，在染料工业中可用于制造酸性墨水蓝G、酸性媒介BS、酸性嫩黄和活性艳红X-SB等；在有机颜料方面有用于制造金光红、金光红G、大红粉、酚菁红、油溶黑等。在农药工业中用于生产许多杀虫剂、杀菌剂如除草醚、毒草胺等。苯胺是橡胶助剂的重要原料，用于制造防老剂甲、防老剂丁、防老剂RD及防老剂4010等；也可作为磺胺药的原料，同时也是生产香料、塑料、清漆、胶片等的中间体；并可作为炸药中的稳定剂、汽油中的防爆剂以及用作溶剂；其他还可以用作制造对苯二酚、2-苯基吲哚等。

3.5.3 含磷有机化合物

磷与氮属于同周期的元素，具有相同的电子排布，因此，磷与氮的性质相似。

1. 含磷化合物的分类

1）膦

PH_3称为膦，膦中的氢原子被烃基取代后，生成类似胺的四种取代物。

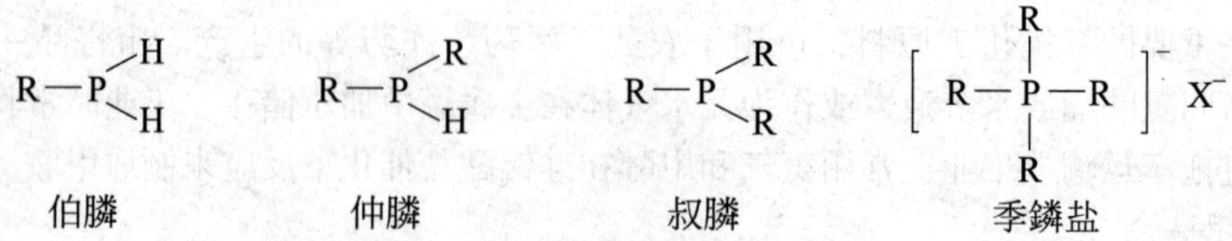
伯膦　仲膦　叔膦　季鏻盐

2）亚磷酸

亚磷酸中的磷为+3 价，是其中的羟基被烃基取代后生成的衍生物。

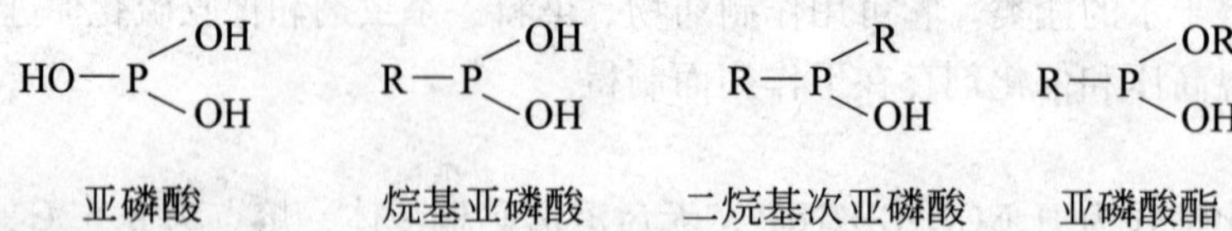
亚磷酸　烷基亚磷酸　二烷基次亚磷酸　亚磷酸酯

3）膦酸及其衍生物

磷酸中羟基被烃基取代的衍生物。

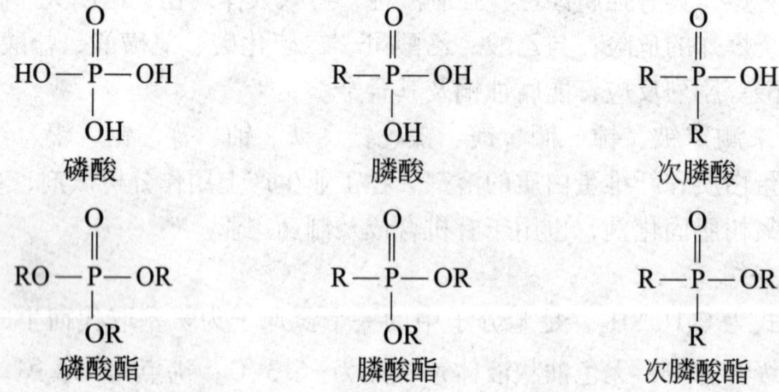
磷酸　膦酸　次膦酸

磷酸酯　膦酸酯　次膦酸酯

4）膦烷

膦烷中的磷元素是以+5 价存在的。

五苯膦　亚甲基三烃基膦

2. 含磷化合物的命名

① 亚膦酸和膦酸的命名，在相应的类名前加上烃基的名称。

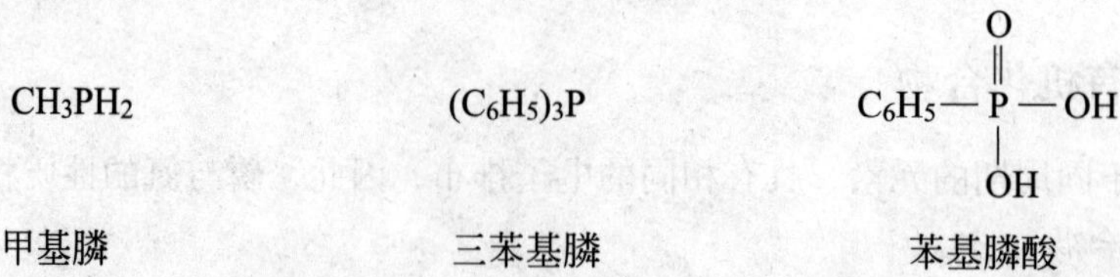

甲基膦　三苯基膦　苯基膦酸

② 硫酸酯和硫代磷酸酯的命名，凡属含氧的酯基，都用前缀 O-烷基表示。

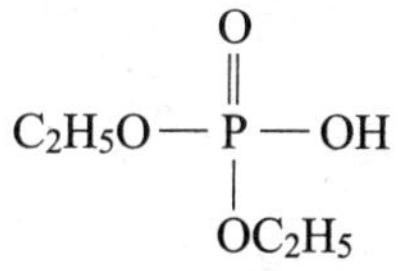

$$C_2H_5O-\overset{\overset{O}{\|}}{\underset{\underset{OC_2H_5}{|}}{P}}-OH \qquad C_2H_5O-\overset{\overset{O}{\|}}{\underset{\underset{OC_2H_5}{|}}{P}}-C_6H_5 \qquad C_2H_5O-\overset{\overset{O}{\|}}{\underset{\underset{OC_2H_5}{|}}{P}}-SH$$

O,O–二乙基磷酸酯 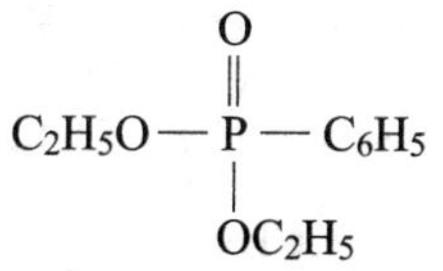　　O,O–二乙基苯膦酸酯 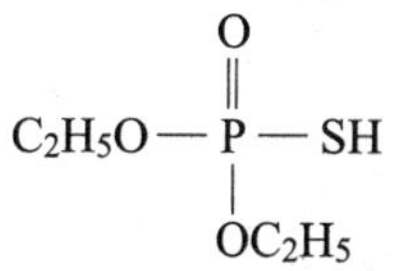　　O,O–二乙基硫代磷酸酯

③ 含 P—X 或 P—N 键的化合物可看作含氧酸的—OH 被—X、$-NH_2$取代后所形成的酰卤和酰胺。

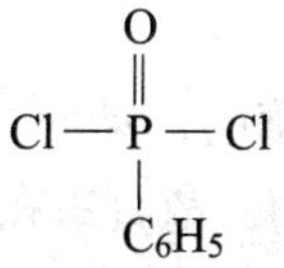

$$Cl-\overset{\overset{O}{\|}}{\underset{\underset{C_6H_5}{|}}{P}}-Cl \qquad C_2H_5O-\overset{\overset{S}{\|}}{\underset{\underset{OC_2H_5}{|}}{P}}-Cl$$

苯膦酰氯 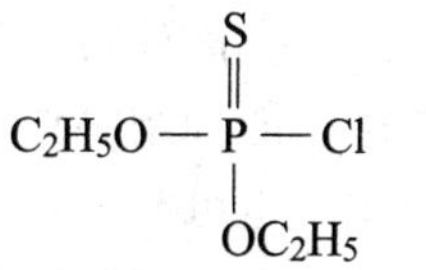　　O,O–二乙基硫代磷酰氯

3. 含磷化合物的化学性质

1）氧化反应

低级烷基膦如三甲膦在空气中可自燃，芳膦如三苯基膦比较稳定。

三苯基膦在过氧化氢或过氧酸等氧化剂的作用下能被氧化为氧化三苯基膦。

$$(C_6H_5)_3P \xrightarrow[H_2O_2]{[O]} (C_6H_5)_3P=O$$

2）生成膦酸盐

膦具有较强的亲核性，易与卤代烷进行亲核取代反应形成膦酸盐。

$$R_3P + R'X \longrightarrow R_3\overset{+}{P}-R'X^-$$

烷基膦分子中，随着 P 上的烃基增加，烃化反应活性逐渐增大。因为膦的 R 位阻效应小，P 表现较强的给电子性。

$$R_3P > P_2PH > RPH_2$$

$$(C_6H_5)_3P + CH_3Br \longrightarrow (C_6H_5)_3\overset{+}{P}-CH_3Br^-$$

4. 重要的含磷化合物

有机磷农药是最常见的含磷化合物，用于防治植物病虫害。这一类农药品种多、药效高，用途广，易分解，在人和动物体内一般不积累，但也有不少品种对人和动物体内的急性毒性很强，在使用时特别要注意安全。常用的有机磷农药包括敌百虫、敌敌畏、乐果等。

1）敌百虫

敌百虫学名 O,O-二甲基-（2,2,2-三氯-1-羟基乙基）膦酸酯。工业产品为白色固体，纯品熔点为 83~84 ℃，能溶于水和有机溶剂，性质较稳定，但遇碱则水解成敌敌畏，急性毒性 LD_{50}大白鼠经口为 560~630 mg/kg。

$$H_3CO-\overset{\overset{O}{\|}}{\underset{\underset{OCH_3}{|}}{P}}-\overset{\overset{OH}{|}}{CH}-CCl_3$$

敌百虫是在1952年由联邦德国法本拜耳公司的W. 洛仑茨合成的，由该公司首先开始生产。生产方法有两种：一种是两步法，先用甲醇与三氯化磷反应制得二甲基亚磷酸，再与三氯乙醛重排缩合生成敌百虫原药；另一种是一步法，是我国广泛采用的，将三种原料按适当比例同时加入反应器，在低温下减压脱除副产物氯化氢和氯甲烷，然后加温缩合成敌百虫，此法可间歇或连续操作，流程短、设备小、产量大。

敌百虫具有胃毒作用，能抑制害虫神经系统中胆碱酯酶的活动而致死，属光谱杀虫剂。通常以原药溶于水中施用，也可制成粉剂、乳油、毒饵使用。敌百虫在中国广泛用于防治农林、园艺的多种咀嚼口器害虫、家畜寄生虫和蚊蝇等。由于使用多年，某些害虫已产生抗药性，发展受到限制。

2）敌敌畏

敌敌畏又名DDVP，学名O,O-二甲基-O-（2,2-二氯乙烯基）磷酸酯。工业产品均为无色至浅棕色液体，纯品沸点为74 ℃，挥发性大，室温下在水中溶解度为1%，煤油中溶解度为2%~3%，能溶于有机溶剂，易水解，遇碱分解更快；能与大多数有机溶剂和气溶胶剂混溶，对热稳定；对铁和软钢有腐蚀性；对不锈钢、铝、镍没有腐蚀性；80%敌敌畏乳油为浅黄色到黄棕色透明液体，50%敌敌畏为淡黄色油状液体；闪点为75 ℃（加柴油），黏度为1. 86 Pa·s；20%敌敌畏塑料块缓释剂，薄块重为29~33 g/块；毒性大，急性毒性LD_{50}对大白鼠经口为56~80 mg/kg。

$$H_3CO-\overset{\overset{O}{\|}}{\underset{\underset{OCH_3}{|}}{P}}-O-CH=CCl_2$$

敌敌畏是速效广谱性磷酸酯类杀虫杀螨剂。对高等动物毒性中等，挥发性强，易于通过呼吸道或皮肤进入高等动物体内；对鱼类和蜜蜂有毒；对害虫和叶螨类具有强烈的熏蒸作用以及胃毒、触杀作用；具有高效、速效、持效期短、无残留等特点。

3）乐果

乐果学名O，O-二甲基-S-（N-甲基氨基甲酰甲基）二硫代磷酸酯，1951年美国人E. I. 霍伯格和J. T. 卡萨迪发现其有杀虫作用，1956年美国企业开始开发推广。乐果纯品为白色针状结晶，在水中溶解度为39 g/L（室温），易被植物吸收并输导至全株；在酸性溶液中较稳定，在碱性溶液中迅速水解，故不能与碱性农药混用。

$$H_3CO-\overset{\overset{S}{\|}}{\underset{\underset{OCH_3}{|}}{P}}-SCH_2\overset{\overset{O}{\|}}{C}NHCH_3$$

乐果是内吸性有机磷杀虫剂。杀虫范围广，对害虫有强烈的触杀和一定的胃毒作用。在昆虫体内能氧化成活性更高的氧乐果，其作用机制是抑制昆虫体内的乙酰胆碱酯酶，阻碍神经传导而导致死亡。适用于防治多种农作物上的刺吸式口器害虫，如蚜虫、叶蝉、粉虱、潜叶性害虫及某些蚧类有良好的防治效果，对螨虫也有一定的防治效果。可用于防治蔬菜、果树、茶、桑、棉、油料作物、粮食作物的多种具刺吸口器和咀嚼口器的害虫和叶螨，也可用于防治家畜体内外寄生虫。

1. 写出下列物质的化学式

(1) O,O,O-三苯基磷酸酯　　(2) 苯基亚膦酸乙酯

(3) 甲基膦酸甲酯　　(4) 乙基膦酸

2. 列举3种生活中常用的有机磷农药。

3.5.4　含硫有机化合物

1. 含硫化合物的分类

硫原子可形成与氧相似的低价含硫化合物，常见的有硫醇、硫酚和硫醚等，它们的结构中有一个含硫官能团（—SH），称为巯基。

R—SH　硫醇

C_6H_5—SH　硫酚

R_1—S—R_2　硫醚

R—S—S—R　二硫化物

硫原子还可被氧化成高价硫化合物，它们可以看成是硫酸或亚硫酸的衍生物。

$HO-S(=O)_2-OH$　硫酸

$R-S(=O)_2-OH$　磺酸

$R-S(=O)_2-R$　砜

$HO-S(=O)-OH$　亚硫酸

$R-S(=O)-OH$　亚磺酸

$R-S(=O)-R$　亚砜

2. 含硫化合物的命名

硫醇、硫酚、硫醚等含硫化合物的命名较简单，可在相应的含氧衍生物类名前加上“硫”字即可。

CH_3SH　甲硫醇

$(CH_3)_2CHSH$　2–丙硫醇

CH_3SCH_3　二甲硫醚

间甲硫酚（3-$CH_3C_6H_4$SH）

苯甲硫醚（$C_6H_5SCH_3$）

二苯硫醚（C_6H_5—S—C_6H_5）

如果—SH 作为取代基命名时，则与其他官能团的命名原则相同，采用系统命名法。

$HS—CH_2—COOH$　　巯基乙酸

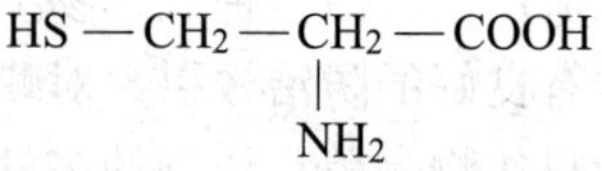

$HS—CH_2—CH(NH_2)—COOH$　　2-氨基-3-巯基丙酸

亚砜、砜、磺酸及其衍生物的命名，只需要在类名前加上相应的烃基名称。

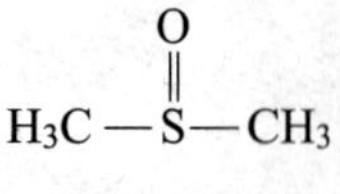

$H_3C—S(=O)—CH_3$　　二甲亚砜

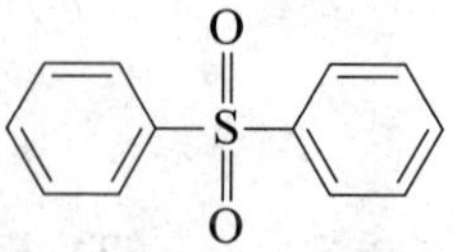

$C_6H_5—SO_2—C_6H_5$　　二苯砜

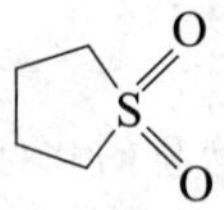

环丁砜

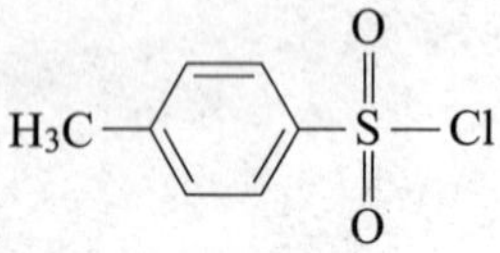

$H_3C—C_6H_4—SO_2—Cl$　　对甲苯磺酰氯

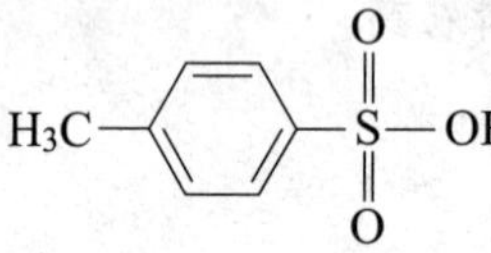

$H_3C—C_6H_4—SO_2—OH$　　对甲苯磺酸

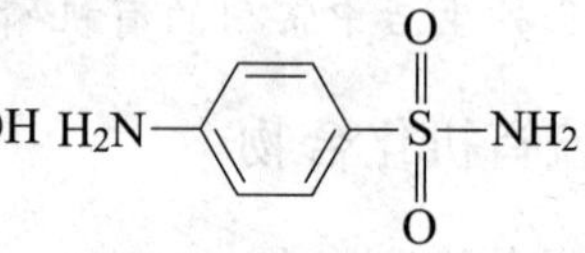

$H_2N—C_6H_4—SO_2—NH_2$　　对氨基磺酰胺

3．硫醇和硫酚

分子量较低的硫醇有毒，并有难闻的臭味，煤气中加乙硫醇作警示剂。黄鼠狼发出的臭味主要含3-甲基-1-丁硫醇，但 C_9 以上硫醇有令人愉快的气味。其水溶性和沸点比相应的醇低得多，与分子量相应的硫醚相近。硫酚也有恶臭味。

1）酸性

硫醇显弱酸性，能与氢氧化钠反应，可用于除去石油中的硫醇。硫酚的酸性比碳酸强，可溶于 $NaHCO_3$ 溶液中。

$$CH_3CH_2—SH + NaOH \longrightarrow CH_3CH_2—SNa + H_2O$$

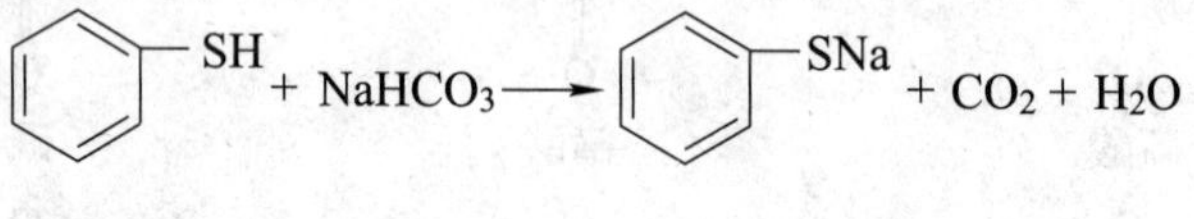

$$C_6H_5—SH + NaHCO_3 \longrightarrow C_6H_5—SNa + CO_2 + H_2O$$

2）氧化反应

硫醇和硫酚很容易被氧化，可被氧气、碘和过氧化氢等氧化成二硫化物；而二硫化物遇还原剂（亚硫酸氢钠、锌和醋酸等）又可被还原为硫醇和硫酚。

$$2R—SH \underset{[H]}{\overset{[O]}{\rightleftharpoons}} R—S—S—R$$

硫醇和硫酚遇到强氧化剂高锰酸钾、浓硝酸等，可被氧化成磺酸类化合物。

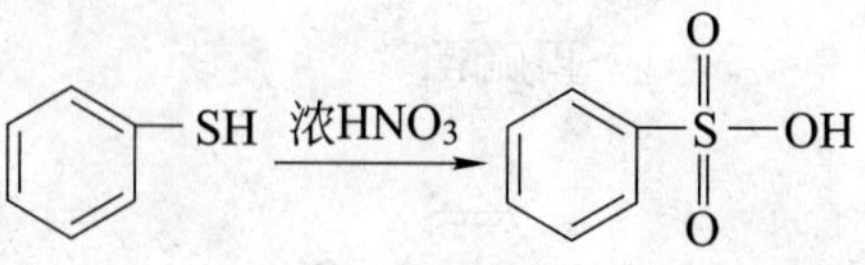

$$C_6H_5—SH \xrightarrow{浓HNO_3} C_6H_5—SO_2—OH$$

硫醇和硫酚的氧化反应发生在硫原子上，产物为二硫化物或磺酸类化合物。

$$R-CH_2-OH \xrightarrow{[O]} R-\overset{O}{\overset{\|}{C}}-H \xrightarrow{[O]} R-\overset{O}{\overset{\|}{C}}-OH$$

$$R-CH_2-SH \xrightarrow{[O]} R-CH_2-S-S-CH_2-R \xrightarrow{[O]} R-CH_2-SO_3H$$

3）生成重金属盐

硫醇、硫酚能与砷及重金属（如汞、铅、铜、银等）的氧化物或盐作用生成稳定的不溶性盐。

$$2R-SH + HgO \longrightarrow \begin{matrix} R-S \\ R-S \end{matrix}\rangle Hg\downarrow + H_2O$$

重金属盐进入体内，与某些酶的巯基结合使酶丧失生理活性，引起人畜中毒。医药上常把硫醇作为重金属解毒剂，重金属离子被螯合后由体内排出，不再与酶的巯基作用，同时二巯基丙醇还夺取已与酶结合汞离子，使酶恢复活性，起到解毒的作用。二巯基丙醇（巴尔BAL）是常用的解毒剂。

4. 磺酸

磺酸都是固体，易溶于水，不溶于一般有机溶剂，有极强的吸湿性，易潮解。

1）酸性

磺酸相当于硫酸中的羟基被烃基取代后生成的，磺酸是强酸，具有强酸的性质。

2）取代反应

磺酸中的羟基可被卤素、氨基和烷氧基等基团取代，生成磺酰氯、磺酰胺和磺酸酯等。

$$3H_3C-C_6H_4-\overset{O}{\overset{\|}{\underset{\underset{O}{\|}}{S}}}-OH + PCl_3 \longrightarrow 3H_3C-C_6H_4-\overset{O}{\overset{\|}{\underset{\underset{O}{\|}}{S}}}-Cl + H_3PO_3$$

对甲苯磺酸　　　　对甲苯磺酰氯

磺酸直接酯化和氨基化，产率较低，通常由磺酰氯作为反应物。

$$C_6H_5-\overset{O}{\overset{\|}{\underset{\underset{O}{\|}}{S}}}-Cl + NH_3 \longrightarrow C_6H_5-\overset{O}{\overset{\|}{\underset{\underset{O}{\|}}{S}}}-NH_2 + HCl$$

苯磺酰胺

$$C_6H_5-\overset{O}{\overset{\|}{\underset{\underset{O}{\|}}{S}}}-Cl + 2NaOC_2H_5 \longrightarrow C_6H_5-\overset{O}{\overset{\|}{\underset{\underset{O}{\|}}{S}}}-OC_2H_5 + NaCl$$

苯磺酸乙酯

芳香族磺酸中的磺酸基可被—H、—OH 等基团取代。芳香族磺酸钠盐与固体氢氧化钠共熔，则磺酸基被羟基取代生成酚。

$$C_6H_5-SO_2-OH + H_2O \xrightarrow[\triangle]{浓H_2SO_4} C_6H_6 + H_2SO_4$$

$$C_6H_5-SO_2-ONa + 2NaOH \xrightarrow{\triangle} C_6H_5-OH + Na_2SO_4$$

5. 重要的含硫化合物

1）代森锌

代森锌学名二硫代氨基甲酸锌，又名乙撑双，白色粉末，157 ℃分解，无熔点。室温水中溶解度为 10 mg/L，不溶于大多数有机溶剂，但能溶于吡啶。对光、热、湿气不稳定，易分解，遇碱性物质或含铜、汞的物质，也易分解。急性毒性 LD_{50} 对大白鼠经口 5 200 mg/kg 以上。

$$\begin{array}{l} CH_2NHC(=S)S \\ \quad | \qquad\qquad\qquad\quad \rangle Zn \\ CH_2NHC(=S)S \end{array}$$

代森锌为保护性有机硫杀菌剂。纯品为灰白色粉末，工业品为灰白色或淡黄色粉末，有硫黄气味。对人畜低毒，但对人的皮肤、鼻、咽喉有刺激作用。对植物安全无污染，可防治白菜、黄瓜霜霉病，番茄炭疽病，马铃薯晚疫病，葡萄白腐病、黑斑病，苹果、梨黑星病等，也能阻止各种微生物的发育。

2）敌克松

敌克松学名对二甲基氨基苯重氮磺酸钠。棕色无味粉末，在水中不稳定，光、热、碱均可促进分解。对人、畜毒性较高且对皮肤有刺激性。被植物吸收后有较长的残留。以保护植物为主，兼有治疗作用。主要采用种子和土壤处理的方法，对烟草黑胫病、水稻烂秧及大白菜软腐病等均有效。

交流研讨

1. 试写出分子式为 $C_4H_{10}S$ 的各种可能的化合物，并命名。

2. 按照酸性由小到大的顺序排列下列化合物

(1) C_6H_5COOH　(2) $p-NO_2C_6H_4COOH$　(3) C_6H_5OH　(4) C_6H_5SH　(5) $C_6H_5SO_3H$

身边的化学

磺胺类药物（sulfonamides，SAs）是指具有对氨基苯磺酰胺结构的一类药物的总称，是一类用于预防和治疗细菌感染性疾病的化学治疗药物。SAs 种类可达数千种，其中应用较广并具有一定疗效的就有几十种。磺胺药是现代医学中常用的一类抗菌消炎药，其品种繁多，已成为一个庞大的“家族”。

在磺胺药问世之前，西医对于炎症，尤其是对流行性脑膜炎、肺炎、败血症等，都因无特效药而感到非常棘手。1932 年，德国化学家合成了一种名为“百浪多息”的红色染料，因其中包含一些具有消毒作用的成分，所以曾被零星用于治疗丹毒等疾患。然而在实验中，它在试管内却无明显的杀菌作用，因此没有引起医学界的重视。同年，德国生物化学家格哈特杜马克在试验过程中发现，“百浪多息”对于感染溶血性链球菌的小白鼠具有很高的疗效。后来他又用兔、狗进行实验都获得成功。这时，他的女儿得了链球菌败血病，奄奄一息，他在焦急不安中，决定使用“百浪多息”，结果女儿得救了。令人奇怪的是“百浪多息”只有在体内才能杀死链球菌，而在试管内则不能。巴黎巴斯德研究所的特雷富埃尔和他的同事断定，“百浪多息”一定是在体内变成了对细菌有效的另一种东西。于是他们着手对“百浪多息”的有效成分进行分析，分解出“氨苯磺胺”。其实，早在 1908 年就有人合成过这种化合物，可惜它的医疗价值当时没有被人们发现。磺胺的名字很快在医疗界广泛传播开来。1937 年制出“磺胺吡啶”，1939 年制出“磺胺噻唑”，1941 年制出了“磺胺嘧啶”等。这样，医生就可以在一个“人丁兴旺”的“磺胺家族”中挑选适用于治疗各种感染的药了。1939 年，格哈特杜马克被授予诺贝尔医学或生理学奖。

磺胺类药物临床应用已有几十年的历史，它具有较广的抗菌谱，而且疗效确切、性质稳定、使用简便、价格便宜，又便于长期保存，故目前仍是仅次于抗生素的一大类药物，特别是高效、长效、广谱的新型磺胺和抗菌增效剂合成以后，使磺胺类药物的临床应用有了新的广阔前途。

磺胺类药物能抑制革兰氏阳性菌及一些阴性菌。对其高度敏感的细菌有：链球菌、肺炎球菌、沙门氏菌、化脓棒状杆菌、大肠杆菌。对葡萄球菌、肺炎杆菌、巴氏杆菌、炭疽杆菌、志贺氏杆菌、亚利桑那菌等，对危害家禽的某些原虫也有作用。对磺胺类药敏感的细菌，在体内外均能获得耐药性，而且对一种磺胺产生耐药性后，对其他磺胺也往往产生交叉耐药性，但耐磺胺类药的细菌对其他抗菌药物仍然敏感。

知识链接

大　蒜　素

大蒜素是从葱科葱属植物大蒜的鳞茎（大蒜头）中提取的一种有机硫化合物，也存在于洋葱和其他葱科植物中，学名二烯丙基硫代亚磺酸酯。

大蒜素为淡黄色油状液体，沸点为 80～85 ℃（0.2 kPa），相对密度为 1.112（4 ℃），折光率为 1.561，溶于乙醇、氯仿或乙醚。其水溶液 pH 为 6.5，静置时有油状物沉淀物形成。与乙醇，乙醚及苯可互溶。对热碱不稳定，对酸稳定。由存在的大蒜氨酸在大蒜酶作用下转化产生，具有强烈的大蒜臭，味辣。无毒、无副作用，无药物残留，无耐药性，是替代抗生素，生产安全无公害产品最佳添加剂，人类健康的保证。大蒜素的主要功效包括：

① 抑菌杀菌。对大肠杆菌、沙门氏菌、金黄色葡萄球菌、痢疾杆菌、伤寒杆菌、肺炎球菌，链球菌等有害菌有明显抑制和杀灭作用，对有益菌如干酪乳杆菌则无抑制作用。

② 诱食增食。散发独特的大蒜香味，使动物产生食欲感，使之迅速摄食；同时摄取后可增强胃液分泌和胃肠蠕动，促进消化，从而促进动物生长。

③ 解毒保健。可显著降低汞、氰化物、亚硝酸盐等有害物的毒性。动物摄取后，皮毛光亮，体质健壮，增强抗病力，提高成活率，具有理想的保健功能。

④ 防霉驱虫。有效地杀灭各种霉菌，防霉作用显著，抑制蝇蛆的生长，减少养殖场的蚊蝇危害，延长饲料保质期，改善饲养环境。

⑤ 改善肉蛋奶品质。动物摄取后，其肉蛋奶品质显著提高，原有腥臭味降低，其味道变得更加鲜美。

⑥ 对鱼、虾、鳖因各种感染引起的烂腮、赤皮、肠炎、出血等疾病的治疗有特效。

⑦ 降低胆固醇。降低7a-胆固醇羟化酶的活性，使血清、蛋黄和肝脏中的胆固醇含量下降。

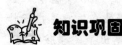

知识巩固

1. 按碱性由弱到强排列下列化合物

(1) CH_3NH_2　(2) NH_3　(3) $(C_6H_5)_3N$　(4) C_6H_5—NHC_2H_5

(5) $(CH_3)_3N$　(6) C_6H_5—NH_2　(7) H_3C—C_6H_4—NH_2

(8) O_2N—C_6H_4—NH_2　(9) O_2N—$C_6H_3(NO_2)$—NH_2（NO_2 位于 NH_2 邻位）

2. 写出下列物质的化学式

（1）对氨基苄胺　（2）甲基膦酸甲酯　（3）硝基苯　（4）苯磺酸甲酯

3. 用化学方法区分下列物质

(1) 甲胺　二甲胺　三甲胺

(2) 邻甲基苯胺（NH_2，CH_3）　邻羟基苯甲酸（COOH，OH）　苯甲酸（COOH）　N-甲基苯胺（$NHCH_3$）

4. 写出下列各化合物与碱溶液作用后，再用酸处理的生成物

(1) 2,5-二氯硝基苯　　(2) 2,3-二氯硝基苯

(3) 3,4-二氯硝基苯　　(4) 3,4,5-三氯硝基苯

5. 完成下列反应

(1) 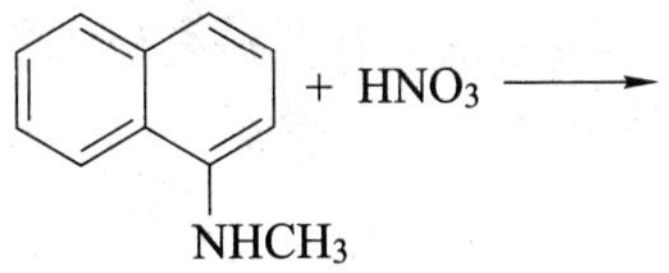 N-甲基-1-萘胺（1-位 $NHCH_3$ 取代的萘） + HNO_3 $\longrightarrow$

(2) $(CH_3)_3N + C_{12}H_{25}Br \longrightarrow$

(3) 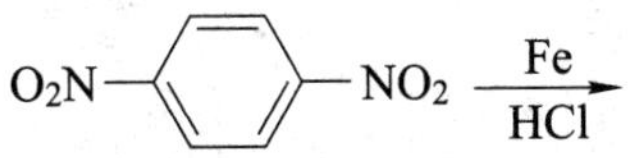 $O_2N-C_6H_4-NO_2 \xrightarrow[HCl]{Fe}$

(4) $CH_3CH_2COCl + H_3C-C_6H_4-NHC_2H_5 \longrightarrow$

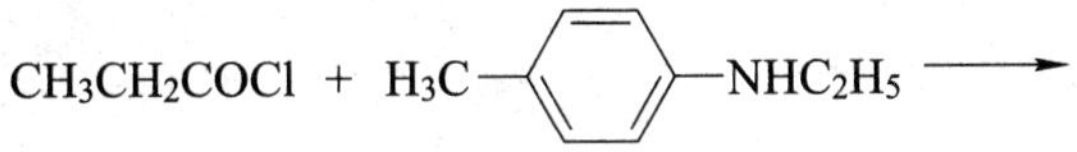

问题探究

列举生活中常用的含氮、磷、硫的化合物，说明其主要作用机理和应用。

模块4　天然有机化合物

油脂、糖类、蛋白质、天然橡胶这些化合物在自然界分布很广泛，且都是在生物体内合成的有机化合物，因此称为天然有机物。其中油脂、单糖、双糖、氨基酸等属于小分子的天然有机化合物。而多糖（淀粉、纤维素）、蛋白质则属于天然有机高分子化合物。油脂、糖类、蛋白质是人们食物中的三种重要成分，更是生物、生理与化学联系的重要纽带。

对于植物来说，纤维素是天然有机物。纤维素是自然界中最丰富的自然有机物。它们在生物体内由简单到复杂，再由复杂到简单（合成→分解→合成）的变化过程，正是生物体的生长、发育等生命现象中的化学过程。学习有关它们的基础知识，对于了解生命现象的本质、从事工农业生产和科学研究都很重要。

项目 4.1　杂环化合物和生物碱

目标要求

1. 掌握杂环化合物的分类和命名。
2. 初步掌握主要杂环化合物的重要化学性质。
3. 了解主要杂环化合物在自然界中的存在方式及应用。
4. 了解生物碱的提取方法及一些重要的生物碱类化合物。

项目导入

据报道，英国皇家研究院布比斯医生经过分析研究表明：多吃瘦肉对人体健康的危害更甚于肥肉，因为瘦肉在烹制过程中，会自动产生一种致癌物质——杂环胺。动物实验表明：杂环胺是一种损害基因的物质，会使体内的脱氧核糖核酸（DNA）发生诱变。瘦肉中的杂环胺能被大肠直接吸收进入血液中，西方国家肠癌发病率高于其他国家肠癌发病率，这与他们常食瘦肉，尤其喜食大量红色牛排有关。

知识掌握

杂环化合物在自然界中分布极广，许多具有重要的生理功能，例如，植物中的叶绿素、动物血液中的血红素、细胞的成分核酸及某些维生素等，它们的分子中都含有杂环结构。许多合成药物、合成染料、化纤助剂、食品添加剂以及某些工程塑料等都与杂环化合物关系密切。因此，杂环化合物在有机化合物中占有重要地位。本项目就小分子杂环单体的部分性质做简单介绍。

4.1.1　杂环化合物的分类与命名

杂环化合物是由碳原子和非碳原子共同组成环状骨架结构的一类化合物。这些非碳原子统称为杂原子，常见的杂原子为氮、氧、硫等。

1. 杂环化合物的分类

由于组成杂环的杂原子的种类和数量不同，环的大小及稠合的方式不同，杂环化合物的种类繁多，数目庞大，约占全部已知的有机化合物的1/3。为了研究方便，杂环化合物可按杂环的骨架分为单杂环和稠杂环。单杂环又按环的大小分为五元杂环和六元杂环；稠杂环按其稠合环形式分为芳杂环和脂杂环（见表 4.1）。

表 4.1　杂环化合物的分类和名称

分类		重要杂环
单杂环	五元杂环	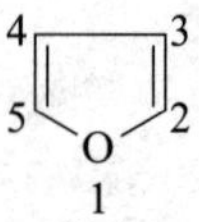 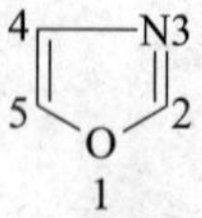 呋喃 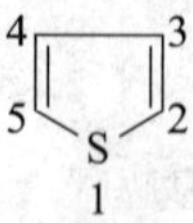　噻吩 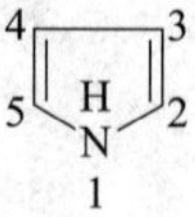　吡咯 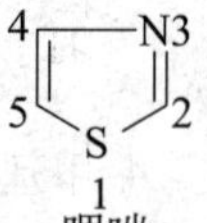　噻唑 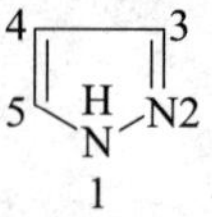　吡唑 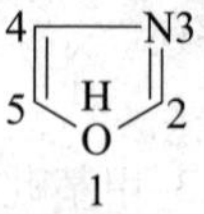　味绝　噁唑 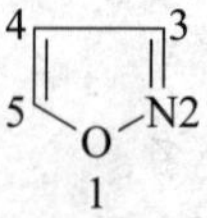　异噁唑
	六元杂环	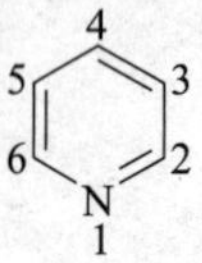 吡啶 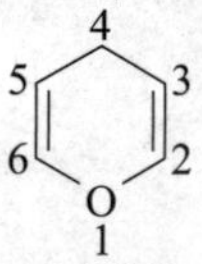　吡喃 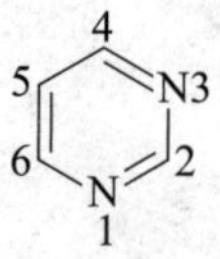　嘧啶 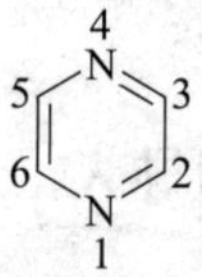　吡嗪
稠杂环	芳杂环	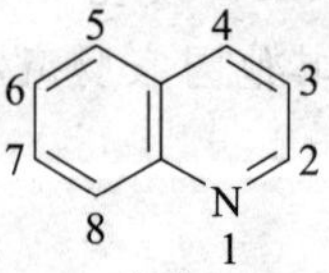 喹啉 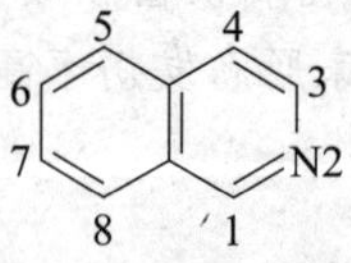　异喹啉 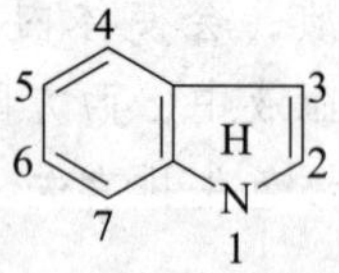　吲哚 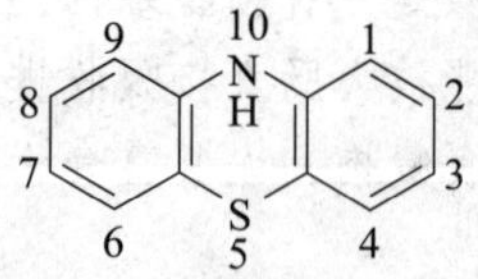　吩噻嗪
	酯杂环	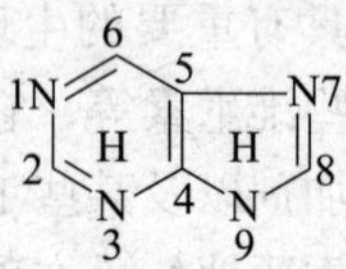 嘌呤 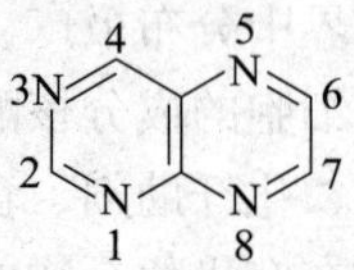　喋啶

2. 杂环化合物的命名

1）音译法

杂环化合物中文名称一般采用外文的译音，常用带“口”字旁的同音汉字表示。表 4.1 中所列的化合物，环上不含有任何取代基，它们可看成是杂环化合物的母体。

2）系统命名法

若环上连有取代基时，必须给母体环进行编号，除个别稠杂环如异喹啉外，一般从杂原子开始。当环上有取代基时，取代基的位次从杂原子算起依次用 1，2，3，…（或 α，β，γ，…）编号，如杂环上不止一个杂原子时，则从 O、S、N 顺序依次编号，编号时杂原子的位次数字之和应最小。

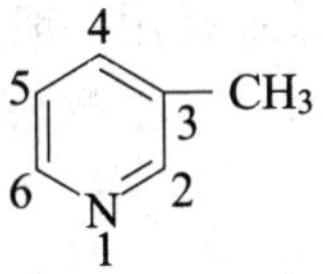

3-甲基吡啶 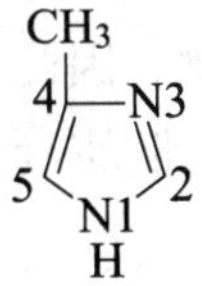　　4-甲基咪唑 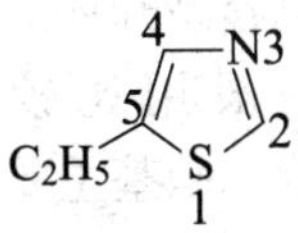　　5-乙基噻唑 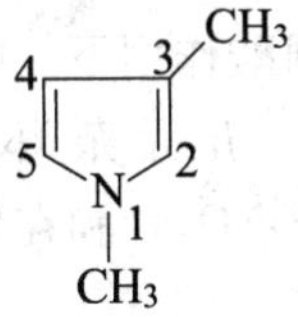　　1,3-二甲基吡咯

4.1.2 杂环化合物的化学性质

呋喃、噻吩、吡咯都是富电子芳杂环，环上电子云密度分布不像苯那样均匀，因此，它们的芳香性不如苯，有时表现出共轭二烯烃的性质。由于杂原子的电负性不同，它们表现的芳香性程度也不相同。吡啶是缺电子芳杂环，其芳香性也不如苯典型。

1. 亲电取代反应

富电子芳杂环和缺电子芳杂环均能发生亲电取代反应。但是，富电子芳杂环的亲电取代反应主要发生在电子云密度更为集中的 α 位上，而且比苯容易；缺电子芳杂环如吡啶的亲电取代反应主要发生在电子云密度相对较高的 β 位上，而且比苯困难。吡啶不易发生亲电取代，而易发生亲核取代，主要进入 α 位，其反应与硝基苯类似。

1）卤代反应

呋喃、噻吩、吡咯比苯活泼，一般不需要催化剂就可直接卤代。

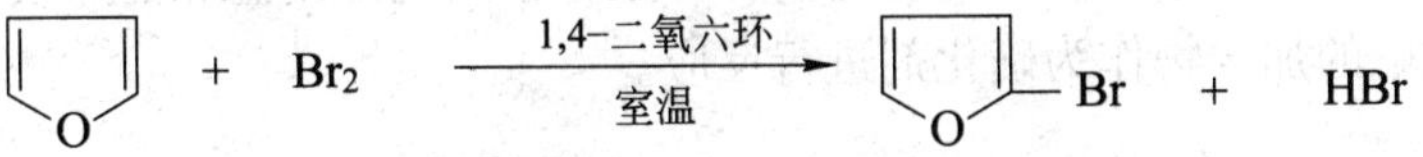

$$\text{呋喃} + Br_2 \xrightarrow[\text{室温}]{\text{1,4-二氧六环}} \text{2-溴呋喃} + HBr$$

α-溴代呋喃

$$\text{噻吩} + Br_2 \xrightarrow{CH_3COOH} \text{2-溴噻吩} + HBr$$

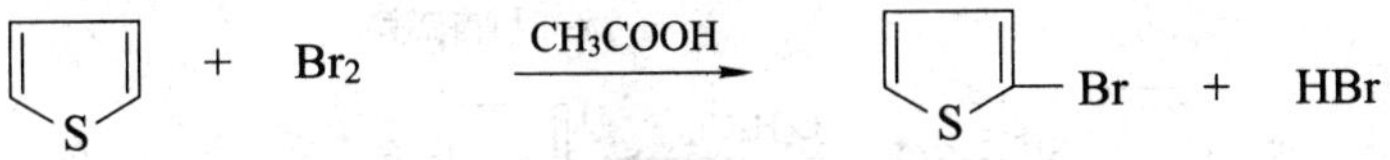

α-溴代噻唑

吡咯极易卤代，如与碘-碘化钾溶液作用，生成的不是一元取代产物，而是四碘吡咯。

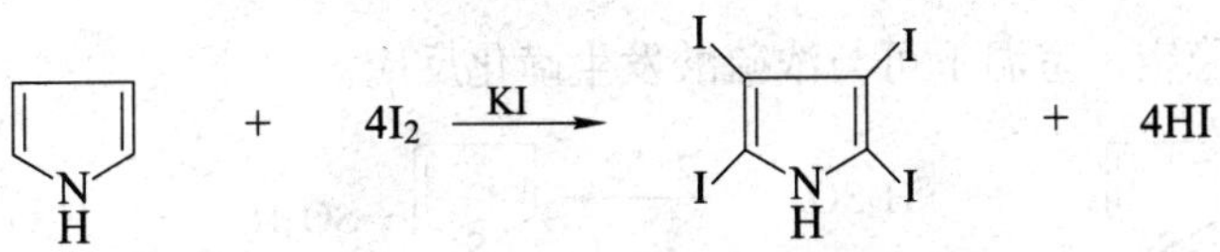

$$\text{吡咯} + 4I_2 \xrightarrow{KI} \text{2,3,4,5-四碘吡咯} + 4HI$$

2,3,4,5-四碘吡咯

吡啶的卤代反应比苯难，不但需要催化剂，而且要在较高温度下进行。

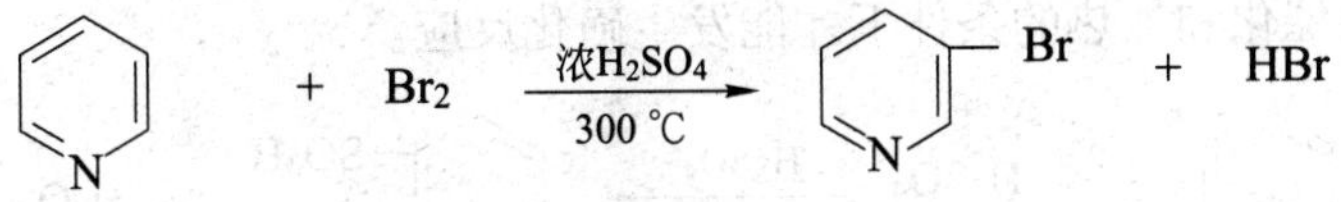

$$\text{吡啶} + Br_2 \xrightarrow[300\ ^\circ C]{\text{浓}H_2SO_4} \text{3-溴吡啶} + HBr$$

β-溴代吡啶

2）硝化反应

在强酸作用下，呋喃与吡咯很容易开环形成聚合物，因此不能像苯那样用一般的方法进行硝化。五元杂环的硝化，一般用比较温和的非质子硝化剂——乙酰基硝酸酯（CH_3COONO_2）和在低温度下进行，硝基主要进入 α 位。

$$\text{呋喃} + CH_3COONO_2 \xrightarrow[-5\sim-30\ ^\circ C]{\text{吡啶}} \text{2-硝基呋喃} + CH_3COOH$$

$$\text{噻吩} + CH_3COONO_2 \xrightarrow[-10\ ^\circ C]{(CH_3CO)_2O} \text{2-硝基噻吩} + CH_3COOH$$

$$\text{吡咯} + CH_3COONO_2 \xrightarrow[5\ ^\circ C]{(CH_3CO)_2O} \text{2-硝基吡咯} + CH_3COOH$$

吡啶的硝化反应需在浓酸和高温下才能进行，硝基主要进 β 位。

$$\text{吡啶} + HNO_3 \xrightarrow[300\ ^\circ C]{\text{浓}H_2SO_4} \text{3-硝基吡啶} + H_2O$$

3）磺化反应

呋喃、吡咯对酸很敏感，强酸能使它们开环聚合，因此常用温和的非质子磺化试剂，如用吡啶与三氧化硫的加合物作为磺化剂进行反应。

$$\text{呋喃} + C_5H_5N^+{-}SO_3^- \xrightarrow[\text{室温三天}]{C_2H_4Cl_2} \text{2-呋喃磺酸}(-SO_3H) + \text{吡啶}$$

α-呋喃磺酸

$$\text{吡咯} + C_5H_5N^+{-}SO_3^- \xrightarrow[100\ ^\circ C]{C_2H_4Cl_2} \text{2-吡咯磺酸}(-SO_3H) + \text{吡啶}$$

α-吡咯磺酸

噻吩对酸比较稳定，室温下可与浓硫酸发生磺化反应。

$$\text{噻吩} + H_2SO_4 \xrightarrow{25\ ^\circ C} \text{2-噻吩磺酸}(-SO_3H) + H_2O$$

α-噻吩磺酸

吡啶在硫酸汞催化和加热的条件下才能发生磺化反应。

$$\text{吡啶} + H_2SO_4 \xrightarrow[>200\ ^\circ C]{HgSO_4} \text{3-吡啶磺酸}(-SO_3H) + H_2O$$

β-吡啶磺酸

4）傅克酰基化反应

傅克酰基化反应常采用较温和的催化剂如 $SnCl_4$、BF_3等，对活性较大的吡咯可不用催化剂，直接用酸酐酰化。吡啶一般不进行傅克酰基化反应。

$$\text{呋喃} + (CH_3CO)_2O \xrightarrow{BF_3} \text{2-}COCH_3\text{呋喃} + CH_3COOH$$

α-乙酰基呋喃

$$\text{吡咯} + (CH_3CO)_2O \xrightarrow{200\ ℃} \text{2-}COCH_3\text{吡咯} + CH_3COOH$$

α-乙酰基吡咯

2. 加成反应

呋喃、噻吩、吡咯均可进行催化加氢反应，产物是失去芳香性的饱和杂环化合物。呋喃、吡咯可用一般催化剂还原。噻吩中的硫能使催化剂中毒，不能用催化氢化的方法还原，需要使用特殊催化剂。吡啶比苯易还原，如金属钠和乙醇就可使其氢化。

$$\text{呋喃} + 2\,H_2 \xrightarrow{Ni} \text{四氢呋喃}$$

四氢呋喃

$$\text{噻吩} + 2\,H_2 \xrightarrow{MoS_2} \text{四氢噻吩}$$

四氢噻吩

$$\text{吡咯} + 2\,H_2 \xrightarrow{Pd} \text{四氢吡咯}$$

四氢吡咯(吡咯烷)

$$\text{吡啶} \xrightarrow{Na+C_2H_5OH} \text{六氢吡啶}$$

六氢吡啶

喹啉催化加氢，氢加在杂环上，说明杂环比苯环易被还原。

$$\text{喹啉} + 2\,H_2 \xrightarrow{Pt} \text{四氢喹啉}$$

四氢喹啉

四氢呋喃在有机合成上是重要的溶剂。四氢噻吩可氧化成砜或亚砜，四亚甲基砜是重要的溶剂。四氢吡咯具有二级胺的性质。

呋喃的芳香性最弱，显示出共轭双烯的性质，与顺丁烯二酸酐能发生双烯合成反应

（狄尔斯-阿尔德反应），产率较高。

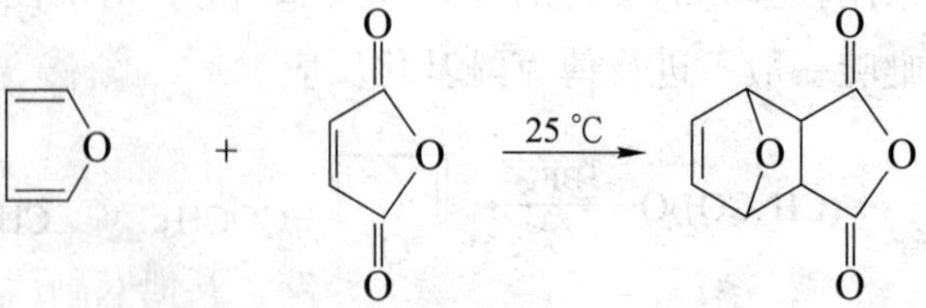

$$\text{呋喃} + \text{顺丁烯二酸酐} \xrightarrow{25\ ^\circ\text{C}} \text{加成产物}$$

3. 氧化反应

呋喃和吡咯对氧化剂很敏感，在空气中就能被氧化，环被破坏。噻吩相对要稳定些。吡啶对氧化剂相当稳定，比苯还难氧化。例如，吡啶的烃基衍生物在强氧化剂作用下只发生侧链氧化，生成吡啶甲酸，而不是苯甲酸。

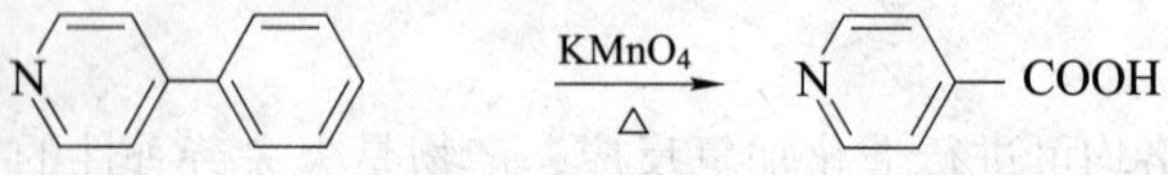

$$\text{4-苯基吡啶} \xrightarrow[\triangle]{KMnO_4} \text{4-吡啶-COOH}$$

γ-吡啶甲酸

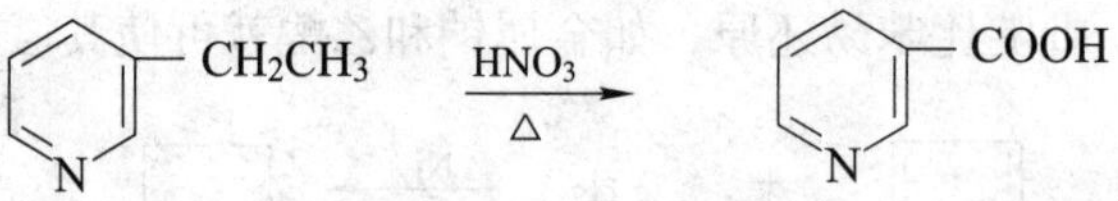

$$\text{3-乙基吡啶}(CH_2CH_3) \xrightarrow[\triangle]{HNO_3} \text{3-吡啶-COOH}$$

β-吡啶甲酸

$$\text{喹啉} \xrightarrow[\triangle]{HNO_3} \text{2,3-吡啶二甲酸 (COOH, COOH)}$$

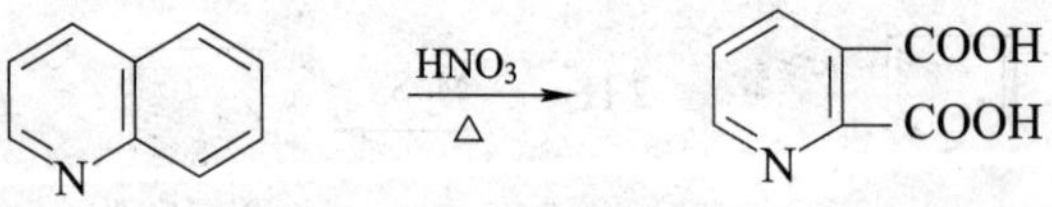

α,β-吡啶二甲酸

4. 吡咯和吡啶的酸碱性

含氮化合物的碱性强弱主要取决于氮原子上未共用电子对与 H^+ 的结合能力。在吡咯分子中，由于氮原子上的未共用电子对参与环的共轭体系，使氮原子上电子云密度降低，吸引 H^+ 的能力减弱。另外，由于这种 p-π 共轭效应使与氮原子相连的氢原子有离解成 H^+ 的可能，所以吡咯不但不显碱性，反而呈弱酸性，可与碱金属、氢氧化钾或氢氧化钠作用生成盐。

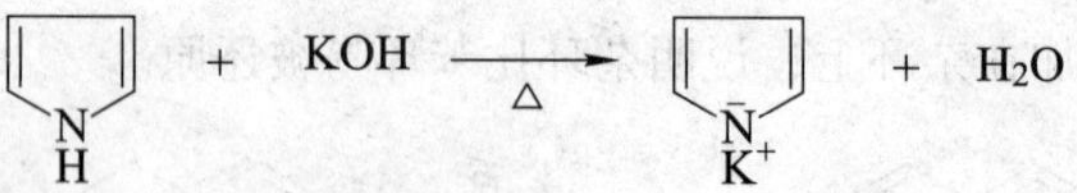

$$\text{吡咯(N-H)} + KOH \xrightarrow{\triangle} \text{吡咯钾}(\bar{N}\ K^+) + H_2O$$

吡啶氮原子上的未共电子对不参与环共轭体系，能与 H^+ 结合成盐，所以吡啶显弱碱性，比苯胺碱性强，但比脂肪胺及氨的碱性弱得多。

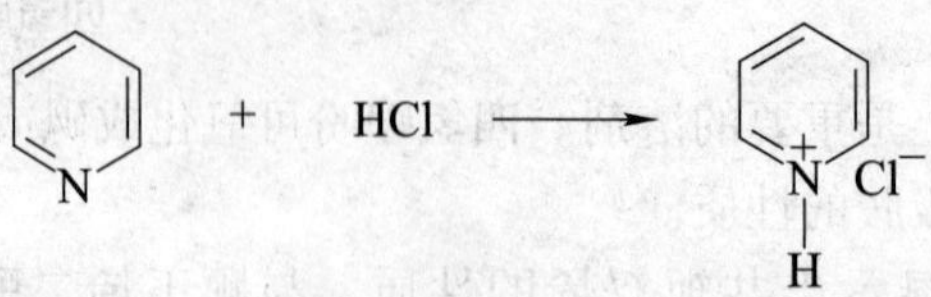

$$\text{吡啶} + HCl \longrightarrow \text{吡啶盐酸盐}(\overset{+}{N}\text{-H}\ Cl^-)$$

4.1.3 重要的杂环化合物

1. 糠醛

糠醛（fulfural）是一种重要的呋喃衍生物，学名 α-呋喃甲醛，结构式为 (呋喃环)—CHO，因最初是由米糠与稀酸共热制备而得名糠醛。除米糠外，其他农副产品如麦秆、棉籽壳、甘蔗渣、高粱秆、花生壳等也都含有多缩戊糖，在稀酸作用下水解为戊糖，戊糖进一步脱水环化成糠醛。

$$(C_5H_8O_4)_n \xrightarrow[\text{水蒸气}]{3\%\sim5\%H_2SO_4} \begin{matrix} HO-CH-CH-OH \\ CH_2\quad CH-CHO \\ OH\quad OH \end{matrix} \xrightarrow[\triangle]{\text{稀}H_2SO_4} \text{(呋喃环)}-CHO$$

多聚戊糖　　戊糖　　呋喃甲醛

糠醛为无色液体，在空气中，尤其在酸性或铁离子催化下逐渐被氧化变成棕褐色，为防止氧化，可加入少量氢醌作为抗氧剂，再用碳酸钠中和游离酸。糠醛沸点为 162 ℃，熔点为 -36.5 ℃，相对密度为 1.160，可溶于水，能与醇或醚混溶，是一种常用的优良溶剂，也是一种重要的有机合成原料。

糠醛具有一般醛基的性质，可以发生银镜反应。例如：

$$\text{(呋喃环)}-COOH \xleftarrow[NaOH]{KMnO_4} \text{(呋喃环)}-CHO \xrightarrow[V_2O_5\text{-}TiO_2\text{-}SiO_2]{O_2,\ 300\sim350\ ^\circ C} \text{(顺丁烯二酸酐)}$$

（糠酸）

$$\text{(呋喃环)}-CH_2OH \xleftarrow[100\sim200\ ^\circ C]{H_2/Cu,\ \text{铬铁矿}} \text{糠醛} \xrightarrow[7\sim10\ MPa]{H_2/Ni,\ 170\sim180\ ^\circ C} \text{(四氢呋喃环)}-CH_2OH$$

（糠醇）　　（四氢糠醇）

糠醛是不含 α-H 的醛，其化学性质与甲醛或苯甲醛相似，也可发生柏金（Perkin）缩合反应和坎尼扎罗反应。

$$\text{(呋喃环)}-CHO \xrightarrow[CH_3COONa]{(CH_3CO)_2O} \text{(呋喃环)}-CH=CH-COOH$$

（α-呋喃丙烯酸）

$$\text{(呋喃环)}-CHO \xrightarrow{\text{浓}NaOH} \text{(呋喃环)}-CH_2OH + \text{(呋喃环)}-COONa$$

（α-呋喃甲醇）　（α-呋喃甲酸）

$$\text{(呋喃环)}-COONa \xrightarrow{H^+} \text{(呋喃环)}-COOH$$

糠醛在醋酸的存在下与苯胺作用，能生成一种亮红色缩合产物，利用这一反应可检验糠醛。

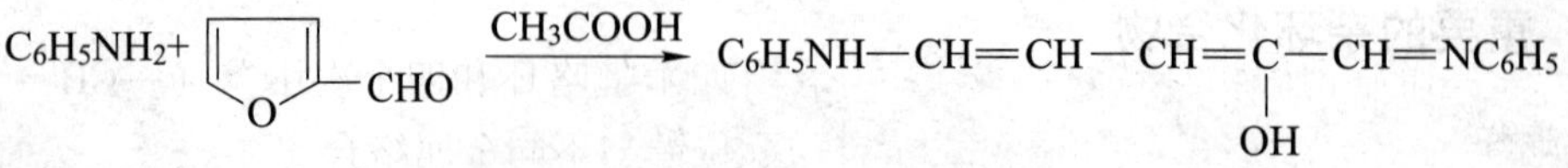

$$C_6H_5NH_2 + \text{(呋喃环)}-CHO \xrightarrow{CH_3COOH} C_6H_5NH-CH=CH-CH=\underset{\displaystyle OH}{\underset{|}{C}}-CH=NC_6H_5$$

糠醛还可与苯酚缩合生成类似电木的酚糠醛树脂。由糠醛通过以上反应转变而得的一些化合物也都是有用的化工产品。例如，糠醇为无色液体，沸点为 171 ℃，是一种优良的溶剂，是制备糠醇树脂（用作防腐饰涂料及制玻璃钢）的原料；糠酸为白色结晶，熔点为 133 ℃，可作为防腐剂及制造增塑剂的原料；四氢糠醇是无色液体，沸点为 177 ℃，也是一种优良溶剂和合成原料。

2. 噻唑

噻唑是含一个硫原子和一个氮原子的五元杂环，无色，有吡啶臭味的液体，沸点为 117 ℃，与水互溶，有弱碱性，是稳定的化合物。

一些重要的天然产物几合成药物含有噻唑结构，如青霉素、维生素 B_1 等。

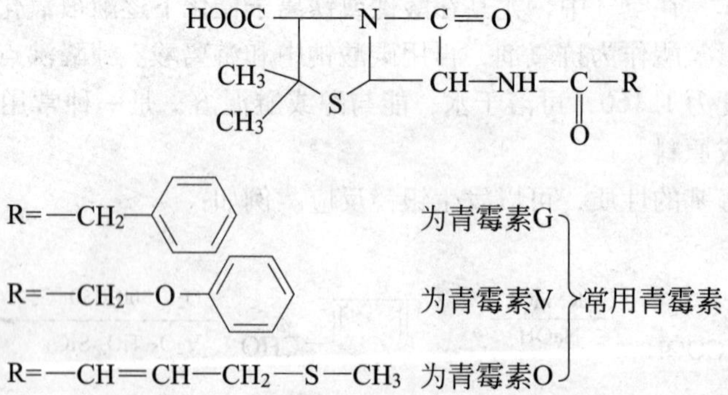

HOOC—N—C=O；CH_3，CH_3，S，CH—NH—C(=O)—R

R=—CH_2—C_6H_5　为青霉素G

R=—CH_2—O—C_6H_5　为青霉素V

R=—CH=CH—CH_2—S—CH_3　为青霉素O

（青霉素G、青霉素V、青霉素O：常用青霉素）

青霉素是一类抗生素的总称，已知的青霉素大约 100 多种，它们的结构很相似，均具有稠合在一起的四氢噻唑环和 β-内酰胺环。

青霉素具有强酸性（$pK_a \approx 2.7$），在游离状态下不稳定（青霉素 O 例外），故常将它们变成钠盐、钾盐或有机碱盐用于临床。

3. 吲哚

吲哚是白色结晶，熔点为 52.5 ℃。极稀吲哚溶液有香味，可用作香料；浓的吲哚溶液有粪臭味。素馨花、柑橘花中含有吲哚。吲哚环的衍生物广泛存在于动植物体内，与人类的生命、生活有密切的关系。

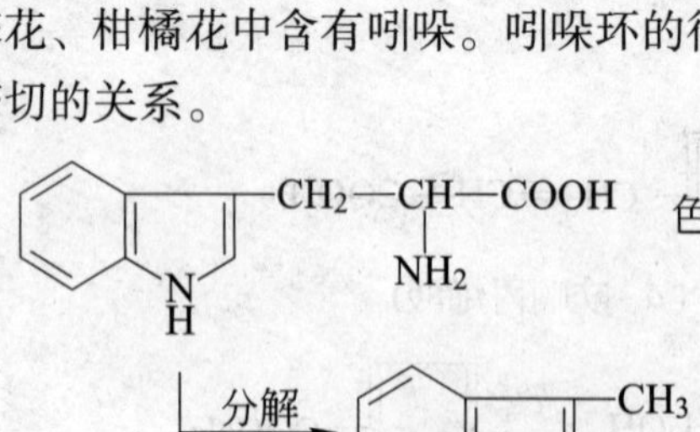

（吲哚环，N—H）—CH_2—CH(NH_2)—COOH　色氨酸

$\xrightarrow{\text{分解}}$ （吲哚环，N—H）—CH_3　β-甲基吲哚（粪臭素）

CH_3O—（吲哚环，N—H）—CH_2C

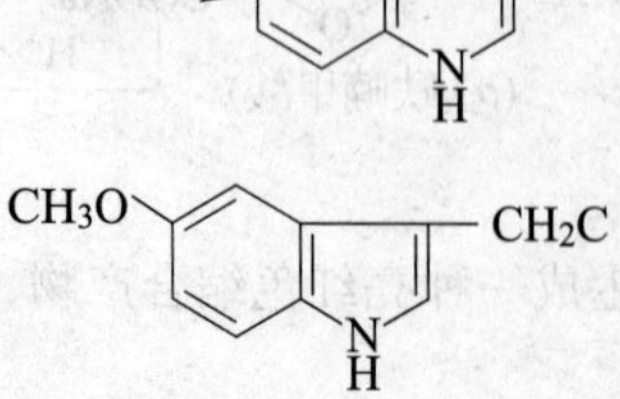

4. 叶绿素

叶绿素是吡咯衍生物，它的基本结构是含有四个吡咯环和四个次甲基（—CH ═）交替相连组成的大环化合物。环中可通过共价键与配位键与不同金属络合。

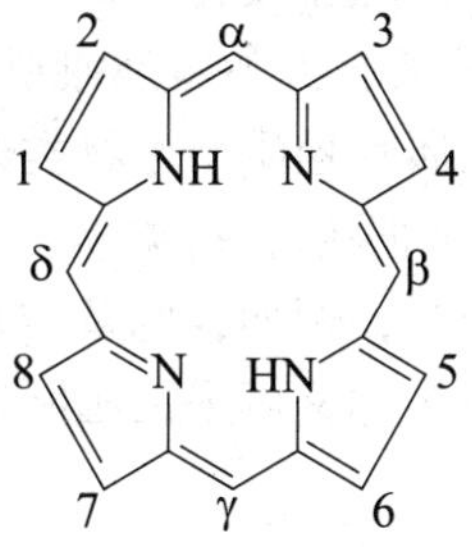

卟啉环

卟啉族化合物广泛分布与自然界。血红素、叶绿素都是含卟啉环的卟啉族化合物，在血红素中卟啉环络合的是离子，叶绿素卟啉环络合的是离子。

叶绿素主要有 a、b 两种，a 为黑色粉末，b 为深绿色粉末。叶绿素广泛存在于绿色植物的叶和茎中，它参与绿色植物的光合作用，因此叶绿素在植物体内具有重要的生理作用。叶绿素无毒，可作食品、化妆品、医药等的着色剂。

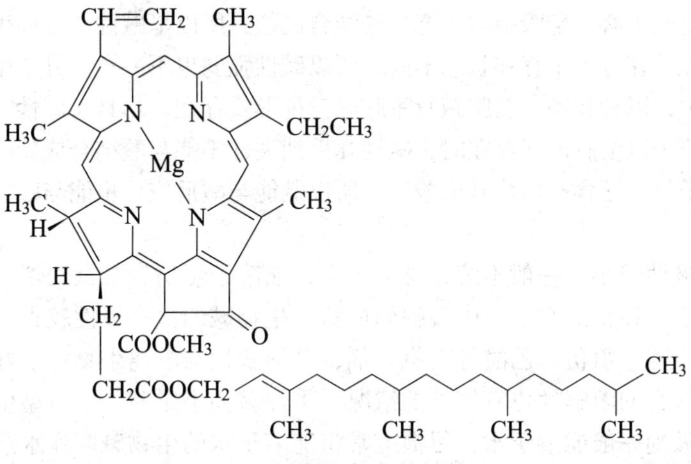

叶绿素 a 的结构

4.1.4　生物碱

生物碱是指一类来源于生物体中的有机碱性化合物，由于其主要存在于植物中，也叫作植物碱。到目前为止，已分离出的生物碱达数千种之多，一般具有生物活性，对人和动物有强烈生理作用。许多食物中存在生物碱，有的影响食品的风味，有的影响食品的加工，有的具有一定毒性。生物碱常常是很多中草药中的有效成分，例如，麻黄中的平喘成分麻黄碱、黄连中的抗菌消炎成分小檗碱（黄连素）和长春花中的抗癌成分长春新碱等。

生物碱的分子构造多数属于仲胺类、叔胺类或季胺类，少数为伯胺类。它们的构造中常含有杂环，并且氮原子在环内，但是也有少数生物碱例外。例如，麻黄碱是有机胺衍生物，氮原子不在环内；咖啡因虽为含氮的杂环衍生物，但碱性非常弱，或基本上没有碱性；秋水仙碱几乎完全没有碱性，氮原子也不在环内等。由于它们均来源于植物的含氮有机化合物，而又有明显的生物活性，故仍包括在生物碱的范围内。

1. 生物碱的分类和命名

生物碱的分类方法有多种，较常用和比较合理的分类方法是根据生物碱的化学构造进行分类，如麻黄碱属有机胺类，一叶萩碱、苦参碱属吡啶衍生物类，莨菪碱属莨菪烷衍生物类，喜树碱属喹啉衍生物类，常山碱属喹唑酮衍生物类，茶碱属嘌呤衍生物类，小檗碱属异喹啉衍生物类，利血平、长春新碱属吲哚衍生物类等。

生物碱多根据它所来源的植物命名，例如，麻黄碱是由麻黄中提取得到而得名，烟碱是由烟草中提取得到而得名。生物碱的名称又可采用国际通用名称的译音，如烟碱又叫尼古丁（nicotine）。

2. 生物碱的性质

1）一般性状

游离的生物碱为结晶形或非结晶形的固体，也有液体，如烟碱。多数生物碱无色，但有少数例外，如小檗碱和一叶萩碱为黄色。多数生物碱味甚苦，具有旋光性，左旋体常有很强的生理活性。

2）酸碱性

大多数生物碱具有碱性，这是由于它们的分子构造中都含有氮原子，而氮原子上又有一对未共用电子对，对质子有一定吸引力，能与酸结合成盐，所以呈碱性。各种生物碱的分子结构不同，特别是氮原子在分子中存在状态不同，所以碱性强弱也不一样。分子中的氮原子大多数结合在环状结构中，以仲胺碱、叔胺碱及季胺碱三种形式存在，均具有碱性，其中季胺碱性最强。若分子中氮原子以酰胺形式存在时，碱性几乎消失，不能与酸结合成盐。有些生物碱分子中除含碱性氮原子外，还含有酚羟基或羧基，所以既能与酸反应，也能与碱反应生成盐。

3）溶解性

游离生物碱极性较小，一般不溶或难溶于水，能溶于氯仿、二氯乙烷、乙醚、乙醇、丙酮、苯等有机溶剂，在稀酸水溶液中溶解而成盐。生物碱的盐类极性较大，大多易溶于水及醇，不溶或难溶于苯、氯仿、乙醚等有机溶剂；其溶解性与游离生物碱恰好相反。

生物碱及其盐类的溶解性也有例外的情况。季铵碱如小檗碱、酰胺型生物碱和一些极性基团较多的生物碱则一般能溶于水，习惯上常将能溶于水的生物碱叫作水溶性生物碱。中性生物碱则难溶于酸。含羧基、酚羟基或含内酯环的生物碱等能溶于稀碱溶液中。某些生物碱的盐类如盐酸小檗碱则难溶于水，另有少数生物碱的盐酸盐能溶于氯仿中。

生物碱的溶解性对提取、分离和精制生物碱十分重要。

4）沉淀反应

生物碱或生物碱的盐类水溶液，能与一些试剂生成不溶性沉淀，这种试剂称为生物碱沉淀剂。此种沉淀反应可用以鉴定或分离生物碱。常用的生物碱沉淀剂有碘化汞钾（$HgI_2 \cdot 2KI$）试剂（与生物碱作用多生成黄色沉淀），碘化铋钾（$BiI_3 \cdot KI$）试剂（与生物碱作用多生成黄褐色沉淀），碘试液、鞣酸试剂、苦味酸试剂、苦味酸试剂分别与生物碱作用，多生成棕色、白色、黄色沉淀。

5）显色反应

生物碱与一些试剂反应，呈现各种颜色，也可用于鉴别生物碱。例如，钒酸铵-浓硫酸溶液与吗啡反应时显棕色、与可待因反应显蓝色、与莨菪碱反应则显红色。此外，钼酸铵的浓硫酸溶液，浓硫酸中加入少量甲醛的溶液，浓硫酸等都能使各种生物碱呈现不同的颜色。

3. 生物碱的提取方法

大多数生物碱是无色有苦味的晶体，可溶于稀酸及乙醇、乙醚、氯仿等有机溶剂。生物碱呈碱性，在生物体内常与草酸、苹果酸、柠檬酸等有机酸或无机酸结合成盐。因此，可用碱处理，使生物碱游离出来，再用有机溶剂提取。有些生物碱还可以直接采用水蒸气蒸馏、升华、色层、离子交换等方法从植物中提取。

4. 几种常见的生物碱

生物碱按基本骨架大致分为：氢化吡咯、吡啶、喹啉、异喹啉、吲哚、咪唑、苯并吡嗪、嘌呤及不含杂环的化合物等几类。这里介绍比较常见的几种。

1）奎宁

奎宁（金鸡钠碱）存在于金鸡钠树皮中，微溶于水，易溶于乙醇、乙醚，有抗疟疾疗效，并有退热作用，但对恶性疟疾无效。

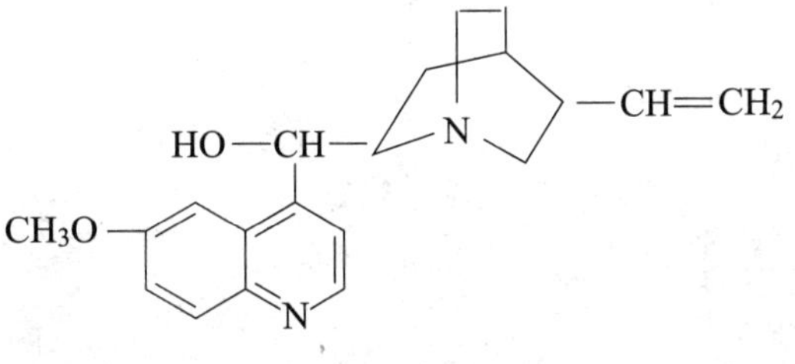

2）吗啡

吗啡存在于罂粟中，含一个被还原了的异喹啉环，吗啡的盐酸盐是很强的镇痛药，能持续 6 小时，也能镇咳，但易上瘾。将羟基上的氢换成乙酰基，即为海洛因，不存在于自然界。海洛因比吗啡更易上瘾，可用来解除晚期癌症患者的痛苦。

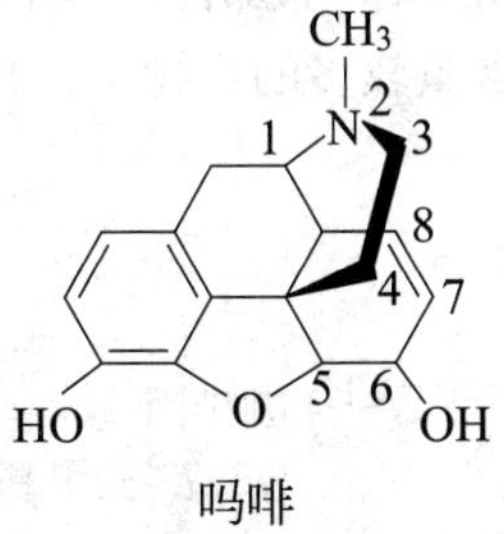

吗啡

3）烟碱（尼古丁）

烟碱存在于烟草中，是无色液体，味苦，溶于水，也溶于乙醇、乙醚、石油醚，可用水蒸气蒸馏法提取。烟碱有毒，量少对中枢神经有兴奋作用，量大时能抑制中枢神经系统使心脏停搏致死。粮仓中可用它作杀虫剂。

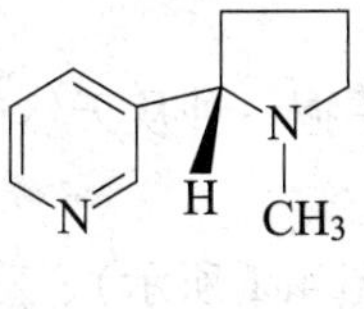

4）麻黄素

麻黄素存在于麻黄中，无色结晶，易溶于水和乙醇，有扩张支气管、平喘、止咳、发汗等作用。

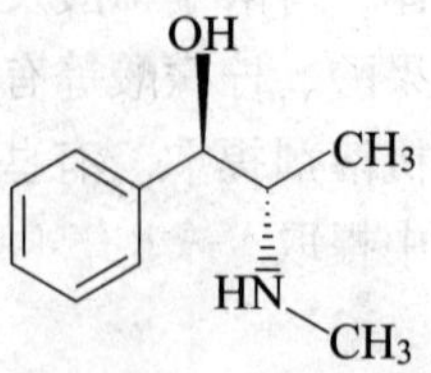

OH
CH_3
HN
CH_3

5）咖啡因

咖啡因存在于茶叶和咖啡中，白色有丝光的针状结晶，味苦，易溶于水、乙醇、丙酮、氯仿等。咖啡因有兴奋中枢神经的作用，是复方阿司匹林的成分之一，还具有利尿作用，嘌呤环上第7位N上的—CH_3换为H即是茶碱。

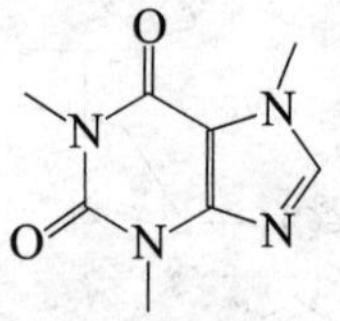

O
N
N
O
N
N

制备实验

从茶叶中提取咖啡因

咖啡因具有刺激心脏、兴奋大脑和利尿作用，是心脏、呼吸器官和神经的兴奋剂。它是止痛片复方阿司匹林——APC（阿司匹林-非那西汀-咖啡因）的一个组分。

咖啡因又称咖啡碱，是茶叶中含量较多的生物碱，化学名称为1,3,7-三甲基-2，6-二氧嘌呤，构造式如下：

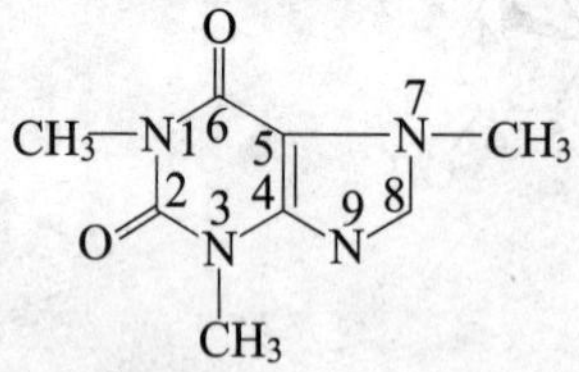

O
CH_3—N1 6 5 7 N—CH_3 咖啡因
2 3 4 9 8
O N N 1,3,7-三甲基-2,6-二氧嘌呤
CH_3

咖啡因是弱碱性化合物，味苦，能溶于氯仿（室温时饱和浓度为12.5%），微溶于水和乙醇等。它为白色针状晶体，在100 ℃时失去结晶水，并开始升华，120 ℃时升华相当显著，178 ℃时迅速升华。茶叶中含有多种生物碱，其中咖啡因占1%~5%，此外还含色素、纤维素、蛋白质等。

在实验室从茶叶中提取咖啡因，掌握一种从天然产物中提取纯有机物的方法，学会使用索氏提取器和升华的基本操作。

所用主要仪器：索氏提取器（如图4.1所示）、蒸发皿。

图 4.1　索氏提取器

实验过程：

① 索氏提取法：称取 10 g 茶叶，放入 150 mL 索氏提取器中，在圆底烧瓶中加入 80～100 mL 95%乙醇，水浴加热回流提取。直到提取液颜色较浅为止，待冷凝液刚刚虹吸下去时，即可停止加热。稍冷却后，改成蒸馏装置，把提取液中大部分乙醇蒸出（回收），趁热把瓶中剩余液倒入蒸发皿中，留作升华法提取咖啡因。

② 升华法提取咖啡因：向提取液中加入 4 g 生石灰粉，搅成浆状，在蒸汽浴上蒸干，除去水分，使成粉状，然后移至石棉网上用酒精灯小火加热，焙炒片刻，除去水分。在蒸发皿上盖一张刺有许多小孔且孔刺向上的滤纸，再罩一个合适的漏斗，漏斗颈部塞一小团疏松棉花，用酒精灯隔着石棉网小心加热，适当控温，当发现有棕色烟雾时，即升华完毕，停止加热。冷却后，取下漏斗，轻轻揭开滤纸，刮下咖啡因，残渣经搅拌后，用较大火再加热片刻，使升华完全。合并几次升华的咖啡因。

身边的化学

三聚氰胺俗称密胺、蛋白精，是一种三嗪类含氮杂环有机化合物，被用作化工原料。它是白色单斜晶体，几乎无味，微溶于水，可溶于甲醇、甲醛、乙酸等，不溶于丙酮、醚类，对身体有害，不可用于食品加工。三聚氰胺是氨基氰的三聚体，由它制成的树脂加热分解时会释放出大量氮气，因此可用作阻燃剂，也是杀虫剂环丙氨嗪在动植物体内的代谢产物。

NH_2

N　N

H_2N　N　NH_2

由于食品和饲料工业蛋白质含量测试方法的缺陷，三聚氰胺常被不法商人用作食品添加剂，以提升食品检测中的蛋白质含量指标，因此三聚氰胺也被人称为“蛋白精”。

不法分子向原料牛奶中掺入了水以增加体积。由于牛奶被稀释，牛奶中蛋白质含量降低。而使用牛奶进行下一步加工的公司，一般通过测量牛奶中含氮量来检测蛋白质含量。因此，添加三聚氰胺能提高牛奶的含氮量水平，从而造成蛋白质水平虚高。向食品中添加三聚氰胺从未获得过联合国食品法典委员会的批准。2008 年卫生部查明，不法分子为了提高婴幼儿奶粉中的蛋白质含量而加入三聚氰胺，导致发生多起婴幼儿泌尿系统结石病例，在社会上引起了广泛关注。

据估算在植物蛋白粉和饲料中使测试蛋白质含量增加一个百分点，用三聚氰胺的花费只有真实蛋白原料的 1/5。三聚氰胺作为一种白色结晶粉末，没有什么气味和味道，所以掺杂后不易被发现。长期摄入三聚氰胺会造成生殖、泌尿系统的损害，膀胱、肾部结石，并可进一步诱发膀胱癌。

知识链接

自然界最强致癌物——黄曲霉毒素

继三聚氰胺之后，黄曲霉毒素——一个拗口生僻的化学名词，近日迅速进入人们视野。2011年12月24日，质检总局发布的公告显示，个别企业产品中黄曲霉毒素M1超标。据了解，全世界每年大约有25%的谷物受到霉菌毒素的影响，又以花生、玉米黄曲霉毒素污染最为严重。

1. 黄曲霉毒素究竟为何物？其危害有多大？

黄曲霉毒素是由黄曲霉和寄生曲霉产生的杂环化合物（如图4.2所示），它的代谢产物主要有B1、B2、G1、G2、M1和M2等类型。它们的结构相似，分子中都含有一个二呋喃毒素结构和一个氧萘邻酮的致癌结构。

图4.2 电子显微镜下的黄曲霉毒素

黄曲霉毒素在自然界中多来自谷物、坚果中的霉变成分，被世界卫生组织的癌症研究机构划定为1类致癌物，在自然界所有物质中毒性名列第一。黄曲霉毒素共分为17种，其中致癌作用最强的是黄曲霉毒素B1，很多人应该都知道氰化钾，看谍战片的时候，被抓住的间谍将其抹一点在嘴唇上就能丧命，而黄曲霉毒素B1的毒性是它的10倍，是砒霜的68倍。

黄曲霉菌生长的最适宜温度为26~28 ℃，温度越高，黄曲霉菌生长越快，而一旦在温度28~33 ℃、湿度80%~90%的环境中，黄曲霉菌很快能分泌毒素。所以说，这种毒素适宜在温度高又非常潮湿的南方生存。另外，黄曲霉毒素的稳定性很强，一般温度难以将其杀灭，即使用100 ℃的温度进行20个小时的灭菌，也不一定将其彻底去除。

“黄毒”进入人体后，在肝脏中存留最多（是其他组织器官的5~15倍），因此对肝脏的损害也最大。人如果误食了黄曲霉毒素污染的食品，轻则可能出现发热、腹痛、呕吐、食欲减退等症状，重则可能出现肝区疼痛、下肢浮肿及肝功能异常等中毒性肝病症状。一般来说，体内黄曲霉毒素如果达到1 mg/kg以上就可诱发癌症，而这仅相当于1 t粮食中只有1粒芝麻大的黄曲霉毒素。1984年印度曾经发生过黄曲霉毒素中毒，致使十几个孩子死亡。

2. 如此剧毒的物质，是怎样跑到人们的日常食物中去的呢？

黄曲霉菌广泛存在于土壤中，最喜欢在果仁和含油的种子内生长，尤其在花生等坚果中多见。它通常喜欢“亲近”以下四类食物。

（1）坚果类：花生、核桃、瓜子、开心果、榛子、松仁等。当你发现花生、瓜子、榛子、松仁等果仁轻微变黄甚至发黑、味苦，皱皮变色，看起来有霉变之嫌时，很有可能已被黄曲霉毒素所污染，一定要丢弃。如果花生有芽了，也不能吃，黄曲霉毒素在花生受潮的情况下生长更快。

（2）谷物类：玉米、大米、大麦、小麦、豆类。凡表面上长有黄绿色霉菌或破损、皱缩、变色、变质的谷物都有可能被黄曲霉毒素污染，在食用前应仔细挑选，剔除霉变粒。

(3) 粮油制品：花生油、玉米油。生产企业如果没有严格挑拣原料，使用霉变的花生、菜籽、玉米等生产食用油，或没有采用精炼工艺或工艺控制不足，都有可能造成黄曲霉毒素超标。

(4) 家庭自制发酵食品：腐乳、黄酱。食品工业生产的酱、酱油一般不会出现黄曲霉毒素的污染，而家庭自制的发酵食品则容易被污染。

此外，黄曲霉毒素还可能经饲料进入奶或乳制品（包括乳酪、奶粉等）。如果牛吃了被黄曲霉毒素 B1 污染的饲料和食品后，在其体内会转化为黄曲霉毒素 M1，并存在于乳汁中，可导致其加工的奶及奶制品中出现黄曲霉毒素 M1 污染，但其毒性程度远比 B1 小得多。

3. 如何避开污染食物？

目前，对于已有食品中的黄曲霉毒素还没有行之有效的解决办法，各个国家一般采取销毁食品的方式。食品企业要避免黄曲霉毒素污染，必须从源头上保证原料质量，相关部门也应加强监管。而对消费者来说，如果在生活中注意一些细节，也能有效避免黄曲霉毒素的危害。

平时吃到霉变的坚果零食一定不要偷懒，要起身吐掉再用清水漱漱口；怀疑表面附着黄曲霉毒素的大米玉米，又不舍得扔掉，淘米时要用温水搓洗三四遍；或用高压锅煮饭，能破坏一部分黄曲霉毒素。怀疑花生油黄曲霉毒素超标，可以将油加热到微冒烟，加点盐爆炒；哺乳期的母亲要注意饮食，母乳里面的黄曲霉毒素就是婴儿最早的暴露途径。

其实，最好的防治方法是预防食物霉变。比如，购买食物时，如果发现包装不清洁、已破损的不要买。尤其是“免淘洗米”，是一种不经淘洗就可直接烧煮的粮食，购买时应选择离生产日期近的，一次不要买得太多。购买坚果等也应尽量选择小包装。买回家后，最好在低温、通风、干燥处保存（温度最好在 20 ℃以下，相对湿度在 80%以下），并避免阳光直接照射。花生、核桃等最好是带壳保存，晒干后，用保鲜盒等密闭储存。花生煮着吃最安全（先用流动的水浸泡、漂洗，再用水煮熟吃）。而人们平时最常吃的油炸花生米，应吃多少炸多少，不宜久存。

知识巩固

一、写出下列化合物的构造式。

1. 3-甲基吡咯　　2. 四氢呋喃　　3. α-噻吩磺酸

4. 糠醛　　5. β-氯代呋喃　　6. 六氢吡啶

二、命名下列化合物。

(1) 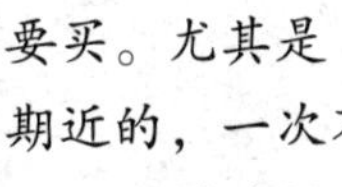　(2) 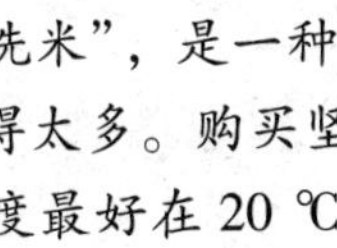　(3) 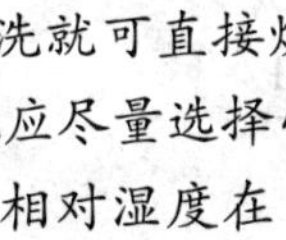　(4)

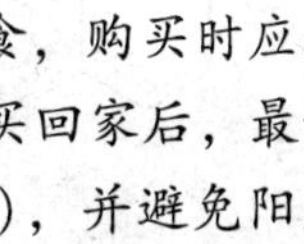

(5) 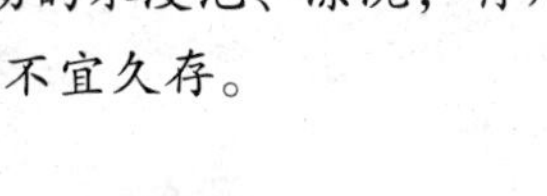　(6)

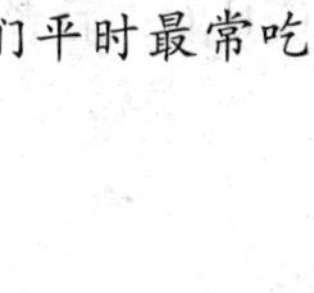

三、用化学方法区别下列各组化合物。

1. 苯甲醛和糠醛

2. 苯，噻吩和苯酚

四、写出下列反应的产物。

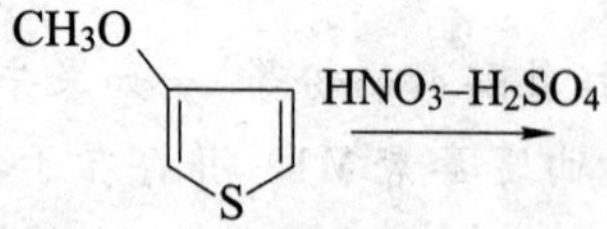

1. 3-甲氧基噻吩（CH_3O 取代）$\xrightarrow{HNO_3-H_2SO_4}$

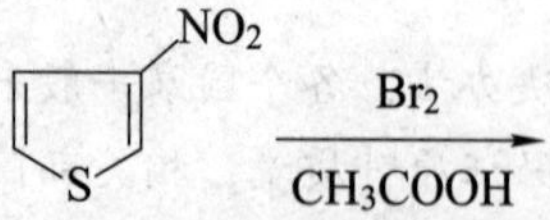

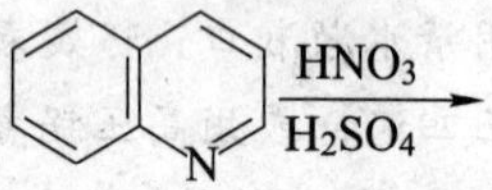

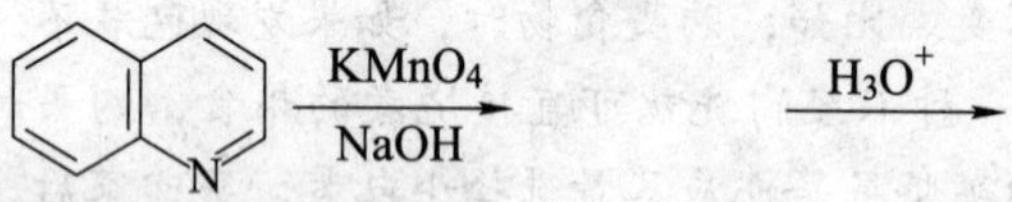

2. 3-硝基噻吩（NO_2 取代）$\xrightarrow[CH_3COOH]{Br_2}$

3. 喹啉 $\xrightarrow[H_2SO_4]{HNO_3}$

4. 喹啉 $\xrightarrow[NaOH]{KMnO_4}$ $\xrightarrow{H_3O^+}$

五、某杂环化合物 $C_5H_4O_2$经氧化生成羧酸 $C_5H_4O_3$。羧基与杂原子相邻，把此羧酸的钠盐与碱石灰作用，转变为 C_4H_4O，后者与金属钠不起作用，也不具有醛酮性质。试写出该杂环化合物的结构式。

问题探究

查阅资料结合你对毒品的认识状况，从毒品的种类、危害以及我国对毒品的态度等来写一篇“让人们远离毒品”的报告。

项目 4.2　对映异构和碳水化合物

目标要求

1. 理解物质的旋光性、旋光度、比旋光度、左旋体和右旋体等概念。
2. 掌握手性碳原子、对映体、内消旋体、外消旋体的含义。
3. 学会用费歇尔投影式表示构型式，掌握 R、S 标记构型的方法。
4. 掌握葡萄糖、果糖的结构及其化学性质。
5. 熟悉还原性二糖和非还原性二糖在结构上和性质上的差异。
6. 了解淀粉和纤维素在结构上的主要区别和用途。

项目导入

乳酸，学名为 2-羟基丙酸。分子中有一个不对称碳原子，具有旋光性，因此有 L-乳酸与 D-乳酸两种旋光异构体。

由于人体内只有代谢 L-乳酸的酶，如果摄入过量 D-乳酸，会引起代谢紊乱甚至酸中毒。因此在食品工业中，或制造医药应用的乳酸酯及聚乳酸，需要以 L-乳酸为原料。

如果采用化学合成法生产乳酸会生成外 D-乳酸，但采用发酵法生产则能生产出 L-乳酸。当今世界上先进国家都采用细菌发酵法生产 L-乳酸，具有较高的产酸率和转化率。

知识掌握

有机化合物之所以数目众多的主要原因之一就是由于它们存在着多种同分异构现象。其异构现象可归纳如下：

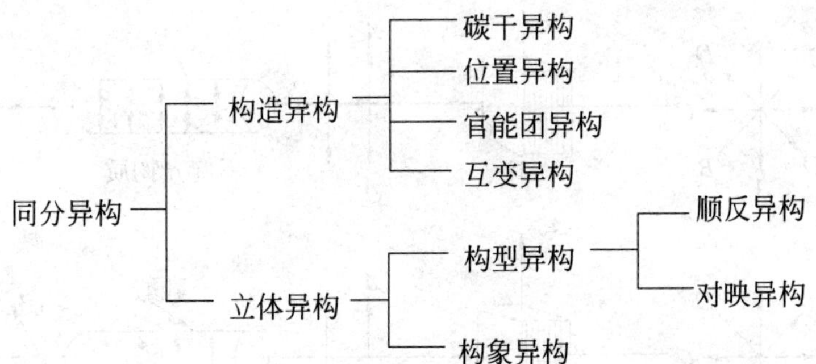

本书只研究对映异构，也称为旋光异构。它对研究有机化合物的结构、反应历程以及天然产物的生理性能等均有重要作用。

4.2.1　对映异构

1. 物质的旋光性

1）平面偏振光和物质的旋光性

（1）平面偏振光

光波是一种电磁波，它的振动方向与前进方向垂直（如图4.1所示）。

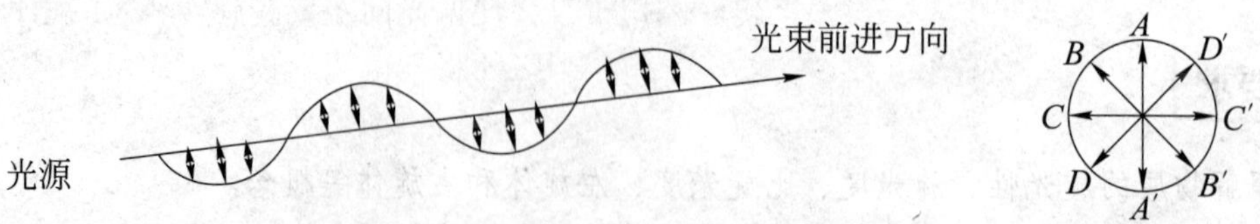

（a）光的前进方向与振动方向　（b）普通光的振动平面

图4.1　光的前进与振动

在光前进的方向上放一个偏光棱镜或人造偏振片，只允许与棱镜镜轴互相平行的平面上振动的光线透过棱镜，而在其他平面上振动的光线则被挡住（如图4.2所示）。这种只在一个平面上振动的光称为平面偏振光，简称偏振光或偏光。

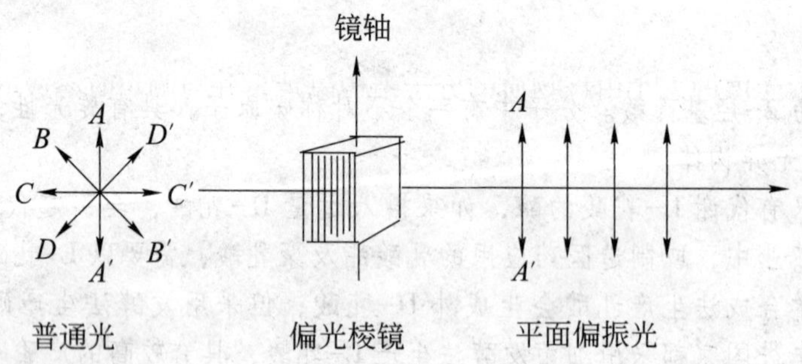

图4.2　平面偏振光示意图

（2）物质的旋光性

物质具有能使平面偏振光振动平面旋转的性质称为物质的旋光性，具有旋光性的物质称为旋光性物质（也称为光活性物质）。旋光性物质与不旋光物质的比较如图4.3所示。

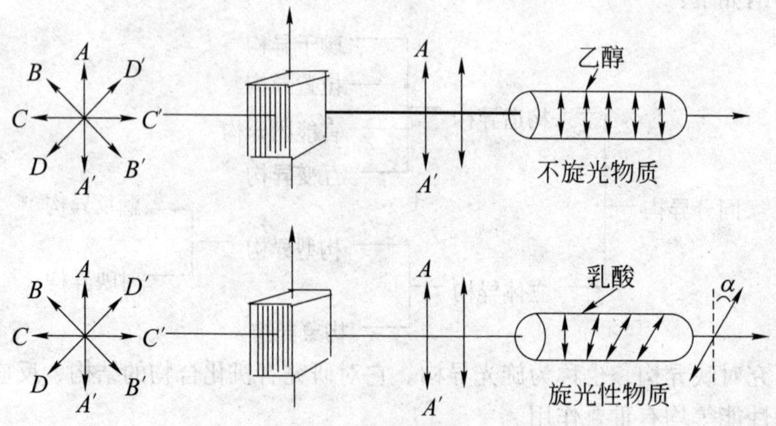

图4.3　旋光性物质与不旋光物质的比较

能使偏振光振动平面向右旋转的物质称右旋体，能使偏振光振动平面向左旋转的物质称左旋体，使偏振光振动平面旋转的角度称为旋光度，用 α 表示。

2）旋光仪与比旋光度

（1）旋光仪

测定化合物的旋光度使用旋光仪，旋光仪主要部分是由两个偏光棱镜、起偏镜和检偏镜，一个盛液管和一个刻度盘组装而成的。

若盛液管中为旋光性物质，当偏光透过该物质时会使偏光向左或右旋转一定的角度，如要使旋转一定的角度后的偏光能透过检偏镜光栅，则必须将检偏镜旋转一定的角度，目镜处视野才明亮，测出其旋转的角度即为该物质的旋光度 α（如图 4.4 所示）。

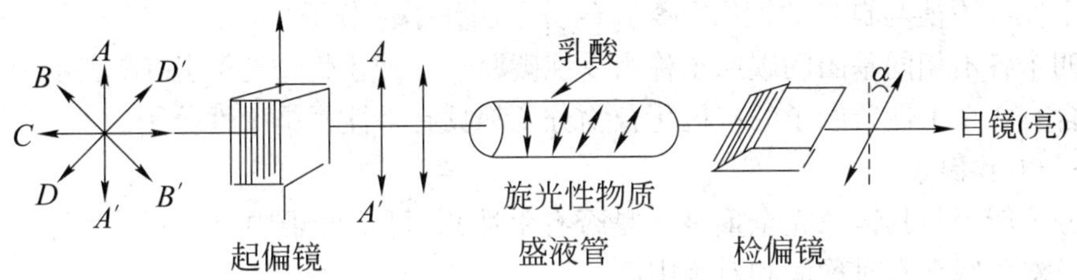

图 4.4　测量旋光度

（2）比旋光度

旋光性物质旋光度的大小由该物质的分子结构决定，并与测定时溶液的浓度、盛液管的长度、测定温度、所用光源波长等因素有关。为了比较各种不同旋光性物质的旋光度的大小，一般用比旋光度来表示。比旋光度与从旋光仪中读到的旋光度关系如下：

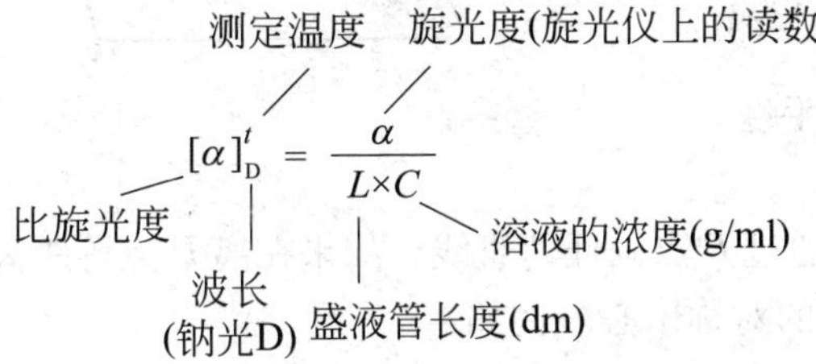

当物质溶液的浓度为 1 g/ml，盛液管的长度为 1 dm 时，所测物质的旋光度即为比旋光度。若所测物质为纯液体，计算比旋光度时，只要把公式中的 C 换成液体的密度 d 即可。

最常用的光源是钠光（D），λ = 589.3 nm，所测得的旋光度记为 $[\alpha]_D^t$

所用溶剂不同也会影响物质的旋光度。因此在不用水作为溶剂时，需注明溶剂的名称，例如，右旋的酒石酸在 5% 的乙醇中其比旋光度为 $[\alpha]_D^{20}=+3.79$（乙醇，5%）。

上面公式既可用来计算物质的比旋光度，也可用以测定物质的浓度或鉴定物质的纯度。

2. 对映异构现象和分子结构的关系

1）手性

下面以乳酸 $CH_3C^*HOHCOOH$ 为例来讨论。

乳酸有两种不同构型（空间排列），特征包括：（1）不能完全重叠；（2）互为实物与镜像关系（左右手关系）。

镜子

透视式

顺时针排列　　反时针排列

物质分子互为实物与镜像关系（像左手和右手一样）彼此不能完全重叠的特征，称为分子的手性。

具有手性（不能与自身的镜像重叠）的分子叫作手性分子。

连有四个各不相同基团的碳原子称为手性碳原子（或手性中心）用 C* 表示。

凡是含有一个手性碳原子的有机化合物分子都具有手性，是手性分子。

2）分子对称因素

物质分子能否与其镜像完全重叠（是否有手性），可从分子中有无对称因素来判断，最常见的分子对称因素有对称面和对称中心。

（1）对称面

假设分子中有一平面能把分子切成互为镜像的两半，该平面就是分子的对称面，例如：

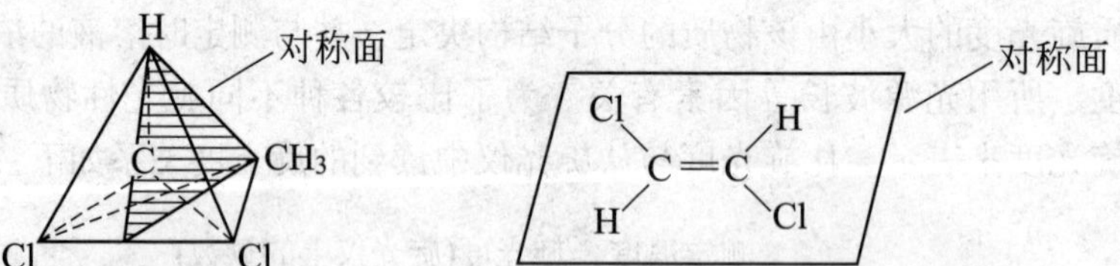

具有对称面的分子无手性。

（2）对称中心

若分子中有一点 *P*，通过 *P* 点画任何直线，如果在离 *P* 点等距离直线两端有相同的原子或基团，则 *P* 点称为分子的对称中心。例如：

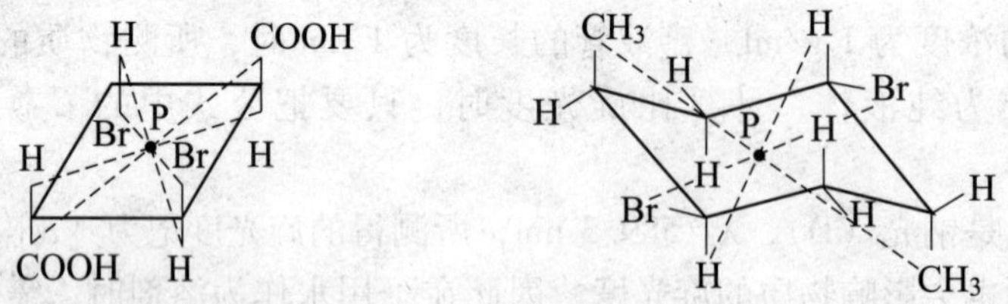

有对称中心的分子没有手性。

物质分子在结构上具有对称面或对称中心的，就无手性，因而没有旋光性。

物质分子在结构上既无对称面，也无对称中心的，就具有手性，因而有旋光性。

3. 含一个手性碳原子化合物的对映异构

1）对映体

（1）对映体的概念

对映体是互为物体与镜像关系的立体异构体。

含有一个手性碳原子的化合物一定是手性分子，含有两种不同的构型且互为物体与镜像关系的立体异构体，称为对映异构体（简称为对映体）。

对映异构体都有旋光性，其中一个是左旋的，一个是右旋的，所以对映异构体又称为旋光异构体。

（2）对映体之间的异同点

① 物理性质和化学性质一般都相同，比旋光度的数值相等，仅旋光方向相反。

② 在手性环境条件下，对映体会表现出某些不同的性质，如反应速度有差异，生理作用的不同等。

2）外消旋体

等量的左旋体和右旋体的混合物称为外消旋体，一般用（±）来表示。

外消旋体与对映体的比较（以乳酸为例）：

	旋光性	物理性质	化学性质	生理作用
外消旋体	不旋光	mp 18 ℃	基本相同	各自发挥其作用
对映体	旋光	mp 53 ℃	基本相同	旋体的生理功能

3）对映体构型的表示方法

（1）构型的表示方法

对映体的构型可用立体结构式（楔形式和透视式）和费歇尔（E. Fischer）投影式表示。

① 立体结构式。

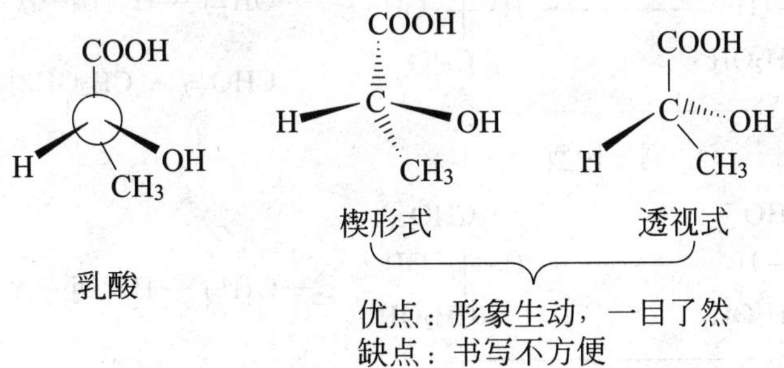

② 费歇尔投影式。

为了便于书写和进行比较，对映体的构型常用费歇尔投影式表示：

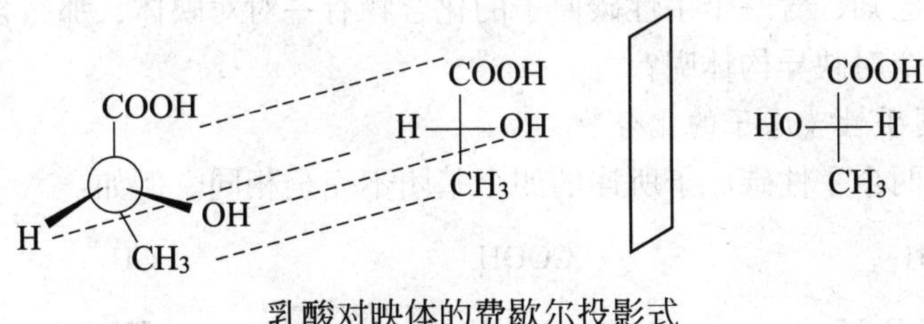

乳酸对映体的费歇尔投影式

投影原则：

a）横、竖两条直线的交叉点代表手性碳原子，位于纸平面。

b）横线表示与 C^* 相连的两个键指向纸平面的前面，竖线表示指向纸平面的后面。

c）将含有碳原子的基团写在竖线上，编号最小的碳原子写在竖线上端。

使用费歇尔投影式应注意的问题：

a）基团的位置关系是“横前竖后”。

b）不能离开纸平面翻转180°，也不能在纸平面上旋转90°或270°与原构型相比。

c）将投影式在纸平面上旋转180°，仍为原构型。

（2）判断不同投影式是否同一构型的方法

① 将投影式在纸平面上旋转180°，仍为原构型。

$$\begin{array}{c} COOH \\ H-\!\!\!+\!\!\!-OH \\ CH_3 \end{array} \xrightarrow{\text{在纸平面} \curvearrowright 180°} \begin{array}{c} CH_3 \\ HO-\!\!\!+\!\!\!-H \\ COOH \end{array}$$

② 任意固定一个基团不动，依次顺时针或逆时针调换另三个基团的位置，不会改变原构型。

$$\begin{array}{c} CH_3 \\ H-\!\!\!+\!\!\!-OH \\ C_2H_5 \end{array} \rightarrow \begin{array}{c} H \\ C_2H_5-\!\!\!+\!\!\!-OH \\ CH_3 \end{array} \rightarrow \begin{array}{c} C_2H_5 \\ HO-\!\!\!+\!\!\!-H \\ CH_3 \end{array} \rightarrow \begin{array}{c} C_2H_5 \\ H_3C-\!\!\!+\!\!\!-OH \\ H \end{array}$$

③ 对调任意两个基团的位置，对调偶数次构型不变，对调奇数次则为原构型的对映体。例如：

$$\begin{array}{c} CHO \\ HO-\!\!\!+\!\!\!-H \\ CH_2OH \end{array} \longrightarrow \begin{array}{c} CH_2OH \\ H-\!\!\!+\!\!\!-OH \\ CHO \end{array}$$

—OH与 —H对调一次

—CHO与 —CH_2OH对调一次

同一构型

$$\begin{array}{c} CHO \\ HO-\!\!\!+\!\!\!-H \\ CH_2OH \end{array} \longrightarrow \begin{array}{c} CHO \\ H-\!\!\!+\!\!\!-OH \\ CH_2OH \end{array}$$

—OH与 —H对调一次

对映体

4. 含两个手性碳原子化合物的对映异构

从上面的讨论已知，含一个手性碳原子的化合物有一对对映体，那么含有两个手性碳原子的化合物有多少个对映异构体呢？

1）含两个不同手性碳原子的化合物

这类化合物中两个手性碳原子所连的四个基团不完全相同。例如：

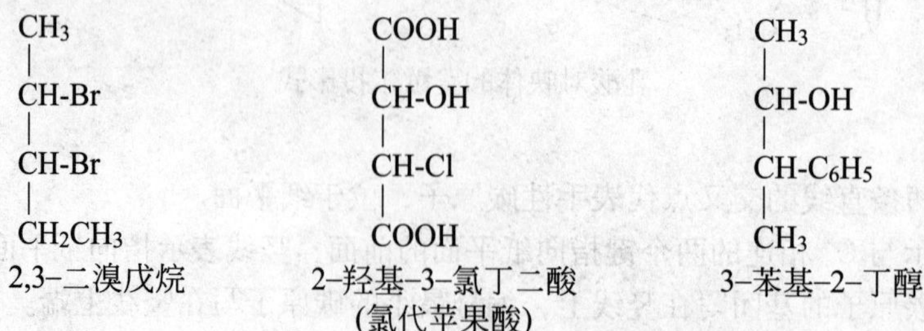

下面以氯代苹果酸为例来讨论。

(1) 对映异构体的数目

其费歇尔投影式如下：

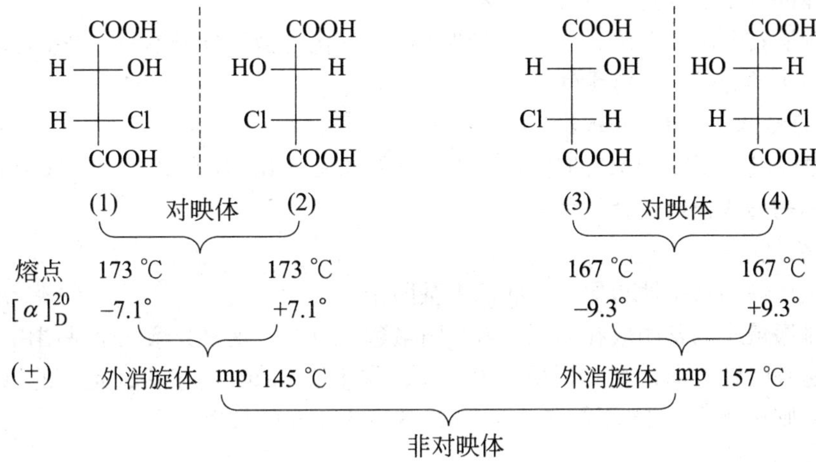

含 n 个不同手性碳原子的化合物，对映体的数目有 2^n 个，外消旋体的数目有 2^{n-1} 个。

(2) 非对映体

不呈物体与镜像关系的立体异构体叫作非对映体。分子中有两个以上手性中心时，就有非对映异构现象。

非对映异构体的特征：

a) 物理性质不同（熔点、沸点、溶解度等）。

b) 比旋光度不同。

c) 旋光方向可能相同也可能不同。

d) 化学性质相似，但反应速度有差异。

2) 含两个相同手性碳原子的化合物

酒石酸、2,3-二氯丁烷等分子中含有两个相同的手性碳原子。

$$HOOC-\overset{*}{C}H(OH)-\overset{*}{C}H(OH)-COOH \qquad CH_3-\overset{*}{C}H(Cl)-\overset{*}{C}H(Cl)-CH_3$$

同上讨论，酒石酸也可以写出四种对映异构体

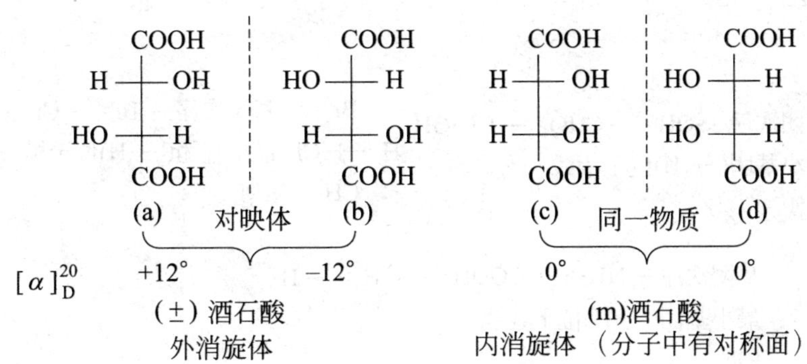

（c）、（d）为同一物质，因将（c）在纸平面旋转180°即为（d）。因此，含两个相同手性碳原子的化合物只有三个立体异构体，少于2^n个，外消旋体数目也少于2^{n-1}个。

内消旋体与外消旋体的相同点为都不旋光；不同点为内消旋体是一种纯物质，外消旋体是两个对映体的等量混合物，可拆分开来。

从内消旋酒石酸可以看出，含两个手性碳原子的化合物，分子不一定是手性的。故不能说含手性碳原子的分子一定有手性。

5. 构型的标记——R、S命名规则

1970年国际上根据IUPAC的建议，构型的命名采用R、S命名规则，这种命名法根据化合物的实际构型或投影式就可命名。

R、S命名规则：

（1）按次序规则将手性碳原子上的四个基团排序。

（2）把排序最小的基团放在离观察者眼睛最远的位置，观察其余三个基团由大→中→小的顺序，若是顺时针方向，则其构型为R（R是拉丁文rectus的字头，是右的意思），若是逆时针方向，则构型为S（S是拉丁文sinister的字头，左的意思）。

实例：

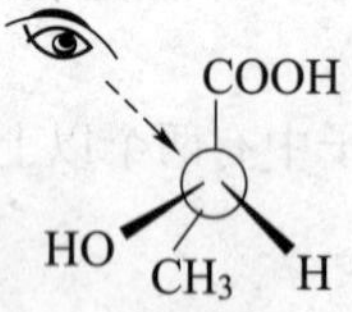

COOH　HO　CH_3　H

按次序规则

—OH> —COOH> —CH_3> —H

逆时针排列 S型

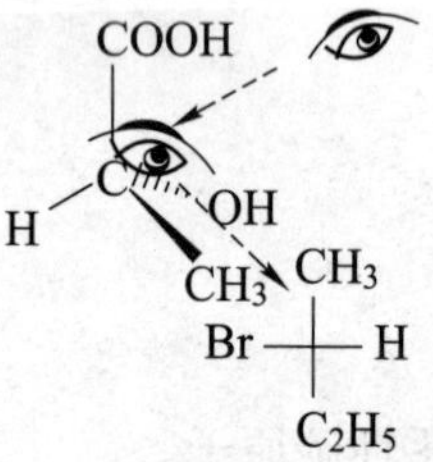

COOH　H　C　OH　CH_3

CH_3　Br　H　C_2H_5

逆时针排列 S型

基团顺序

—Br> —C_2H_5> —CH_3> —H

顺时针排列 R型

快速判断费歇尔投影式构型的方法：

（1）当最小基团位于横线时，若其余三个基团由大→中→小为顺时针方向，则此投影式的构型为S，反之为R。

（2）当最小基团位于竖线时，若其余三个基团由大→中→小为逆时针方向，则此投影式的构型为R，反之为S。

实例：

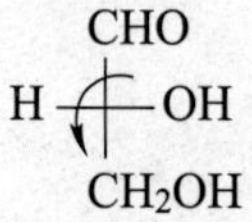

CHO　H　OH　CH_2OH

基团次序—OH> —CHO> —CH_2OH

最小基团(—H)位于横线

R型

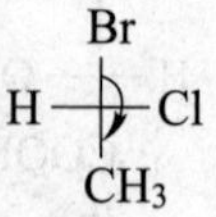

Br　H　Cl　CH_3

基团次序—Br> —Cl> —CH_3> —H

最小基团(—H)位于横线

S型

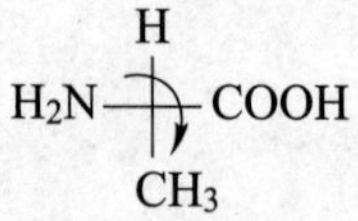

H　H_2N　COOH　CH_3

基团次序—NH_2> —COOH> —CH_3> —H

最小基团(—H)位于竖线

R型

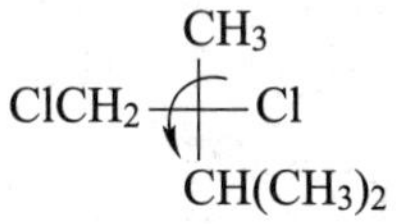

$ClCH_2$—[CH_3 上，Cl 右，$CH(CH_3)_2$ 下]

基团次序—Cl>—CH_2>—CH(Cl)—CH_3—>CH_3

最小基团(—CH_3)位于竖线

S型

含两个以上 C* 化合物的构型或投影式，也用同样方法对每一个 C* 进行 R、S 标记，然后注明标记的是哪一个手性碳原子。

例如：

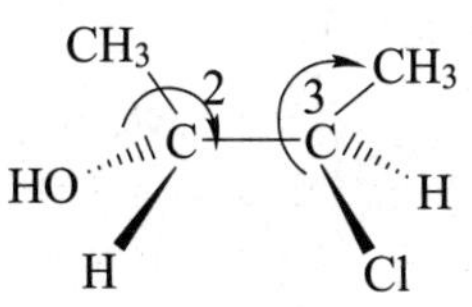

基团次序 C_2^* —OH>—CH(Cl)CH_3>—CH_3>—H

C_3^* —Cl>—CH(OH)CH_3>—CH_3>—H

(2R,3R)3–氯–2–丁醇

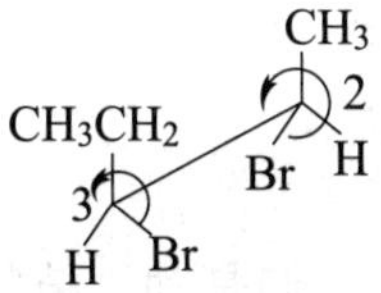

基团次序 C_2^* —Br>—CH(Br)CH_2CH_3>—>CH_3—>H

C_3^* —Br>—CH(Br)CH_3>—>CH_3—>H

(2S,3S)2,3–二溴戊烷

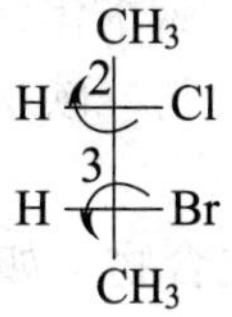

基团次序 C_2^* —Cl>—CH(Br)CH_3>—CH_3>—H

C_3^* —Br>—CH(Cl)CH_3>—CH_3>—H

(2S,3R)2–氯–3–溴丁烷

知识链接

光学活性异构体的发现

1808 年，马吕斯首次发现了偏振光。随后，毕奥也发现了有些石英的结晶将偏振光朝右旋，有些将偏振光朝左旋。接着，他进一步发现某些有机化合物（液体或溶液）具有旋转偏振光的作用。当时就推想这和物质组成的不对称性有关。由于有机物质在溶液中也有使光偏转的作用，巴斯德 1848 年提出光活性是由于分子的不对称结构所引起的，并且进一步研究酒石酸，首次将消旋酒石酸拆分为左旋体和右旋体。布特列洛夫在 1870 年也注意到：并不是所有异构现象都可以用结构理论来解释。他认为异构体的数目比真正所期望的数目要多。直到 1874 年，范霍夫和乐贝尔这两个青年物理化学家才提出碳的四价是指向正四面体顶点的，从而得出不对称碳原子的概念。范霍夫则做出了更进一步的预言：某些分子如丙二烯衍生物，即使没有不对称碳原子，也应该有旋光异构体存在。范霍夫的预言，在60年后终于被实验所证实。

交流研讨

1. 解释下列名词

(1) 旋光性　(2) 比旋光度　(3) 手性　(4) 手性碳原子

(5) 外消旋体　(6) 对映体

2. 指出下列说法正确与否（正确的用“√”表示，不正确的用“×”表示）

(1) 顺式异构体都是Z型的，反式异构体都是E型的。(　　)

(2) 分子无对称面就必然有手性。(　　)

(3) 有旋光性物质的分子中必有手性碳原子存在。(　　)

(4) 具有手性的分子一定有旋光性。(　　)

(5) 具有对称中心的分子必无手性。(　　)

(6) 对映异构体具有完全相同的化学性质。(　　)

4.2.2　碳水化合物

1. 碳水化合物概述

碳水化合物也称糖，是自然界存在最广泛的一类有机物。它们是动、植物体的重要成分，又是人和动物的主要食物来源。碳水化合物由碳、氢、氧三种元素组成。人们最初发现这类化合物时，除碳原子外，氢与氧原子数目之比与水相同，可用通式 $C_m(H_2O)_n$ 表示，形式上像碳和水的化合物，故称碳水化合物。从分子结构的特点来看，碳水化合物是一类多羟基醛或多羟基酮，以及能够水解生成多羟基醛或多羟基酮的有机化合物。碳水化合物按其结构特征可分为三类。

① 单糖：不能水解的多羟基醛或多羟基酮，是最简单的碳水化合物，如葡萄糖、半乳糖、甘露糖、果糖、山梨糖等。

② 低聚糖：也称为寡糖，能水解产生2~10个单糖分子的化合物。根据水解后生成的单糖数目，又可分为二糖、三糖、四糖等。其中最重要的是二糖，如蔗糖、麦芽糖、纤维二糖、乳糖等。

③ 多糖：水解产生10个以上单糖分子的化合物，如淀粉、纤维素、糖原等。

2. 单糖

1) 单糖的分类

按照分子中的羰基，可将单糖分为醛糖和酮糖两类；按照分子中所含原子的数目，又可将单糖分为丙糖、丁糖、戊糖和己糖等。这两种分类方法常结合使用。例如，核糖是戊醛糖，果糖是己酮糖等。在碳水化合物的命名中，以俗名最为常用。自然界中的单糖以戊醛糖、己醛糖和己酮糖分布最为普遍。例如，戊醛糖中的核糖和阿拉伯糖，己醛糖中的葡萄糖和半乳糖，己酮糖中的果糖和山梨糖，都是自然界存在的重要单糖。

2）单糖的结构

（1）单糖的链式结构

最简单的单糖是丙醛糖和丙酮糖。除丙酮糖外，所有的单糖分子中都含有手性碳原子，因此都有旋光异构体。例如，己醛糖分子中有四个手性碳原子，有 $2^4=16$ 个立体异构体，葡萄糖是其中的一种；己酮糖分子中有三个手性碳原子，有 $2^3=8$ 个旋光异构体。单糖构型通常采用 D、L 构型标记法标记，即以甘油醛为标准，若单糖分子中距羰基最远的手性碳原子（倒数第二个碳原子）的构型和 D-甘油醛相同，则该糖为 D-构型，反之为 L-构型。如：

CHO / H—C—OH / CH_2OH　　D-(+)-甘油醛

CHO / $(CHOH)_n$ / H—C—OH / CH_2OH　　D-醛糖

CH_2OH / C=O / $(CHOH)_n$ / H—C—OH / CH_2OH　　D-酮糖

CHO / HO—C—H / CH_2OH　　L-(-)-甘油醛

CHO / $(CHOH)_n$ / HO—C—H / CH_2OH　　L-醛糖

CH_2OH / C=O / $(CHOH)_n$ / HO—C—H / CH_2OH　　L-酮糖

凡由 D-(+)-甘油醛经过逐步增长碳链的反应转变而成的醛糖，其构型为 D-构型；由 L-(-)-甘油醛经过逐步增长碳链的反应转变成的醛糖，其构型为 L-构型。例如，从D-甘油醛出发，经与 HCN 加成、水解、内酯化、再还原，可得两种 D-构型的丁醛糖。在D-(+)-甘油醛与 HCN 的加成过程中，—CN 可以从羰基所在平面的两侧进攻羰基碳原子，从而派生出两个构型相反的新手性碳原子。由于原来甘油醛中手性碳原子的构型在整个转化过程中保持不变，因此两种丁醛糖仍为 D-构型，分别称为 D-(-)-赤藓糖和 D-(-)-苏阿糖。

CHO / H—C—OH / CH_2OH →

CN / H—OH / H—OH / CH_2OH —水解，内酯化还原→ CHO / H—OH / H—OH / CH_2OH　　D-(-)-赤藓糖

CN / HO—H / H—OH / CH_2OH —水解，内酯化还原→ CHO / HO—H / H—OH / CH_2OH　　D-(-)-苏阿糖

同样，可以导出四种D-型戊醛糖、八种D-型己醛糖。自然界存在的单糖绝大部分是D-构型。

（2）单糖的环状结构

① 单糖的变旋现象。人们在研究单糖的实践中发现，D-葡萄糖能以两种结晶存在，一种是从酒精溶液中析出的结晶，熔点为146 ℃，比旋光度为+112.2°；另一种是从吡啶中析出的结晶，熔点为150 ℃，比旋光度为+18.7°。将其中任何一种结晶溶于水后，其比旋光度都会逐渐变成+52.7°并保持恒定。像这种比旋光度发生变化（增加或减小）的现象称为变旋现象。

② 单糖的环状半缩醛结构。醛与醇能发生加成反应，生成半缩醛。D-葡萄糖分子中，同时含有醛基和羟基，因此能发生分子内的加成反应，生成环状半缩醛。实验证明，D-(+)-葡萄糖主要是C_5上的羟基与醛基作用，生成六元环的半缩醛（称氧环式）。

对比开链式和氧环式可以看出，氧环式比开链式多一个手性碳原子，所以有两种异构体存在。两个环状结构的葡萄糖是一对非对映异构体，它们的区别仅在于C_1的构型不同。C_1上新形成的羟基（也称半缩醛羟基）与决定单糖构型的羟基处于同侧的，称为α-型；反之，称为β-型。

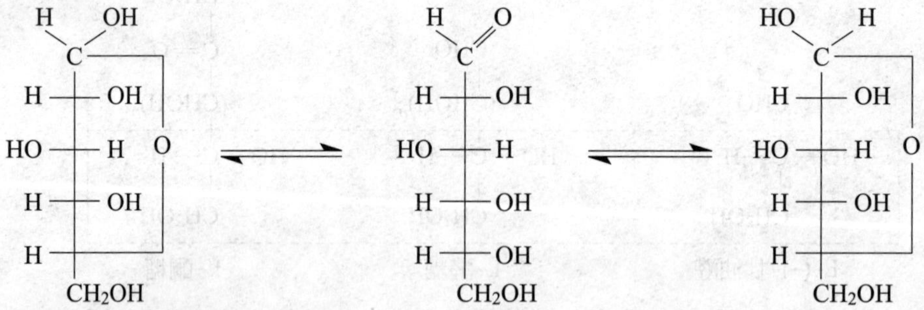

α-D-(+)-葡萄糖	D-(+)-葡萄糖	β-D-(+)-葡萄糖
37%	0.01%	63%
$[\alpha]_D^{20}=+112.2°$	$[\alpha]_D^{20}=+52.5°$	$[\alpha]_D^{20}=+18.7°$
（环式）	（链式）	（环式）

由此可见，产生变旋现象是由于α-构型或β-构型溶于水后，通过开链式相互转变，最后α-构型、β-构型和开链式三种形式达到动态平衡。平衡时的比旋光度为+52.5°。由于平衡混合物中开链式含量仅占0.1%，因此不能与饱和$NaHSO_3$发生加成反应。葡萄糖主要以环状半缩醛形式存在，所以只能与一分子甲醇反应生成缩醛。其他单糖，如核糖、脱氧核糖、果糖、甘露糖和半乳糖等也都是以环状结构存在，都具有变旋现象。

③ 单糖的哈沃斯（Haworth）式。费歇尔投影式描述单糖的环状结构不能直接反映出原子和基团在空间的相互关系，所以常常把单糖的环状结构写成哈沃斯透视式。以D-葡萄糖为例，首先画垂直于纸平面的六元氧环，氧原子一般位于右后方（或后方），将环碳原子略去，并按顺时针方向排列。

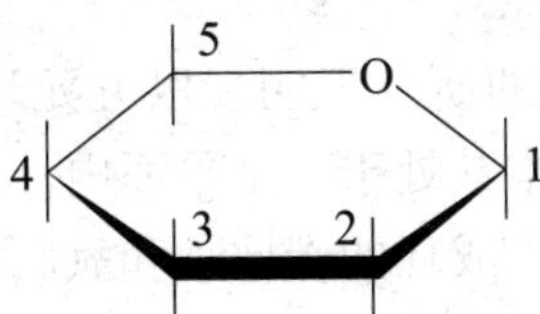

然后，将费歇尔投影式中碳链左侧的原子或基团写在环的上方，右侧的原子或基团写在环的下方，即左上右下的原则；D-型糖的尾基—CH_2OH 写在环的上方，L-型糖的尾基—CH_2OH写在环的下方。按此规则 α-D-(+)-葡萄糖和 β-D-(+)-葡萄糖的哈沃斯式如下：

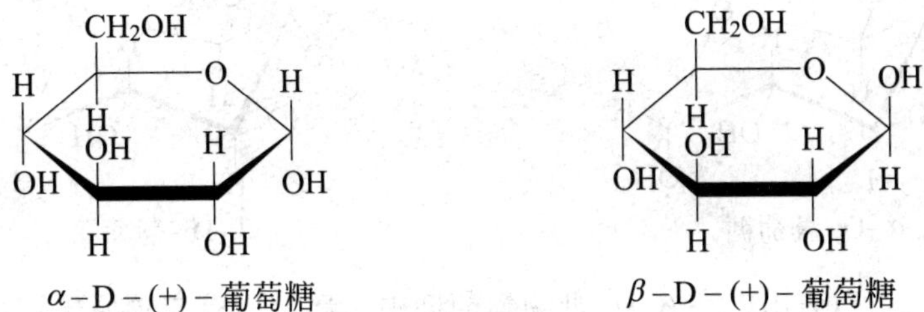

α-D-(+)-葡萄糖　　β-D-(+)-葡萄糖

D-(+)-葡萄糖的六元环与杂环化合物中的吡喃环类似，所以六元环单糖又称为吡喃型单糖，自然界中存在的已糖多为吡喃糖。D-(-)-果糖是已酮糖，按照同样的方法也可以写成透视式。一般自然界中化合态果糖多为五元环糖，五元环与呋喃类似，故称为呋喃型果糖，而游离态的果糖一般为六元环，故称为吡喃型果糖。

哈武斯式有时为了书写需要可将环平面沿纸面旋转或翻转。确定哈武斯式构型的方法主要有两点：一是碳原子的排列顺序，二是尾基和半缩醛羟基在环平面上下的位置。若环上碳原子按顺时针方向排列，则碳原子所连的原子或基团仍按“左上右下”的原则，那么尾基在环平面上方的为 D-型，在下方的为 L-型；D-型糖中半缩醛羟基在环的下方的为 α-型，在上方的为 β-型。而在 L-型糖中，α-型和 β-型与上述相反。

下面是几种常见单糖的哈武斯式：

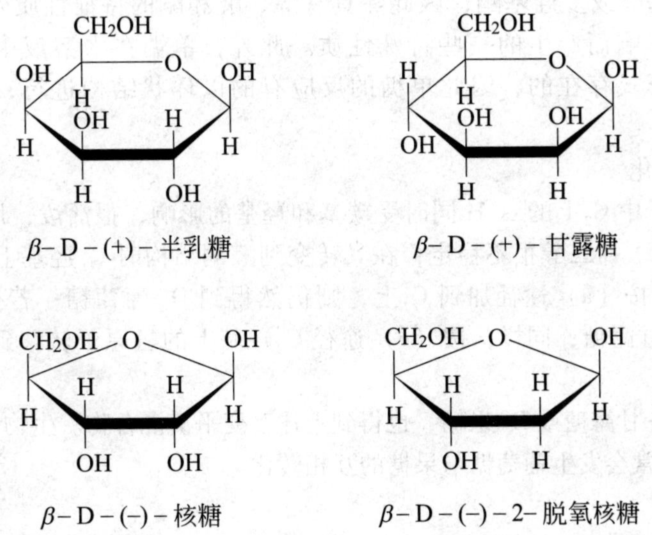

β-D-(+)-半乳糖　　β-D-(+)-甘露糖

β-D-(-)-核糖　　β-D-(-)-2-脱氧核糖

④ 单糖的构象

近代X射线分析等技术对单糖的研究证明，以五元环形式存在的单糖，如果糖、核糖等，分子中成环碳原子和氧原子基本共处于一个平面内。而以六元环形式存在的单糖，如葡萄糖、半乳糖和阿拉伯糖等，分子中成环的碳原子和氧原子不在同一个平面。上述吡喃糖的哈沃斯式不能真实地反映环状半缩醛的立体结构。吡喃糖中的六元环与环己烷相似，椅式构象占绝对优势。在椅式构象中，又以环上碳原子所连较大基团连接在平伏键上比连接在直立键上更稳定。下面是几种单糖的椅式构象：

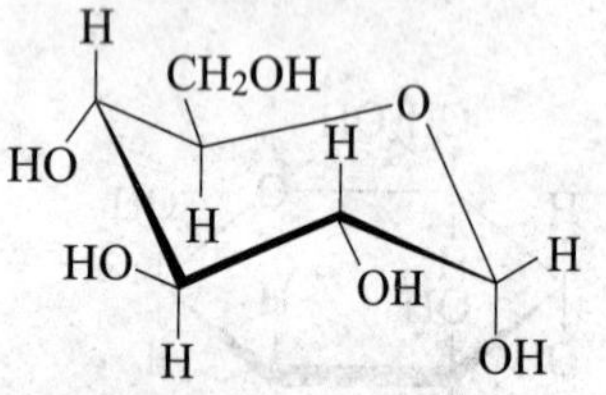

α-D-葡萄糖 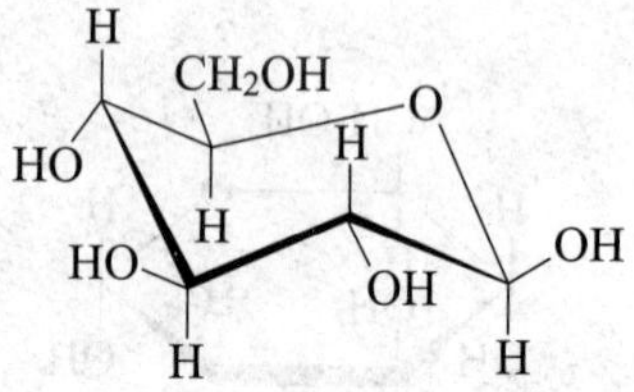　　　　β-D-葡萄糖

由上述构象式可以看出，在β-D-吡喃葡萄糖中，环上所有与碳原子连接的羟基和羟甲基都处于平伏键上，而在α-D-吡喃葡萄糖中，半缩醛羟基处于直立键上，其余羟基和羟甲基处于平伏键上。因此β-D-吡喃葡萄糖比α-D-吡喃葡萄糖稳定。所以在D-葡萄糖的变旋平衡混合物中，β-型异构体（63%）所占的比例大于α-型异构体（37%）。

3）单糖的物理性质

单糖都是无色晶体，因分子中含有多个羟基，所以易溶于水，并能形成过饱和溶液——糖浆。单糖可溶于乙醇和吡啶，难溶于乙醚、丙酮、苯等有机溶剂。除丙酮糖外，所有单糖都具有旋光性，且存在变旋现象。单糖都有甜味，但相对甜度不同，一般以蔗糖的甜度为100作为标准，葡萄糖的甜度为74，果糖的甜度为173。果糖是已知单糖和二糖中甜度最大的糖。

4）单糖的化学性质

单糖是多羟基醛或多羟基酮，因此除具有醇、醛和酮的特征性质外，还具有因分子中各基团的相互影响而产生的一些特殊性质。此外，单糖在水溶液中是以链式和氧环式平衡混合物的形式存在的，因此单糖的反应有的以环状结构进行，有的则以开链结构进行。

（1）差向异构化

D-葡萄糖分子中C_2上的α-H同时受羰基和羟基的影响，很活泼，用稀碱处理可以互变为烯二醇中间体。烯二醇很不稳定，在其转变到醛酮结构时C_1羟基上的氢原子转回C_2时有两种可能：若按（a）途径加到C_2上，则仍然得到D-葡萄糖；若按（b）途径加到C_2上，则得到D-甘露糖；同样，按（c）途径C_2羟基上的氢原子转移到C_1上，则得到D-果糖。

用稀碱处理D-甘露糖或D-果糖，也得到上述互变平衡混合物。生物体代谢过程中，在异构酶的作用下，常会发生葡萄糖与果糖的互相转化。

$$\begin{array}{ccccc}
\begin{array}{c} \mathrm{CHO} \\ \mathrm{H}-\!\!\!+\!\!\!-\mathrm{OH} \\ \mathrm{HO}-\!\!\!+\!\!\!-\mathrm{H} \\ \mathrm{H}-\!\!\!+\!\!\!-\mathrm{OH} \\ \mathrm{H}-\!\!\!+\!\!\!-\mathrm{OH} \\ \mathrm{CH_2OH} \end{array} & \underset{}{\overset{(a)}{\rightleftharpoons}} & \begin{array}{c} \mathrm{H}\!-\!\mathrm{C}\!-\!\mathrm{OH} \\ \| \\ \mathrm{C}-\mathrm{OH} \\ \mathrm{HO}-\!\!\!+\!\!\!-\mathrm{H} \\ \mathrm{H}-\!\!\!+\!\!\!-\mathrm{OH} \\ \mathrm{H}-\!\!\!+\!\!\!-\mathrm{OH} \\ \mathrm{CH_2OH} \end{array} & \overset{(b)}{\rightleftharpoons} & \begin{array}{c} \mathrm{CHO} \\ \mathrm{HO}-\!\!\!+\!\!\!-\mathrm{H} \\ \mathrm{HO}-\!\!\!+\!\!\!-\mathrm{H} \\ \mathrm{H}-\!\!\!+\!\!\!-\mathrm{OH} \\ \mathrm{H}-\!\!\!+\!\!\!-\mathrm{OH} \\ \mathrm{CH_2OH} \end{array} \\
\text{D-葡萄糖} & & \text{烯醇中间体} & & \text{D-甘露糖}
\end{array}$$

$$(c)\ \rightleftharpoons$$

$$\begin{array}{c} \mathrm{CH_2OH} \\ | \\ \mathrm{C}=\mathrm{O} \\ \mathrm{HO}-\!\!\!+\!\!\!-\mathrm{H} \\ \mathrm{H}-\!\!\!+\!\!\!-\mathrm{OH} \\ \mathrm{H}-\!\!\!+\!\!\!-\mathrm{OH} \\ \mathrm{CH_2OH} \\ \text{D-果糖} \end{array}$$

在含有多个手性碳原子的旋光异构体中，若只有一个手性碳原子的构型不同，其他碳原子的构型都完全相同，这样的旋光异构体称为差向异构体。如 D-葡萄糖和 D-甘露糖，它们仅第二个碳原子的构型相反，叫作 2-差向异构体。差向异构体间的互相转化称为差向异构化。

（2）氧化反应

单糖可被多种氧化剂氧化，所用氧化剂的种类及介质的酸碱性不同，氧化产物也不同。

① 碱性介质中的氧化反应。

醛能被弱氧化剂氧化，醛糖也具有醛基，同样能被弱氧化剂氧化。酮一般不被弱氧化剂氧化，但酮糖（如果糖）在弱碱性介质中能发生差向异构化，转变为醛糖，因此也能被弱氧化剂氧化。醛糖和酮糖，能被托伦试剂、费林试剂和本尼迪克特试剂所氧化，分别产生银镜反应或砖红色氧化亚铜沉淀。通常，把这些糖称为还原性糖。这些反应常用作糖的鉴别和定量测定，例如，测定果蔬、血液和尿中还原性糖的含量常使用本尼迪克特试剂。

② 酸性介质中的氧化反应。

a）溴水氧化。醛糖能被溴水氧化生成糖酸。酮糖不被溴水氧化，可由此区别醛糖与酮糖。

$$\begin{array}{c} \mathrm{CHO} \\ \mathrm{H}-\!\!\!+\!\!\!-\mathrm{OH} \\ \mathrm{HO}-\!\!\!+\!\!\!-\mathrm{H} \\ \mathrm{H}-\!\!\!+\!\!\!-\mathrm{OH} \\ \mathrm{H}-\!\!\!+\!\!\!-\mathrm{OH} \\ \mathrm{CH_2OH} \end{array} \xrightarrow{Br_2/H_2O} \begin{array}{c} \mathrm{COOH} \\ \mathrm{H}-\!\!\!+\!\!\!-\mathrm{OH} \\ \mathrm{HO}-\!\!\!+\!\!\!-\mathrm{H} \\ \mathrm{H}-\!\!\!+\!\!\!-\mathrm{OH} \\ \mathrm{H}-\!\!\!+\!\!\!-\mathrm{OH} \\ \mathrm{CH_2OH} \end{array}$$

b）硝酸氧化。醛糖在硝酸作用下生成糖二酸。例如，D-葡萄糖被氧化为 D-葡萄糖二酸，根据氧化产物的结构和性质，可以确定醛糖的结构。

$$\begin{array}{c} CHO \\ H-\!\!\!-OH \\ HO-\!\!\!-H \\ H-\!\!\!-OH \\ H-\!\!\!-OH \\ CH_2OH \end{array} \xrightarrow{HNO_3} \begin{array}{c} COOH \\ H-\!\!\!-OH \\ HO-\!\!\!-H \\ H-\!\!\!-OH \\ H-\!\!\!-OH \\ COOH \end{array}$$

（3）还原反应

与醛和酮的羰基相似，糖分子中的羰基也可被还原成羟基。实验室中常用的还原剂有硼氢化钠等，工业上则采用催化加氢（催化剂为镍、铂等）。例如，D-葡萄糖还原为山梨醇，D-甘露糖还原生成甘露醇，果糖在还原过程中由于C_2转化为手性碳原子，故得到山梨醇和甘露醇的混合物。

$$\begin{array}{c} CHO \\ H-\!\!\!-OH \\ HO-\!\!\!-H \\ H-\!\!\!-OH \\ H-\!\!\!-OH \\ CH_2OH \end{array} \xrightarrow{H_2} \underset{\text{山梨醇}}{\begin{array}{c} CH_2OH \\ H-\!\!\!-OH \\ HO-\!\!\!-H \\ H-\!\!\!-OH \\ H-\!\!\!-OH \\ CH_2OH \end{array}}$$

$$\begin{array}{c} CH_2OH \\ C=O \\ HO-\!\!\!-H \\ H-\!\!\!-OH \\ H-\!\!\!-OH \\ CH_2OH \end{array} \xrightarrow{NaBH_4} \underset{\text{山梨醇}}{\begin{array}{c} CH_2OH \\ H-\!\!\!-OH \\ HO-\!\!\!-H \\ H-\!\!\!-OH \\ H-\!\!\!-OH \\ CH_2OH \end{array}} + \underset{\text{甘露醇}}{\begin{array}{c} CH_2OH \\ HO-\!\!\!-H \\ HO-\!\!\!-H \\ H-\!\!\!-OH \\ H-\!\!\!-OH \\ CH_2OH \end{array}}$$

山梨醇和甘露醇广泛存在于植物体内，李子、桃子、苹果、梨等果实中含有大量的山梨醇，而柿子、胡萝卜、洋葱等植物中含有甘露醇。山梨醇可用作细菌的培养基及合成维生素C的原料。

（4）成脎反应

单糖具有羰基，与苯肼作用首先生成糖苯腙。当苯肼过量时，则继续反应生成难溶于水的黄色结晶，称为糖脎。

$$\underset{\text{D-葡萄糖}}{\begin{array}{c} CHO \\ H-\!\!\!-OH \\ HO-\!\!\!-H \\ H-\!\!\!-OH \\ H-\!\!\!-OH \\ CH_2OH \end{array}} + 3C_6H_5NHNH_2 \longrightarrow \underset{\text{D-葡萄糖脎}}{\begin{array}{c} HC=NNHC_6H_5 \\ C=NNHC_6H_5 \\ HO-\!\!\!-H \\ H-\!\!\!-OH \\ H-\!\!\!-OH \\ CH_2OH \end{array}} + C_6H_5NH_2 + H_2O$$

糖脎的生成在具有羟基的α-碳上进行，即发生在C_1和C_2上，因此，除C_1、C_2外，其他手性碳原子构型相同的己糖或戊糖，都能形成相同的糖脎。例如，D-葡萄糖、D-甘露糖和

D-果糖与过量的苯肼反应生成相同的糖脎。

不同的糖脎其结晶形状、熔点和成脎所需的时间都不相同，因此可用于糖的鉴定。成脎反应并非局限于单糖，凡具有 α-羟基的醛或酮都能发生成脎反应。

（5）成酯反应

单糖分子中的羟基既能与酸反应生成酯，又能在碱性介质中与甲基化试剂反应，如碘甲烷或硫酸二甲酯作用生成醚。在生物体内，α-D-葡萄糖在酶的催化下与磷酸发生酯化反应，生成 1-磷酸-α-D-葡萄糖和 1，6-二磷酸-α-D-葡萄糖。在实验室中，用乙酰氯或乙酸酐与葡萄糖作用，可以得到葡萄糖五乙酸酯。

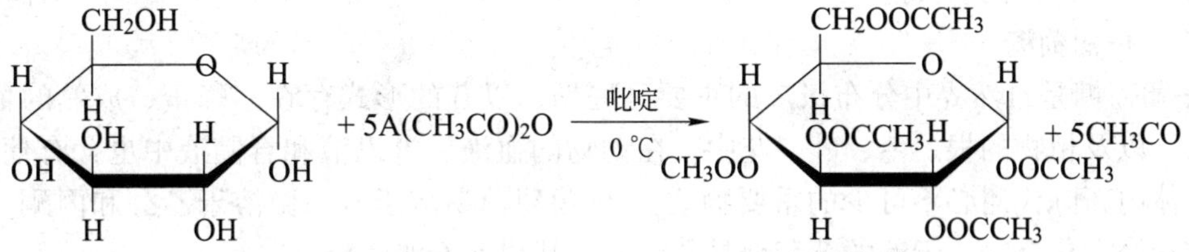

CH2OH
H
O
H
H
OH
H
OH
OH
H
OH
+ 5A(CH3CO)2O
吡啶
0 ℃
CH2OOCCH3
O
OOCCH3
CH3OO
OOCCH3
+ 5CH3CO

单糖的磷酸酯是生物体糖代谢过程中的重要中间产物。施磷肥就是为了使农作物有充足的磷去完成体内磷酸酯的合成。若农作物缺磷，磷酸酯的合成便出现障碍，农作物的光合作用和呼吸作用就不能顺利进行。

（6）成苷反应

单糖的环式结构中含有活泼的半缩醛羟基，它能与醇或酚等含羟基的化合物脱水形成缩醛型物质，称为糖苷，也称为配糖体，其糖的部分叫作糖基，非糖的部分叫作配基。例如，α-D-葡萄糖在干燥氯化氢催化下，与无水甲醇作用生成甲基-α-D-葡萄糖苷；而 β-D-葡萄糖在同样条件下形成甲基-β-D-葡萄糖苷。

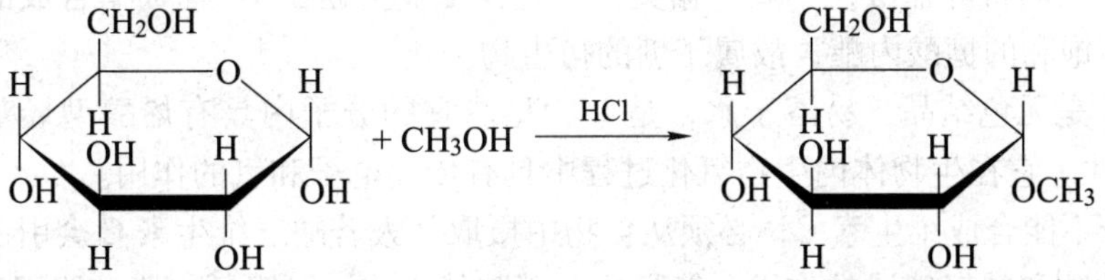

CH2OH
O
H
OH
+ CH3OH
HCl
OCH3

α-D-葡萄糖和 β-D-葡萄糖通过开链式可以相互转变，形成糖苷后，分子中已无半缩醛羟基，不能再转变成开链式，故不能再相互转变。糖苷是一种缩醛（或缩酮），所以比较稳定，不易被氧化，不与苯肼、托伦试剂、费林试剂等作用，也无变旋现象。糖苷对碱稳定，但在稀酸或酶作用下，可水解成原来的糖和甲醇。

糖苷广泛存在于自然界，植物的根、茎、叶、花和种子中含量较多。低聚糖和多糖也都是糖苷存在的一种形式。

（7）显色反应

在浓酸（浓硫酸或浓盐酸）作用下，单糖发生分子内脱水形成糠醛或糠醛的衍生物。糠醛及其衍生物可与酚类、蒽酮、芳胺等缩合生成不同的有色物质。尽管这些有色物质的结构尚未搞清楚，但由于反应灵敏，实验现象清楚，故常用于糖类化合物的鉴别。

① 莫利希反应。莫利希反应又称 α-萘酚反应。在糖的水溶液中加入 α-萘酚的酒精溶

液，然后沿着试管壁小心地加入浓硫酸，不要振动试管，则在两层液面间形成紫色环。所有糖（包括低聚糖和多糖）均能发生莫利希反应，因此是鉴别糖最常用的方法之一。

② 西列凡诺夫反应。酮糖在浓 HCl 存在下与间苯二酚反应，很快生成红色物质。而醛糖在同样条件下两分钟内不显色，由此可以区别醛糖和酮糖。

③ 比亚尔（Bial）反应。戊糖在浓 HCl 存在下与 5-甲基间苯酚反应，生成绿色的物质。该反应是用来区别戊糖和己糖的方法。

④ 蒽酮反应。糖能与蒽酮的浓硫酸溶液作用生成绿色物质，利用这一反应进行比色分析可对糖类物质进行定量测定。

5）重要的单糖及其衍生物

（1）D-葡萄糖

D-葡萄糖是自然界中分布极广的重要己醛糖，以苷的形式存在于蜂蜜、成熟的葡萄和其他果汁以及植物的根、茎、叶、花中。在动物的血液、淋巴液和脊髓液中也含有葡萄糖。它是人体内新陈代谢必不可少的重要物质。D-葡萄糖易溶于水，微溶于乙醇和丙酮，不溶于乙醚和烃类化合物。天然的葡萄糖是右旋的，其甜度不如蔗糖。

葡萄糖在医药上用作营养剂，并有强心、利尿、解毒等作用。在食品工业中用来制造糖浆，印染业上用作还原剂。

（2）果糖

果糖是自然界发现最甜的一种糖。果糖存在于水果和蜂蜜中，为无色结晶，易溶于水，可溶于乙醇和乙醚。

果糖是蔗糖和菊粉的组成部分，工业上用酸或酶水解菊粉来制取果糖。果糖不易发酵，用它制成的糖果不易形成龋齿，用它制成的面包不易干硬。

（3）维生素 C

维生素 C 又名抗坏血酸，不属于糖类，但它在工业上是由 D-葡萄糖合成的，在结构上可以看成是不饱和的糖酸内酯，故属于糖的衍生物。

维生素 C 是无色结晶，易溶于水，是 L 构型。它的分子内具有烯醇型烃基，可以电离出 H^+，呈酸性。它在生物体内生物氧化过程中具有传递电子和氢的作用。

人体本身不能合成维生素 C，必须从食物中摄取。人若缺乏维生素 C 会引起坏血病。维生素 C 具有预防和减轻感冒的作用，能阻止亚硝胺的生成，可降低血脂和胆固醇。维生素 C 广泛存在于新鲜的水果和蔬菜中，在辣椒、猕猴桃、沙棘、刺梨等中的含量较高。

（4）甜叶菊酯苷

甜叶菊酯苷是近几年我国食品工业中采用的一种优良的有益于人体健康的新型甜味剂。从甜叶菊叶中提取制得。甜叶菊酯苷比蔗糖甜 300 倍，其味道清甜爽口，性质稳定，耐高温，不吸潮，不易发酵，是天然的防腐剂。它的热量只有蔗糖的 1/300，不仅不会引起糖尿病，而且对糖尿病有治疗的作用，还可以辅助治疗高血压、心脏病。

交流研讨

1. 写出下列单糖的结构

（1）β-D-吡喃半乳糖稳定的构象式

(2) 2-脱氧-β-D-呋喃核糖的哈沃斯式

2. 用化学方法区别下列各组物质

(1) 丙酮 丙醛 甘露糖 果糖

(2) 葡萄糖 果糖 核糖 脱氧核糖

3. 双糖

双糖是最重要的低聚糖，可以看成是一个单糖分子中的半缩醛羟基与另一个单糖分子中的醇羟基或半缩醛羟基之间脱水的缩合物。自然界存在的双糖可分为还原性双糖和非还原性双糖两类。

1) 还原性双糖

还原性双糖是由一分子单糖的半缩醛羟基与另一分子单糖的醇羟基脱水而成的。因分子中仍保留有一个半缩醛羟基，故具有一般单糖的性质：在水溶液中有变旋现象，在稀碱作用下一般可发生差向异构化，具有还原性，一般可与过量苯肼反应生成糖脎。还原性双糖都是白色结晶，溶于水，有甜味，具有旋光活性。重要的还原性双糖有麦芽糖、纤维二糖和乳糖。

(1) 麦芽糖

麦芽糖是由一分子 α-D-葡萄糖的半缩醛羟基与另一分子 D-葡萄糖 C_4 上的醇羟基脱水后，通过 α-1，4-苷键连接而成的。

麦芽糖属于 α-糖苷，能被麦芽糖酶水解，也能被酸水解。它是组成淀粉的基本单元，在淀粉酶或唾液酶的作用下，淀粉水解得到麦芽糖，所以麦芽糖是生物体内淀粉水解的中间产物。麦芽糖继续水解生成 D-葡萄糖。

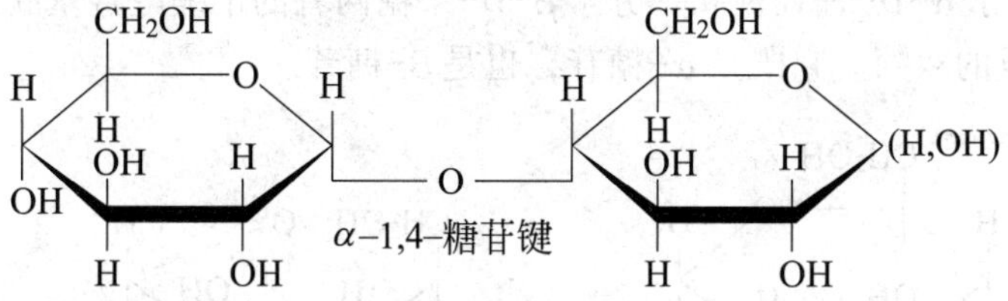

麦芽糖结构

(2) 纤维二糖

纤维二糖是由一分子 β-D-葡萄糖的半缩醛羟基与另一分子 D-葡萄糖 C_4 上的醇羟基脱水后，通过 β-1，4-苷键连接而成。

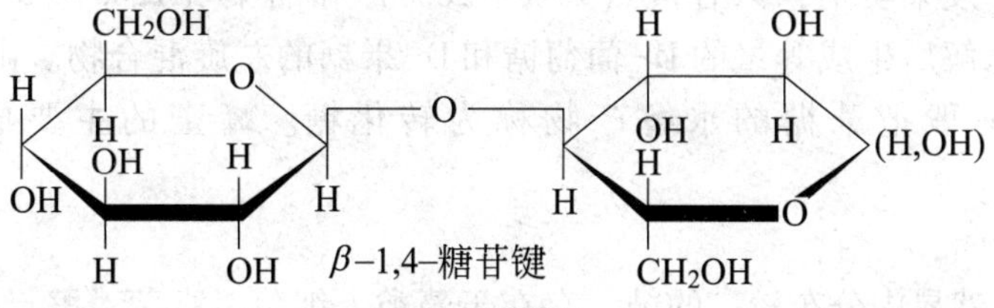

β-纤维二维结构

纤维二糖属 β-糖苷，能被苦杏仁酶或纤维二糖酶水解，也可被酸水解成 D-葡萄糖。纤维二糖是纤维素的基本单位，自然界游离的纤维二糖并不存在，可由纤维素部分水解得到。

（3）乳糖

乳糖是由一分子β-D-半乳糖的半缩醛羟基与另一分子D-葡萄糖C_4上的醇羟基脱水后，通过β-1，4-苷键连接而成。

乳糖属于β-糖苷，它能被酸、苦杏仁酶和乳糖酶水解。乳糖存在于人和哺乳动物的乳汁中，人乳中含乳糖为5%~8%，牛、羊乳中含乳糖为4%~5%。乳糖是牛乳制干酪时所得的副产品，它是双糖中溶解性较小的、没有吸湿性的一个，主要用于食品工业和医药工业。

β-乳糖结构

2）非还原性双糖

非还原性双糖是由两分子单糖的半缩醛羟基脱水形成的。因分子中不具有半缩醛羟基，故无还原性，无变旋现象，不能成脎，但它们都能被酸或酶水解生成两分子单糖。非还原性双糖都是易溶于水的白色结晶，具有旋光活性。

（1）蔗糖

蔗糖是由一分子α-D-葡萄糖和一分子β-D-果糖两者的半缩醛羟基脱水后，通过α-1-β-2-苷键连接而成的双糖。它既是α-糖苷，也是β-糖苷。

蔗糖结构

蔗糖是自然界分布最广的、甜度仅次于果糖的重要的非还原性双糖。它存在于植物的根、茎、叶、种子及果实中，以甘蔗（19%~20%）和甜菜（12%~19%）中含量最多。蔗糖是右旋糖，水解后生成等量的D-葡萄糖和D-果糖的左旋混合物。由于水解使旋光方向发生改变，故一般把蔗糖的水解产物称为转化糖。蜂蜜的主要成分就是转化糖（$[\alpha]_D^{20}=-19.8°$）。

（2）海藻糖

海藻糖也是自然界中分布较广的糖，存在于藻类、细菌、真菌、酵母以及某些昆虫中。海藻糖也是双糖，分子中无半缩醛羟基，属于非还原性糖，它是由两分子α-D-葡萄糖半缩醛羟基脱水缩合而成的。

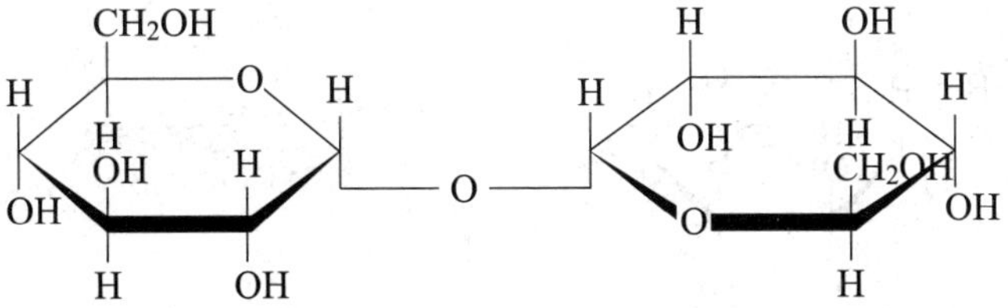

海藻糖结构

4. 多糖

多糖是由几百到几千个单糖或单糖的衍生物分子通过α-苷键或β-苷键连接起来的高分子化合物。多糖广泛存在于自然界，按其水解产物分为两类：一类称为均多糖，其水解产物只有一种单糖，如淀粉、纤维素、糖元等；另一类称为杂多糖，其水解产物为一种以上的单糖或单糖衍生物，如半纤维素、果胶质、粘多糖等。淀粉和糖原分别为植物和动物的贮藏养分，纤维素和果胶质等则是构成植物体的支撑组织。

多糖与单糖、双糖在性质上有较大的差异。多糖一般没有甜味，大多数多糖难溶于水。多糖没有变旋现象，没有还原性，也不能成脎。

1）淀粉

淀粉广泛存在于植物界，是植物光合作用的产物，是植物贮存的营养物质之一，也是人类粮食的主要成分。淀粉主要存在于植物的种子、块根和块茎中，例如，稻米含 62%~80%，小麦含 57%~75%，玉米含 65%~72%，甘薯含 25%~35%，马铃薯含 12%~20%。

淀粉为白色无定形粉末，由直链淀粉和支链淀粉两部分组成，二者在淀粉中的比例随植物品种不同而不同，一般直链淀粉占 10%~30%，支链淀粉占 70%~90%。

直链淀粉是由 200~980 个α-D-葡萄糖以α-1,4-苷键连接而成的链状化合物，但其结构并非直线型的。由于分子内的氢键作用，使其链卷曲盘旋成螺旋状，每圈螺旋一般含有六个葡萄糖单位。

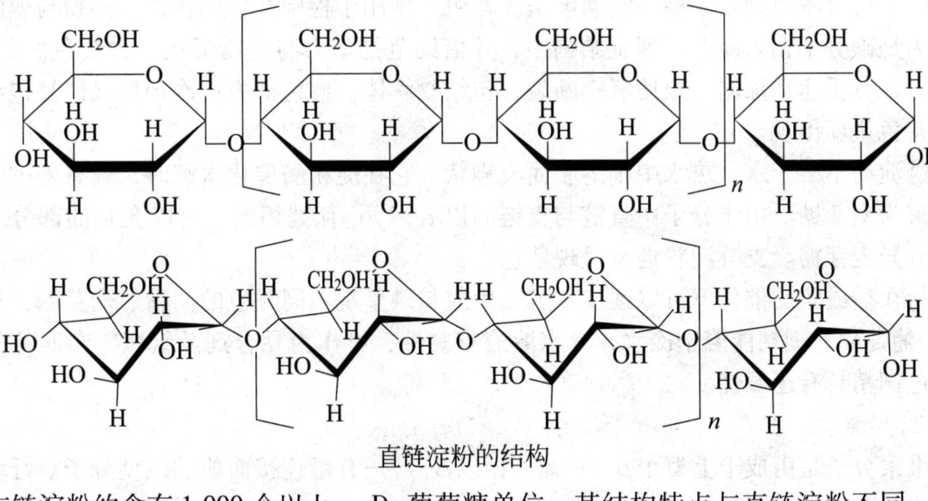

直链淀粉的结构

支链淀粉约含有 1 000 个以上α-D-葡萄糖单位，其结构特点与直链淀粉不同。葡萄糖分子之间除了以α-1,4-苷键连接成直链外，还有α-1,6-苷键相连而引出的支链。每隔 20~25 个葡萄糖单位有一个分支，纵横关联，构成树枝状结构。

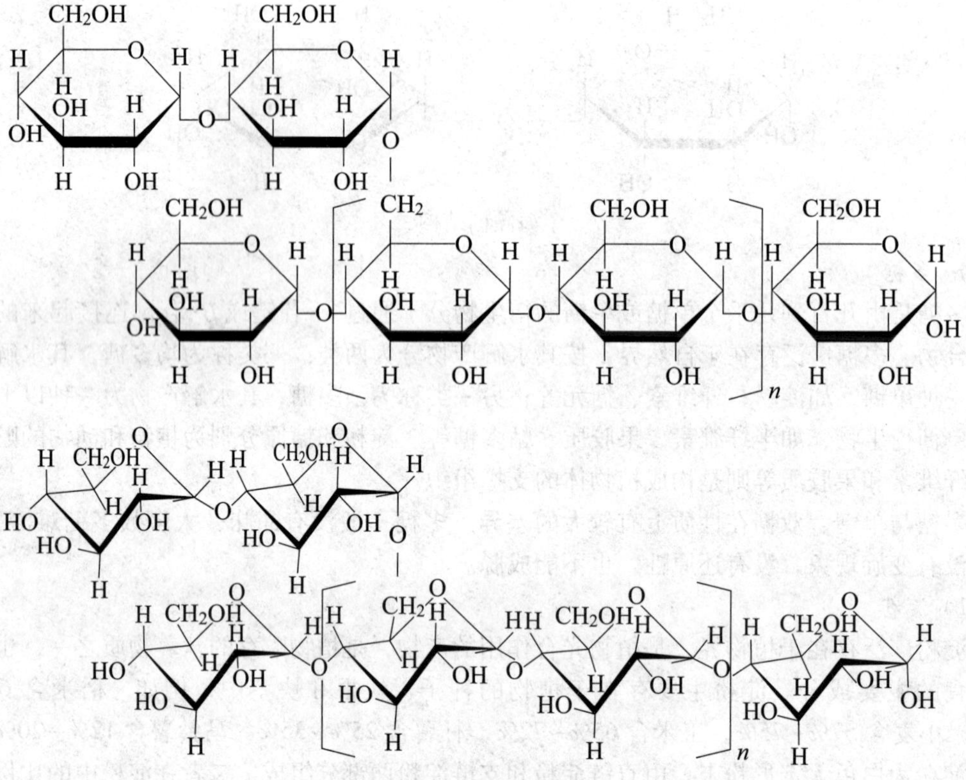

支链淀粉的结构

在淀粉分子中，尽管末端葡萄糖单元保留有半缩羟基，但相对于整个分子而言，它们所占的比例极少，所以淀粉不具有还原性，不能成脎，无旋光性，也无变旋现象。直链淀粉和支链淀粉在结构上的不同，导致它们在性质上也有一定的差异。直链淀粉能溶于热水，在淀粉酶作用下可水解得到麦芽糖。它遇碘呈深蓝色，常用于检验淀粉的存在。淀粉与碘的作用一般认为是碘分子钻入淀粉的螺旋结构中，并借助范德华力与淀粉形成一种蓝色的包结物。当加热时，分子运动加剧，致使氢键断裂，包结物解体，蓝色消失；冷却后又恢复包结物结构，深蓝色重新出现。

支链淀粉不溶于水，热水中则溶胀而成糊状。它在淀粉酶催化水解时，只有外围的支链可以水解为麦芽糖。由于分子中直链与支链间以 α-1,6-苷键相连，所以在它的部分水解产物中还有异麦芽糖。支链淀粉遇碘呈现紫色。

淀粉在酸或酶的催化下可以逐步水解，生成与碘呈现不同颜色的糊精、麦芽糖，最后水解为 D-葡萄糖。糊精能溶于冷水，其水溶液有黏性，可作为黏合剂及纸张、布匹等的上胶剂。无色糊精具有还原性。

2）纤维素

纤维素分子是由成千上万个 β-D-葡萄糖以 β-1,4-苷键连接而成的线型分子。纤维素的分子结构如下所示：

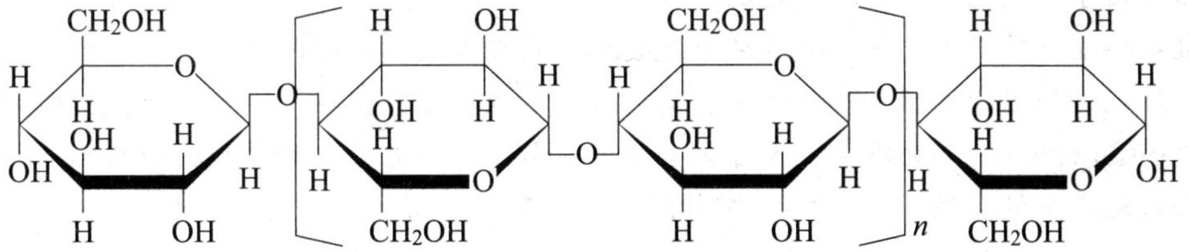

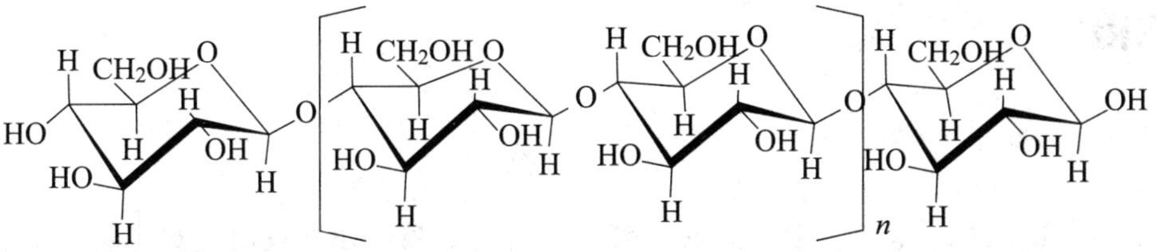

与直链淀粉不同，纤维素分子不卷曲成螺旋状，而是纤维素链间借助于分子间氢键形成纤维素胶。这些胶束再扭曲缠绕形成像绳索一样的结构，使纤维素具有良好的机械强度和化学稳定性。

纤维素是白色纤维状固体，不具有还原性，不溶于水和有机溶剂，但能吸水膨胀。这是由于在水中，水分子能进入胶束内的纤维素分子之间，并通过氢键将纤维素分子连接而不分散，仅是膨胀。

淀粉酶或人体内的酶（如唾液酶）只能水解 α-1,4-苷键而不水解 β-1,4-苷键。纤维素与淀粉一样由葡萄糖构成，但不能被唾液酶水解而作为人的营养物质。草食动物（如牛、马、羊等）的消化道中存在可以水解 β-1,4-苷键的酶或微生物，所以它们可以消化纤维素而取得营养。土壤中也存在能分解纤维素的微生物，能将一些枯枝败叶分解为腐殖质，从而增强土壤肥力。纤维素也能被酸水解，但水解比淀粉困难，一般要求在浓酸或稀酸加压下进行。水解过程中可得纤维二糖，最终水解产物是 D-葡萄糖。

纤维素能溶于氢氧化铜的氨溶液、氯化锌的盐酸溶液、氢氧化钠和二硫化碳等溶液中，形成黏稠状溶液。利用其溶解性，可以制造人造丝和人造棉等。此外，纤维素可用来制造各种纺织品、纸张、玻璃纸、无烟火药、火棉胶、硝酸纤维素塑料等，也可作为人类食品的添加剂。

身边的化学

二糖酶缺乏症

二糖酶缺乏症又称双糖不耐受症，系指各种先天性或后天性疾病，使小肠黏膜刷状缘双糖酶缺乏，使双糖的消化、吸收发生障碍，进食含有双糖的食物时发生的一系列症状和体征。该症分为原发性和继发性双糖酶缺乏症，其中包括乳糖酶、蔗糖酶、麦芽糖酶、海藻糖酶等缺乏症，以乳糖酶缺乏症最常见。乳糖酶缺乏症又称乳糖不耐受症或乳糖吸收不良症。乳糖酶能使乳糖分解为半乳糖和葡萄糖，由于乳糖酶缺乏，患者进食乳糖后仅有轻微的双糖吸收，余者均进入小肠下段。肠腔的细菌使双糖发酵产生乳酸等有机酸及二氧化碳和氮气，未吸收的双糖使肠腔内渗透压增高，肠道水分吸收减少引起腹泻。有机酸对肠道作用排出酸性粪便，由于产气过多，引起腹胀及肠鸣。

乳糖酶缺乏时服牛奶或乳糖后可引起腹鸣、腹痛或绞痛，腹泻重者粪便呈水样，酸臭有泡沫，停服含乳糖的食物后症状消失。二糖酶缺乏症的治疗主要是限制饮食，禁食奶类及含有乳糖的食物。轻者牛奶限量，重者完全禁食，婴儿可给无糖牛奶或加乳糖酶，蔗糖、异麦芽糖酶缺乏者应限制蔗糖摄入，必要时限制淀粉摄入。

知识链接

糖　原

糖原 $(C_6H_{10}O_5)n$，又称肝糖，动物淀粉，是由葡萄糖结合而成的支链多糖，其糖苷链为 α 型。哺乳动物体内，糖原主要存在于骨骼肌（约占整个身体的糖原的2/3）和肝脏（约占1/3）中，其他大部分组织中，如心肌、肾脏、脑等，也含有少量糖原。低等动物和某些微生物（如真菌、酵母）中，也含有糖原或糖原类似物。

糖原是人体最重要的供能物质，主要以葡萄糖的形式被吸收。葡萄糖迅速氧化，供应能量。糖类也是构成机体的重要原料，参与细胞的多种活动。例如，糖类和蛋白质合成糖蛋白，是抗体、酶类和激素的成分。糖类与脂类合成糖脂，是细胞膜和神经组织的原料。糖类有解毒作用，例如，肝糖原储备充足时，可增强抵抗力，食物供应足量糖类，可减少蛋白质作为供能的消耗。

肝脏是调节血糖浓度恒定的重要器官。肝脏所含糖原占肝脏重量的5%~6%，成人体内平均含肝糖原 100 g。当长时间大量摄入糖类食物后，肝糖原可达 150 g 左右，健康胖者甚至可达 150~200 g，当饥饿 10 余小时后，大部分肝糖原被消耗。血糖过低或食欲消失时，可口服或静注葡萄糖。口服后葡萄糖经动脉吸收后直接入肝，较静脉输入更为有利。肝病患者若糖耐量降低，而血糖升高，有肝原性糖尿病时，则不宜静注葡萄糖，也不必口服葡萄糖。

肝病患者应供给足量糖类，以确保蛋白质和热量的需要，以促进肝细胞的修复和再生。肝脏内有足够糖原储存，可增强肝脏对感染和毒素的抵抗力，保护肝脏免遭进一步损伤，促进肝功能的恢复。但肝脏内糖原储存有一定限度，过多供给葡萄糖，也不能合成过多糖原，因此，强调限制热量过剩避免肥胖，对防治肝病有着至关重要的作用。

知识巩固

一、写出 D-(+)-甘露糖与下列物质的反应、产物及其名称。

1. 羟胺　　2. 乙酐　　3. 苯肼　　4. 苯甲酰氯、吡啶

5. 溴水　　6. CH_3OH、HCl　　7. HNO_3　　8. HIO_4

二、写出 D-(+)-半乳糖转化成下列化合物的反应式。

1. 甲基 β-D-半乳糖苷
2. 甲基 β-2,3,4,6-四-O-甲基-D-半乳糖苷
3. 2,3,4,6-四-O-甲基-D-半乳糖

4. D-酒石酸

三、有一戊糖（$C_5H_{10}O_4$）与羟氨（NH_2OH）反应生成肟，与硼氢化钠反应生成 $C_5H_{12}O_4$ 后有光学活性，与乙酐反应得四乙酸酯。戊糖（$C_5H_{10}O_4$）与 CH_3OH、HCl 反应得 $C_6H_{12}O_4$，再与 HIO_4 反应得 $C_6H_{10}O_4$。它（$C_6H_{10}O_4$）在酸催化下水解，得等物质的量的乙二醛（CHO—CHO）和 D-乳醛（$CH_3CHOHCHO$）。从以上实验推导出戊糖（$C_5H_{10}O_4$）的构造式。你推导出的构造式是唯一的呢，还是可能有其他结构？

四、分子式是 $C_5H_{10}O_2$ 的酸，有旋光性，写出它的一对对映体的投影式，并用 R，S 标记法命名。

五、下列化合物中，哪个有旋光异构体？标出手性碳，写出可能有的旋光异构体的投影式，用 R，S 标记法命名，并注明内消旋体或外消旋体。

1. 2-溴代-1-丁醇　　2. α,β-二溴代丁二酸

3. α,β-二溴代丁酸　　4. 2-甲基-2-丁烯酸

六、在甜菜糖蜜中有一种三糖称作棉籽糖。棉籽糖部分水解后得到双糖叫作蜜二糖。蜜二糖是个还原性双糖，是（+）-乳糖的异构物，能被麦芽糖酶水解但不能被苦杏仁酶水解。蜜二糖经溴水氧化后彻底甲基化再酸催化水解，得 2,3,4,5-四-O-甲基-D-葡萄糖酸和 2,3,4,6-四-O-甲基-D-半乳糖。写出蜜二糖的构造式及其反应。

问题探究

生活中的哪些物质属于碳水化合物，属于碳水化合物中的哪一类？

项目 4.3　氨基酸　蛋白质

目标要求

1. 了解氨基酸的结构、分类和命名。
2. 掌握氨基酸的性质。
3. 理解蛋白质的一级、二级结构。
4. 熟悉蛋白质的性质。
5. 能利用显色反应、络合性能鉴别氨基酸和蛋白质。

项目导入

蛋白质是生命现象的物质基础，是参与生物体内各种生物变化最重要的组分。蛋白质存在于一切细胞中，它们是构成人体和动植物的基本材料，肌肉、毛发、皮肤、指甲、血清、血红蛋白、神经、激素、酶等都是由不同蛋白质组成的。蛋白质在有机体中承担不同的生理功能，它们起着供给肌体营养、输送氧气、防御疾病、控制代谢过程、传递遗传信息、负责机械运动等作用。氨基酸是蛋白质的基本组成单位，在生物的个体发育、生长、繁殖和遗传变异等生命过程中起着极为重要的作用。

知识掌握

氨基酸是组成多肽和蛋白质的基本结构单位。蛋白质则是由氨基酸分子间脱水后以酰胺键连接折叠形成的一类高分子化合物。

4.3.1　氨基酸

1. 氨基酸的结构、分类和命名

氨基酸是羧酸分子中烃基上的氢原子被氨基（$—NH_2$）取代后的衍生物。目前发现的天然氨基酸约有 300 种，构成蛋白质的氨基酸约有 30 余种，其中常见的有 20 余种，人们把这些氨基酸称为蛋白氨基酸。其他不参与蛋白质组成的氨基酸称为非蛋白氨基酸。

根据氨基与羧基的相对位置不同，可以分为 α-氨基酸、β-氨基酸、γ-氨基酸、δ-氨基酸。目前已知的 α-氨基酸有 100 多种，它们具有相同的通式，差别在于 R 基的不同。

$$\begin{matrix}\text{RCHCOOH}\\ |\\ \text{NH}_2\end{matrix}$$

这些 α-氨基酸中除甘氨酸外，都含有手性碳原子，有旋光性，其构型一般都是 L-型（某些细菌代谢中产生极少量 D-氨基酸）。氨基酸的构型也可用 R、S 标记法表示。天然氨基酸大多属于 S-型。

$$\begin{matrix} & \text{COOH} & \\ \text{H}_2\text{N} & \text{—}\!\!+\!\!\text{—} & \text{H} \\ & \text{R} & \end{matrix} \qquad \begin{matrix} & \text{COOH} & \\ \text{H}_2\text{N} & \text{—}\!\!+\!\!\text{—} & \text{H} \\ & \text{CH}_3 & \end{matrix}$$

L-氨基酸　　　　L-丙氨酸

根据 α-氨基酸通式中 R-基团的碳架结构不同，α-氨基酸可分为脂肪族氨基酸、芳香族氨基酸和杂环族氨基酸；根据 R-基团的极性不同，α-氨基酸又可分为非极性氨基酸和极性氨基酸；根据 α-氨基酸分子中氨基（$—NH_2$）和羧基（—COOH）的数目不同，α-氨基酸还可分为中性氨基酸（羧基和氨基数目相等）、酸性氨基酸（羧基数目大于氨基数目）、碱性氨基酸（氨基的数目多于羧基数目）。

氨基酸命名通常根据其来源或性质等采用俗名，例如，氨基乙酸因具有甜味称为甘氨酸，丝氨酸最早来源于蚕丝而得名。在使用中为了方便起见，常用英文名称缩写符号（通常为前三个字母）或用中文代号表示，例如，甘氨酸可用 Gly 或 G 或“甘”字来表示其名称。组成蛋白质的氨基酸中，有八种动物自身不能合成，必须从食物中获取，缺乏时会引起疾病，它们被称为必需氨基酸。蛋白质中的 α-氨基酸见表 4.2。

表 4.2　蛋白质中的 α-氨基酸

名称	缩写符号	等电点
甘氨酸	Gly	5.97
丙氨酸	Ala	6.02
缬氨酸	Val	5.97
亮氨酸	Leu	5.98
异亮氨酸	Ile	6.02
丝氨酸	Ser	5.68
苏氨酸	Thr	5.60
半胱氨酸	Cys	5.02
胱氨酸	Cys-Cys	5.06
蛋氨酸	Met	5.06
天冬氨酸	Asp	2.98
天冬酰胺	Asn	5.41
谷氨酸	Glu	3.22
谷酰胺	Gln	5.70
赖氨酸	Lys	9.74

续表

名称	缩写符号	等电点
组氨酸	His	7.59
精氨酸	Arg	10.76
色氨酸	Trp	5.88
酪氨酸	Tyr	5.67
脯氨酸	Pro	6.30

2. 氨基酸的物理性质

氨基酸一般为无色晶体，熔点比相应的羧酸或胺类要高，一般为 200~300 ℃（许多氨基酸在接近熔点时分解）。除甘氨酸外，其他的 α-氨基酸都有旋光性。大多数氨基酸易溶于水，而不溶于有机溶剂，其溶解度受 pH 影响较大。

3. 氨基酸的化学性质

氨基酸分子中既含有羧基又含有氨基，因此它具有羧酸和胺类化合物的性质；同时，由于氨基与羧基之间相互影响及分子中 R 基的某些特殊结构，又显示出一些特殊的性质。

1）两性与等电点

氨基酸分子中同时含有羧基（—COOH）和氨基（$—NH_2$），因而它既能和酸反应，也能和碱反应。

$$\underset{\displaystyle NH_2}{R-\underset{|}{C}HCOOH} + HCl \longrightarrow \underset{\displaystyle NH_3^+}{R-\underset{|}{C}HCOOH} + Cl^-$$

$$\underset{\displaystyle NH_2}{R-\underset{|}{C}HCOOH} + NaOH \longrightarrow \underset{\displaystyle NH_2}{R-\underset{|}{C}HCOONa} + H_2O$$

氨基酸分子内部的氨基与羧基也能相互作用，生成内盐，称为两性离子或偶极离子。

$$\underset{\displaystyle NH_2}{R-\underset{|}{C}HCOOH} \longrightarrow \underset{\displaystyle NH_3^+}{R-\underset{|}{C}HCOO^-}$$

固体氨基酸以偶极离子形式存在，静电引力大，具有很高的熔点，可溶于水而难溶于有机溶剂。氨基酸分子是偶极离子，在酸性溶液中它的羧基负离子可接受质子，发生碱式电离带正电荷；而在碱性溶液中铵根正离子给出质子，发生酸式电离带负电荷。偶极离子加酸和加碱时引起的变化，可用下式表示：

$$\underset{\substack{\text{正离子}\\ pH<pI}}{\underset{\displaystyle NH_3^+}{R-\underset{|}{C}HCOOH}} \underset{H^+}{\overset{OH^-}{\rightleftharpoons}} \underset{\substack{\text{偶极离子}\\ pI}}{\underset{\displaystyle NH_3^+}{R-\underset{|}{C}HCOO^-}} \underset{H^+}{\overset{OH^-}{\rightleftharpoons}} \underset{\substack{\text{负离子}\\ pH>pI}}{\underset{\displaystyle NH_2}{R-\underset{|}{C}HCOO^-}}$$

因此，在不同的 pH 溶液中，氨基酸能以正离子、负离子及偶极离子三种不同形式存在。如果把氨基酸溶液置于电场中，它的正离子会向阴极移动，负离子则会向阳极移动。当调节溶液的pH，使氨基酸以偶极离子形式存在时，它在电场中既不向阴极移动，也不向阳极移动，此时溶液的pH称为该氨基酸的等电点，通常用符号pI表示。当调节溶液的pH大于某氨基酸的等电点时，该氨基酸主要以负离子形式存在，在电场中移向阳极；当调节溶液的pH小于某氨基酸的等电点时，该氨基酸主要以正离子形式存在，在电场中移向阴极。

在等电点时，氨基酸的pH不等于7。对于中性氨基酸，由于羧基电离度略大于氨基，因此需要加入适当的酸抑制羧基的电离，促使氨基电离，使氨基酸主要以偶极离子的形式存在。所以中性氨基酸的等电点都小于7，一般为5~6.3。酸性氨基酸的羧基多于氨基，必须加入较多的酸才能达到其等电点，因此酸性氨基酸的等电点一般为2.8~3.2。要使碱性氨基酸达到其等电点，必须加入适量碱，因此碱性氨基酸的等电点都大于7，一般为7.6~10.8。

氨基酸在等电点时溶解度最小，最容易沉淀，因此可以通过调节溶液pH达到等电点来分离氨基酸混合物；也可以利用在同一pH的溶液中，各种氨基酸所带净电荷不同，它们在电场中移动的状况不同和对离子交换剂的吸附作用不同的特点，通过电泳法或离子交换层析法从混合物中分离各种氨基酸。

2）羧基的反应

① 与醇反应。在氨基酸的无水乙醇溶液中通入干燥氯化氢，加热回流时生成氨基酸酯。α-氨基酸酯在醇溶液中又可与氨反应，生成氨基酸酰胺。这是生物体内以谷氨酰胺和天冬酰胺形式储存氮素的一种主要方式。

$$\underset{\displaystyle NH_2}{\underset{|}{R-CHCOOH}} + C_2H_5OH \xrightarrow{干HCl} \underset{\displaystyle NH_2}{\underset{|}{R-CHCOOC_2H_5}} + H_2O$$

$$\underset{\displaystyle NH_2}{\underset{|}{R-CHCOOC_2H_5}} + NH_3 \longrightarrow \underset{\displaystyle NH_2}{\underset{|}{R-CHCOONH_2}} + C_2H_5OH$$

② 脱羧反应。将氨基酸缓缓加热或在高沸点溶剂中回流，可以发生脱羧反应生成胺。生物体内的脱羧酶也能催化氨基酸的脱羧反应，这是蛋白质腐败发臭的主要原因，如赖氨酸脱羧生成1,5-戊二胺（尸胺）。

$$\underset{\displaystyle NH_2}{\underset{|}{H_2N(H_2C)_3H_2C-CHCOOH}} \xrightarrow{\triangle} H_2N(CH_2)_5NH_2$$

3）氨基的反应

① 与亚硝酸反应。大多数氨基酸中含有伯氨基，可以定量与亚硝酸反应，生成α-羟基酸，并放氮气。该反应定量进行，从释放出的氮气的体积可计算分子中氨基的含量。这个方法称为范斯莱克氨基测定法，可用于氨基酸定量和蛋白质水解程度的测定。

$$\underset{\displaystyle NH_2}{\underset{|}{R-CHCOOH}} + HNO_2 \longrightarrow \underset{\displaystyle OH}{\underset{|}{R-CHCOOH}} + H_2O + N_2\uparrow$$

② 与甲醛反应。氨基酸分子中的氨基能作为亲核试剂进攻甲醛的羰基，生成（N,N-二羟甲基）氨基酸。在（N,N-二羟甲基）氨基酸中，由于羟基的吸电子诱导效应，降低了氨

基氮原子的电子云密度，削弱了氮原子结合质子的能力，使氨基的碱性削弱或消失，这样就可以用标准碱液来滴定氨基酸的羧基，用于氨基酸含量的测定。这种方法称为氨基酸的甲醛滴定法。

$$R-\underset{NH_2}{\underset{|}{C}}HCOOH + 2HCHO \longrightarrow R-\underset{HOH_2C-N-CH_2OH}{\underset{|}{C}}HCOOH$$

在生物体内，氨基酸分子中的氨基在某些酶的催化下，可与醛酮反应生成弱碱性的席夫碱，它是植物体内合成生物碱及生物体内酶促转氨基反应的中间产物。

③ 与2,4-二硝基氟苯反应。氨基酸能与2,4-二硝基氟苯（DNFB）反应生成N-（2,4-二硝基苯基）氨基酸，简称N-DNP-氨基酸。这个化合物显黄色，可用于氨基酸的比色测定。英国科学家桑格尔（Sanger）首先用这个反应来标记多肽或蛋白质的N-氨基酸，再将肽链水解，经层析检测，就可识别多肽或蛋白质的N-氨基酸。

$$O_2N-C_6H_3(NO_2)-F + R-\underset{NH_2}{\underset{|}{C}}HCOOH \xrightarrow{\text{弱碱}} O_2N-C_6H_3(NO_2)-NH-\underset{R}{\underset{|}{C}}HCOOH + HF$$

④ 氧化脱氨反应。氨基酸分子的氨基可以被双氧水或高锰酸钾等氧化剂氧化，生成 α-亚氨基酸，然后进一步水解，脱去氨基生成 α-酮酸。生物体内在酶催化下，氨基酸也可发生氧化脱氨反应，这是生物体内蛋白质分解代谢的重要反应之一。

$$R-\underset{NH_2}{\underset{|}{C}}HCOOH \xrightarrow{[O]} R-\underset{NH}{\underset{\|}{C}}COOH \xrightarrow{H_2O} R-\overset{OH}{\overset{|}{\underset{NH_2}{\underset{|}{C}}}}COOH \xrightarrow{-NH_3} R-\underset{O}{\underset{\|}{C}}COOH$$

4）氨基酸中氨基和羧基共同参与的反应

① 与水合茚三酮的反应。α-氨基酸与水合茚三酮的弱酸性溶液共热，一般认为先发生氧化脱氨、脱羧，生成氨和还原型茚三酮，产物再与水合茚三酮进一步反应，生成蓝紫色物质。这个反应非常灵敏，可用于氨基酸的定性及定量测定。

$$\text{水合茚三酮} + R-\underset{NH_2}{\underset{|}{C}}HCOOH \longrightarrow \text{还原型茚三酮} + RCHO + CO_2 + NH_3$$

$$\text{还原型茚三酮} + NH_3 + \text{水合茚三酮} \longrightarrow \text{蓝紫色物质}$$

凡是有游离氨基的氨基酸都和水合茚三酮试剂发生显色反应，多肽和蛋白质也有此反应，脯氨酸和羟脯氨酸与水合茚三酮反应时，生成黄色化合物。

② 与金属离子形成配合物。某些氨基酸与某些金属离子能形成结晶型化合物，有时可以用来沉淀和鉴别某些氨基酸。

③ 脱羧失氨作用。氨基酸在酶的作用下，同时脱去羧基和氨基得到醇。

$$(H_3C)_2HC-H_2C-CH(NH_2)COOH + H_2O \xrightarrow{\text{酶}} (H_3C)_2HC-H_2C-CH_2OH + CO_2 + NH_3$$

工业上发酵制取乙醇时，杂醇就是这样产生的。此外，一些氨基酸侧链具有的官能基团，如羟基、酚基、吲哚基、胍基、巯基及非 α-氨基等，均可以发生相应的反应，这是进行蛋白质化学修饰的基础。α-氨基酸还可通过分子间的—NH_2 与—COOH 缩合脱水形成多肽，该反应是形成蛋白质一级结构的基础。

5）氨基酸的受热分解反应

α-氨基酸受热时发生分子间脱水生成交酰胺；γ-氨基酸或 δ-氨基酸受热时发生分子内脱水生成内酰胺；β-氨基酸受热时不发生脱水反应，而是失氨生成不饱和酸。

$$2\,R-CH(NH_2)-COOH \xrightarrow{\triangle} \text{cyclo}[-CO-NH-CH(R)-CO-NH-CH(R)-]$$

α-氨基酸　　　　交酰胺

$$R-CH(NH_2)CH_2COOH \xrightarrow{\triangle} RHC=CHCOOH + NH_3$$

β-氨基酸　　　　α,β-不饱和酸

$$R-CH(NH_2)CH_2CH_2COOH \xrightarrow{\triangle} \text{cyclo}[-RHC-CH_2(C H_2)-C(=O)-NH-]$$

γ-氨基酸　　　　内酰胺

交流研讨

写出下列氨基酸在指定 pH 时的结构式

(1) 谷氨酸在 pH=3 时（pI=3.22）　　(2) 色氨酸在 pH=12 时（pI=5.89）

(3) 赖氨酸在 pH=10 时（pI=9.74）　　(4) 丝氨酸在 pH=3 时（pI=5.68）

4.3.2 蛋白质

1. 蛋白质的元素组成和分类

蛋白质中的主要组成元素为碳、氢、氧、氮及少量的硫，另外还有微量的磷、铁、锌、钼等元素。各种蛋白质的含氮量很接近，平均为16%，即每克氮相当于6.25 g蛋白质，生物体中的氮元素，绝大部分都是以蛋白质形式存在，因此，常用定氮法先测出农副产品样品的含氮量，然后计算成蛋白质的近似含量，称为粗蛋白含量。

蛋白质种类繁多，结构复杂，目前只能根据蛋白质的形状、溶解性及化学组成粗略分类。蛋白质根据其形状可分为球状蛋白质（如卵清蛋白）和纤维蛋白质（如角蛋白）；根据化学组成又可分简单蛋白质和结合蛋白质。根据蛋白质的生理功能不同分为酶、激素、抗体、肌肉蛋白等。纤维蛋白为细长形，不溶于水，如丝蛋白、角蛋白等；球蛋白为球形或椭圆形，如酶、激素类蛋白，这类蛋白能溶于水、稀盐溶液、酸溶液、碱溶液、乙醇的水溶液。单纯蛋白如谷蛋白、球蛋白等；结合蛋白是由单纯蛋白与非蛋白质部分结合而成的，非蛋白部分成为辅基，可以是碳水化合物、脂类、核酸或者是磷酸酯等，如血红蛋白和核蛋白。

2. 蛋白质的结构

蛋白质分子是由α-氨基酸经首尾相连形成的多肽链，肽链在三维空间具有特定的复杂而精细的结构。这种结构不仅决定蛋白质的理化性质，而且是生物学功能的基础。蛋白质的结构通常分为一级结构、二级结构、三级结构和四级结构四种层次，蛋白质的二级结构、三级结构、四级结构又统称为蛋白质的空间结构或高级结构。

1）蛋白质一级结构

天然蛋白质是由α-氨基酸组成的。α-氨基酸分子间可以发生脱水反应生成酰胺。在生成的酰胺分子中两端仍含有α-NH_2及α-COOH，因此仍然可以与其他α-氨基酸继续缩合脱水形成长链大分子。在蛋白质化学中，这种酰胺键称为“肽键”。

$$\underset{\displaystyle\quad\ |\ \atop\displaystyle\quad NH_2}{R-CHCOOH} + \underset{\displaystyle\qquad\ |\ \atop\displaystyle\qquad R}{H_2N-CHCOOH} \xrightarrow{-H_2O} R-\underset{NH_2}{CH}-\overset{O}{\overset{\|}{C}}-\underbrace{NH}_{\text{肽键}}-\underset{R}{CH}COOH$$

氨基酸分子之间以肽键形式首尾相连形成的化合物称为肽，由两个氨基酸缩合形成的肽称为二肽，由三个氨基酸缩合形成的肽称为三肽，由多个氨基酸缩合形成的肽称为多肽。肽链中每个氨基酸都失去了原有结构的完整性，因此肽链中的氨基酸通常称为氨基酸残基。肽链一端含有α-氨基的氨基酸残基称为“N-端”；含有游离羧基的氨基酸残基称为“C端”。

肽中的肽键实质上是一种酰胺键，由于酰胺键中氮原子上的孤对电子与酰基形成p-π共轭体系，使C—N键具有一定程度的双键性质。X射线衍射证明，肽链中酰胺部分在一个平面上（肽链中的这种平面称为肽平面或酰胺平面），与羰基及氨基相连的两个基团处于反式位置；酰胺碳氮键长（0.132 nm）比一般的C—N单键键长（0.147 nm）短一些，这些都表明酰胺碳氮键具有部分双键的性质。因此，肽键中的碳氮键的自由旋转受到阻碍，但与肽键中氮和碳原子相连接的两个基团可以自由旋转（相邻肽平面可以旋转），因此表现出不同的构象。蛋白质分子中多肽链再通过氢键等各种副键以一定方式盘旋、折叠，形成蛋白质分子特有的稳定空间构象。

2）蛋白质二级结构

蛋白质分子的二级结构是指多肽链借助分子内氢键形成有规则的空间构象。它只关系到蛋白质分子主链原子局部的排布，而不涉及侧链的构象及其他肽段的关系。目前认为蛋白质都有二级结构，例如，纤维蛋白（存在毛发等中）的二级结构主要是 α 螺旋。

蛋白质分子中的一条肽链，通过一个酰胺键中的酰基氧原子与相隔不远的另一个酰胺键中的氨基氢原子形成氢键而绕成螺旋状的空间构象，称为 α 螺旋。α 螺旋是蛋白质中最常见的二级结构，具有如下的特征：多肽主链围绕同一中心轴以螺旋方式伸展，平均 3.6 个氨基酸残基构成一个螺旋圈（18 个氨基酸残基盘绕 5 圈），递升 0.54 nm，每个残基沿轴上升 0.15 nm。每个氨基酸残基的 N—H 与前面相隔三个氨基酸残基的 C＝O 形成氢键，这些氢键的方向大致与螺旋轴平行。氢键是维持 α 螺旋稳定结构的作用力。天然蛋白质的 α 螺旋绝大多数是右手螺旋。

β 折叠是蛋白质的另一种常见的二级结构，它是由两条或多条几乎完全伸展的肽链按同向或反向聚集而成，相邻多肽主链上的—NH 和 C＝O 之间形成氢键而成的一种多肽构象。β 折叠中氢键与多肽链伸展方向接近垂直，氨基酸残基的侧链基团分别交替地位于折叠面上下，且与片层相互垂直。β 折叠中反平行的比较稳定，例如，丝心蛋白（存在蚕丝等中）的二级结构就是典型的 β 折叠。

另外，在球状蛋白中还发现一种二级结构为 β 转角，它是肽链形成 180° 回折，弯曲处的第一个氨基酸残基 C＝O 与第四个氨基酸残基的 N—H 之间形成氢键的构象。

3）蛋白质三级结构

蛋白质三级结构是在二级结构的基础上进一步盘旋折叠，构成的具有特定构象的紧凑结构。维持三级结构的力来自氨基酸侧链之间的相互作用，包括二硫键、氢键、正负离子间的静电引力、疏水基团间的疏水键等。其中二硫键是蛋白质三级结构中唯一的共价键，其他键都比较弱，容易受到外界条件的影响而被破坏。

4）蛋白质四级结构

蛋白质分子作为一个整体所含有的肽链不止一条。由多条具有三级结构的肽链聚合而成的特定分子构象的蛋白质叫作四级结构。其中每一条肽链称为一个亚基，维持四级结构的主要作用力是静电引力。

3. 蛋白质的性质

1）蛋白质的两性和等电点

蛋白质多肽链的 N 端有氨基，C 端有羧基，其侧链上也常含有碱性基团和酸性基团，因此，蛋白质与氨基酸相似，也具有两性性质和等电点。蛋白质溶液在某一 pH 时，其分子所带的正、负电荷相等，即成为净电荷为零的偶极离子，此时溶液的 pH 称为该蛋白质的等电点（pI）。蛋白质溶液在不同的 pH 溶液中，以不同的形式存在，其平衡体系如下：

$$\mathrm{Pr}\begin{matrix}\diagup NH_2\\ \diagdown COO^-\end{matrix} \underset{OH^-}{\overset{H^+}{\rightleftharpoons}} \mathrm{Pr}\begin{matrix}\diagup NH_3^+\\ \diagdown COO^-\end{matrix} \underset{OH^-}{\overset{H^+}{\rightleftharpoons}} \mathrm{Pr}\begin{matrix}\diagup NH_3^+\\ \diagdown COOH\end{matrix}$$

阴离子 pH>pI　　两性离子 等电点(pI)　　阳离子 pH<pI

式中 H_2N—Pr—COOH 表示蛋白质分子，羧基代表分子中所有的酸性基团，氨基代表所有的碱性基团，Pr 代表其他部分。

蛋白质在等电点时，溶解度最小，导电性、黏度和渗透压等也最低。利用这些性质可以分离、纯化蛋白质，也可通过调节蛋白质溶液的 pH，使其颗粒带上某种净电荷，利用电泳分离或纯化蛋白质。

由于蛋白质具有两性，所以在生物组织中它们既对外来酸、碱具有一定的抵抗能力，而且能对生物体内代谢所产生的酸、碱性物质起缓冲作用，使生物组织液维持在一定 pH 范围，这在生理上有着重要的意义。

2）蛋白质的胶体性质

蛋白质是大分子化合物，其分子大小一般为 1~100 nm，在胶体分散相质点范围，所以蛋白质分散在水中，其水溶液具有胶体溶液的一般特性，如丁达尔现象、布朗运动，以及不能透过半透膜和较强的吸附作用等。蛋白质能够形成稳定亲水胶体溶液，主要有两方面的原因。

① 形成保护性水化膜。蛋白质分子表面有许多诸如羧基、氨基、亚氨基、羟基、羰基、巯基等极性的亲水基团，能与水分子形成氢键而发生水化作用，在蛋白质表面形成一层水化膜，使蛋白质粒子不易聚集而沉降。

② 粒子带有同性电荷。蛋白质在非等电点 pH 的溶液中，粒子表面会带有同性电荷，相互产生排斥作用，使蛋白质粒子不易聚沉。

3）蛋白质的沉淀

蛋白质溶液的稳定性是有条件的、相对的。如果改变这种相对稳定的条件，如除去蛋白质外层的水膜或者电荷，蛋白质分子就会凝集而沉淀。蛋白质的沉淀分为可逆沉淀和不可逆沉淀。

（1）可逆沉淀

可逆沉淀是指蛋白质分子的内部结构仅发生了微小改变或基本保持不变，仍然保持原有的生理活性。只要消除了沉淀的因素，已沉淀的蛋白质又会重新溶解。

盐析就是一种可逆沉淀蛋白质的方法。在蛋白质溶液中，加入足量的中性盐类，从而使蛋白质发生沉淀的现象，称为蛋白质的盐析。一方面，盐类在水中离解形成离子，其水化能力比蛋白质强，破坏了蛋白质表面的水化膜；另一方面，盐类离子所带的电荷也会中和或削弱蛋白质粒子表面所带的电荷，两者均使蛋白质的胶体溶液稳定性降低，进而相互凝聚沉降。盐析常用的盐有硫酸铵、硫酸钠、氯化钠等。不同的蛋白质盐析时，所需盐的浓度不同，因此可用控制盐浓度的方法分离溶液中不同的蛋白质，称为分段盐析，例如，鸡蛋清可用不同浓度的硫酸铵溶液分段沉淀析出球蛋白和卵蛋白。盐析一般不会破坏蛋白质的结构，当加水或透析时，沉淀又能重新溶解。所以盐析作用是可逆沉淀。

（2）不可逆沉淀

蛋白质在沉淀时，空间构象发生了很大的变化或被破坏，失去了原有的生物活性，即使消除了沉淀因素也不能重新溶解，称为不可逆沉淀。不可逆沉淀的方法如下。

① 水溶性有机溶剂沉淀法。向蛋白质加入适量的水溶性有机溶剂如乙醇、丙酮等，由于它们对水的亲合力大于蛋白质，使蛋白质粒子脱去水化膜而沉淀。这种作用在短时间和低温时，沉淀是可逆的，但若时间较长和温度较高时，则为不可逆沉淀。

② 化学试剂沉淀法。重金属盐如 Hg^{2+}、Pb^{2+}、Cu^{2+}、Ag^{+}等重金属阳离子能与蛋白质阴离子结合产生不可逆沉淀。例如：

$$2\,Pr\begin{matrix}\diagup NH_2\\ \diagdown COO^-\end{matrix} + Pb^{2+} \longrightarrow \left[Pr\begin{matrix}\diagup NH_2\\ \diagdown COO^-\end{matrix}\right]_2 Pb^{2+}\downarrow$$

③ 生物碱试剂沉淀法。苦味酸、三氯乙酸、鞣酸、磷钨酸、磷钼酸等生物碱沉淀剂，能与蛋白质阳离子结合，使蛋白质产生不可逆沉淀。例如：

$$Pr\begin{matrix}\diagup \overset{+}{N}H_3\\ \diagdown COOH\end{matrix} + Cl_3C-\overset{\overset{\displaystyle O}{\|}}{C}-O^- \longrightarrow \left[Pr\begin{matrix}\diagup NH_3\\ \diagdown COOH\end{matrix}\right]^+ O^--\overset{\overset{\displaystyle O}{\|}}{C}-CCl_3\downarrow$$

此外，强酸或强碱以及加热、紫外线或 X 射线照射等物理因素，都可导致蛋白质的某些副键被破坏，引起构象发生很大改变，使疏水基外露，引起蛋白质沉淀，从而失去生物活性。这些沉淀也是不可逆的。

4）蛋白质的变性

由于物理或化学因素的影响，蛋白质分子的内部结构发生了变化，导致理化性质改变，生理活性丧失，称作蛋白质的变性，变性后的蛋白质称为变性蛋白质。

引起蛋白质变性的因素很多，物理因素有加热、高压、剧烈振荡、超声波、紫外线或X射线等。化学因素有强酸、强碱、重金属离子、生物碱试剂和有机溶剂等。蛋白质的变性一方面是维持具有复杂而精细空间结构的蛋白质的副键被破坏，原有的空间结构被改变，疏水基外露；另一方面，蛋白质分子中的某些活泼基团如—NH_2、—COOH、—OH 等与化学试剂发生了反应。

蛋白质的变性分为可逆变性和不可逆变性，若仅改变了蛋白质的三级结构，可能只引起可逆变性；若破坏了二级结构，则会引起不可逆变性。但是，蛋白质的变性不会引起它的一级结构改变。蛋白质变性一般产生不可逆沉淀，但蛋白质的沉淀不一定变性（如蛋白质的盐析）；反之，变性也不一定沉淀，例如，有时蛋白质受强酸或强碱的作用变性后，常由于带同性电荷而不会产生沉淀现象。然而不可逆沉淀一定会使蛋白质变性。

变性蛋白质与天然蛋白质有明显的差异，主要表现如下几个方面。

① 物理性质的改变。蛋白质变性后，多肽链松散伸展，导致黏度增大；侧链疏水基外露，导致溶解度降低而沉淀等。

② 化学性质的改变。蛋白质变性后结构松散，生物化学性质改变，易被酶水解；侧链上的某些基团外露，易发生化学反应。

③ 生理活性的丧失。蛋白质变性后失去了原有的生物活性，例如，酶变性后失去了催化功能，激素变性后失去了相应的生理调节功能，血红蛋白变性后失去了输送氧的功能等。

蛋白质的变性作用对工农业生产、科学研究都具有十分广泛的意义，例如，通常采用加热、紫外线照射，以及利用酒精、杀菌剂等杀菌消毒，其结果就是使细菌体内的蛋白质变性；菌种、生物制剂的失效，种子失去发芽能力等均与蛋白质的变性有关。

5）蛋白质的水解作用

蛋白质水解经过一系列中间产物后，最终生成 α-氨基酸。其水解过程如下：

蛋白质→蛋白胨→多肽→二肽→α-氨基酸

蛋白质的水解反应，对研究蛋白质以及在生物体中的代谢都具有十分重要的意义。

6）蛋白质的颜色反应

氨基酸、肽、蛋白质可与许多化学试剂反应，显出一定的颜色，常用于它们的定性及定量分析。例如，茚三酮反应是检验α-氨基酸、多肽、蛋白质最通用的反应之一。二缩脲反应中肽键越多，颜色越深。这两个反应可用于蛋白质的定性和定量测定，也可用于检测蛋白质的水解程度。蛋白质的重要颜色反应见表 4. 3。

表 4.3 蛋白质的重要颜色反应

反应名称	试剂	现象	反应基团	使用范围
茚三酮反应	水合茚三酮试剂	蓝紫	游离氨基	氨基酸，蛋白质，多肽
二缩脲反应	稀碱，稀硫酸铜溶液	粉红~蓝紫	二个以上肽键	多肽，蛋白质
黄蛋白反应	浓硝酸、加热、稀 NaOH	黄~橙黄	苯基	含苯基结构的多肽及蛋白质
米隆氏反应	米隆氏试剂*、加热	白~肉红	酚基	含酚基的多肽及蛋白质
乙醛酸反应	乙醛酸试剂、浓硫酸	紫色环	吲哚基	含吲哚基的多肽及蛋白质

*米隆氏试剂是硝酸汞、亚硝酸汞、硝酸、亚硝酸的混合溶液。

交流研讨

解释下列名词

（1）盐析效应　　（2）盐溶效应　　（3）蛋白质变性　　（4）蛋白质等电点

身边的化学

蛋白质是荷兰科学家格利特·马尔德在 1838 年发现的。他观察到有生命的东西离开了蛋白质就不能生存。蛋白质是生物体内一种极重要的高分子有机物，占人体干重的 54%。蛋白质主要由氨基酸组成，因氨基酸的组合排列不同而组成各种类型的蛋白质。人体中估计有 10 万种以上的蛋白质。生命是物质运动的高级形式，这种运动方式是通过蛋白质来实现的，所以蛋白质有极其重要的生物学意义。人体的生长、发育、运动、遗传、繁殖等一切生命活动都离不开蛋白质。生命运动需要蛋白质，也离不开蛋白质。

人体内的一些生理活性物质如胺类、神经递质、多肽类激素、抗体、酶、核蛋白以及细胞膜上、血液中起“载体”作用的蛋白都离不开蛋白质，它对调节生理功能，维持新陈代谢起着极其重要的作用。人体运动系统中肌肉的成分以及肌肉在收缩、做功、完成动作过程中的代谢无不与蛋白质有关，离开了蛋白质，体育锻炼就无从谈起。

在生物学中，蛋白质被解释为是由氨基酸借肽键连接起来形成的多肽，然后由多肽连接起来形成的物质。通俗易懂些说，它就是构成人体组织器官的支架和主要物质，在人体生命活动中，起着重要作用，可以说没有蛋白质就没有生命活动的存在。每天的饮食中蛋白质主要存在于瘦肉、蛋类、豆类及鱼类中。

蛋白质缺乏会造成以下后果。成年人：肌肉消瘦、肌体免疫力下降、贫血，严重者将产生水肿。未成年人：生长发育停滞、贫血、智力发育差，视觉差。蛋白质过量：蛋白质在体内不能贮存，多了肌体无法吸收，过量摄入蛋白质，将会因代谢障碍产生蛋白质中毒甚至于死亡。

知识链接

如何补充人体蛋白质？

蛋白质食物是人体重要的营养物质，保证优质蛋白质的补给是关系到身体健康的重要问题，怎样选用蛋白质才既经济又能保证营养呢？

首先，要保证有足够数量和质量的蛋白质食物。根据营养学家研究，一个成年人每天通过新陈代谢大约要更新 300 g 以上蛋白质，其中 3/4 来源于机体代谢中产生的氨基酸，这些氨基酸的再利用大大减少了需补给蛋白质的数量。一般来讲，一个成年人每天摄入 60~80 g 蛋白质，基本上已能满足需要。

其次，各种食物合理搭配是一种既经济实惠，又能有效提高蛋白质营养价值的有效方法。每天食用的蛋白质最好有 1/3 来自动物蛋白质，2/3 来源于植物蛋白质。我国人民有食用混合食品的习惯，把几种营养价值较低的蛋白质混合食用，其中的氨基酸相互补充，可以显著提高营养价值。例如，谷类蛋白质含赖氨酸较少，而含蛋氨酸较多。豆类蛋白质含赖氨酸较多，而含蛋氨酸较少。这两类蛋白质混合食用时，必需的氨基酸相互补充，接近人体需要，营养价值大为提高。

最后，每餐食物都要有一定质和量的蛋白质。人体没有为蛋白质设立储存仓库，如果一次食用过量的蛋白质，势必造成浪费。相反如食物中蛋白质不足时，青少年发育不良，成年人会感到乏力，体重下降，抗病力减弱。

总之，食用蛋白质要以足够的热量供应为前提。如果热量供应不足，肌体将消耗食物中的蛋白质来作能源。每克蛋白质在体内氧化时提供的热量是 18 kJ，与葡萄糖相当。用蛋白质作能源是一种浪费，是大材小用。

知识巩固

1. 一般来说，每 100 g 蛋白质平均含氮 16 g，这些氮主要存在于蛋白质的（　　）。

（1）CO—NH—　　（2）游离的氨基　　（3）游离的羧基　　（4）R 基

2. 氨基酸通式中的 R 基不同，决定了（　　）。

（1）生物的不同种类　　（2）氨基酸的不同种类

（3）蛋白质的不同种类　　（4）肽键的数目不同

3. 下列不是蛋白质在人体内的生理功能的一项是（　　）。

（1）细胞成分的更新物质　　（2）酶的主要成分

（3）组织修复的原料　　（4）能量的主要来源

4. 下列关于蛋白质的叙述中，错误的是（　　）。

（1）不同的蛋白质分子其氨基酸的排列顺序不同

（2）各种蛋白质均含有 20 种氨基酸

（3）蛋白质分子具有多种重要的功能

（4）蛋白质是生物体一切生命活动的体现者

5. 形成肽键的两个基团是（　　）。

（1）磷酸基、氨基　　（2）羧基、氨基

（3）醇基、醛基　　（4）醛基、氨基

6. 下列物质中都含有氮元素的是（　　）。

（1）核酸　（2）糖原　（3）胰岛素　（4）淀粉

A.（1）（2）　B.（1）（3）　C.（2）（3）　D.（3）（4）

7. 临床通过检验尿液中一定时间内的含氮量，可以粗略地估算下列哪一营养物质在该段时间内的氧化分解量（　　）。

（1）蛋白质　（2）脂肪　（3）糖　（4）维生素

8. 谷氨酸的 R 基为—$C_3H_5O_2$—，一分子谷氨酸中含有的 C、H、O、N 原子数依次是（　　）。

（1）5 941　（2）4 851　（3）5 841　（4）4 941

9. 艾滋病研究者发现，有1%~2%的艾滋病感染者并不发病，其原因是他们在感染艾滋病之前体内存在三种名为“α-防御素”的小分子蛋白质，以下对“α-防御素”的推测不正确的是（　　）。

（1）一定含有氮元素　　（2）一定都含有 20 种氨基酸

（3）高温能破坏其结构　　（4）人工合成后可用于防治艾滋病

10. 假若某蛋白质分子由 n 个氨基酸构成，它们含有 3 条多肽链，则它们具有的肽键数和 R 基团数分别是（　　）。

（1）n 个和 n 个　　（2）$n-3$ 个和 n 个

（3）n 个和 $n-3$ 个　　（4）$n-3$ 个和 $n-3$ 个

11. 2008 年诺贝尔化学奖授予了“发现和发展水母绿荧光蛋白”的三位科学家。将绿色荧光蛋白基因的片段与目的基因连接起来组成一个融合基因，再将该融合基因转入真核生物细胞内，表达出的蛋白质就含有绿荧光蛋白。绿荧光蛋白在该研究中的主要作用是（　　）。

（1）追踪目的基因在细胞内的复制过程

（2）追踪目的基因插入染色体上的位置

（3）追踪目的基因编码的蛋白质在细胞内的分布

（4）追踪目的基因编码的蛋白质的空间结构

12. 下列过程中，涉及肽键数量变化的是（　　）。

（1）洋葱根尖细胞染色体的复制　　（2）用纤维素酶处理植物细胞

（3）小肠上皮细胞吸收氨基酸　　（4）蛋清中加入氯化钠是蛋白质析出

13. 某蛋白质由 m 条肽链、n 个氨基酸组成，该蛋白质至少含有氧原子的个数是（　　）。

（1）$n-m$ 个　（2）$n-2m$ 个　（3）$n+m$ 个　（4）$n+2m$ 个

14. 现有氨基酸 800 个，其中氨基总数为 810 个，羧基总数为 808 个，则由这些氨基酸合成的含有 2 条肽链的蛋白质共有肽键、氨基和羧基的数目依次分别为（　　）。

（1）798、2 和 2　　（2）798、12 和 10

（3）799、1 和 1　　（4）799、11 和 9

15. 下列不属于植物体内蛋白质功能的是（　　）。

（1）构成细胞膜的主要成分　　（2）催化细胞内化学反应的酶

（3）供给细胞代谢的主要能源物质　　（4）根细胞吸收矿质元素的载体

问题探究

你所知道的生活中的蛋白质类物质有哪些？

项目 4.4 油脂、萜类化合物

目标要求

1. 了解油脂、类脂化合物的存在与分类。
2. 掌握油脂、类脂化合物的组成、结构和物理性质、化学性质。
3. 熟悉萜类化合物的一些常识。

项目导入

肥皂是通过油脂与氢氧化钠经皂化反应制得。高级脂肪酸的盐通称肥皂。肥皂有钠肥皂、钾肥皂、钙肥皂等许多种类。日常所用的肥皂是钠肥皂，因为是固体，质较硬，所以又叫作硬肥皂。其中约含70%的高级脂肪酸钠、30%的水分和泡沫剂。加入香料及颜色就成为家庭用的香皂。钾肥皂为长链脂肪酸的钾盐，因为质软，不能凝结成硬块，所以又叫作软肥皂，它多用作洗发水上的乳化剂。

知识掌握

类脂（lipids）是指一类脂溶性的物质，它们在水中难溶，但可被低极性的有机溶剂（如乙醚、氯仿）从细胞中萃取出来，如油脂、磷脂、蜡、甾和萜类等。上述各类物质在化学结构和生理功能方面并无相同之处，只是根据它们脂溶性特点归为一类。

类脂在生物体内有重要的生理功能，有的能提供能量，有的构成细胞膜，还有的属于激素（具有调节代谢、控制生长发育的物质），也有些是日常生活所需品的原料，如各种香精油的成分。

4.4.1 油脂

油脂是油（oil）和脂肪（fat）的总称，室温下呈液态者称为油，呈固态或半固态的称为脂肪。

1. 结构

从结构看，油脂是各种高级脂肪酸的甘油三酯，可用以下通式表示：

```
  O      CH2OC—R
  ‖      |    ‖
R′—CO—CH    O         (R、R′、R″可相同，也可不同)
         |
         CH2OC—R″
              ‖
              O
```

若三酰甘油中的三个脂肪酸相同，则称为单甘油三酯，否则称为混甘油三酯。以下是油脂中常见的高级脂肪酸，在生理条件下，它们都以电离形式存在。油脂中常见的高级脂肪酸见表 4.4。

表 4.4　油脂中常见的高级脂肪酸

俗名	化学名称	结构式	熔点/℃
月桂酸	十二烷酸	$CH_3(CH_2)_{10}COOH$	44
软脂酸	十六烷酸	$CH_3(CH_2)_{14}COOH$	63
硬脂酸	十八烷酸	$CH_3(CH_2)_{16}COOH$	70
花生酸	二十烷酸	$CH_3(CH_2)_{18}COOH$	73
油酸	Δ9-十八碳烯酸	$CH_3(CH_2)_7CH=CH(CH_2)_7COOH$	16.3
亚油酸 *	Δ9，12-十八碳-二烯酸	$CH_3(CH_2)_4CH=CHCH_2CH=CH(CH_2)_7COOH$	-5
α-亚麻酸 *	Δ9，12，15-十八碳-三烯酸	$CH_3CH_2CH=CHCH_2CH=CH-CH_2CH=CH(CH_2)_7COOH$	-11.3
桐油酸	Δ9，11，15-十八碳-三烯酸	$CH_3(CH_2)_3(CH=CH)_3(CH_2)_7COOH$	49
花生四烯酸 *	Δ5，8，11，14-二十碳-四烯酸	$CH_3(CH_2)_4(CH=CHCH_2)_4CH_2CH_2COOH$	-49.3

注：1. “Δ”表示双键，数字表示双键所在位置，如 Δ9 表示双键在 C_9、C_{10}之间。

2. “*”表示必需脂肪酸，人体不能自身合成，需从食物中获得。花生四烯酸虽能自身合成，但量太少，故也可算是必需脂肪酸。

3. 软脂酸又称棕榈酸。

天然油脂是各种混甘油三酯的混合物，并且含有少量游离的高级脂肪酸、高级醇、维生素、色素等物质。通常将生物体所利用的酯称为脂。油脂中的高级脂肪酸多数是直链，且以偶数碳原子为多。其中，除饱和脂肪酸外，还有含一个或多个双键的不饱和脂肪酸，双键的构型几乎总是顺式。这种立体构型对由它们构成的油脂的状态和生物功能有很大影响。不饱和脂肪酸的链在双键处呈弯弓状，因此相互之间，或与饱和脂肪酸的链之间的贴合程度不如饱和脂肪酸或反式不饱和脂肪酸之间紧密，结果降低了油脂的熔点。所以，含不饱和脂肪酸多的油脂，在室温下易成液体。

2. 化学性质

油脂的性质主要是反映了酯和双键的特性。

1) 皂化（皂化值）

甘油三酯在碱性条件下水解，可得到高级脂肪酸的钠盐或钾盐，即俗称的肥皂，故将油脂在碱性条件下的水解又称为皂化反应（saponification）。

$$\begin{array}{l} \qquad\quad O \\ \qquad\quad \| \\ CH_2OC-R \\ |\qquad\; O \\ |\qquad\; \| \\ CHOC-R' \\ |\qquad\; O \\ |\qquad\; \| \\ CH_2OC-R'' \end{array} + \begin{array}{c} NaOH \\ (KOH) \end{array} \longrightarrow \begin{array}{l} CH_2OH \\ | \\ CHOH \\ | \\ CH_2OH \end{array} + \begin{array}{l} RCOONa(K) \\ R'COONa(K) \\ R''COONa(K) \end{array}$$

三酰甘油三酯　　　　　　　　　　　　甘油　　　肥皂

为了衡量油脂的质量，常进行所谓“皂化值”的测定。皂化值是指 1 g 油脂完全皂化时所需的氢氧化钾的毫克数。皂化值越大，油脂中三酰甘油的平均相对分子质量越小。不同的油脂所含的脂肪酸不同，应有一定的皂化值，否则说明质量不合格（见表 4.5）。

表 4.5　常见油脂中脂肪酸的含量（%）、皂化值和碘值

油脂名称	软脂酸	硬脂酸	油酸	亚油酸	皂化值	碘值
牛油	24~32	14~32	35~48	2~4	190~200	30~48
猪油	28~30	12~18	41~48	3~8	195~208	46~70
花生油	6~9	2~6	50~57	13~26	185~195	83~105
大豆油	6~10	2~4	21~29	54~59	189~194	127~138

2）加碘（碘值）

油脂的不饱和程度可用碘值来衡量（见表 4.5）。碘值是指 100 g 油脂所能吸收碘的克数。碘值与油脂不饱和程度成正比。碘值越大，三酰甘油中所含的双键数目越多，油脂的不饱和程度也越大。在实际测定时，由于碘不易与双键加成，故常用氯化碘或溴化碘的冰醋酸溶液作试剂。

3）酸败

油脂在空气中久置后，会在空气中氧、水分和微生物作用下，发生变质，产生难闻的气味，这种现象称为酸败（rancidity）。酸败的原因是油脂中不饱和脂肪酸的双键被氧化，形成过氧化物，后者再经分解等作用，生成具有臭味的小分子醛、酮和羧酸等物质。此时的油脂不能再食用。光、热、潮气可加速酸败的发生。油脂酸败的程度可用“酸值”表示。酸值是指中和 1 克油脂中的游离脂肪酸所需氢氧化钾的毫克数。

交流研讨

测皂化值和酸值都用 KOH 作为试剂，试想在操作上它们会有什么差别？

4.4.2　萜类化合物

萜类化合物（terpenoids）是指由两个或两个以上异戊二烯分子相连而成的聚合物及其含氧的饱和程度不等的衍生物。广泛分布于植物、昆虫及微生物中。中草药中许多色素、挥发油、树脂、苦味素等大多属于萜类成分，所以与药物关系密切。下面主要介绍萜类化合物的结构特点并简单介绍它们的生物合成途径。

1. 结构

萜类化合物是由异戊二烯（isoprene）作为基本碳骨架单元，由两个或多个异戊二烯头尾相连（或相互聚合）而成的聚合物（C_5H_8）n（n>1）及其衍生物，称为“异戊二烯规则”。例如：由两个异戊二烯分子构成的开链和单环的单萜——月桂烯（myrcene）和柠檬烯（limonene）。

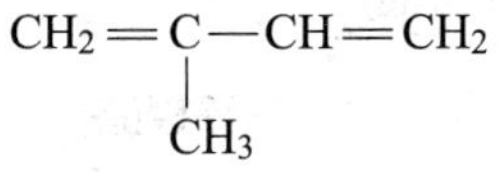

$$CH_2=C(CH_3)-CH=CH_2$$

异戊二烯(C_5H_8) 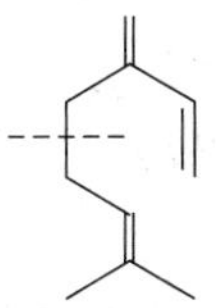　　月桂烯 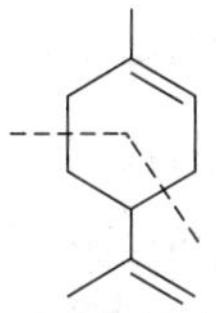　　柠檬烯

月桂烯是两个异戊二烯头尾相连，柠檬烯相当于一个分子异戊二烯发生 1,4-加成，另一个分子异戊二烯发生 1,2-加成。“异戊二烯规则”在未知萜类成分的结构式测定中具有很大价值。

2. 分类及代表性化合物

根据分子中所含异戊二烯单位的数目，萜类化合物分类见表 4.6。

表 4.6　萜类化合物分类

异戊二烯分子的单位数	分子式	类别
2	$C_{10}H_{16}$	单萜类
3	$C_{15}H_{24}$	倍半萜类
4	$C_{20}H_{32}$	二萜类
6	$C_{30}H_{48}$	三萜类
8	$C_{40}H_{64}$	四萜类
>8	$(C_5H_8)n$，n>8	多萜类

下面重点介绍单萜类（$C_{10}H_{16}$）化合物。

根据分子中两个异戊二烯相互连接的方式不同，单萜类化合物又可分为链状单萜、单环单萜及双环单萜三类。

1) 链状单萜

链状单萜基本碳骨架如下，由两个异戊二烯分子头尾相连而成。

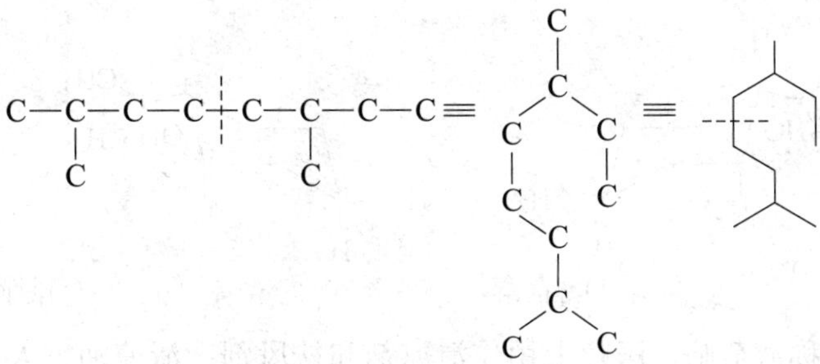

$$C-C(C)-C-C \mid C-C(C)-C-C \equiv \cdots \equiv \cdots$$

很多链状单萜是香精油的主要成分，例如，月桂油中的月桂烯（又称桂叶烯），玫瑰油中的香叶醇（又称牛儿醇），橙花油中的橙花醇（又称香橙醇），柠檬草油中的 α-柠檬醛

（香叶醛）及β-柠檬醛（香橙醛），玫瑰油、香茅油、香叶油中的香茅醇等，它们很多是含有多个双键或氧原子的化合物。

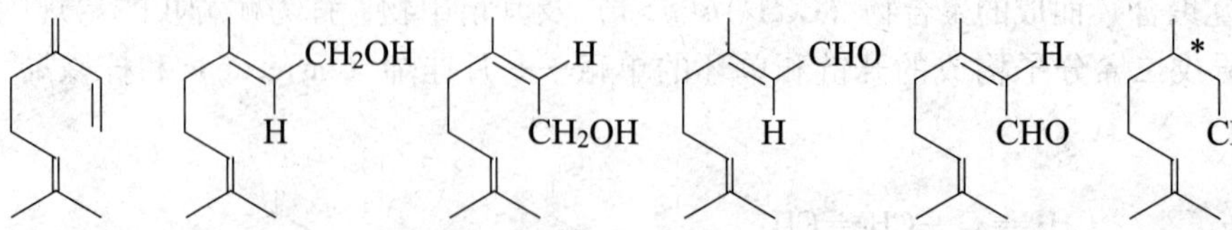

月桂烯　香叶醇　橙花醇　α-柠檬醛　β-柠檬醛　香茅醇

2）单环单萜

单环单萜基本碳骨架是两个异戊二烯之间形成一个环，如下面的饱和环烃称为萜烷，化学名称为 1-甲基-4-异丙基环己烷。

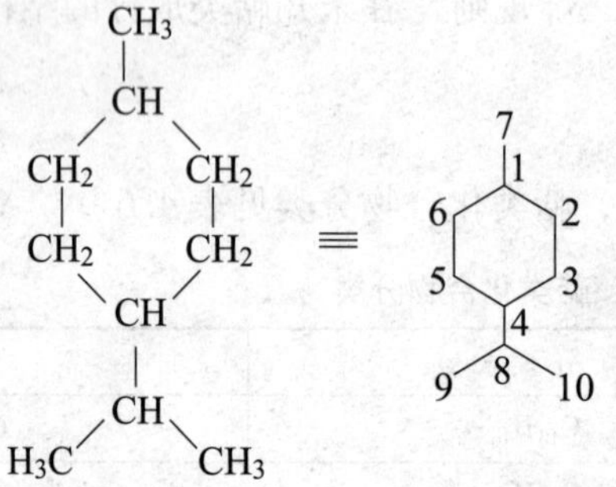

萜烷(1-甲基-4-异丙基)环己烷

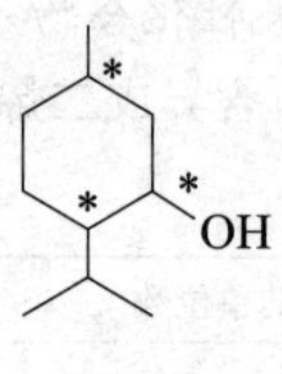

3-萜醇

萜烷的 C_3-羟基衍生物称为 3-萜醇。由于分子中有三个不同的手性碳原子，故有四对对映异构体，它们是（±）薄荷醇、（±）异薄荷醇、（±）新薄荷醇和、（±）新异薄荷醇。

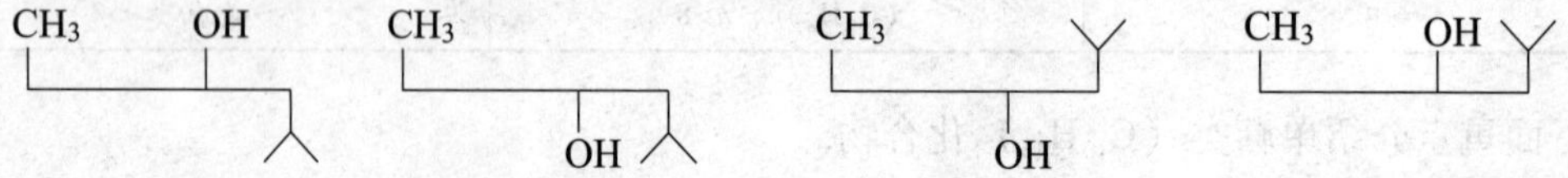

(±)新薄荷醇　(±)新薄荷醇　(±)异薄荷醇　(±)新异薄荷醇

在它们分子中，异丙基都处于椅式构象的 e 键，但其他两个基团所处的构象不同。薄荷醇中的甲基和羟基也都处于 e 键，因此它们（无论是左旋还是右旋的）比其他非对映体稳定。薄荷醇的构象式如下：

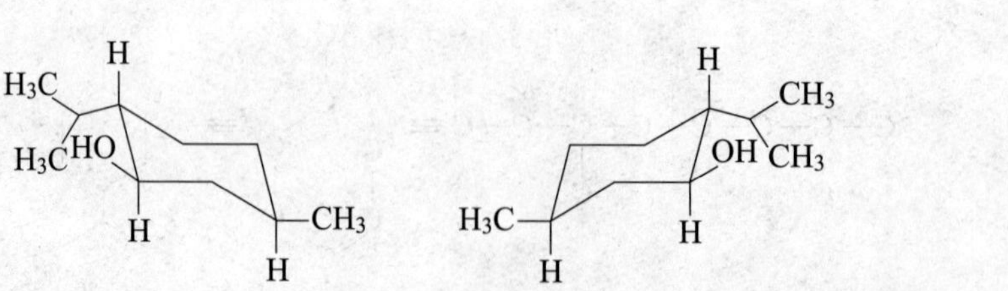

(+)薄荷醇　(−)薄荷醇

（-）薄荷醇又称薄荷脑，医疗上用作清凉剂和祛风剂，清凉油、人丹等药品中均含有此成分。

3）双环单萜

在萜烷结构中，C_8 若分别与 C_1、C_2 或 C_3 相连时，则可形成桥环化合物，它们是莰烷、蒎烷或蒈烷；若 C_4 与 C_6 连成桥键则形成守烷，它们的基本碳骨架及编号如下：

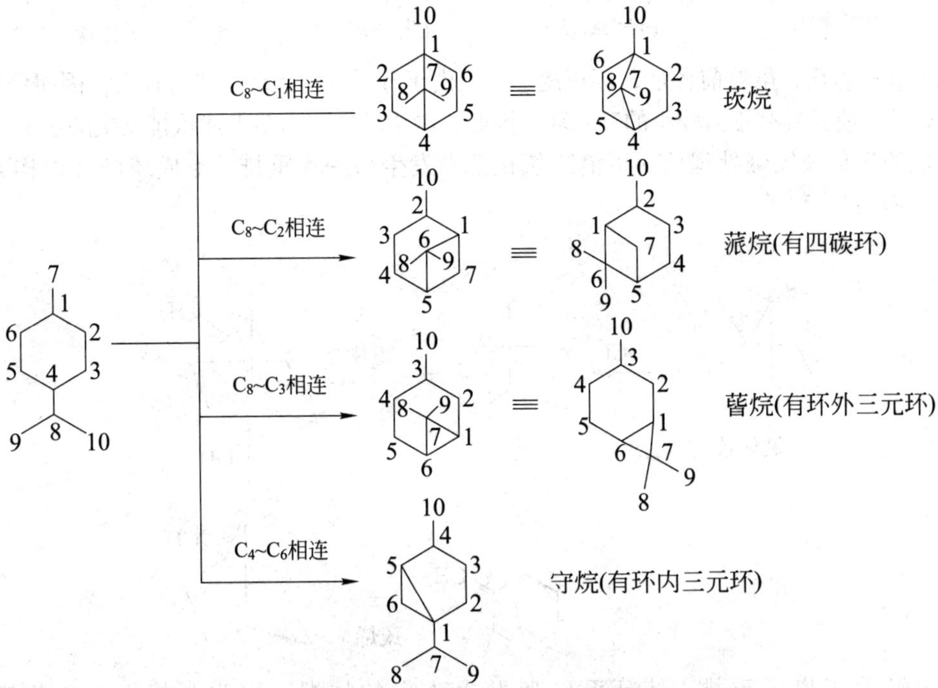

C_8~C_1相连　　莰烷

C_8~C_2相连　　蒎烷(有四碳环)

C_8~C_3相连　　蒈烷(有环外三元环)

C_4~C_6相连　　守烷(有环内三元环)

以上四类化合物中莰烷的优势构象式为船式，其他均为椅式：

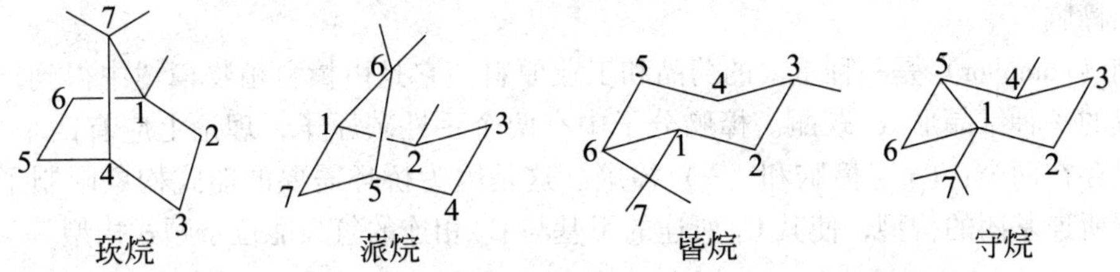
莰烷　　蒎烷　　蒈烷　　守烷

以上四种双环单萜烷在自然界并不存在，而是以它们的不饱和衍生物或含氧衍生物形式广泛分布于植物体内，尤以蒎烷和莰烷的衍生物与药物关系密切，如蒎烯和樟脑等。

（1）蒎烯

蒎烯（pinene）是含一个双键的蒎烷衍生物。根据双键位置不同，有 α-蒎烯和 β-蒎烯两种异构体。

α-蒎烯　　β-蒎烯

二者均存在于松节油中，但以 α-蒎烯为主。α-蒎烯具有双键，在 0 ℃以下即可与 HCl 发生亲电加成；但在较高温度下产物发生碳骨架的重排，由原来蒎的桥环结构，重排成莰的桥环结构，生成物称为氯化莰。

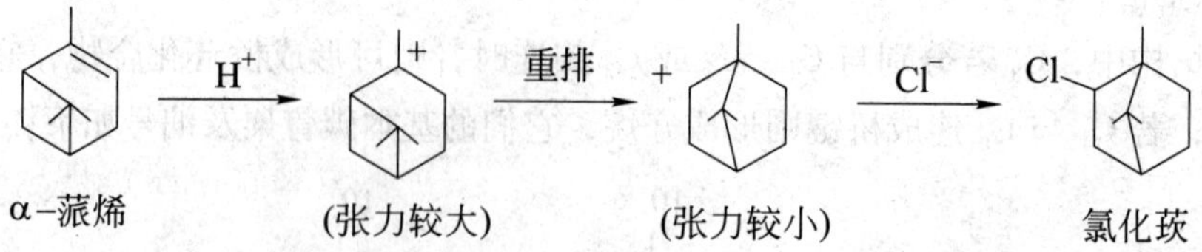

α-蒎烯 $\xrightarrow{H^+}$ (张力较大) $\xrightarrow{重排}$ (张力较小) $\xrightarrow{Cl^-}$ 氯化莰

从上式可看出，虽然前者是3°碳正离子，但由于分子内四元环的张力较大，因而仍重排成2°碳正离子，使其具有张力较小的五元环。因此，减少环的张力是上述重排发生的主要原因。

生成的氯化莰经碱处理后，可消除氯化氢，发生另一次重排，形成莰烯（以构象式表示反应过程）：

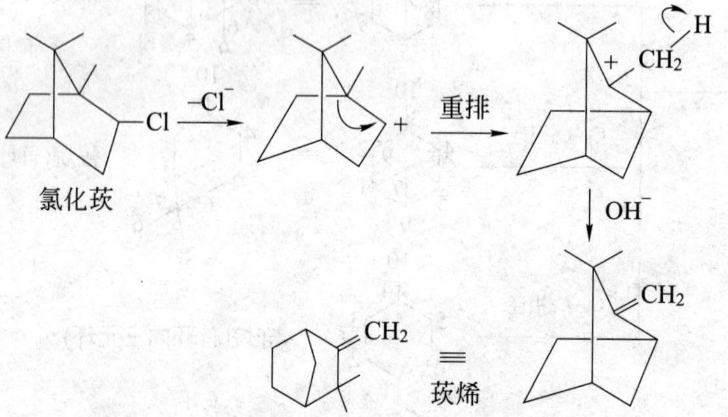

氯化莰 $\xrightarrow{-Cl^-}$ $\xrightarrow{重排}$ $\xrightarrow{OH^-}$ 莰烯

以上经碳正离子重排，使环系碳架发生改变的情况，称为瓦格涅尔-麦尔外因（Wangner-Meerwein）重排，是萜类化学中常见的重要反应。

（2）樟脑

樟脑（camphor）是一种重要的药品和工业原料。它是由樟科植物樟树中得到，并经升华精制成的一种结晶形α-莰酮。樟脑分子中有两个手性碳原子，理论上应有四个异构体，但实际只存在两个：（+）樟脑和（-）樟脑。这是因为桥环需要的船式构象限制了桥头两个手性碳所连基团的构型，使其 C_1 所连的甲基与 C_4 相连的氢只能位于顺式构型。

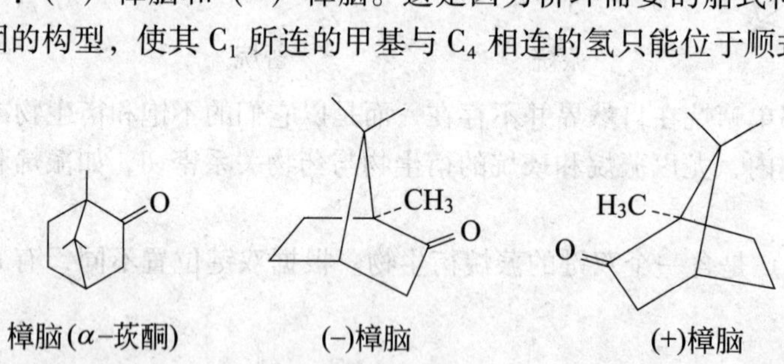

樟脑(α-莰酮)　(-)樟脑　(+)樟脑

从樟树中获得的樟脑是右旋体。工业上用莰烯（由α-蒎烯制得）与醋酸加成，经过瓦格涅尔-麦尔外因重排生成醋酸酯，再经水解、氧化，制得的樟脑是外消旋体。

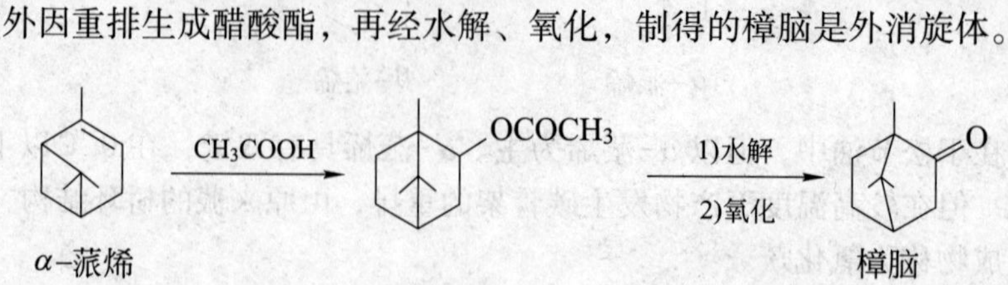

α-蒎烯 $\xrightarrow{CH_3COOH}$ (OCOCH₃) $\xrightarrow[2)氧化]{1)水解}$ 樟脑

（3）龙脑与异龙脑

龙脑（borneol）又称为樟醇（camphol），俗称冰片，可视为樟脑的还原产物，也是合成樟脑的中间产物。其有两个对映体，右旋体主要得自龙脑香树挥发油；左旋体得自艾纳香的叶子。野菊花挥发油以龙脑和樟脑为主要成分。异龙脑（isoborneol）是龙脑的差向异构体。

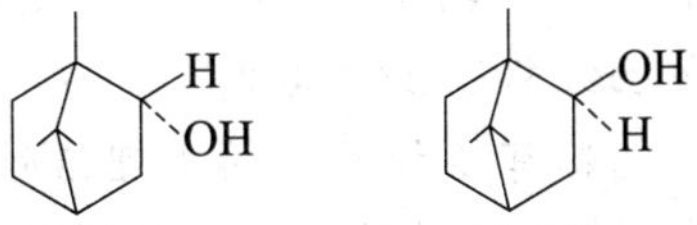

龙脑
(2-莰醇)

异龙脑

龙脑具有似胡椒又似薄荷的香气，能升华，但挥发性较樟脑小。龙脑具有发汗、兴奋、镇痉、驱虫等作用。中医用作发汗祛痰药，并用于霍乱的治疗。龙脑也是上等香料的组成成分。

制备实验

肥皂的制取

动物脂肪的主要成分是高级脂肪酸酯，将其与 NaOH 溶液共热就会发生碱性水解（皂化反应），生成高级脂肪酸钠（肥皂）和甘油。在反应混合液中加入溶解度较大的无机盐，以降低水对有机酸盐（肥皂）的溶解作用，使肥皂从溶液中析出，即盐析。利用盐析原理，将肥皂和甘油较好地分离开来。

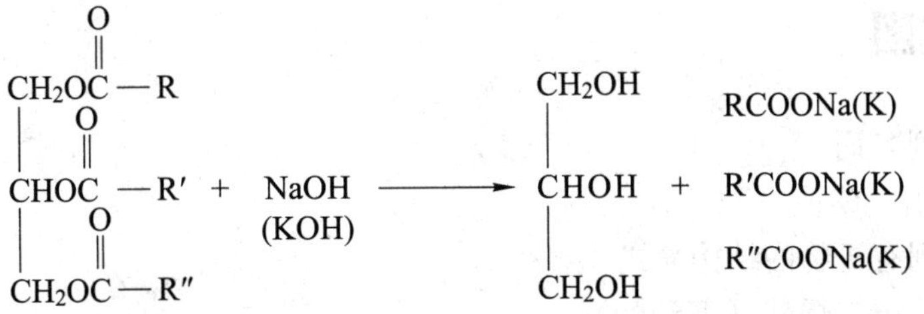

$$\begin{array}{l} CH_2OC(=O)-R \\ CHOC(=O)-R' \\ CH_2OC(=O)-R'' \end{array} + \underset{(KOH)}{NaOH} \longrightarrow \begin{array}{l} CH_2OH \\ CHOH \\ CH_2OH \end{array} + \begin{array}{l} RCOONa(K) \\ R'COONa(K) \\ R''COONa(K) \end{array}$$

甘油三酯　　　　甘油　　　　肥皂

通过制备肥皂，熟悉皂化反应的原理、方法和性质，了解肥皂的去污原理。

所用仪器及试剂。

主要仪器：圆底烧瓶、球形冷凝管、烧杯、滴管、玻璃棒铁架台（带铁圈）、电热套（或酒精灯）、减压过滤装置

试剂：油脂（猪油）、95%乙醇、40% NaOH 溶液、NaCl 饱和溶液

实验过程：取一支大试管，加入 3 g 油脂、3 mL 95%乙醇和 3 mL 30%~40%氢氧化钠溶液，摇匀后在沸水浴中加热煮沸。待试管中的反应物成一相后，继续加热 10 min 左右，并经常振荡。皂化完全后，将制得的黏稠液体倒入盛有 15~20 mL 温热的饱和食盐水的小烧杯中，不断搅拌，肥皂逐渐凝固析出。

知识链接

蜂胶中的萜烯类物质

萜类物质是一类具有较强香气和生理活性的天然烃类化合物，在自然界中广泛分布，到1991年，人类发现的萜类化合物已经超过22 000种。

萜类化合物多种多样，同时也具有多种多样的生理活性。一些重要的中药材，例如人参、黄芪、甘草、柴胡、橘梗等，都含有特殊生物活性的萜类物质。

大多数萜类物质有随水蒸气蒸馏的性质，在挥发油中最为丰富。蜂胶中挥发油的成分主要就是萜类物质。

萜类物质是具有很强生理活性的一类物质，是中草药中的重要成分。该类物质在古代医疗实践中早已被注意到，例如，《本草纲目》中就记载着世界上最早提炼精制樟油、樟脑的详细方法。

现今，对该类物质的研究进展很快，很多种类的萜类物质已被制成商品得到应用。例如，人们常用的香精、中药中的冰片、樟脑、薄荷脑、青蒿素等都属于萜类物质。根据研究及临床应用的结果，萜类物质的作用主要有以下几点：双向调节血糖、抗肿瘤、降血压、杀菌消炎、镇痛消肿、杀虫、局部麻醉、止痒、健胃、解热、祛痰止咳、强化免疫、活血化瘀、芳香宜人。

一般萜类物质尤其是挥发油，都具有辛辣灼烧的感觉，有些有苦味，因此蜂胶的特殊气味、苦味、辛辣灼烧感、麻木感等都与萜类物质密切相关。由于该类物质具有很强的杀菌、消炎、止痛、抗癌等作用，它们与黄酮类物质一样，都是非常重要的天然物质。

知识巩固

一、解释下列名词

皂化值、酸值、碘值

二、写出下列有机物的结构简式

1. 9,12-十八碳二烯酸（亚油酸）
2. 5,8,11,14-二十碳四烯酸（花生四烯酸）
3. 反-9-十八碳烯酸（反-油酸）
4. 9,11,13-十八碳三烯酸（桐酸）

三、植物油和动物油在贮存时，哪一种容易酸败，为什么？如何防止？

四、某油脂1.98 g完全皂化需要消耗0.500 0 mol/L的KOH溶液8.10 mL。试计算该油脂的皂化值。

问题探究

人造奶油是利用油脂的哪一性质制成的？为什么熔点会明显升高？

参考文献

[1] 李靖靖，李伟华．有机化学．北京：化学工业出版社，2010.

[2] 郭建民．有机化学．北京：科学出版社，2009.

[3] 徐幼卿．有机化学．北京：中国财政经济出版社，2006.

[4] 杨红．有机化学．北京：中国农业出版社，2001.

[5] 章烨．有机化学．北京：科学出版社，2006.

[6] 陈淑芬，汤长青．有机化学．大连：大连理工大学出版社，2009.

[7] 高鸿宾．有机化学．北京：高等教育出版社，2007.

[8] 龚跃法．有机化学习题详解．武汉：华中科技大学出版社，2003.

[9] 谷亨杰．有机化学．2 版．北京：高等教育出版社，2000.

[10] 汪小兰．有机化学．3 版．北京：高等教育出版社，1997.

[11] 杨悟子．有机化学习题：反应纵横、习题和解答．上海：华东理工大学出版社，2005.

[12] 伍越寰．有机化学习题与解答．合肥：中国科学技术大学出版社，2003.

[13] 张立娟．有机化学．长沙：国防科技大学出版社，2008.

[14] 高职高专化学教材编写组．有机化学实验．北京：高等教育出版社，2000.

[15] 刘军，张文雯，申玉双．有机化学．北京：化学工业出版社，2005.

[16] 李玮璐．化学．北京：化学工业出版社，2003.

[17] 寇玉泉．有机化学．北京：中国轻工业出版社，2010.

[18] 高职高专化学教材编写组．有机化学．北京：高等教育出版社，2000.

[19] 沈萍，李炳勇．有机化学．长春：吉林大学出版社，2009.

[20] 王英健，王宝仁．基础化学实验技术．大连：大连理工大学出版社，2011.

[21] 国家粮食局人事司．粮食行业职业技能培训教程．粮油质量检验员．北京：中国轻工业出版社，2018.